计量技术机构信息管理系统设计与开发

胡 畅 雷 震 李元沉 杨 悦 编著

中国质量标准出版传媒有限公司
中 国 标 准 出 版 社
北 京

图书在版编目（CIP）数据

计量技术机构信息管理系统设计与开发 / 胡畅等编著.
—北京：中国质量标准出版传媒有限公司，2019.10
ISBN 978-7-5026-4709-4

Ⅰ.①计… Ⅱ.①胡… Ⅲ.①计量机构—信息管理—系统设计 Ⅳ.① TB9

中国版本图书馆 CIP 数据核字（2019）第 061604 号

中国质量标准出版传媒有限公司
中　国　标　准　出　版　社　出版发行
北京市朝阳区和平里西街甲 2 号（100029）
北京市西城区三里河北街 16 号（100045）
网址：www.spc.net.cn
总编室：（010）68533533　发行中心：（010）51780238
读者服务部：（010）68523946
中国标准出版社秦皇岛印刷厂印刷
各地新华书店经销
*
开本 787×1092　1/16　印张 26.25　字数 465 千字
2019 年 10 月第一版　2019 年 10 月第一次印刷
*
定价　99.00　元

前言

PREFACE

随着信息化的普及和深入，计量技术机构纷纷开始着手研发自己的信息管理系统。但由于缺乏相关专业经验的指导，不少计量技术机构虽投入大量的人力、物力、财力，但在信息化建设的道路上仍走了不少弯路，信息化建设的作用没有充分发挥出来。一方面，由于系统的设计和开发实际上是一个强化管理、流程再造的过程，这需要设计者必须具有非常丰富的技术和管理经验；另一方面，计量技术机构各业务之间的关联性、逻辑性异常复杂，这就要求设计者思维缜密、全盘统筹，站在系统的高度，统一设计、统一规划。最后，对一些长期困扰计量行业的难题，设计者也必须要有足够的勇气和智慧，通过反复试验来予以解决。本书的完成正是作者多年来不断探索、不断创新、反复实践的成果。本书不仅符合 JJF 1069—2012《法定计量检定机构考核规范》、ISO/IEC 17025：2017《检测和校准实验室能力认可准则》、JJF 1033—2016《计量标准考核规范》的相关管理规定，同时，还兼顾到未来计量行业的发展方向及管理模式，对提高全国计量技术机构整体质量管理水平和业务收入有着非常积极的促进作用。

从某种意义上说，本书不仅仅是一本论述计量技术机构信息管理系统设计与开发的书，更是一本讲述如何利用信息管理系统对实验室进行全面的质量、业务、财务、客户关系管理的专著。因此，本书的读者对象不仅限于计量技术机构人员，还包括质量检验、特种设备、纤维检验及其他类似实验室人员。

本书撰写历时八年时间，期间经历计量技术机构信息管理系统从无到有、从有到优的全过程，并且随着信息化技术的飞速发展，特别是人工智能的应用，未来的管理系统将向着更加智能化、移动化、个性化的方向发展。本书的出版，一方面，为设计者提供思路，避免不必要错误的发生；另一方面，也是为抛砖引玉，引出一些对计量行业信息化的思考。由于本书的出版恰逢 CNAS-CL01：2018《检测和校准实验室能力认可准则》和 RB/T 214—2017《检验检测机构资质认定能力评价检验检测机构通用要求》实施，而 JJF 1033—2016《计量标准考核规范》也实施不久，因此，依据上述标准要求，本书也对相应章节进行了调整。但由于这些标准实施不久，本人主观理解可能会有不到位的现象，加之水平有限，本书的缺点和问题在所难免，欢迎批评指正。

编者

2019 年 10 月

目 录

C O N T E N T S

CHAPTER 1

第一章

信息管理系统概论

本章主要对信息管理系统的基本概论、相关术语和定义、基础理论、建设意义、依据重点、相关依据、设计要点及系统结构进行了介绍。信息管理系统衍生出的各子系统涵盖了目前计量技术机构从样品流转、证书和报告制作、业务管理、财务管理、质量管理、记录管理、人员管理、设备管理、环境管理、计量标准管理、标准物质管理、规程/规范/标准管理、绩效考核管理、客户关系管理、决策分析管理到分支机构管理等的所有业务范畴。其中，计量技术机构信息管理系统作为计量行业的实验室信息管理系统，其建立与其他计量业务管理系统的数据共享和对接的实现，为计量行政管理提供服务和支持。

第一节 基本概念

一、信息管理系统（MIS）的概念

信息管理系统（Management Information System，MIS）是以人为主导，利用计算机硬件、软件、网络通信设备以及其他办公设备，进行信息的收集、传输、加工、储存、更新和维护；以企业战略竞优、提高效益和效率为目的，支持企业的高层决策、中层控制、基层运作的集成化的人机系统。

一个完整的信息管理系统（MIS）应包括辅助决策系统（Decision Support System，DSS）、工业控制系统（Industrial Control System，ICS）、办公自动化系统（Office Automation，OA）以及数据库、模型库、方法库、知识库和与上级机关及外界交换信息的接口。

二、实验室信息管理系统（LIMS）的概念

实验室信息管理系统（Laboratory Information Management System，LIMS）是由计算机硬件和应用软件组成，能够完成实验室数据和信息的收集、分析、报告和管理。实验室信息管理系统（LIMS）基于计算机局域网，专门针对一个实验室的整体环境而设计，是一个包括信号采集设备、数据通信软件、数据库管理软件在内的高效集成系统。

实验室信息管理系统（LIMS）以实验室为中心，将实验室的业务流程、环境、人员、仪器设备、标物标液、化学试剂、标准方法、图书资料、文件记录、科研管理、项目管理、客户管理等影响分析数据的因素有机结合起来，采用先进的计算机网络技术、数据库技术和标准化的实验室管理思想，组成一个全面、规范的管理体系，为实现分析数据网上调度、分析数据自动采集、快速分布、信息共享、分析报告无纸化、质量保证体系顺利实施、成本严格控制、人员量化考核、实验室管理水平整体提高等各方面提供技术支持，是连接实验室、生产车间、质量管理部门及客

户的信息平台，同时，引入先进的数理统计技术，如方差分析、相关和回归分析、显著性检验、累积和控制图、抽样检验等，是协助职能部门发现和控制影响产品质量的关键因素。

三、实验室信息管理系统（LIMS）与办公自动化系统（OA）的区别

实验室信息管理系统（LIMS）与办公自动化系统（OA）的主要区别在于：实验室信息管理系统（LIMS）是以分析检定、校准、检验检测工作为核心，包括一个以样品分析为主线的，从样品登录、登记管理，分析检定、校准、检验检测，数据统计分析到结果输出的基本流程的管理，而不像办公自动化系统（OA）单纯为了浏览使用信息。

结合实验室信息管理系统（LIMS）的主要功能特点是依据实验室实际情况有效合理地建立各自机构的实验室信息管理系统（LIMS），真正解决分析数据资源的统一分享、合理传输、客观考评、正确督导等问题。“各类分析仪器设备数据的合理整合与统一”成为实验室信息管理系统（LIMS）建设中首先要解决的问题，在长期从事各类企业信息自动化的大量实践经验积累基础上，逐步研发、解析、完善与形成一整套有效、实用的实验室信息管理系统（LIMS）。

四、计量技术机构信息管理系统（MIMS）的概念

计量技术机构信息管理系统（Measurement Technology Institution Information Management System，MIMS），是以 JJF 1069—2012《法定计量检定机构考核规范》、JJF 1033—2016《计量标准考核规范》、ISO/IEC 17025：2017《检测和校准实验室能力认可准则》等标准为基础，通过对计量技术机构工作流程、关键点及要素间制约关系的优化、整合，利用计算机技术、网络技术和数据库技术，以实现工作流程的标准化、数据分析的智能化和质量管理的自动化。

计量技术机构信息管理系统（MIMS）作为实验室信息管理系统（LIMS）的一种特殊类型，在演化过程中，不断地吸收各种先进管理思想，并且结合企业资源规划（ERP）、OA、LIMS 等管理软件的共性，通过现代管理模式与计算机信息管理系统共同支持机构进行系统、合理、有序、自动的管理，从而最大限度地发挥现有设备、资源、人、技术的作用，最大限度地降低机构运行风险。

相比于其他实验室信息管理系统，计量技术机构信息管理系统（MIMS）有着

自己鲜明的特点。第一，作为计量行业的实验室信息管理系统（LIMS），其设计标准必须完全符合《中华人民共和国计量法》《中华人民共和国计量法实施细则》、JJF 1069—2012《法定计量检定机构考核规范》、JJF 1033—2016《计量标准考核规范》、ISO/IEC 17025：2017《检测和校准实验室能力认可准则》、RB/T 214—2017《检验检测机构资质认定能力评价 通用要求》等一系列法律、法规、标准的要求（本章第五节）；第二，作为实验室信息管理系统（LIMS）的一种，其不仅要具备实验室信息管理系统（LIMS）通用的功能，同时，要根据计量行业特点，依据上述法律、法规、标准设计开发符合计量行业特点的功能流程，实现从人员、设备、方法、环境、客户、样品、文件、记录、供应商、证书和报告到财务收费、管理体系、决策分析的高效、综合、立体信息化管理体系；第三，计量技术机构信息管理系统（MIMS）具有其他实验室信息管理系统不具备的独有特性，例如，第五章介绍的计量标准考核管理子系统、第六章介绍的授权考核管理子系统、第七章介绍的测量不确定度管理子系统；第四，计量技术机构信息管理系统（MIMS）更加强调质量、风险管理，其设计目的就是构建起一个系统、全面、高效的质量风险管控网络；最后，通过计量技术机构信息管理系统（MIMS）的建立，实现与其他计量业务管理系统的数据共享和对接，为计量行政管理提供服务和支持。

第二节 相关术语和定义

一、客户信息

客户名称、客户地址、客户辖区、联系人、联系电话等关于客户的基本资料。

二、样品信息

客户名称、器具名称、型号规格、制造厂商、出厂编号等关于样品的基本资料。

三、委托协议书

计量技术机构送检、抽检、现场检验业务中的委托协议书，实质上是计量技术机构和客户之间的一种委托合同。

四、流水号

计量技术机构中各种工作流程的唯一识别号码，例如，委托凭证流水号（即凭证编号）、缴费凭证编号（即缴费通知单）等。

五、客户信息和样品信息的唯一性

同一客户信息或样品信息，在多个系统或模块中信息始终保持唯一。

六、证书和报告要素的有效性

计量技术机构证书和报告要素指的是组成计量技术机构证书和报告的各部分或成分，是计量技术机构证书和报告的基本单位。各要素及要素间逻辑关系的有效性决定了证书和报告的正确性。

七、证书和报告要素有效性控制

通过对证书和报告中各要素进行时间、权限及要素间逻辑关系的预设、控制，逐层缩小要素的取值范围，直至筛选出符合有效性要求的要素取值或取值范围，降低人工选择自由度，避免由于人为失误而产生的质量问题，从源头上进行证书和报告的质量管理。

按照上述定义，可将证书和报告要素有效性控制分为三类：

（1）要素时间有效性控制：通过设置各要素的“有效时间”（即设置要素的“启用日期”和“截止日期”），以确保在检定日期选定后，系统自动筛选、加载所有符合“有效时间（包含所选检定日期）”这一条件的所有要素取值；

（2）要素权限有效性控制：通过设置要素授权使用人及授权使用有效时间，防止无证检定、无授权签发证书和报告的情况发生；

（3）要素间逻辑关系有效性控制：通过建立各要素间内在的逻辑关系，智能关联与匹配要素取值或锁定相关的取值范围，最低限度减少人工操作，防止证书和报告出现逻辑性错误。

八、网上业务受理平台

利用本章第三节所述客户信息和器具信息唯一性理论及保障系统，在计量技术机构现有检定、校准数据的基础上，系统自动为每个送检过的企业建立了属于自己的计量器具库。企业通过验证登录后，可在线对其器具信息进行管理和维护，并可以使用模糊查询功能，在其计量器具库中查询、勾选出需要送检的器具在线提交即可。

九、网上报检

送检人员登录计量技术机构的网上业务受理平台，通过客户全称、客户标识验证进入该客户送检样品基础信息，利用模糊查询找到并提交需送检的样品，获得网上送检凭证编号，送检时报出网上送检凭证编号，经样品收发人员确认，便可直接打印《委托协议书》。

十、分布式计量校准服务网络

分布式计量校准服务网络是整合市、区（县）两级计量技术机构资源、信息、区域、项目优势，以市级机构作为中心节点，以区（县）机构作为市级机构的分支机构和业务前端，构建一个覆盖整个区域的服务网络。利用先进计算机技术、网络技术和数据库技术，建立统一的客户资源、服务标准、业务流程、质保体系、技术支持，为顾客提供样品代送、特急服务、上门取样、咨询培训、设备选型、网上送检的全方位服务。

十一、计量特性

可以与计量要求直接进行比较，以判断测量设备是否满足预期的要求。计量特性包括参数名称、测量范围上下限数值、测量范围上下限计量单位、测量范围限制条件或辅助参数、测量范围对应的准确度等级、最大允许误差上下限数值、最大允许误差上下限计量单位、最大允许误差公式、最大允许误差公式对应计量单位、测量不确定度上下限数值、测量不确定度上下限计量单位、测量不确定度公式、测量不确定度公式对应计量单位、分辨力值、分辨力计量单位、重复性限、再现性限等。

第三节　基础理论

一、客户信息和样品信息唯一性理论及保障系统

（一）客户信息和样品信息唯一性的现状及存在的问题

客户信息和样品信息唯一性的现状及存在的问题在本章第六节“认清核心问题”中进行介绍，此处不再赘述，请参看相关章节。

1. 计量技术机构客户信息和样品信息唯一性定义

计量技术机构客户信息和样品信息唯一性（以下简称客户信息和样品信息唯一性）是指同一客户信息和样品信息在计量技术机构相关管理系统中所存储的信息始终保持唯一。这种唯一性包括三个方面内容：在多次送检中的唯一性；在客户信息变更情况下的唯一性；在不同的计量管理系统中的唯一性。

2. 客户信息和样品信息多义性原因分析

多义性是相对唯一性而言，特指同一客户信息和样品信息在系统中存在多条不同的记录。造成多义性的原因主要有以下几个方面：

（1）涉及要素众多

客户信息涉及的要素一般包括客户名称、客户地址、客户辖区、联系人、联系电话 5 个主要要素；样品信息涉及的要素有：客户名称、器具名称、型号规格、制造厂商、出厂编号 5 个主要要素，因此，一份《委托协议书》涉及的要素总和最少可达 9 个（客户名称只出现一次）。

（2）信息采集自由度大

目前，计量送检多数属自愿行为，由客户自行填写《委托协议书》，不属于强制性规范化过程。在填写《委托协议书》过程中难免出现填写人对信息不够清楚，填写准确率低，过多使用简写、别名、俗称等现象。例如，在填写“××市产品质量监督检验院”这一客户信息时，会出现“××产品质量监督检验院”“××质检院”“××市质检院”“市质检院”“质检院”等 10 多个多义性名称。

3. 唯一性缺失造成的问题

（1）已有数据无法准确定位、准确更新，造成大量冗余数据和垃圾数据；

（2）标准器溯源上出现混乱；

（3）样品流转、证书和报告发放出现混乱，甚至造成错误证书和报告的发出；

（4）客户检定、校准、检验检测缴费无法正确统计，少收、漏收、错收的现象严重；

（5）同一样品的历史证书和报告无法调阅、查询；

（6）对超期未检或即将到期的样品无法自动预警、提醒；

（7）网上送检功能无法实现；

（8）客户样品的复检率无法统计；

（9）客户送检信息无法统计、分析；

（10）与其他部门无法实现数据共享和交换；

（11）强制检定工作用计量器具、能源计量器具等器具的普查建档、动态管理将无法实现。

（二）客户信息与样品信息唯一性保障系统组成及基本原理

客户信息与样品信息唯一性保障系统是由 14 个主要部分组成，其系统原理如图 1–1 所示。

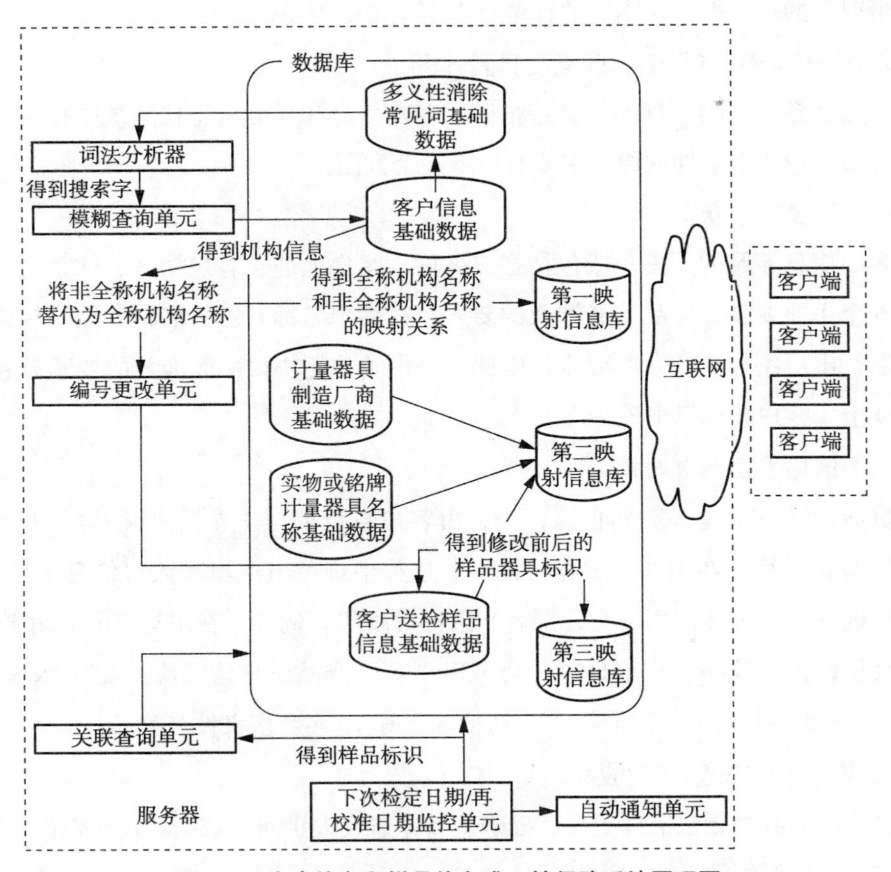

图 1–1　客户信息和样品信息唯一性保障系统原理图

（1）客户信息基础数据，详见第三章第十三节。

（2）多义性消除常见词基础数据，详见第二章第七节。

（3）词法分析器。根据输入的信息，删除多义性消除常见词基础数据中预设的常见词并进行自动更正，在剩余词的每个字之间增加空格，得到搜索词。

（4）模糊查询单元。根据词法分析器得到的搜索词，搜索相应的数据库以获取相似信息，并通过分屏共览的方式显示给样品送检人，供其对搜索结果进行人工分析、判断，确定哪些是全称客户名称，哪些不是。

（5）客户送检样品信息基础数据。存储有已送检样品的样品标识，检定、校准、检验检测时间，检定周期 / 校准间隔等等送检信息。其中，样品标识是标记该样品的唯一符号，样品标识与客户标识相对应，系统可以根据样品标识自动关联客户标识。样品标识可以为客户标识 + 该样品在客户送检样品信息基础数据样品列表中的位置编号，即流水号。

（6）实物或铭牌计量器具名称基础数据，详见第二章第九节。

（7）计量器具制造厂商基础数据，详见第二章第八节。

（8）第一映射信息库。用于存储各非全称客户名称与其对应的全称客户名称的映射关系。

例如，输入机构名称“×× 质检院”，通过词法分析器将“××”“院”等常见通用词删去，将剩下的“质检”一词用空格分开，即得到搜索关键字“质检”，然后对客户信息基础数据进行模糊查询，得到“×× 产品质量监督检验院”“×× 市质检院”“市质检院”“质检院”等名称的机构名称列表，用户可以通过分屏器对搜索结果进行人工判断，确认其中“×× 产品质量监督检验院”“×× 质检院”“×× 市质检院”“市质检院”“质检院”，均为“×× 市产品质量监督检验院”的别名或简称，故用户可以进行指定，将以上非全称客户名称替换成全称客户名称，并且将其映射关系存储在第一映射信息库中。

为了便于用户对搜索结果进行判断、确认，系统在模糊查询单元上连接排序单元，排序单元根据搜索结果中的客户名称与输入的客户名称之间相似程度的高低对搜索结果进行排序，以进一步方便用户查看。

（9）第二映射信息库。存储有每一送检样品的样品标识、器具名称、规格型号、制造单位之间的映射关系。

（10）编号更改单元。根据模糊查询单元中样品送检人对其客户名称是否为全称的确认。系统将建立非全称客户名称与其对应全称客户名称的映射关系，并自动对这些非全称客户名称对应样品标识重新编号。由第一样品标识变成第二样品标识，并且使第二样品标识包含全称客户名称对应的客户标识。

例如，经样品送检人确认客户名称为非全称客户名称“××质检院（客户标识为0000000078）”其对应的全称为“××市产品质量监督检验院（客户标识为0000000035）”。编号更改单元就自动对在样品信息库中客户名称为“××质检院”名下所有样品的样品标识进行重新编号。如将原样品标识为000000000780007的样品钢尺的样品标识更改为：000000003500239（0000000035是“××市产品质量监督检验院”的客户标识，00239是该样品在客户标识+该样品在其客户送检样品信息基础数据样品列表中的位置编号，亦称流水号）。在对样品标识进行重新编号的同时，系统还自动将被重新编号的样品标识的前、后取值的映射关系存储到第三映射信息库表中。

（11）第三映射信息库。用于存储第一样品标识、第二样品标识之间的映射关系，其中，第一样品标识为重新编号前的样品标识，第二样品标识为重新编号后的样品标识。

（12）关联查询单元。用于根据当前输入的样品标识，通过第一映射信息库、第二映射信息库、第三映射信息库，关联客户信息基础数据、客户送检样品信息基础数据、实物或铭牌计量器具名称基础数据、计量器具制造厂商基础数据中的信息，确定客户信息和样品信息。

（13）下次检定日期/再校准日期监控单元。用于监控客户送检样品信息基础数据中各样品的下次检定日期/再校准日期，当监控到某样品超期未检或即将到期时，通知关联查询单元该超期未检或即将到期的样品的标识，以便关联查询单元根据样品的标识，确定样品名称、送检单位等信息。

（14）自动通知单元。用于通过手机短信、邮件和即时通信等方式，通知客户对其超期未检或即将到期的样品进行送检。

（三）保障过程及过程方法

1. 客户信息唯一性保障过程

客户信息唯一性是确保样品信息唯一性的前提和基础，其保障过程就是获取客户全称的过程，获取顺序依次为：

（1）通过网上送检委托协议书获取。

（2）通过扫描贴有机构信息条码的客户联系卡或任意一件贴有样品器具信息条码标签（以下简称样品器具条码标签）中客户标识获取。

（3）通过客户名称中的关键词，利用词法分析器对提供的全称或关键字获取搜索词，通过第一映射信息库查找是否存在客户全称，未果则通过模糊查询单元对客户信息基础数据进行检索，并将检索结果通过分屏共览方式供送检人员选择。

（4）通过以上手段仍无法得到客户信息的，可新建客户信息，新建信息经过相关管理部门核实后可批准进入客户送检样品信息基础数据，如图1–2所示。

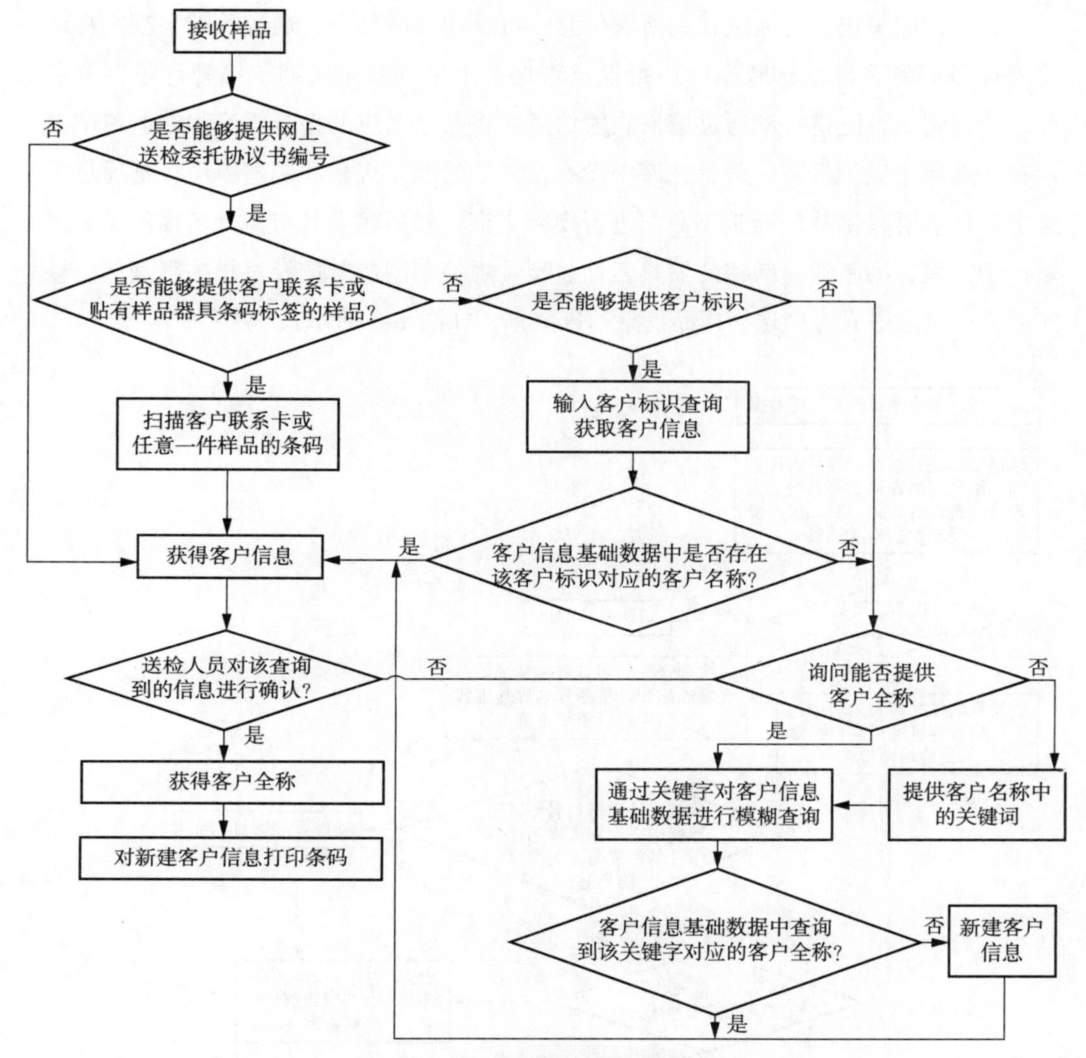

图 1-2　客户信息唯一性保障过程图

2. 信息录入中样品信息唯一性保障过程

客户信息唯一性实现后，系统将为每个送检客户建立属于自己的送检样品信息库。这将彻底改变传统的样品信息录入模式，由传统的人工信息输入升级到在已有数据库中查询筛选，即依次通过输入出厂编号、器具名称、规格型号、制造单位或其中一部分，对该客户送检样品信息基础数据进行模糊查询。在对样品器具名称筛选时，除了对《委托协议书》上填写的器具名称查询外，还将通过实物或铭牌计量器具名称基础数据的关联关系，筛选出该样品器具名称相关联的器具名称的样品信息。在查询中可根据不同需要选取查询方式，提高查询速度。

如经查询筛选，仍无法找到所需信息，可新建样品信息，通过关键字在实物或铭牌计量器具名称基础数据中进行模糊查询，未果则新建实物或铭牌计量器具名称。若查到，系统将自动通过第二映射信息库将与之对应的型号规格和制造单位显示在备选库中以供选择。若备选库中没有该样品的型号规格和制造单位，则通过关键字对计量器具制造厂商基础数据进行模糊查询，然后建立其与器具名称的关联关系；若未果，则新建。新建的器具名称、型号规格和制造单位经过相关管理部门核实后方可批准进入客户送检样品信息基础数据，如图 1–3 所示。

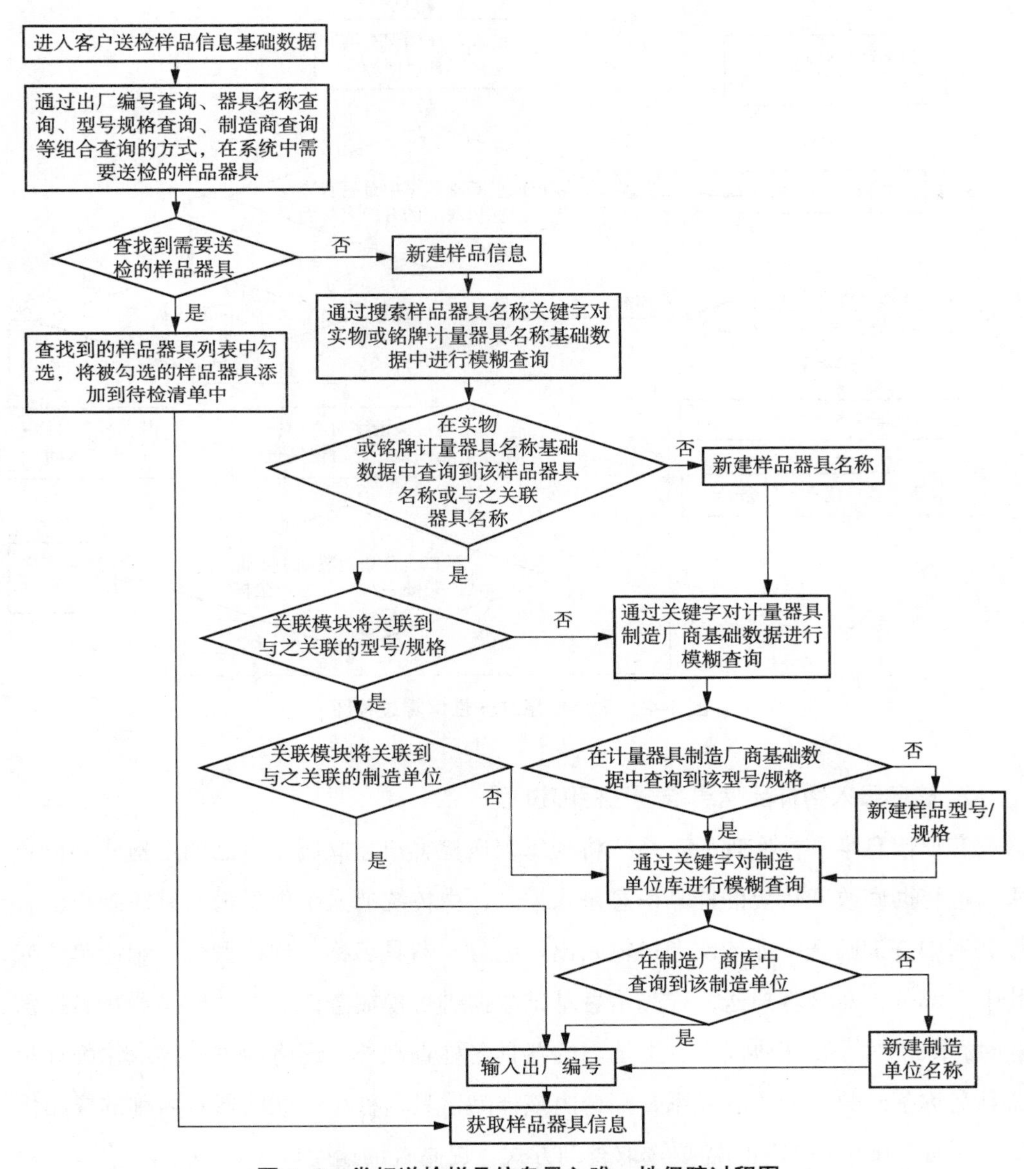

图 1–3 常规送检样品信息录入唯一性保障过程图

3. 送检过程中样品信息唯一性保障过程

送检时，样品信息获取的优先顺序依次为：

（1）网上送检的样品通过其委托协议书编号获取；

（2）贴有样品器具条码标签的送检样品通过扫描条码获取；没有贴样品器具条码标签的送检样品通过严格填写《送检委托协议书》，并按照上述步骤严格控制样品信息的录入，如图 1–4 所示。

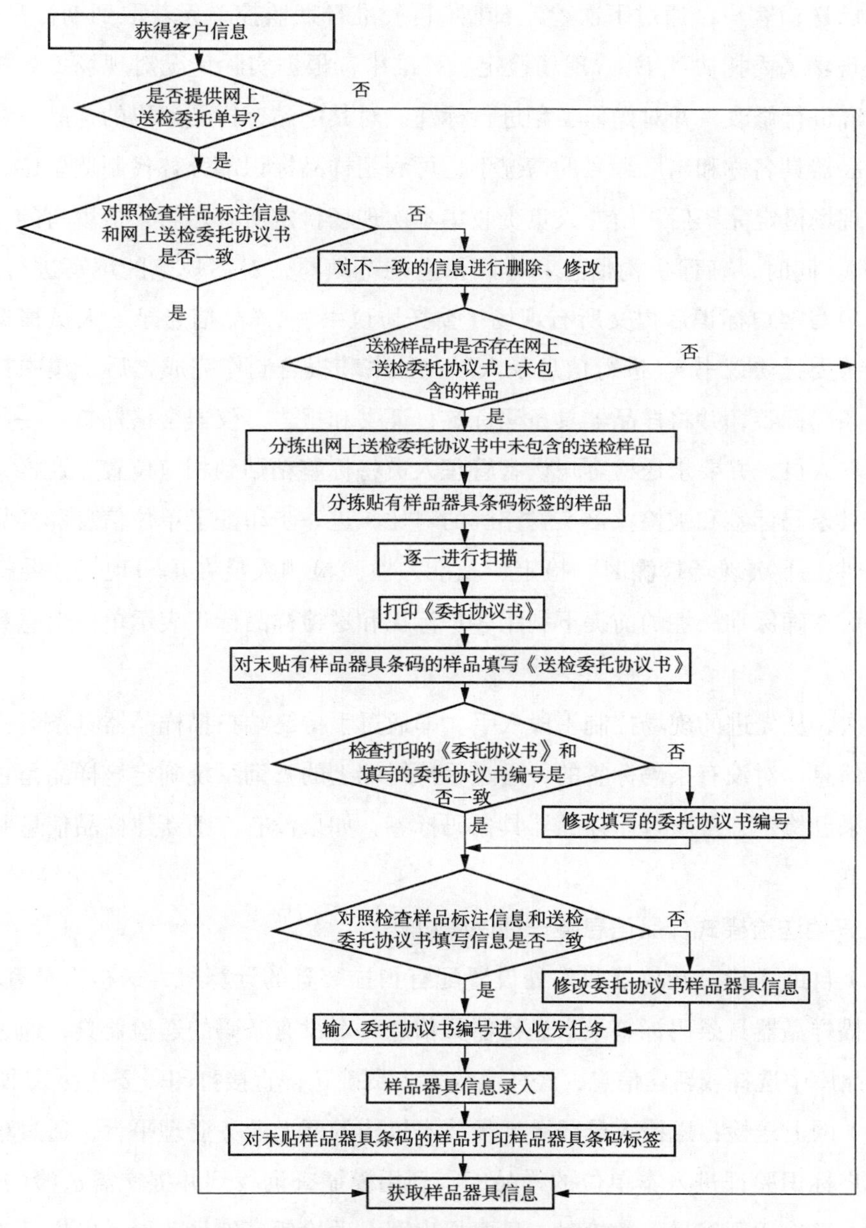

图 1–4　送检过程中样品信息唯一性保障过程图

4. 现场检定、校准的样品信息唯一性保障过程

现场检定、校准的样品信息唯一性是唯一性保障体系中的难点，这与现场检定、校准工作脱离系统控制、工作相对分散、缺乏统一协调、人为自由度大、企业配合度低有关。解决以上问题必须从严格的流程控制或先进的现场控制手段入手。

首先，从流程控制入手。在现场检定任务下达后，应确认送检器具是否曾经送检。对已送检客户，通过下次检定日期 / 再校准日期监控单元获取到期样品信息，并打印现场《委托协议书》。现场检定、校准中，根据实际情况对现场《委托协议书》内容进行修改，并对操作类型进行标注。对其中贴有样品条码的样品，在正确填写样品器具名称和出厂编号的情况下，可利用样品标识部分替代制造单位、规格型号。现场检定完毕后，由专人负责收集本次现场检定所有参与人员填写的《委托协议书》。同时，确保机构信息和样品信息规范填写，对不规范的填写进行纠正，并统一填写客户标识后提交所有现场《委托协议书》。样品信息录入人员根据提交的现场《委托协议书》，进行信息录入。在证书和报告制作完成之后，集中打印样品器具条码标签，并将样品器具条码标签、证书和报告、仪器合格标签，一并交予送检客户人员，并要求送检客户设备管理人员将标签粘贴到相应位置。这样，通过样品器具条码标签和被检仪器实物铭牌的对比，进一步印证了单位信息和样品信息的正确性。下次现场检测时，检定、校准、检验检测人员在填写现场《委托协议书》时可在确保唯一性的前提下利用客户标识和送检样品标识表示单位信息和样品信息。

其次，从先进的现场控制手段入手。即通过手持终端扫描样品器具条码标签获取样品信息。对没有条码标签的，通过手持终端上的查询系统确定该样品是否已检定，如果已检定，重新打印样品器具条码标签；如果没有，则新建样品信息并打印条码标签。

5. 其他送检模式样品信息唯一性保障过程

（1）自助送检：在仪器收发处设置配有扫描装置的计算机，送检人员登录后，通过扫描样品器具条码标签录入送检器具信息。对没有条码的送检器具，通过在该单位样品库中选择或新建信息，经样品收发人员确认，直接打印《委托协议书》。

（2）网上送检：送检人员登录计量技术机构的网上业务受理平台，通过单位全称、客户标识验证进入本单位的样品库，利用模糊查询找到并提交需送检的样品，获得网上送检凭证编号，送检时，只要报出网上送检凭证编号，然后经样品收发人

员确认，就可直接打印《委托协议书》。

（3）离线软件送检：送检人员下载相关安装软件后，在线或通过离线升级包更新其单位客户送检样品信息基础数据。选择要送检样品，上报数据或导出数据，再经样品收发人员确认，直接打印《委托协议书》。

（4）离线表格填报送检：登录计量技术机构网上业务受理平台下载 execl 表格填写送检信息，通过邮件、即时通信等方式发送给计量技术机构或存入移动设备，再经样品收发人员确认，直接打印《委托协议书》。

（四）实施效果

客户信息与样品信息的多义性一直是困扰计量行业的难题。通过数据库设计、数据共享、流程控制、条码代码、网上送检等方法最大化地保证了客户信息与样品信息的唯一性，唯一性的保障使得为每个客户建立属于自己的送检器具信息库这一设想得以实现。该功能的实现，一方面，使传统人工输入变革为已有数据选择，并且通过条码、代码技术的应用，使得准确性、便捷性得以提升；另一方面，使网上业务受理平台成为现实，客户可以方便地利用网络实现器具管理、网上送检、到期预警提示等功能，避免人工填报《委托协议书》的繁琐及产生的多义性。反过来又保证了样品信息的唯一性，最终形成一个良性循环。实践证明，本系统成功解决了数据冗余、数据不精确等问题，提高了计量工作的效率和质量。

二、证书和报告要素有效性理论及动态管理系统

计量检定、校准、检验检测过程中，证书和报告作为最终产品，是计量技术机构的生命。而目前国内外对证书和报告有效性的控制大多停留在规章制度的制定和事后监督检查上，无法做到全面、客观、实时、主动地对证书和报告的正确性作出综合性判断，更无法有效预防问题证书和报告的发出。因此，建立一套行之有效的证书和报告要素有效性控制理论及动态管理系统，已成为证书和报告制作标准化、规范化中的一项重要课题。

（一）证书和报告要素分析

1. 计量技术机构证书和报告要素定义

计量技术机构证书和报告要素指的是组成计量技术机构证书和报告的各部分或成分，是计量技术机构证书和报告的基本单位。各要素及要素间逻辑关系的有效性

决定了证书和报告的正确性，因此，对这些要素的有效性控制是从源头上保障证书和报告质量、杜绝证书和报告缺陷的根本和关键。

2. 计量技术机构证书和报告要素组成

在对计量技术机构证书和报告（特指计量技术机构出具的检定证书、检定结果通知书、校准证书，不包括检验检测报告和型式评价证书，以下简称证书和报告）进行管理前，首先需要明确该过程中涉及哪些相关要素，根据全面的考察分析，定义了以下要素组成，见表 1–1。

表 1–1 证书要素汇总表

<table>
<tr><th>要素序号</th><th>要素名称</th><th>子要素名称</th><th>时间有效性控制</th><th>权限有效性控制</th><th>要素间逻辑关系有效性控制</th><th>要素所存储的位置</th></tr>
<tr><td>1</td><td>证书和报告板式</td><td></td><td>√</td><td>—</td><td>—</td><td rowspan="2">证书和报告封面及续页格式模板基础数据</td></tr>
<tr><td>2</td><td>证书和报告类型</td><td></td><td>√</td><td>√</td><td>√</td></tr>
<tr><td>3</td><td>证书和报告编号规则</td><td></td><td>√</td><td>√</td><td>√</td><td>专业类别基础数据</td></tr>
<tr><td>4</td><td>机构名称</td><td></td><td>√</td><td>—</td><td>—</td><td rowspan="5">计量技术机构基础数据</td></tr>
<tr><td>5</td><td>地址</td><td></td><td>√</td><td>—</td><td>—</td></tr>
<tr><td>6</td><td>邮编</td><td></td><td>√</td><td>—</td><td>—</td></tr>
<tr><td>7</td><td>电话</td><td></td><td>√</td><td>—</td><td>—</td></tr>
<tr><td>8</td><td>网址</td><td></td><td>√</td><td>—</td><td>—</td></tr>
<tr><td>9</td><td>证书和报告制作人</td><td></td><td>√</td><td>√</td><td>√</td><td rowspan="3">人员基础数据</td></tr>
<tr><td>10</td><td>证书和报告核验人</td><td></td><td>√</td><td>√</td><td>√</td></tr>
<tr><td>11</td><td>证书和报告签发人</td><td></td><td>√</td><td>√</td><td>√</td></tr>
<tr><td>12</td><td>检定结论</td><td></td><td>—</td><td>√</td><td>√</td><td rowspan="2">计量器具名称基础数据</td></tr>
<tr><td>13</td><td>检定周期 / 校准间隔</td><td></td><td>—</td><td>—</td><td>√</td></tr>
<tr><td>14</td><td>国家法定检定机构授权证书编号</td><td></td><td>√</td><td>—</td><td>√</td><td rowspan="3">计量技术机构基础数据</td></tr>
<tr><td>15</td><td>中国合格评定国家认可委员会（CNAS）实验室认可证书编号</td><td></td><td>√</td><td>—</td><td>√</td></tr>
<tr><td>16</td><td>机构获得的其他资质证书编号</td><td></td><td>√</td><td>—</td><td>√</td></tr>
</table>

表 1-1（续）

要素序号	要素名称	子要素名称	时间有效性控制	权限有效性控制	要素间逻辑关系有效性控制	要素所存储的位置
17	认证、认可标识	标识 1 · · · 标识 *n*	√	—	√	计量技术机构基础数据
18	计量标准考核证书编号		√	√	√	机构计量标准基础数据
19	社会公用计量标准证书编号		√	√	√	
20	检定所依据的技术文件	技术文件 1 · · · 技术文件 *n*	√	√	√	检定、校准、检验检测方法基础数据
21	检定所使用的主要计量器具	主要计量器具 1 · · · 主要计量器具 *n*	√	√	√	测量设备基础数据
22	检定地点		√	√	√	计量技术机构基础数据
23	检定环境条件		—	—	√	授权资质基础数据
24	证书和报告内页格式及原始记录格式模板		√	√	√	证书和报告内页格式及原始记录格式模板基础数据

注：（1）表中“√”表示涉及该要素；
（2）表中“—”表示不涉及该要素。

从表 1–1 可以看出，有些要素会衍生出多个子要素。如要素 20、21 可能存在多个子要素。按平均每份证书和报告上出现 1 ~ 3 个依据的技术文件、1 ~ 10 个主要计量器具计算，一份证书和报告所包含的要素总和将多达 24 ~ 37 个。

3. 证书和报告要素控制难点

由于每个要素都是一个变量，随时间、权限、要素间逻辑关系不断进行变化和调整。例如，以一个计量技术机构来说，仅其拥有的技术文件和检定用设备少则上百、多则上千，每天都可能有新的技术文件颁布实施、新的设备投入使用，每天都有可能对到期的设备进行溯源信息的更新，对到期的检定、校准人员资质进行重新确认。假设一个计量技术机构每天出具 200 份证书和报告，平均一份证书和报告出现 3 种要素变化，每天出错的次数将达到 600 次。但在传统的计量行业中，往往依靠计量人员人脑记忆对证书和报告中的每一要素进行有效性控制，准确性差、出错率高。但随着实验室管理规范要求不断提高、证书和报告要素不断增多、要素更新速度不断加快，单单依靠人工筛选，难以保证证书和报告的有效性，因此，有必要借助严格的过程控制实现对证书和报告质量的自动化控制。

（二）证书和报告要素有效性控制的基本原理

1. 证书和报告要素有效性控制定义

证书和报告要素有效性控制是通过对证书和报告中各要素进行时间、权限及要素间逻辑关系的预设、控制，逐层缩小要素的取值范围，直至筛选出符合有效性要求的要素取值或取值范围，以达到降低人工选择自由度，避免由于人为失误而产生的质量问题，从源头上进行证书和报告的质量管理。

2. 证书和报告要素有效性控制分类

按照上述定义，将证书和报告要素有效性控制分为三类：

（1）要素时间有效性控制：通过设置各要素的“有效时间”（即设置要素的“启用日期”和“截止日期”），以确保在检定日期选定后，系统自动筛选、加载所有符合“有效时间（包含所选检定日期）”这一条件的所有要素取值。

（2）要素权限有效性控制：通过设置要素授权使用人及授权使用有效时间，防止无证检定、无授权签发证书和报告的情况发生。

（3）要素间逻辑关系有效性控制：通过建立各要素间内在的逻辑关系，智能关联与匹配要素取值或锁定相关的取值范围，最低限度减少人工操作，防止证书和报告出现逻辑性错误。

3. 证书和报告要素有效控制动态管理系统原理

为了进一步说明证书和报告要素有效性控制的基本工作机制，此处对证书和报告动态管理系统作了定义，如图 1–5 所示。

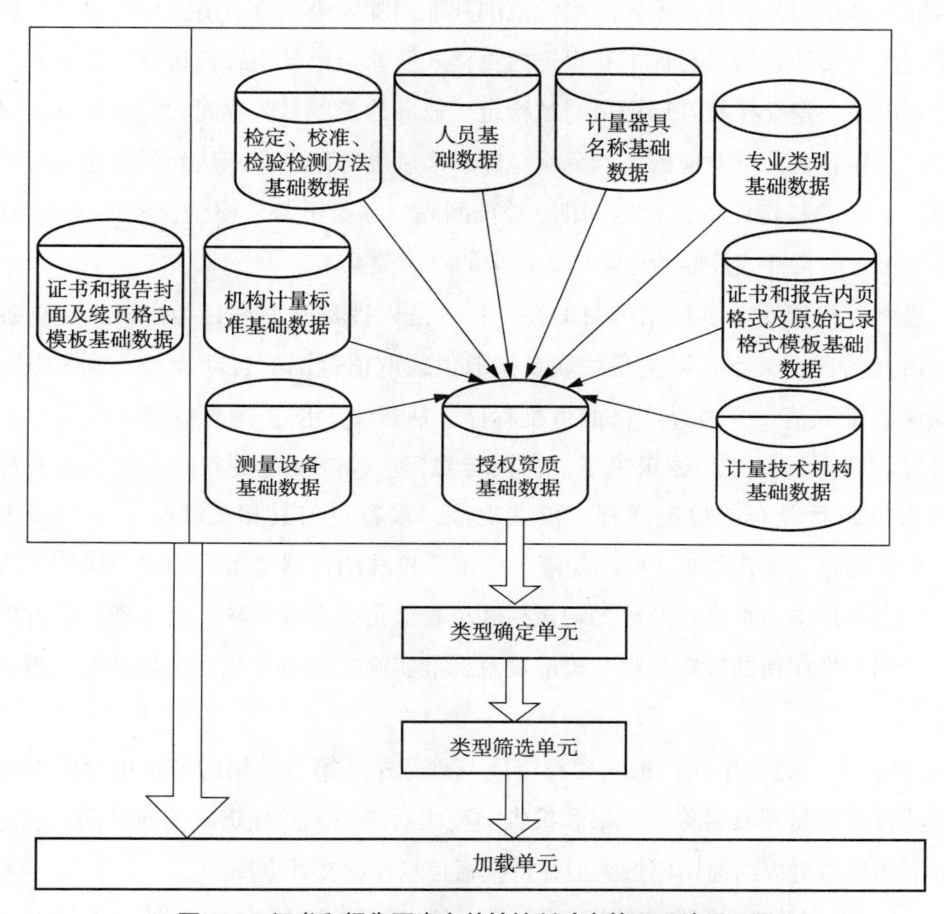

图 1–5 证书和报告要素有效性控制动态管理系统原理图

（1）计量技术机构基础数据，详见第三章第二节。

（2）证书和报告封面及续页格式模板基础数据，详见第二章第十四节。

（3）授权资质基础数据，详见第三章第四节。

（4）测量设备基础数据，详见第三章第七节。

（5）机构计量标准基础数据，详见第三章第八节。

（6）检定、校准、检验检测方法基础数据，详见第三章第九节。

（7）人员基础数据，详见第三章第五节。

（8）计量器具名称基础数据，详见第二章第十节。

（9）专业类别基础数据，详见第三章第十四节。

（10）证书和报告内页格式及原始记录格式模板基础数据，详见第三章第十一节。

由于一个授权开展项目可能对应多个被授权开展检定、校准的计量器具名称，并且同一计量器具名称在不同的测量范围和准确度等级组合下所选用的检定、校准所使用的主要计量器具与证书和报告内页格式及原始记录格式模板有可能不同。因此，还应逐一建立授权开展项目与被检定、校准计量器具名称间的对应关系，以及每个计量器具名称下对应的不同测量范围和准确度等级组合，从而最终建立每种组合与其对应的检定结论，检定周期 / 校准间隔，测量设备、检定、校准环境条件，证书和报告内页格式及原始记录格式模板的对应关系。

建立授权资质基本数据的目的在于：一是以授权开展项目为主线，建立各要素间内在的逻辑关系，以实现关联要素取值或取值范围的自动加载。最大限度避免要素人工取值，并通过严格的审批程序，从根本上防止逻辑性错误的发生；二是通过其建立的要素间逻辑关系，在检定规程、校准规范更新时，立刻通知授权使用人按照新颁布的检定规程、校准规范，重新对与其相关联的证书和报告类型，检定结论，检定周期 / 校准间隔，检定、校准用仪器设备，检定、校准环境条件，证书和报告内页格式及原始记录格式模板进行符合性确认。审查通过后方可使用，否则，将在新的检定规程、校准规范标准实施之起将停止该项目证书和报告的制作。

（11）类型确定单元：根据授权资质基础数据（第三章第四节）中存储的授权开展项目与计量器具名称、证书和报告类型的对应关系及检定、校准日期，确定当前证书和报告对应的通用模板类型并将模板信息存储在数据库中。

（12）类型筛选单元：根据登陆人员，检定、校准时间，计量器具名称及对应的授权开展项目的测量范围和准确度等级组合，在上述所有库和单元中筛选符合条件的要素取值。若要素取值唯一，系统将自动确定该值为要素取值；若要素取值不唯一，系统将显示所有符合条件的要素取值供用户自行选择。

（13）加载单元：将筛选单元获得的要素取值加载到类型确定单元确定的通用模板中。

（三）有效性控制流程及方法

为了有效地对证书和报告要素过程进行控制，应先对该过程做详细描述：

（1）相关人员登录，开始制作证书和报告，系统将自动筛选登录人员被授权使用的所有要素取值并做临时存储。

（2）检定、校准时间确定后，在对要素取值进行权限有效性筛选的基础上进行时间有效性筛选并做临时存储，并确定其中仅与时间有效性相关的要素取值供用户选择。

（3）系统根据计量器具名称基础数据建立的分类信息，自动判断当前计量器具名称是否为最底层名称，如不是，则显示计量器具名称树状结构图，并显示当前计量器具名称所在位置，以便选择最终的器具名称。

（4）系统自动根据被授权资质基础数据中存储的对应关系，确定当前计量器具名称所对应的被授权开展的检定、校准项目。

（5）通过被授权开展的检定、校准项目，确定该项目对应的证书和报告类型。

（6）通过证书和报告类型的检定、校准时间，确定证书和报告通用模板及要素取值。

（7）根据被授权资质基础数据中存储的对应关系，系统自动显示该被授权开展的检定、校准项目的所有测量范围和准确度等级组合，以供人工选择。

（8）测量范围和准确度等级组合确定后，系统在步骤（2）筛选的基础上对要素进行逻辑性筛选，当要素取值唯一时，用户不用再次选择。当要素取值是多个时，用户进行人工选择。

（9）当所有要素取值确定后，系统将把所有的要素取值存储在数据库中；当用户需要查看证书和报告时，系统会向步骤（6）所确定的通用模板中统一加载要素取值。

（四）实施效果

综上所述，应用本方法及系统，通过在系统中对要素进行分类细化，在各类基础数据上分别对各要素进行时间有效性、权限有限性、要素间的逻辑关系进行预设置，在制作证书和报告的过程中应用本系统的加载单元，自动加载需要加载的证书和报告通用模板，应用加载单元自动根据各库中的时间有效性设定、权限设定、逻辑关系设定，确定证书和报告模板中各要素的取值范围，这样不仅将证书和报告制作填写工作量降至最低，同时，大幅度降低了证书和报告的制作时间，提高了工作效率，并且将人为因素降至最低，有效避免了在证书和报告制作过程中出现错误的复杂要素关系，实现了证书和报告制作的自动化、标准化、智能化、制度化、规范化，确定了过程质量控制与实际灵活运用的对立统一，具有很高的实际应用价值。

三、分布式计量校准服务网络

（一）分布式计量校准服务网络建立的必要性

我国现行的计量管理体系中，各省、市、区（县）均建有各自的计量技术机构，而这些机构普遍缺乏市场竞争意识，资源配置不合理，特别是市、区（县）两级计量技术机构在功能设置和市场定位上几乎相同。这样就造成两方面问题：一方面，大量的重复建设、内部恶性竞争和资源浪费；另一方面，服务意识不强、校准能力不足、校准行为不规范等现象，无法为企业提供优质、高效的服务，无法满足企业多样化的测量需求。而一些区（县）计量技术机构基础薄弱，实力上无法与大型机构比拼，迟早会被市场淘汰。

（二）分布式计量校准服务网络的实现

分布式计量校准服务网络是整合市、区（县）两级计量技术机构资源、信息、区域、项目等优势，以市级计量技术机构作为本部和网络中心节点、区（县）计量技术机构作为市级计量技术机构的分支机构和业务前端，构建一个覆盖整个区域的服务网络，如图 1-6 所示。利用先进计算机技术、网络技术和数据库技术，建立统一的客户资源、服务标准、业务流程、质保体系、技术支持，为顾客提供样品代送、特急服务、上门取样、咨询培训、设备选型、网上送检等全方位服务。

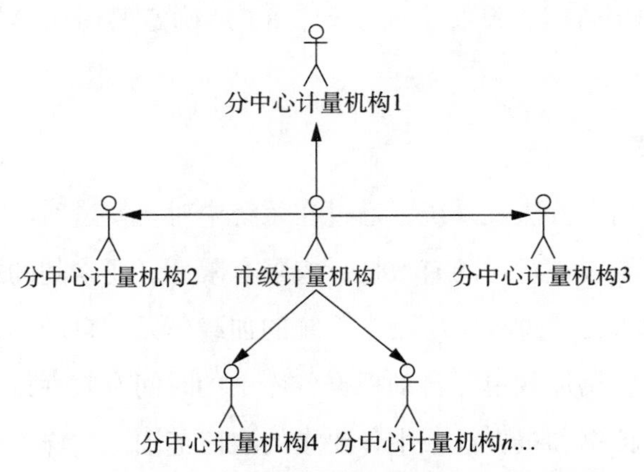

图 1-6　分布式计量校准服务网络分布关系图

1. 运营模式

（1）市级计量技术机构作为网络中心节点，负责以下工作：

① 架设与分布式计量校准服务网络相适应的软、硬件环境；

② 对现有客户信息以及样品名称信息进行整理、分类，实现与区（县）计量技术机构共享数据，并确保客户信息和样品信息的唯一性和完整性；

③ 建立现代化的物流、业务调度和客户关系管理系统（CRM）；

④ 合理界定各机构间的业务分工和侧重点，借助计算管理系统确保业务的正常运转，避免各机构间的业务冲突；

⑤ 利用业务管理系统规范工作标准、服务标准、收费标准、业务流程标准；

⑥ 利用业务管理系统统一质量体系文件、数据 / 结果页模板、原始记录模板、质量记录、技术记录，并执行严格的备案审批程序；

⑦ 对各机构测量设备、受控文件、人员资质、建标资料实施集中管理。对过期资料及时提醒，并按时更换。

（2）区（县）计量技术机构作为网络各节点，使用统一的业务管理系统，负责以下工作：

① 作为业务受理前端，接受辖区企业的日常送检，所有辖区执行统一的业务管理系统，保证收发、委托协议书录入的规范性，实现数据准确性以及辖区数据分离；

② 对样品进行分类整理，对其中授权项目进行检定或校准；非授权项目收集后，由本部集中确认并集中取走；

③ 利用业务管理系统进行证书和报告制作流程的控制，保证证书和报告的准确性和有效性；

④ 利用业务管理系统进行财务缴费，便于进行各种数据和任务的统计；

⑤ 管理自己使用的实验设备、计量标准、检定规程、校准规范、检验检测标准、原始记录空白模板和校准证书结果 / 数据页模板等信息。

2. 系统部署方案

分布式计量校准服务网络部署通常可采用三种：第一种是通过数字专线（SDH），即点对点传输；第二种是借助当地电子政务内网；第三种是中心机房光纤接入（带固定 IP 地址）。前两种部署的优点在于：分支机构相当于内部网的一个节点，各分支机构可以顺畅地运行自己跨地区的内部管理系统，对于证书和报告制作、证书中有图片等情况，其平稳的传输带宽为数据传输的及时性提供了保证；另外，整个网络与公网物理隔离，杜绝非法访问的隐患。最后一种部署采用 VPN+ 密钥 +MAC 地址的方式，以保证安全。

（三）系统设计

依据 ISO/IEC 17025：2017《检测和校准实验室能力认可准则》、JJF 1069—2012《法定计量检定机构考核规范》中法定计量检定机构考核规范的相关规定和分布式计量校准服务网络的特点，本系统包括 9 个模块，具体结构如图 1-7 所示

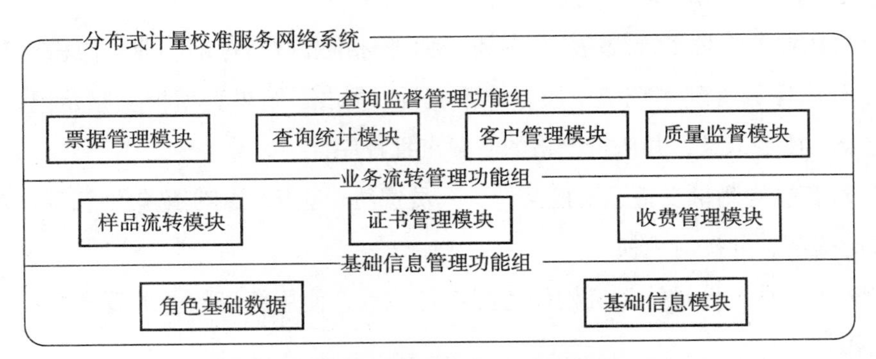

图 1-7　分布式计量校准服务网络系统结构图

1. 角色基础数据

对部门属性（本部、分支机构）、分支机构辖区、部门权限、部门人员、人员角色权限、权限验证方式等信息进行预设，以保证不同角色人员只能行使自己的职权。各分支机构只能管理属于自己辖区内的客户和样品信息，详见第三章第十六节。

2. 基础信息模块

对系统基础信息进行预设。为保证本部和分支机构原始记录、证书和报告的统一，该模块所有内容均应由本部统一审核、统一批准、统一管理，分支机构无权修改。其中：

（1）计量器具名称基础数据

详见第二章第十节。

（2）检定、校准、检验检测方法基础数据

详见第三章第十节。本部资料管理员设置检定规程、校准规范、检验检测标准基础信息的同时，应上传检定规程、校准规范、检验检测标准的电子版本，以供授权使用人随时查阅。如需检定规程、校准规范、检验检测标准的纸质版本，授权使用人可通过系统提出领取申请，领取和归还过程均应刷卡确认。

（3）测量设备基础数据

详见第三章第七节。为便于统一管理，分支机构设备信息和资料（包括建标资

料）可以由本部统一管理维护。系统将定期向本部和各分支机构设备管理员（或使用人）发出到期预警信息和检定或校准计划。设备送检完毕后，溯源信息须经过本部设备管理部门对本次送检有效性确认后方可录入系统。

（4）人员基础数据

详见第三章第五节。

（5）授权资质基础数据

详见第三章第四节。

（6）专业类别基础数据

详见第三章第十四节。

3. 样品流转模块

样品流转模块主要包括：样品接收、信息录入、样品发放和归还、记录归还、客户领取 5 个步骤，具体流程如图 1–8 所示，其中：

（1）样品、证书、原始记录、缴费通知单（即缴费单，以下简称缴费单）均应以《委托协议书》为单元进行保管、存放。

（2）样品及证书的发放和归还可以通过刷卡确认的方式进行，无需再打印《样品流转单》。

（3）为防止机构间恶性竞争及超范围检定、校准、检验检测，系统在委托协议书信息录入过程中将自动判断分支机构与送检单位辖区是否匹配。若不匹配，则分支机构只能作为受理前端，录入委托协议书信息，而不能从事校准工作。若匹配，系统将进一步判断送检样品名称与机构被授权开展项目名称是否匹配，若匹配，方可进行任务分配；若不匹配，样品信息将同步显示在本部仪器收发界面中。

4. 证书管理模块

根据基础信息单元及基础信息单元中要素之间的关联和制约关系，系统会自动确定校准人员所属部门及对应的证书编号规则，自动关联待校准样品（即计量器具的实际使用名称）对应的授权签字人、检定规程、校准规范、检验检测标准、校准设备、校准证书结果 / 数据页模板，自动判断校准人员与授权签字人是否属于同一分支机构。若不属同一机构，系统会自动要求将原始记录扫描后作为证书附件上传，以便于授权签字人参照审核批准。证书和报告制作完毕后，需经核验、批准两级审核，方可打印含证书编号信息的防伪条码的证书。各分支机构可配备打印机自行打印证书，证书领取均应以费用缴清为前提，证书的发放应采取条码逐份扫描形式进行，以确保准确无误。

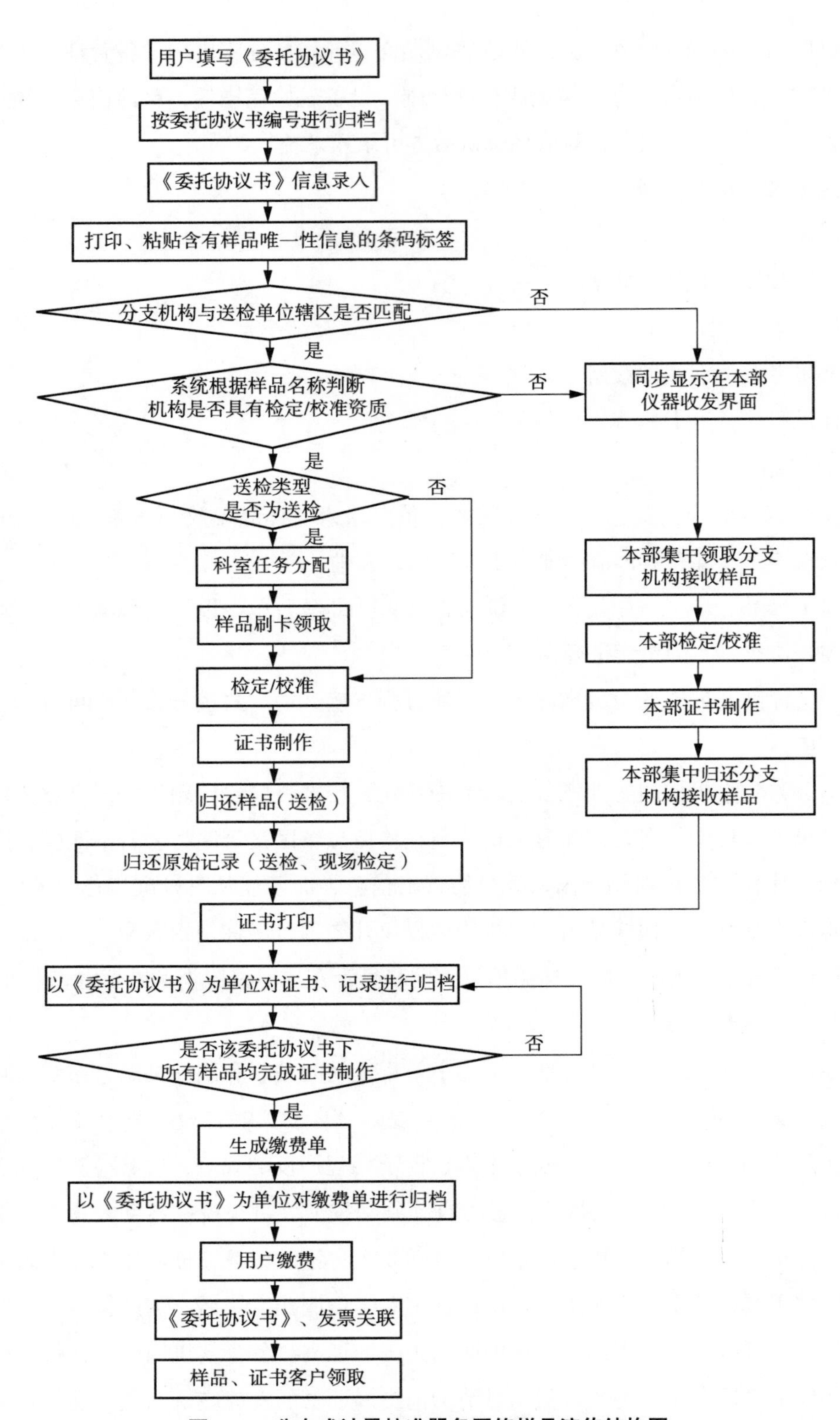

图 1-8　分布式计量校准服务网络样品流传结构图

当证书中出现“测量不确定度”信息时，系统将自动关联授权开展项目管理模块，以提供“典型值及对应的测量不确定度”，供用户选择插入。

5. 收费管理模块

《委托协议书》下所有样品证书和报告制作完毕后，系统将以《委托协议书》为单元生成缴费单。并以缴费单为主线，构建整个收费体系，如图1-9所示。各分支机构可依托本网络独立完成缴费确认、欠费担保、协议单位管理、发票领取、发票关联等操作。系统会自动计算分支机构应收账款、实收账款、待交账款等信息。

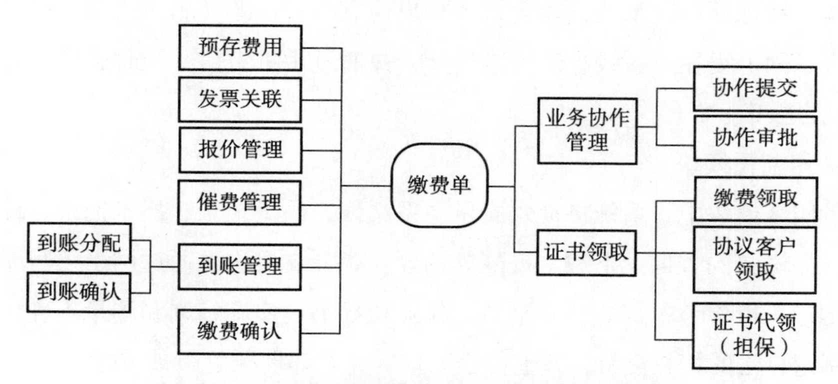

图1-9　分布式计量校准服务网络收费管理主线图

6. 票据管理模块

该模块主要用于对分支机构领取的发票、空白证书、校准状态标签，以及发票与缴费单间相关联的管理。通过该模块，用户可以清楚地掌握上述资料的领用机构、领用人、领用时间、领用数量、发票编号、核销日期、核销人等信息。其中：

（1）为减少交接手续，票据的领取和核销均可以通过刷卡确认的方式进行。

（2）为确保发票、委托协议书缴费单三者间的平衡对应关系。分支机构在领取发票时，系统将记录发票的起始编号、张数、领取机构等信息。分支机构在缴费单生成后，选择已领取的发票编号关联缴费单即可。

（3）如出现废弃票据，不得擅自销毁，须在系统中记录废弃数量后妥善保管，以便核销时进行核实。

7. 查询统计模块

根据“权限设置模块”中的预设，本部和各分支机构只能查询权限范围内《委托协议书》、客户校准器具情况。可统计本部各部门和各分支机构的以下信息：

（1）任务完成情况；

（2）开票金额、应缴金额、已关联缴费单金额及三者间平衡关系；

（3）发票、空白证书、校准状态标签的领取、发出和废弃数量及三者间的平衡关系。

8. 客户管理模块

为确保客户及对应辖区信息的准确性和唯一性，系统设计了与统一社会信用代码数据库的数据接口，以保持数据同步更新。新建、查询《委托协议书》时，只能从客户单位库中查询、选择，若查询未果，新建客户单位须经过本部审核批准。客户信息唯一性保证后，系统自动为每个客户建立委托校准样品库。客户可对其进行在线管理、网上委托、在线查询校准进度，并通过手机短信、即时通信等方式通知客户到期再校准。

9. 质量监督模块

质量监督模块中，系统将提供质量体系文件、质量记录、技术记录、计量标准建标资料等资料的查询、下载、提醒等功能。各分支机构可通过网络填写质量记录和技术记录，可参考本部的建标资料、作业指导书、实施细则和测量不确定度评定方法，制定自己的相关资料，并上传至系统，经本部批准后颁布实施。

（四）实施效果

分布式计量校准服务网络以市级计量技术机构为中心节点，区（县）计量技术机构为分支，实现了资源共享、统一管理、标准化业务流程，避免了重复性工作和资源浪费，有效地提高了计量技术机构的市场竞争力。

第四节 建设意义

根据上述描述，计量技术机构信息管理系统（MIMS）的设计、开发目的有以下 5 方面：

一、提高机构核心竞争力

计量技术机构的本质上是企业服务供应商，因此，必须按企业化管理，按市场规则来运作，而正如高德拉特在《目标》一书中描述的，企业的目标不是品质、不是效率、不是技术，而是效益。尽管目前大部分计量技术机构仍为非盈利性事业单位，大部分为财政全额拨款单位，似乎盈利并不在首位。然而，一旦校准市场放开，大量国内外检测机构（包括民营资本）必定引起市场竞争，落后的、没有竞争力的校准机构只能被淘汰。在受到市场冲击时，资金、技术、人才、设备、管理、机制上均不占绝对优势的计量技术机构，反而最具核心竞争力。其原因为：一是多年积累的客户资源；二是同计量行政管理、计量监管部门的紧密配合，而这两点必须依赖计量技术机构信息管理系统（MIMS）来实现。

二、质量提升的利器

在竞争日益激烈的市场环境里，企业的目的是为了追求利润最大化，计量技术机构也应如此。但计量技术机构并不是单纯意义上的企业，它肩负着一定的社会责任。因此，数量和质量的矛盾是每个机构必须面对的。一方面，机构要发展，势必要追求经济总量，经济总量上不去，设备更新、环境改造、人员培训、规范化管理均无从谈起；另一方面，片面地追求经济效益，势必会造成业务部门过于强势，质量部门可能不好管理，或是在管理中摩擦不断、关系紧张。而这将进一步造成质量工作难以顺利展开，造成质量的下滑。要解决这一矛盾，靠人管显然行不通，一是容易激化矛盾，二是根本管不过来。因此，这时就要靠制度、靠流程、靠工具。而计量技术机构信息管理系统（MIMS）正是落实责任、防范风险、堵塞漏洞、纠正偏差、提高监管质量和执法水平的有效途径。

三、减少人为干预，提升效率

减少人为干预是实现“效益最大化、风险最小化”的有效方法。计量技术机构信息管理系统（MIMS）在证书和报告制作方面可以通过对各要素取值及要素间相互关联关系的预设，实现只选择少数几个要素（授权开展项目、检定时间、环境条件）即能完成整张证书和报告的制作；在质量控制方面，可以通过各个主线将各要素串联起来，以实现在其中某一要素变化时，对其他要素进行有效控制（本章第三节）。例如，在新旧规程更替时，系统将自动要求对与其证书和报告类型、检定结论、检定周期 / 校准间隔，检定、校准、检验检测用仪器设备，检定、校准、检验检测环境条件，证书和报告内页格式及原始记录格式模板进行符合性确认，否则将停止证书和报告制作；在流程控制方面，可以通过流程设置，实现从样品流转到管理体系各要素全方位的自动化管理。

四、提高信息利用率，简化考核程序

迎接各种考核是计量技术机构一项重要且常规化的工作，但目前国内对各种考核资料的管理大多停留在人工管理上，不仅手续繁琐，资料易丢失，而且资料维护工作量大、信息重复利用率低，平常疏于管理、考核前加班加点、考核中手忙脚乱。通过计量技术机构信息管理系统（MIMS）不仅可以通过严格流程控制，实现从人员、设备、资料、记录到计量标准的规范化、标准化、常态化管理，实现符合 JJF 1069—2012《法定计量检定机构考核规范》、JJF 1033—2016《计量标准考核规范》、ISO/IEC 17025：2017《检测和校准实验室能力认可准则》的一体化管理，而且可以实现建标资料、检定或校准结果的重复性试验（稳定性）记录的网络化建档、自动计算、自动生成控制图、自动判断测量过程异常、自动生成履历书、智能判断纠错等功能实现计量标准考核 / 计量授权考核 /CNAS 要求的全部资料自动输出，最终达到任何时候迎接考核都不需准备的目的。

五、加强部门间合作，信息高度共享

目前，计量、质量、特设、食品、药品、标准、名牌、环保、建筑等大质量要素间彼此分割、自成体系，缺乏相互沟通和信息交流机制，无法实现业务上的横向联合和信息资源的高度共享，导致在各项审查、审批中计量受重视程度普遍偏低。一方面，由于计量技术机构信息管理系统（MIMS）多数仍停在证书和报告制作上，还未上升到建立以信息为基础、政策为导向，检定、监管、服务一体化管理体系的高度上。这集中体现出对客户信息、样品信息等基础数据的采集、整理、规范和挖掘还普遍不够重视，特别是器具信息唯一性无法保证，形成大量“脏数据”，为后期数据共享和数据更新带来了无穷的隐患。另一方面，各级管理部门信息化程度不高，缺乏大数据概念。这些内容将通过本书第十二章的介绍，为读者提供一种实现各职能部门、专业机构横向联合，发挥不同部门之间相互协作优势，扩大计量管理和检测覆盖面，消除计量监管工作死角，避免因监管不到位而带来风险和安全隐患的思路。

第五节　相关依据

——《中华人民共和国计量法》；
——《中华人民共和国计量法实施细则》；
——《计量标准考核办法》；
——《法定计量检定机构监督管理办法》；
——《计量授权管理办法》；
——《检验检测机构资质认定管理办法》；
——《国际计量学词汇基础和通用概念及相关术语（VIM）》；
——JJF 1001—2011《通用计量术语及定义》；
——JJF 1051—2009《计量器具命名与分类编码》；
——CNAS-AL06：2015《实验室认可领域分类》；
——JJF 1022—2014《计量标准命名与分类编码》；
——《中华人民共和国国家计量检定系统表框图汇编（2017 年修订版）》；
——JJF 1033—2016《计量标准考核规范》；
——JJF 1069—2012《法定计量检定机构考核规范》；
——CNAS-CL01：2018《检测和校准实验室能力认可准则》；
——CNAS-CL01-G001：2018《CNAS-CL01〈检测和校准实验室能力认可准则〉应用要求》；
——CNAS-CL01-G005：2018《检测和校准实验室能力认可准则在非固定场所外检测活动中的应用说明》；
——CNAS-CL01-A025：2018《检测和校准实验室能力认可准则在校准领域的应用说明》；
——ISO/IEC Guide 98-3：2018《测量不确定度表示指南》；
——JJF 1059.1—2012《测量不确定度评定与表示》；
——JJF 1059.2—2012《用蒙特卡洛法评定测量不确定度》；
——CNAS-CL07：2011《测量不确定度的要求》；
——CNAS-GL06：2006《化学分析中不确定度的评估指南》；
——CNAS-CL06：2001《量值溯源要求》；
——CNAS-RL01：2016《实验室认可规则》；
——CNAS-RL02：2018《能力验证规则》；

——RB/T 214—2017《检验检测机构资质认定能力评价　检验检测机构通用要求》;
——GB/T 21063—2017（所有部分）《政务信息资源目录体系》;
——GB/T 7027—2002《信息分类和编码的基本原则和方法》;
——GB/T 10113—2003《分类与编码通用术语》;
——GB/T 21064—2007《电子政务系统总体设计要求》。

第六节　设计要点

一、认清核心问题

客户信息和样品信息唯一性的保障作为整个计量行业信息化、标准化、规范化管理的前提和基础，直接决定着相关信息管理系统设计与开发的成功与否。但在实际工作中该问题普遍未引起各级部门的重视，更缺乏一套系统、有效的保障方法。在系统设计中，唯一性的缺失不仅会造成数据检索、更新上的困难，还将造成各系统间的数据共享、数据交换无法实现。

实现数据实时共享、自动更新极其重要。在实际送检过程中，大部分《委托协议书》为人工填报，多使用简写、别名等非全称，造成唯一性难以保证。计算机进行信息分类时会认定为两件不同的器具，从而产生大量冗余数据，数据亦不能及时更新。一方面，导致无法实现计量器具的有效监管；另一方面，也使得各机构的计量技术机构信息管理系统（MIMS）沦为作证系统，“决策支持”和“客户关系管理”只是空谈。

二、抓住主线，围绕主线设计

计量技术机构信息管理系统（MIMS）设计的核心和主要任务是主线，是确保系统有效运转的关键，它将各要素贯穿起来，进行有效控制。计量技术机构信息管理系统（MIMS）主要有以下主线：

（一）以“统一社会信用代码”“公民身份证号码”或“客户代码”为主线，贯穿整个客户管理过程

按客户单位 ⊂ 委托协议书 ⊂ 缴费单 ⊂ 证书 / 报告 ⊂ 送检样品的包含关系展

开，构建出整个业务系统的基础架构，如图 1-10 所示，详见第八章。

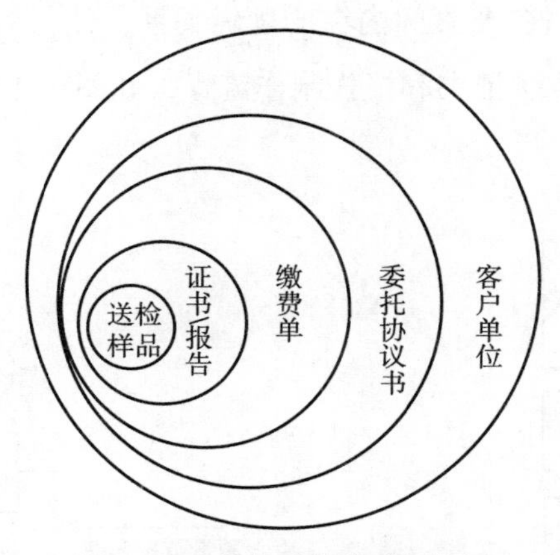

图 1-10　业务系统基础架构图

(二) 以“委托协议书”为主线，贯穿整个样品流转过程

以“委托协议书”为主线，建立“委托协议书→缴费单→证书 / 报告→原始记录→样品”的样品流转管理体系，确保了样品流转的规范性，如图 1-11 所示，详见第八章。

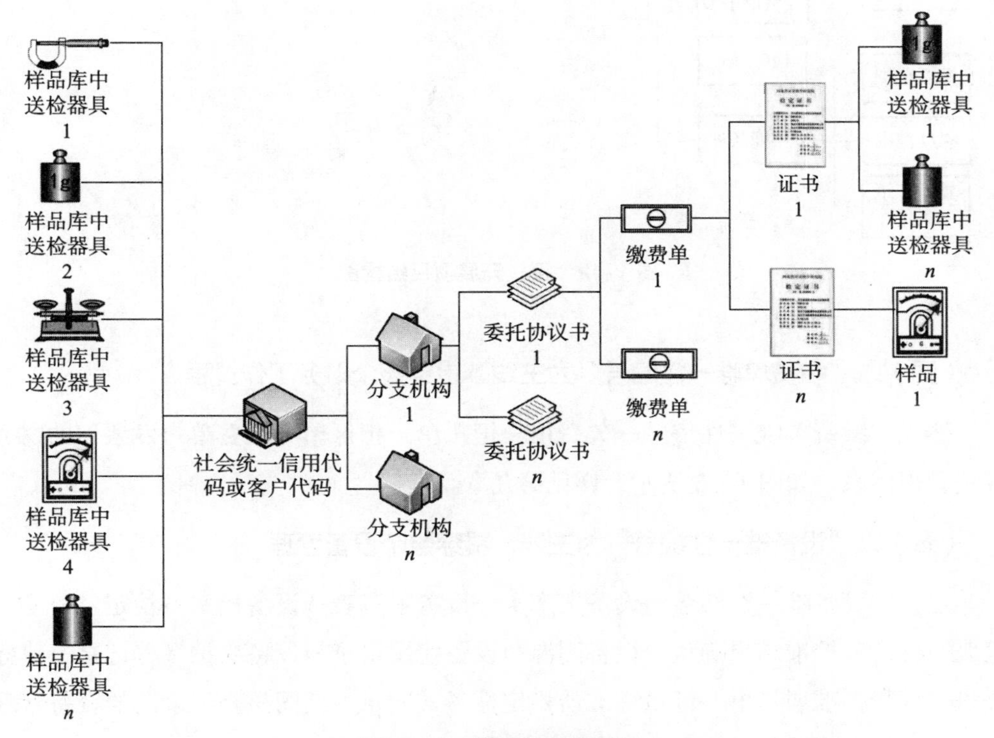

图 1-11　样品收发流程图

（三）以“授权开展项目”为主线，贯穿整个证书和报告制作过程

通过建立证书和报告各要素间内在的逻辑关系，使得关联要素取值或取值范围的自动加载，并由此完成了证书和报告制作流程，如图 1-12 所示，详见第八章。

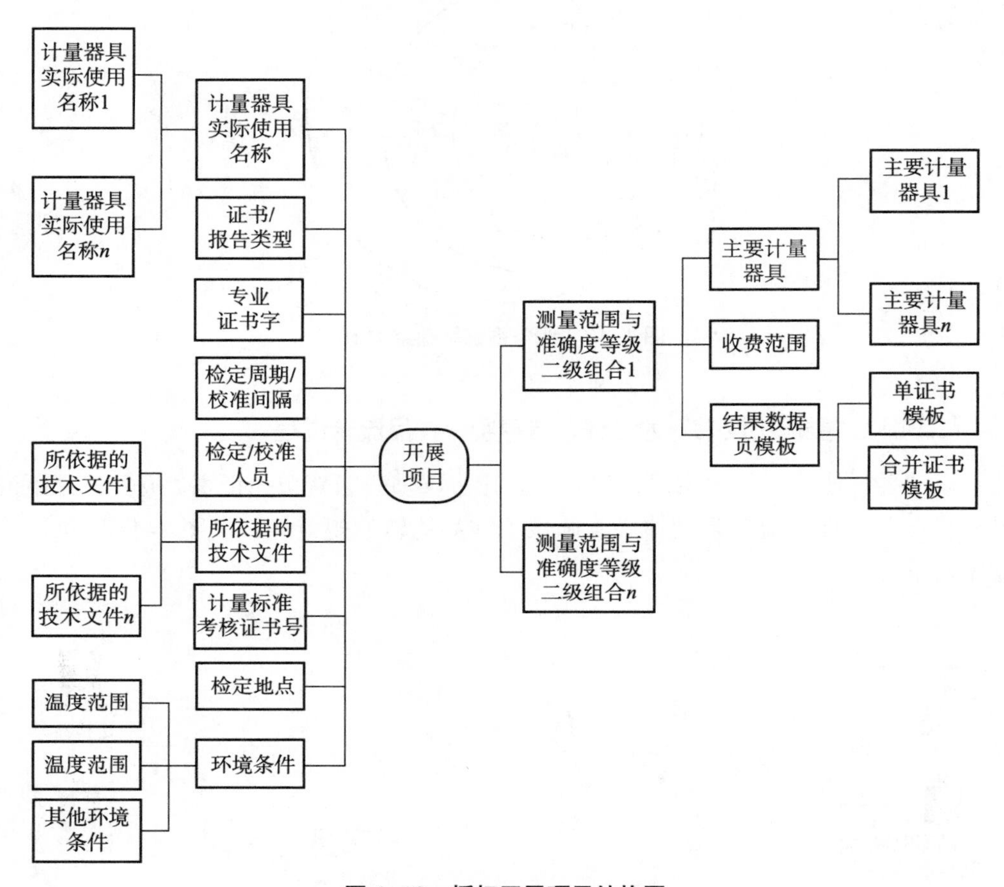

图 1-12　授权开展项目结构图

（四）以“缴费单唯一性编号”为主线，贯穿整个财务工作过程

建立“缴费单唯一性编号→欠费单→记账单→担保单→缴费单→发票”的财务收费管理体系，如图 1-13 所示。详见第九章。

（五）以“设备唯一性编号”为主线，贯穿整个设备管理

建立“设备唯一性编号→设备资产卡→设备一览表→设备档案→检定、校准一览表→检定、校准结果确认→设备溯源→设备使用记录→设备维护保养记录→建标报告→计量标准履历书→计量标准器稳定性考核记录→期间核查记录”的设备管理体系，确保正确配备、按时溯源，如图 1-14 所示，详见第四章。

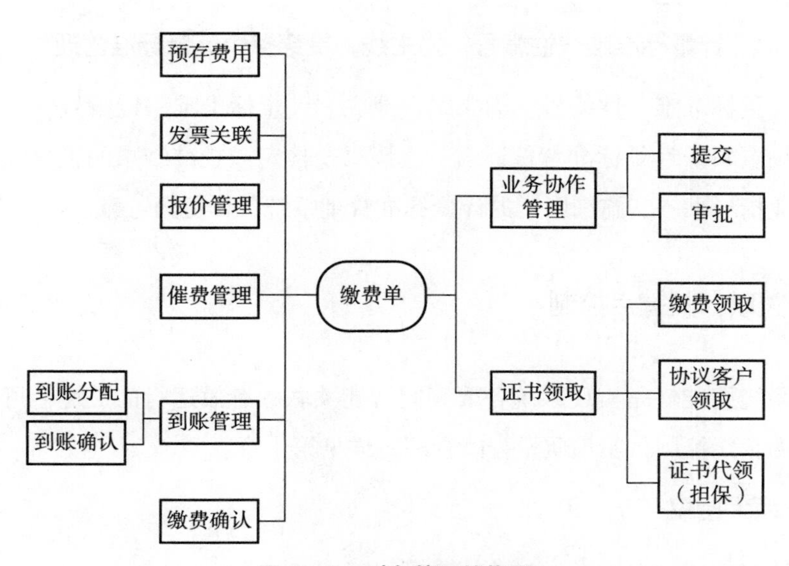

图 1-13 财务管理结构图

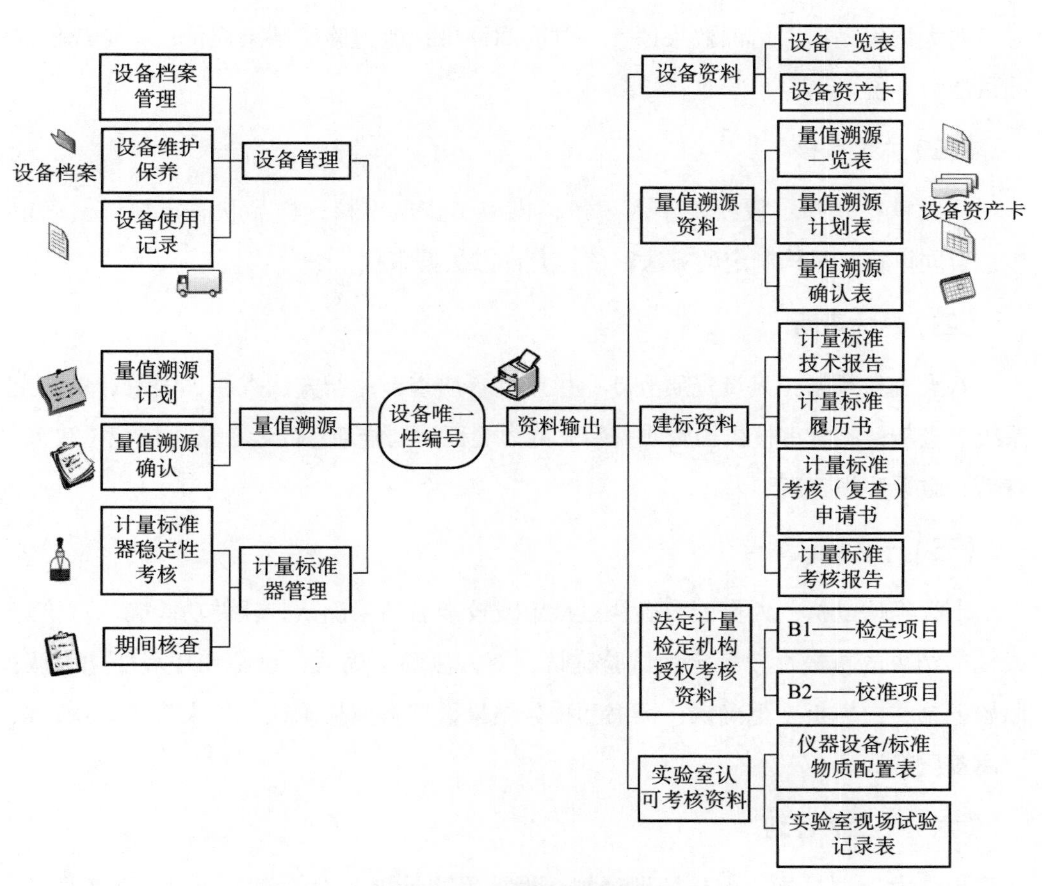

图 1-14 设备管理结构图

（六）以“计量标准唯一性编号”为主线，贯穿整个计量标准管理

以“计量标准唯一性编号”为主线，建立“计量标准唯一性编号→建标资料册→建标申请资料→计量标准考核证书→履历书→检定或校准结果的重复性、稳定性试验→作业指导书→实施细则”的计量标准管理系统，详见第五章。

三、智能关联，关键点控制

提升系统智能性是实现系统各要素间智能关联、有效运行的关键，可通过对以下关键点的智能控制，实现质量智能管理，详见第十章。

（一）两大授权

两大授权是指：人员授权；设备授权。

（二）四大评价

四大评价是指：培训效果评价；供应商评价；能力验证结果评价；检定或校准测量能力评价。

（三）六大审核

六大审核是指：授权签字人审核；供应商资质审核；样品状态审核、信息审核；合同审核；机构制定的方法审核；允许方法偏审核。

（四）八大查新

八大查新是指：人员资质查新；供应商资质查新；新方法查新；国家计量检定系统表查新；测量审核机构资质查新；能力验证计划查新；CNAS 认可规范（政策）查新；政策法规查新。

（五）十大确认

十大确认是指：人员能力确认；检定或校准后结果确认；软件功能确认；检定或校准结果的重复性、稳定性试验确认；新方法验证确认；设施和环境变化确认；原始记录空白模板变更确认；证书和报告结果数据页模板确认；外来资料确认；供应商资质确认。

（六）十二大计划

十二大计划是指：人员培训计划；设备采购计划；设备溯源计划；设备维护、

保养计划；期间核查计划；重复性、稳定性计划；环境设施改善计划；内部审核计划；管理评审计划；能力验证 / 计量比计划；内部质量控制计划；内部质量监督计划。

第七节　系统结构

本书所述各系统涵盖了目前计量技术机构从样品流转、证书和报告制作、业务管理、财务管理、质量管理、记录管理、人员管理、设备管理、环境管理、计量标准管理、标准物质管理、规程 / 规范 / 标准管理、绩效考核管理、客户关系管理、决策分析管理到分支机构管理等的所有业务范畴。其设计符合 JFF 1069—2012《法定计量检定机构考核规范》、JJF 1033—2016《计量标准考核规范》、ISO/IEC 17025：2017《检测和校准实验室能力认可准则》、JZB 17—2008《计量监督管理业务数据规范》、JZB 28—2008《计量监督管理系统应用规范》、GB/T 19000—2016《质量管理体系　基础和术语》、GB/T 19001—2016《质量管理体系要求》、JJF1022—2014《计量标准命名与分类编码》、JJF1051—2009《计量器具命名与分类编码》等标准规范的要求。而且兼顾了未来计量业务的发展方向及管理模式，集实验室信息管理信息系统（LIMS）、企业资源计划（ERP）、辅助决策系统（DSS）、客户关系管理系统（CRM）的优点为一体，如图 1–15 所示。

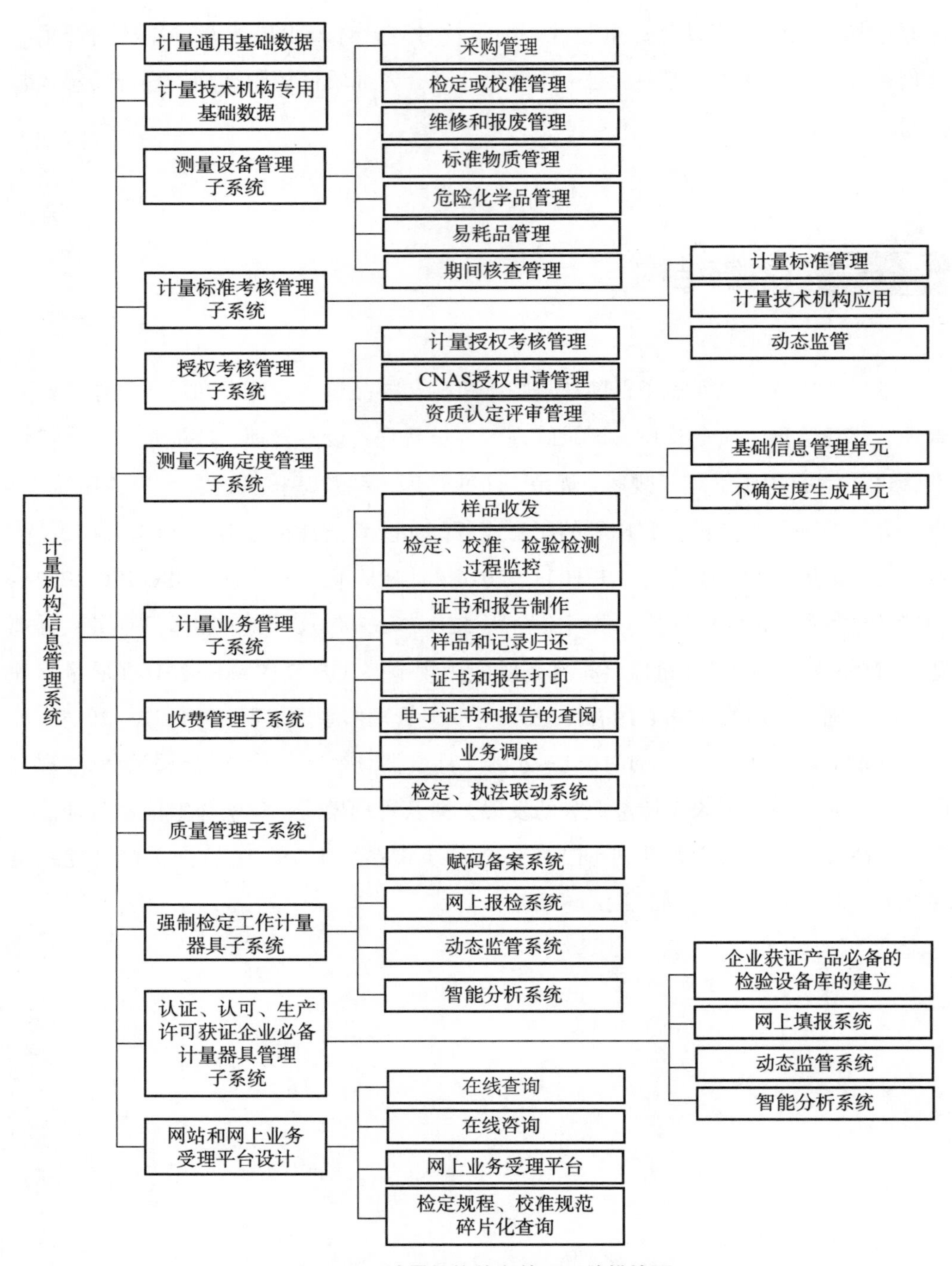

图 1-15　计量机构信息管理系统模块图

CHAPTER 2

第二章

计量通用基础数据

计量通用基础数据主要包含计量专业分类基础数据；计量专业分类基础数据；计量单位基础数据；计量单位基础数据；计量单位基础数据；计量器具制造厂商基础数据；实物或铭牌计量器具名称基础数据；计量器具名称基础数据；计量标准命名基础数据；国家计量检定系统表基础数据；检定规程、校准规范、检验检测标准基础数据；证书和报告封面及续页格式模板基础数据；能力验证基础数据；能力验证基础数据；能力验证基础数据；专用数学公式编辑和计算工具；专用数学公式编辑和计算工具；标准物质基础数据；危险化学品、易制毒、易制爆危险化学品基础数据；考核规范 / 认可准则 / 通用要求基础数据等 20 个基础数据。这些基础数据的建立，为以后计量技术机构各类业务管理的展开提供了数据来源和支持。确保了计量通用数据的规范化、标准化和统一化，同时确定了各类基础数据之间的关联关系。实现了数据之间的相互调用和自动匹配。

第一节 现状及存在问题

目前，在计量技术机构实验室管理及信息化建设中存在七个方面的严重问题。

一、计量单位错误

如将 MPa（兆帕）误写成 mPa（毫帕）。两者相差 9 个数量级。

二、量的符号和表示不规范

如将 v_{eff} 误写成 v_{eff}；将扩展不确定度 U 写成 U。而类似的问题，在计量领域大量存在，且不容易被人重视和发现。甚至一些行业专家、评审员也不清楚如何正确表述，导致各类考核质量不高。

三、通用计量术语和定义混乱

JJF 1001—2011《通用计量术语及定义技术规范》作为计量学中基础技术规范之一，长期未受到业内普遍的重视和宣贯，导致 2011 版新规范发布很长时间后，实际工作中仍使用 1998 年版本中的定义和符号。

四、计量器具名称和分类缺乏合理、科学的细分

现行的 JJF 1051—2009《计量器具命名与分类编码》仅包含列入《中华人民共和国依法管理的计量器具目录（型式批准部分）》和《中华人民共和国强制检定的计量器具目录》等依法管理的计量器具的命名与分类编码，但它不适用于计量基准、计量标准和标准物质的命名与分类编码。因此，该标准无法涵盖所有现用的计量器具的名称和分类。

未建立器具学名与实际使用名称（即仪器或其说明书上给出的器具名称）、分

类名称、器具用途（贸易结算、安全防护、医疗卫生、环境监测、认证认可）、依据规程、量值传递关系的对应关系。

例如，要求统计“贸易结算”的强制检定计量器具总数，但实际上，由于未建立上述基础数据关系，导致无法统计。一个市级计量检定机构，每年检定量在5万~10万件。信息管理系统数据库中器具实际名称约5000~8000。哪部分是“贸易结算”，哪部分不是，导致没有分类，无法统计。再例如，需要统计“衡器”相关数据，就需要知道“衡器”包括哪些计量器具，但目前为止，涵盖的实际使用名称没有一个很准确的资料能给予定义。

五、计量器具名称和制造厂商名称多义性严重

计量器具名称和制造厂商名称多义性是指同一数据在系统中存在多条不同的记录。这是由于在数据采集过程中，出现简写、别名、俗称等现象造成的。例如，在填写“钢直尺”这一器具名称时，会出现“钢板尺”“5米钢卷尺”“直尺”“不锈钢直尺”“钢制尺”等近10个多义性名称。多义性问题会造成器具信息（由客户名称、器具名称、制造厂商、型号规格、出厂编号5个要素组成）库中大量的重复、冗余数据，不能保证器具在数据库中的唯一性，从而造成业务系统数据不准确，也不能精确统计业务数据（例如，不能精确统计强制检定覆盖率），达不到信息管理的目的。

六、计量标准管理仍依靠人工管理

目前，国内对计量标准的管理仍停留在人工管理的层次上，造成计量标准资料漏洞百出。往往同一授权项目，标准器相同，授权开展项目、测量范围和准确度等级表示方式却截然不同。仅从已批准的计量标准考核证书来看，标准过期、标准张冠李戴、标准器缺失、标准器选择错误、计量单位错误、准确等级 / 最大允许误差 / 测量不确定度错误或不符合检定、校准、检验检测关系等问题比比皆是，甚至是建标文件集中其他16项资料中存在的各种各样的错误。在很短的时间内考核，依靠人工在word/excel工具中编辑，不但工作量大，且错误率也非常高，这样对计量标准很难进行精准的管理。

七、大量数据计算工作依赖人工

在人工智能飞速发展时代，计量行业的大量数据计算工作仍依赖人工。以测量不确定度为例，2011年中国合格评定国家认可委员会（CNAS）下发了“第118号文件”，要求2012年5月1日前所有认可的校准实验室完成“校准和测量能力（CMC）”核查，未完成或提供的CMC达不到要求的已获认可的校准实验室，CNAS将暂停或撤销其校准能力的资格。这就意味着，对于所有计量器具的整个测量范围或不同量程内每个被测点都应进行测量不确定度评估。这些计算过程均需计量单位参与运算，就涉及各种计量单位的换算问题。而计算机虽然有强大的运算能力，但无法识别处理带单位的量，尤其是涉及各种单位复合转换的问题，因此，阻碍了计算机技术在计量领域的深入应用，从而造成计量工作的瓶颈，各管理系统间无法实现数据交换、数据共享。

计量技术机构、当地计量行政管理部门、上一级计量行政管理部门、国家市场监督管理总局之间的数据交换和共享一直是困扰的难题。2008年，原国家质量监督检验检疫总局发布JZB 17—2008金质工程系列标准，但只涵盖了原则性的指导，未提供更深层次的具体数据，例如计量单位、量、准确度等级、技术法规、公式、不确定度来源等基础数据。因此，仍存在数据资源的异种异构、缺失，造成数据孤岛的现象。建立全国性的计量通用基础数据尤为重要。

上述问题的造成很大程度上与我国未建立一套科学、统一的计量通用基础数据和数据的资源共享有关。对计量专业软件而言，设计系统并不难，难的是缺少相关的基础数据。通常一个管理系统的设计3 ~ 4个月就能完成，但有些基础数据收集、分类、整理、校对则需要1年，甚至更长的时间才能完成。

第二节 设计目的和思路

一、设计目的

建立完整的、专业的计量通用基础数据的意义在于实现三个统一。（1）统一数据：统一基础数据模型、加工数据模型，保证计量通用数据的唯一性；（2）统一服务：统一为其他计量业务系统提供数据服务，统一为业务人员提供数据资源，为企业、政府提供有效、准确的数据共享；（3）统一规范：统一数据应用系统架构规范、统一数据仓库技术（ETL）[ETL 是数据抽取（Extract）、交互转换（Transform）、加载（Load）的过程] 开发规范、统一数据模型设计规范和统一数据展示规范，保证数据的准确性、完整性。

二、设计思路

计量通用基础数据包括以下 20 个基础数据库：

——计量专业分类基础数据；

——测量参数基础数据；

——计量单位基础数据；

——检定结论基础数据；

——多义性消除常见词基础数据；

——计量器具制造厂商基础数据；

——实物或铭牌计量器具名称基础数据；

——计量器具名称基础数据；

——计量标准命名基础数据；

——国家计量检定系统表基础数据；

——检定规程、校准规范、检验检测标准基础数据；

——证书和报告封面及续页格式模板基础数据；

——能力验证基础数据；

——测量不确定度来源标准化描述基础数据；

——产品获证必备检验设备基础数据；

——专用数学公式编辑和计算工具；

——检定、校准、检验检测授权资质基础数据；

——标准物质基础数据；

——危险化学品、易制毒、易制爆危险化学品基础数据；

——考核规范 / 认可准则 / 通用要求基础数据。

第三节 计量专业分类基础数据

一、设计目的

计量专业分类是整个计量学的基础和根基，计量单位、计量器具名称、制造厂商、型号规格、注册计量师、规程规范等都要依靠计量专业分类基础数据进行展开，如图 2–1 所示。

二、设计要点

依据原国家质量监督检验检疫总局《关于发布〈注册计量师注册管理暂行规定〉的公告》(2013年第64号)附件2《国家计量专业项目分类表(2013版)》要求，逐级建立计量专业分类树形结构，包括分类的中文、英文。

依据 JJF 1051—2009《计量器具命名与分类编码规范》、CNAS–AL06：2015《实验室认可领域分类》对已建成的计量专业分类树形结构进行进一步完善。

根据每年颁布的《中华人民共和国国家计量技术法规目录》对新增计量器具进行分类。

- 检验器具
  - 几何量计量器具
    - 线纹计量器具
      - 尺
        - 2水准尺
        - 直尺2
        - 卷尺
          - 钢卷尺
        - 木直(折)尺
        - 水准标尺
        - 线纹尺
          - 标准金属线纹尺
          - 标准玻璃线纹尺
        - 基线场
    - 端度计量器具
    - 角度计量器具

计量器具学名代码	计量器具学:	记量器具分类	周期类型	检定周期（月）
0001001001	0.633μm波长基	实物量具	其它	12
0001001001001	光栅尺	实物量具	周检检定	12
0001001001003	比例尺	实物量具	周检检定	12
0001001001004	容栅尺	实物量具	周检检定	12
0001001001005	水准尺	实物量具	周检检定	12
0001001001006	标尺	实物量具	周检检定	12
0001001001007	磁尺	实物量具	周检检定	12
0001001001008	折尺	实物量具	周检检定	12
0001001001009	感应同步器定(	实物量具	周检检定	12
0001001001010	带尺	实物量具	周检检定	12
0001001001011	其他尺	实物量具	周检检定	12
0001001001012	读数头	实物量具	周检检定	12
0001001001013	读数显微镜	实物量具	周检检定	12
0001001001016001	套管尺	实物量具	周检检定	12
0001001001016002	铁路轨道尺	实物量具	周检检定	12

图 2–1　计量专业分类界面设计图

三、实施效果

计量专业分类基础数据的建立，使各类分类统计得以快速实现，同时为其他设计要素树状结构的展开提供了数据基础。

第四节　测量参数基础数据

一、设计目的

建立测量参数基础数据的目的在于：一是统一多参数计量器具（如数字多用表、心电图机）的数据来源，使之标准化，便于相同参数间技术参数的比对；二是为 CNAS 校准能力表提供标准的中英文对照参数；三是建立测量参数与计量器具名称之间的准确关系，使同一计量器具对应相同的测量参数，以便检定、校准资质自动匹配。

二、设计要点

通过所有现行检定规程、校准规范涉及的计量单位整理、归纳测量参数信息，如图 2-2 所示。

通过 CNAS 相关文件对参数进行校正和补充。

	参数名称
1	回潮率
2	计程
3	表面活度响应
4	CO2浓度
5	CO浓度
6	质量浓度
7	常用流量
8	电压（峰峰值）
9	功率
10	检出限
11	容重
12	甲烷浓度
13	报警设定点浓度
14	吸收剂量率
15	空气比释动能

图 2-2　测量参数基础数据界面图

三、实施效果

由于客户报检器具与计量技术机构资质使用同一计量器具名称，使用相同测量参数、相同准确度等级，如图 2–3 所示，使得检定、校准资质自动匹配得以实现。

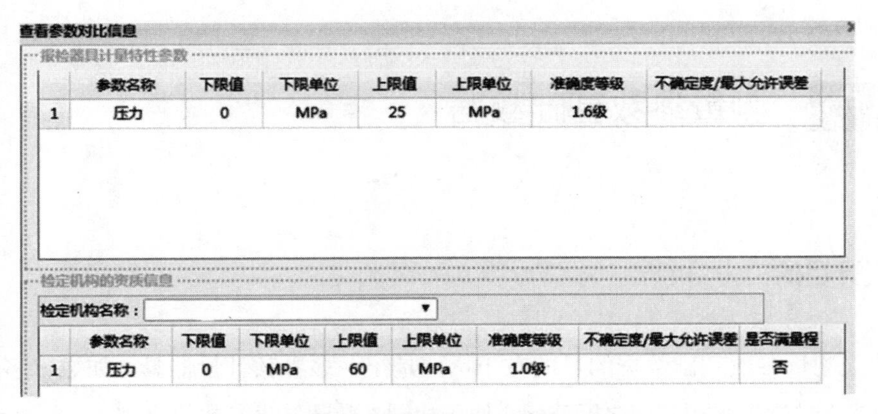

图 2–3　检定、校准资质自动匹配界面设计图

第五节　计量单位基础数据

一、设计目的

对计量单位进行管理，一方面是规范、统一仪器收发录入、证书和报告制作、设备管理、授权开展项目管理、计量标准管理、结果数据模板管理、原始记录模板管理、不确定评定管理等模块中的计量单位；另一方面是通过计量单位的统一，便于对同一参数的测量范围、准确度等级、测量不确定度、最大允许误差、分辨率的技术指标进行覆盖或平衡关系的计算。

二、设计要点

按所有现行检定规程、校准规范适用范围及原理中规定的计量器具名称分类名称，对上述整理完毕的数据进行补正和修正。

依据《中华人民共和国法定计量单位》、GB 3102—1993“量和单位系列标准”，通过对所有现行检定规程、校准规范涉及的计量单位整理、归纳，在计量专业分类基础数据树形结构上，设置各专业对应计量单位中文名称、计量单位符号、计量基准单位，如图 2–4 所示。

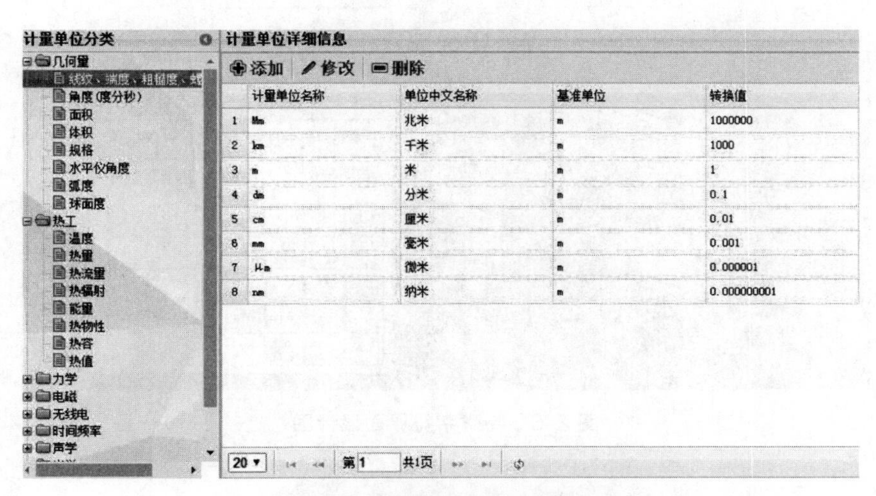

图 2–4　计量单位基础界面设计图

建立计量单位与基准单位的换算关系。换算关系公式为：基准单位 = 换算系数 × 换算单位 + 换算常量，如图 2–5 所示。

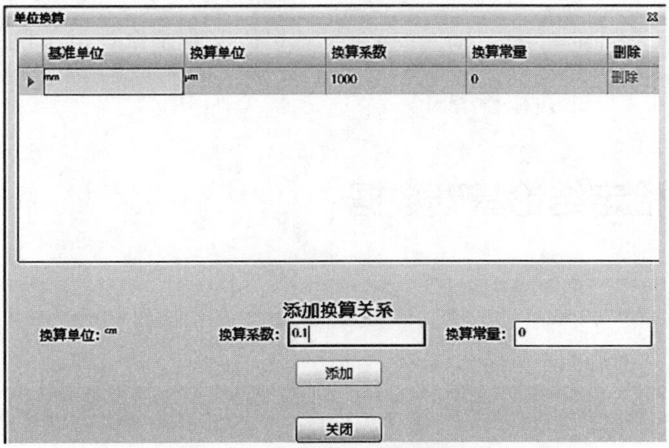

图 2–5　计量单位换算界面设计图

对于计量单位中的特殊符号、上下标、斜体问题，可设计专用工具解决。

在计量单位、所属分类、换算关系等数据的基础之上，设定复合单位的构成公式，定义出复合单位。并通过公式计算引擎，解析复合单位的定义公式，实现科学计算过程中各类公式量纲的转化和换算，如图 2–6 所示。

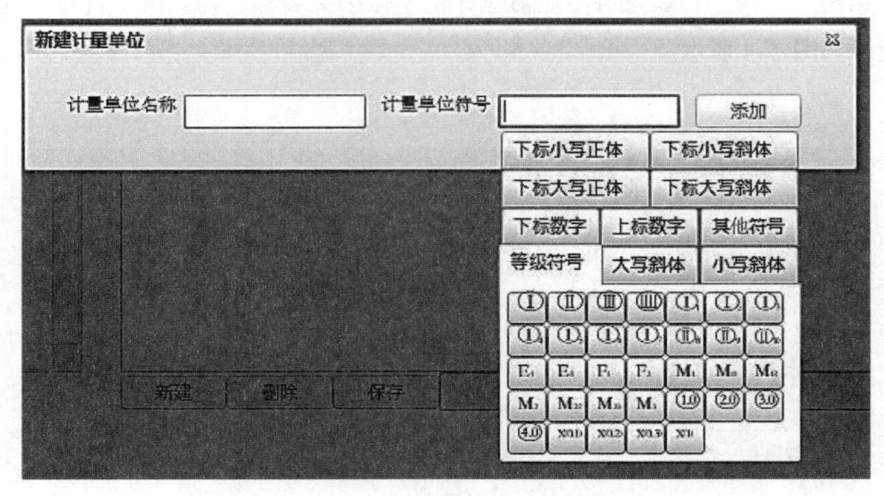

图 2–6　特殊字符界面设计图

三、实施效果

计量单位基础数据的建立，是计量行业信息化从信息管理迈向数据管理的重要标志。从某种意义上讲，计量是由量值和计量单位组成，不但量值可以比较、计算，计量单位如果同样也可以比较、换算，就可以实现整个计量单位的数据管理。

第六节　检定结论基础数据

一、设计目的

建立检定结论基础数据的目的有以下三方面：

（1）规范、统一网上报检、仪器收发、授权资质录入、证书和报告制作、设备管理、计量标准管理、测量不确定度管理、期间核查管理、证书和报告结果数据页管理、原始记录模板管理中检定结论的规范使用，使之有统一、规范的数据来源。

（2）建立检定结论与计量器具名称，检定规程、校准规范、检验检测标准，检定、校准、检验检测参数间的对应关系，缩小数据加载时的选择范围。

（3）实现准确度等级传递关系的自动比较，从而达到检定资质的自动匹配和判断。

二、设计要点

依据《国家计量检定系统表框图汇编》和计量技术相关法规，依次建立准确度等级、准确等级传递顺序及对应检定系统表的关系，如图 2–7 所示。通过现有系统各模块中的预设，自动生成计量单位与其对应的计量器具名称及分类、计量标准、规程（规范）的映射关系。

等级名称	本级编码	等级编码	等级符号
合格-不合格	NA	NA	NA
级-数字	NA	NA	NA
级-汉字	NA	NA	NA
级别-字母	NA	NA	NA
砝码等级	NA	NA	NA
E_1等级	01	01	NA
E_2等级	01	0101	NA
F_1等级	01	010101	NA
F_2等级	01	01010101	NA
M_1等级	01	0101010101	NA
M_{11}等级	01	010101010101	NA
M_{12}等级	01	01010101010101	NA
M_2等级	01	0101010101010101	NA
M_{22}等级	01	010101010101010101	NA
定量包装	NA	NA	NA
天平-秤的等级符号	NA	NA	NA

图 2–7　检定结论基础数据界面设计图

在计量器具分类树形结构中，建立检定结论与计量器具分类、计量器具名称和检定规程、校准规范、检验检测标准的关联映射关系，以实现计量单位的自动加载。

三、实施效果

检定结论基础数据的建立，实现了检定资质的自动匹配、自动判断，保证检定资质匹配的准确性。

第七节 多义性消除常见词基础数据

一、设计目的

为便于对网上报检、样品收发过程中产生客户单位、器具名称、制造厂商的别名、简称的整理、更正与正确名称的关联关系，防止搜索时因包含常见字而造成的遗漏，扩大搜索范围。如“×× 市计量技术研究院”“×× 市计量院”“×× 计量技术研究所”“×× 市计量测试研究所”等别名、简称错误，通过“×× 计量技术研究院”的关键字“×× 计量”无法找到，进而无法建立别名、简称，造成错误名称。

二、设计要点

通过对现有计量技术机构信息管理系统（MIMS）中计量器具铭牌名称、客户名称、制造厂商名称的逐一分析，从中整理出查询时可省略掉的常见词（如“国家”“省”“市”“陕西”“西安”“有限”“公司”“研究”“院”“所”“仪”“表”“装置”等）。搜索时，系统将自动删除上述常见词，并将剩下的关键字拆开进行搜索，如图 2–8 所示。

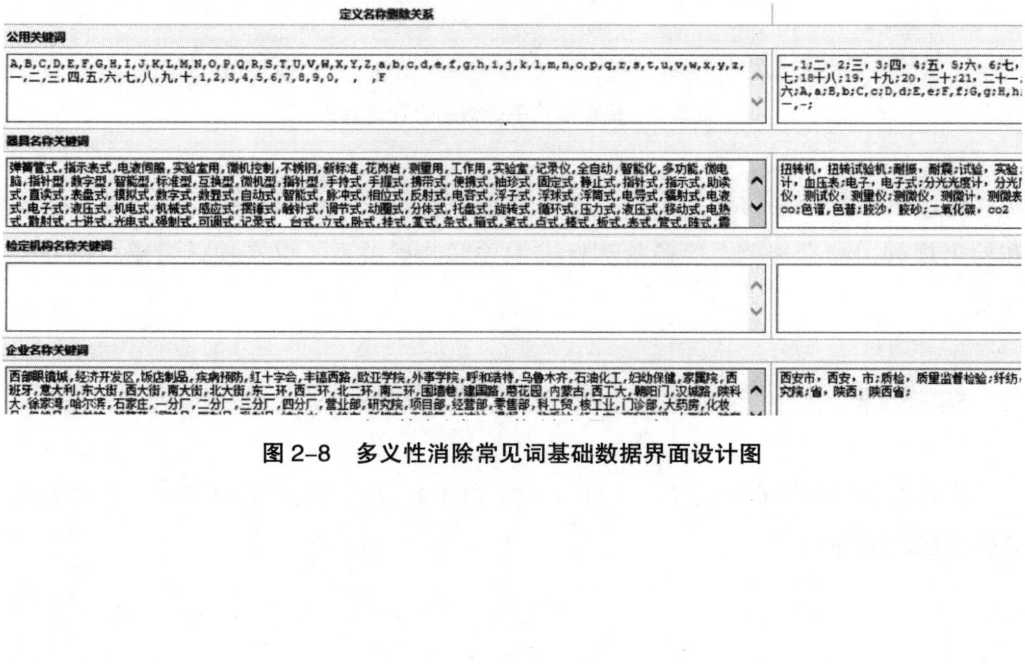

图 2–8 多义性消除常见词基础数据界面设计图

三、实施效果

多义性消除常见词基础数据的建立，使计量器具名称、客户名称、制造厂商别名库的整理变得异常简单，只要点击从网上报检或样品收发环节新增的数据，系统自动匹配已有的相关信息学名，大幅度提高了匹配率和准确度，如图 2-9 所示。

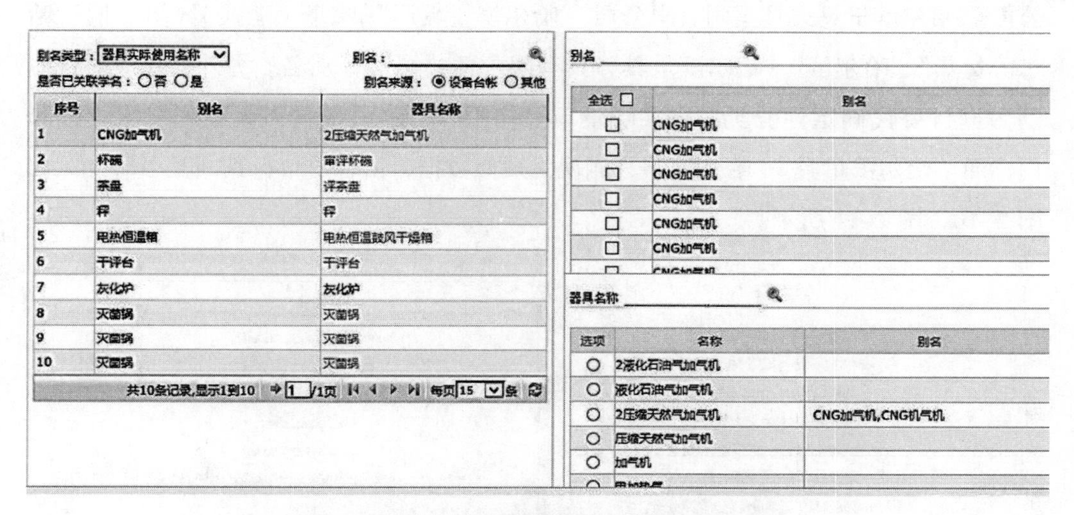

图 2-9　系统自动匹配相关信息学名界面设计图

第八节　计量器具制造厂商基础数据

一、设计目的

建立计量器具制造厂商基础数据的作用：一是建立统一、规范的计量器具制造厂商基础数据，确保制造厂商数据的规范，进而保证样品信息的唯一性和规范性；二是建立制造厂商学名、别名与简称之间的映射关系，在网上申报或样品收发填报数据中对不规范的制造厂商进行自动更正；三是通过制造厂商与对应的型号规格、计量特性映射之间关系的建立，在填报计量器具信息时，实现从制造厂商到型号规格、计量特性的自动关联和加载。

二、设计要点

对现有计量技术信息管理系统现存的制造厂商数据进行清洗，并对计量器具制造厂商寻找别名与关联数据，可通过百度等工具搜索该企业网站以确定其别名。如“哈尔滨量具刃具集团有限责任公司”对应“哈量”“哈尔滨量具刃具集团”“哈尔滨量具刃具集团有限责任公司”“哈尔滨量具刃具厂”“哈尔量具刃具集团有限责任公司”“哈尔滨量具刃具集团有限公司”“哈尔滨量具厂”“哈量（老式）”“哈　量”“哈尔滨量具”“哈尔滨”“哈尔滨量具刃具有限责任公司”等别名。另外，还应对这些别名进行替代确定性分类，如“哈量”等同于“哈尔滨量具刃具集团有限责任公司，而“哈尔滨量具”“哈尔滨”只能视为疑似数据，由客户自行判断是否等同，如图 2–10、图 2–11 所示。

	厂商名称	网址
88	徐州市大为电子设备有限公司	xuzhoudawei.ylsw.net/
89	徐州市创新医学仪器有限公司	www.cxgroupmed.com/
90	徐州派尔电子有限公司	www.palmary.cn/a/chanpinzhongxin/renyongBchaoji/
91	邢台正润通科技发展有限公司	www.xtzrt.com/
92	新会康宇测控仪器仪表工程有限公司	www.shkangyu.net/
93	湘潭市仪器仪表有限公司	www.cnpowder.com.cn/show/ns15254/index.html
94	厦门市榕兴新世纪石油设备制造有限公司	
95	喜开理（中国）有限公司	www.ckd.com.cn/,www.ckd.co.jp/
96	席尔勒国际贸易（上海）有限公司	
97	锡山市医用仪表厂二分厂	
98	希森美康集团	www.sysmex.com.cn/home.asp
99	西仪集团有限责任公司	www.xygf.com.cn/
100	西南医用设备有限公司	www.scxnyl.com/

图 2–10　计量器具制造厂商基础数据界面设计图

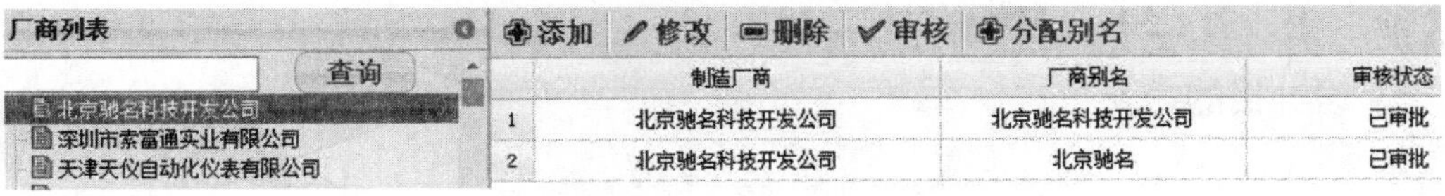

厂商列表

查询

北京驰名科技开发公司

深圳市索富通实业有限公司

天津天仪自动化仪表有限公司

添加　修改　删除　审核　分配别名

	制造厂商	厂商别名	审核状态
1	北京驰名科技开发公司	北京驰名科技开发公司	已审批
2	北京驰名科技开发公司	北京驰名	已审批

图 2–11　计量器具制造厂商基础数据管理界面设计图

在计量器具分类树形结构中，如图 2–12 所示，建立计量器具名称与其对应制造厂商、型号规格的映射关系，以实现从“计量器具名称”到“制造厂商”到“型号规格”的自动加载。

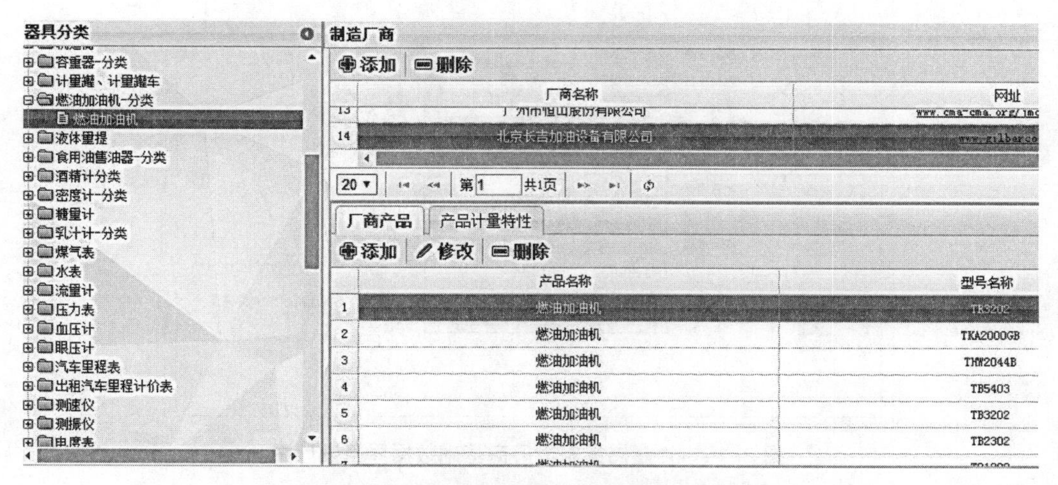

图 2-12　计量器具分类树形结构界面设计图

在计量器具分类树形结构中，如图 2-13 所示，建立型号规格与其对应测量参数的映射关系，以实现从型号规格到计量特性的自动加载。

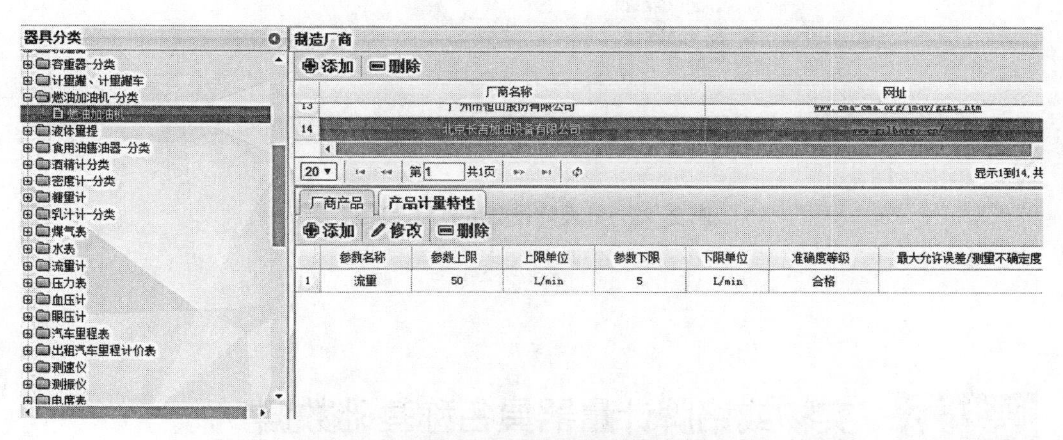

图 2-13　型号规格与其对应测量参数的映射关系界面设计图

新建的关联关系经过审核批准，成为其他用户自动加载关联的设置，对于未审核批准的数据将同步展示给其他用户，供用户自主选择。

三、实施效果

计量器具制造厂商基础数据的建立，使之从计量器具名称到制造厂商、规格型号、计量特性的自动关联得以实现，如图 2-14、图 2-15 所示。

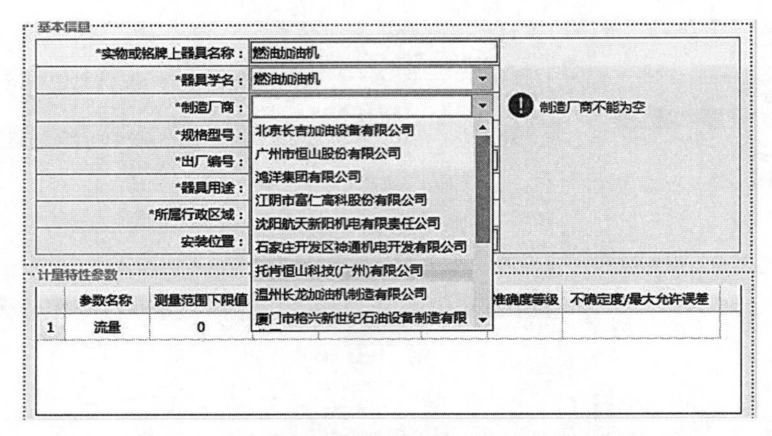

图 2-14　计量器具制造厂商基础数据界面设计图

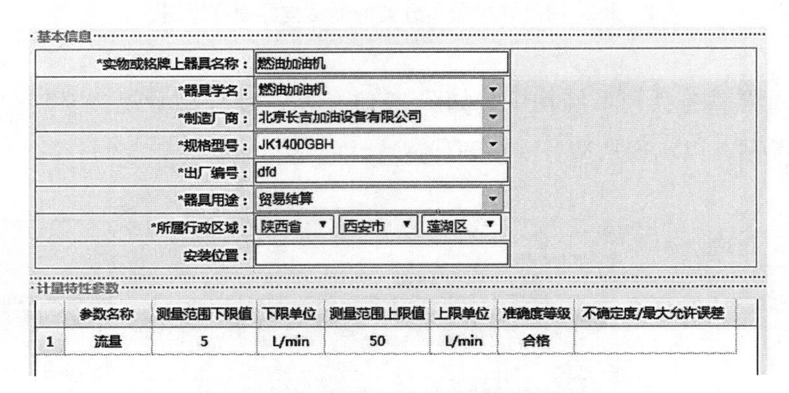

图 2-15　计量特性参数界面设计图

第九节　实物或铭牌计量器具名称基础数据

一、设计目的

实物或铭牌计量器具名称是指标注在计量器具或计量器具铭牌上的器具名称。这种名称由于有很大的随机性和随意性，因此别名、简称很容易出现混乱，但由于其是标注在实物上的，比较好辨识。在样品收发、计量执法、计量考核中，操作者如果不熟悉所有专业，最切合实际的方法是以实物或铭牌计量器具名称为准。严格上讲，证书和报告中的计量器具名称也应以此名称为准，而非计量器具学名，才更为真实、准确。但实物或铭牌计量器具名称五花八门，无法与其他基础数据形成关联关系，因此必须建立其与计量器具学名的关联关系。

二、设计要点

利用计量技术机构信息管理系统（MIMS）现有的历史数据，利用多义性消除常见词基础数据和专用词法分析器，对现有实物或铭牌计量器具名称进行整理，对其中错误名称进行标注和更正，并建立首批实物或铭牌计量器具名称和计量器具名称的对应关系，如图 2–16 所示。

设计专用工具，对从网上申报、仪器收发、设备信息录入等数据入口新增的实物或铭牌计量器具名称及其新建计量器具学名的关系处理、审批。新增数据可以红色字体标注，实物或铭牌计量器具名称不应包含规格型号、制造厂商信息。通过的数据，其他用户填入该实物或铭牌计量器具名称将自动关联计量器具名称。未通过的数据，给出不通过原因，以防止其他用户重复相同错误。

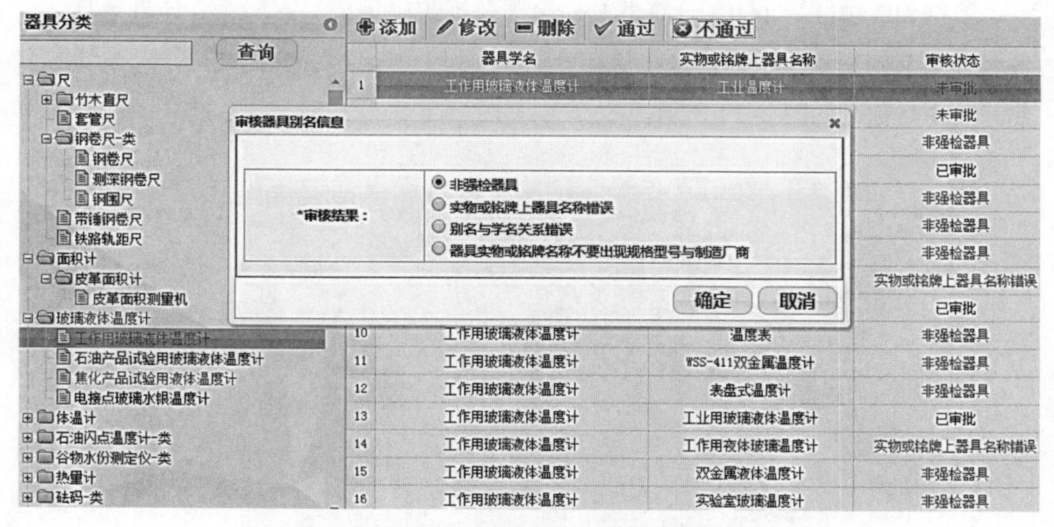

图 2–16　实物或铭牌计量器具名称基础数据界面设计图

三、实施效果

实物或铭牌计量器具名称基础数据的建立，使其与计量器具名称建立对应关系，达到了真正的规范与统一。

第十节 计量器具名称基础数据

一、设计目的

计量器具名称是整个管理系统的一条主线，它与其他各个基础数据均存在关联关系，不仅是大部分自动关联加载的基础，而且确保了样品信息的唯一性和信息正确性源头，是保证各类统计正确性的关键。因此，如何正确分类、确保数据的正确性、完整性、排他性是计量器具名称基础数据设计的关键。

二、设计要点

为体现计量器具分类的层级关系，计量器具名称基础数据适合以树形结构表示。

依据 JJF 1051—2009《计量器具命名与分类编码规范》逐层建立计量器具名称各级分类基础信息。基础信息包括计量器具各级分类名称、分类代码、计量器具名称、英文名称，如图 2–17 所示。

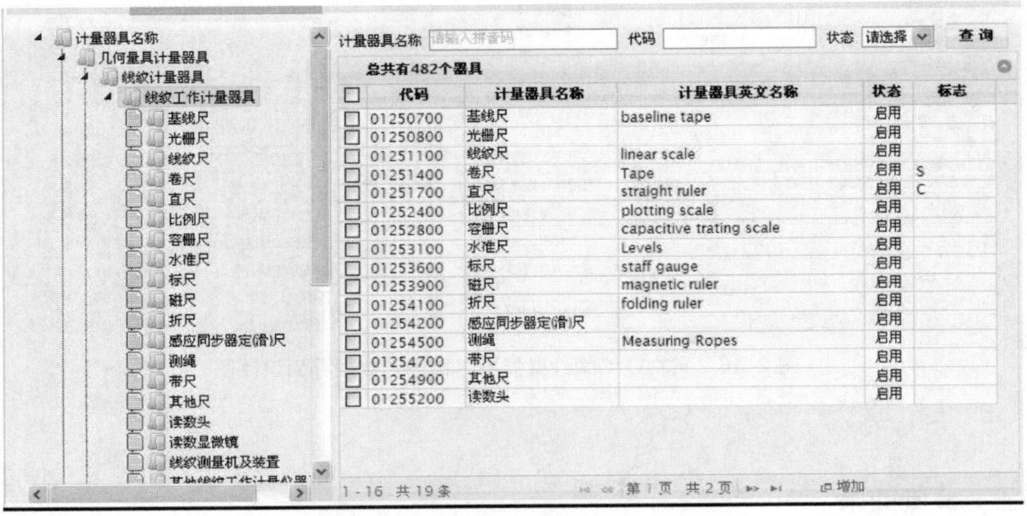

计量器具名称 / 几何量计量器具 / 线纹计量器具 / 线纹工作计量器具：基线尺、光栅尺、线纹尺、卷尺、直尺、比例尺、容栅尺、水准尺、标尺、磁尺、折尺、感应同步器定(滑)尺、测绳、带尺、其他尺、读数头、读数显微镜、线纹测量机及装置

计量器具名称 请输入拼音码 代码 状态 请选择 查询

总共有482个器具

代码	计量器具名称	计量器具英文名称	状态	标志
01250700	基线尺	baseline tape	启用	
01250800	光栅尺		启用	
01251100	线纹尺	linear scale	启用	
01251400	卷尺	Tape	启用	S
01251700	直尺	straight ruler	启用	C
01252400	比例尺	plotting scale	启用	
01252800	容栅尺	capacitive trating scale	启用	
01253100	水准尺	Levels	启用	
01253600	标尺	staff gauge	启用	
01253900	磁尺	magnetic ruler	启用	
01254100	折尺	folding ruler	启用	
01254200	感应同步器定(滑)尺		启用	
01254500	测绳	Measuring Ropes	启用	
01254700	带尺		启用	
01254900	其他尺		启用	
01255200	读数头		启用	

1-16 共19条 第1页 共2页 增加

图 2–17 计量器具名称分类基础数据界面设计图

依据 CNAS–AL06：2015《实验室认可领域分类》对已有计量器具名称增加器

具分类代码和领域代码信息。

按所有现行检定规程、校准规范适用范围及原理中规定的计量器具名称分类名称，对上述整理完毕的数据进行补正和修正。

依据当地“计量检定收费标准”，添加收费信息，系统自动记录器具名称与其对应计量单位的映射关系。在添加过程中，对未纳入的器具名称进行补充。

对计量器具的以下属性进行定义：

（1）对强制检定属性的定义。即强制检定工作用计量器具、计量标准器、型式评价计量器具、非强制检定计量器具。如果是强制检定工作用计量器具，还应进一步对其器具用途进行定义，即贸易结算、医疗卫生、安全防护、环境监测、行政执法、司法鉴定，如图 2–18 所示。

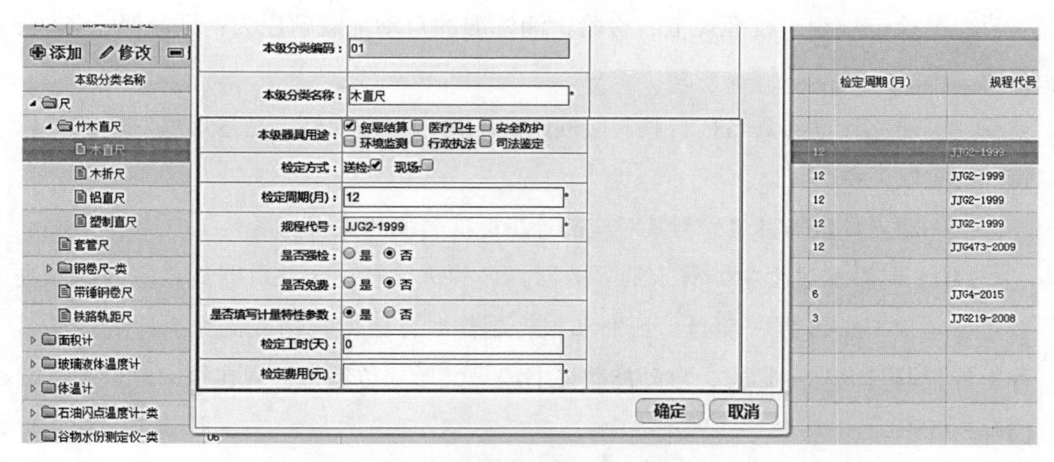

图 2–18　计量器具关联信息界面设计图

（2）对其送检方式进行定义。即选择送检或现场检定。

（3）对检定周期进行定义。主要定义检定周期上限值和下限值，如果检定周期只有一个，则只填写单一值，以便于系统自动计算下次检定日期。

（4）对检定工期和检定费用进行定义。此处的检定工期、检定费用粗略估算，详细的估算在机构授权资质管理中有详细计算。

（5）建立计量器具名称及其对应的实物或铭牌计量器具名称的关联映射关系。

（6）建立计量器具名称与其对应的检定规程、校准规范、检验检测标准的关系，同时建立检定规程、校准规范、检验检测标准中涉及的准确度等级、测量参数、计量单位的关联关系。系统自动根据选择的检定规程或校准规范定义证书类型，即检定证书、校准证书、计量器具型式评价报告，如图 2–19 所示。

图 2-19　计量器具关联信息界面设计图

（7）检定规程、校准规范、检验检测标准的自动加载顺序为：国家级、省级、行业、市级、自编。

（8）建立计量器具名称与其对应的制造厂商、型号规格、型号规格对应的计量特性的关联关系。

（9）建立计量器具名称与其对应的计量标准名称的关联关系。

（10）在添加过程中，对未纳入的器具名称进行补充，并对器具名称的标志进行定义。对 CNAS 授权项目、证书和报告制作时，根据实物或铭牌上计量器具名称→计量器具名称→标志，自动加载证书编号最后一位编号，并在打印时自动打印 CNAS 标识。

三、实施效果

通过上述预设和关联关系自动加载的建立，实现了相关信息的自动加载和智能判断。可以说，计量器具名称基础数据的建立是整个计量技术信息管理系统人工智能的核心和关键，也是各信息准确和统计准确的核心和关键。例如，之前统计一个机构衡器检定数量，但数据库中的实物或铭牌计量器具名称五花八门，没有统一分类，无法统计。而计量器具名称树形结构建立后，可以对结构中任意节点进行精确统计，真正实现利用信息化对机构进行有效管理的目的。

第十一节　计量标准命名基础数据

一、设计目的

计量标准命名基础数据的设计目的在于为第五章计量标准考核管理子系统提供基础数据服务，保证计量建标业务过程中引用规范的数据，减少人为选择造成的错误。

二、设计要点

建立计量标准分类信息，如图 2-20 所示。

□	计量标准类别代码	计量标准类别代码名称	备注
□	1	社会公用计量标准	
□	2	企、事业单位最高计量标准	
□	3	部门最高计量标准	
□	4	授权开展检定工作的计量标准	

图 2-20　计量标准分类界面设计图

依据 JJF 1022—2014《计量标准命名与分类编码》逐层建立计量标准分类信息库，并建立计量标准名称与其分类代码，对应规程、规范，对应国家计量检定系统框图及图中计量单位和符号的映射关系，对列入《简化考核的计量标准目录》的计量标准名称加以标注，如图 2-21 所示。

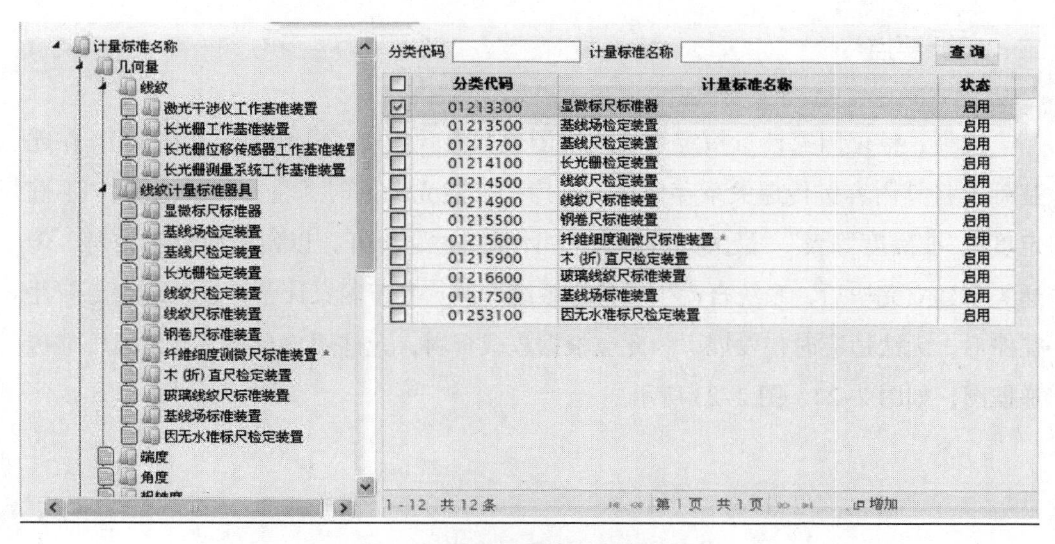

图 2-21　计量标准命名界面设计图

三、实施效果

计量标准命名基础数据的建立，一方面，为计量标准的管理提供了准确可靠的数据来源的同时还大幅度提高相关人员的工作效率；另一方面，建立了计量标准的树状结构，实现了对计量标准的系统管理。

第十二节　国家计量检定系统表基础数据

一、设计目的

《中华人民共和国计量法》明确规定："计量检定必须按照国家计量检定系统表进行。"因此，国家计量检定系统表在计量领域占据着重要的法律地位。但在实际工作中，由于国家计量检定系统表更新缓慢，很多新计量器具在国家计量检定系统表中未及时更新，导致在实际计量工作中往往被忽视。另外，国家计量检定系统表结构较为复杂，纸质版又不便检索，更不能在国家计量检定系统表的基础上进行结构化修改，不能转化为计量标准的检定或校准和传递框图，所以，建立结构化国家计量检定系统表，使之能查、能改，具有非常重要的意义。

二、设计要点

搜集、整理国家计量检定系统表框图现行有效版本（word 或 pdf 格式），在此基础上将其内容按传递关系存储在数据库中。建立关系时，将"测量范围""不确定度""准确度等级""最大允许误差""计量单位"分开，以便于检索和校对。传递关系建立完毕后，系统自动生成检定系统框图。鉴于国家计量检定系统表更新往往滞后，无法适应时代发展，为此应根据权威资料，允许用户自定义检定或校准传递框图，如图 2–22、图 2–23 所示。

国家检定系统表代码	国家检定系统表名称	备注	鉴定系统表框图
JJG 2001-1987	线纹计量器具检定系统框图	1988-10-1	编辑/查看
JJG 2016-2015	黏度度计量器具检定系统框图	2015-12-15	编辑/查看
JJG 2050-1990	超声功率计量器具检定系统框图	1990-11-1	编辑/查看
JJG 2059-2014	电导计量器具检定系统框图	2014-2-25	编辑/查看
JJG 2002-1987	圆锥量规锥度计量器具检定系统	1988-10-1	编辑/查看
JJG 2003-1987	热电偶检定系统	1988-10-1	编辑/查看
JJG 2004-1987	辐射测温仪检定系统	1988-10-1	编辑/查看

图 2-22　国家计量检定系统表分类界面设计图

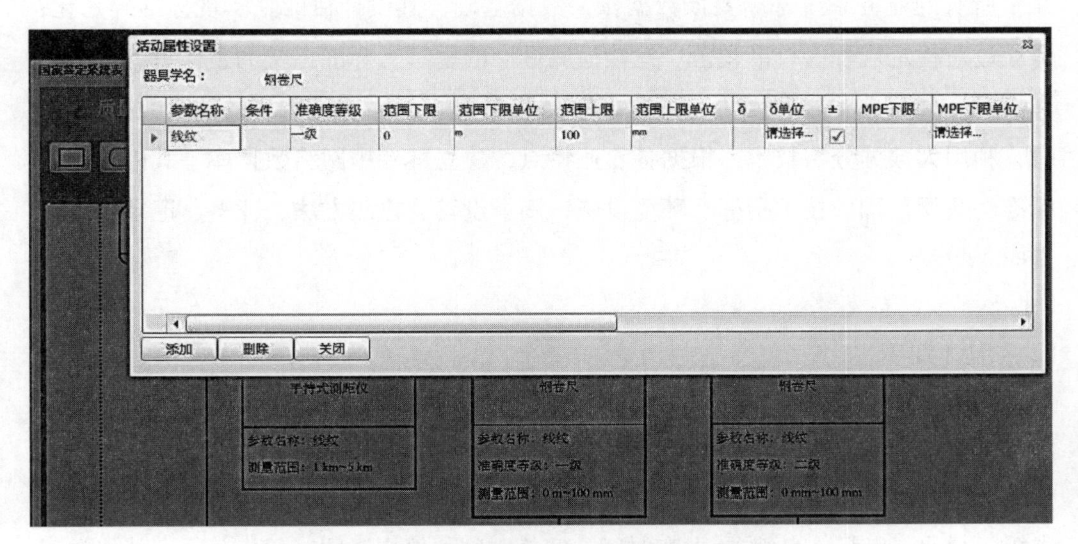

图 2-23　国家计量检定系统表基础数据界面设计图

三、实施效果

国家计量检定系统表基础数据的建立，让传递关系的查询变得极其简单，只要输入计量器具名称，其上下传递溯源关系一目了然。同时，计量标准建立的第一步也是从国家计量检定系统表开始，通过对国家计量检定系统的修改，生成计量标准的检定或校准和传递框图，这样不仅保持了量值传递的规范性，同时，也为国家计量检定系统表的修改提供素材，帮助其及时更新。

第十三节 检定规程、校准规范、检验检测标准基础数据

一、设计目的

检定规程、校准规范、检验检测标准基础数据是继计量器具名称基础数据后又一项重要的基础数据，同样是计量技术机构管理系统智能化、自动化的核心和关键，几乎所有的业务系统都需要该数据作为数据基础，其设计目的是实现标准碎片化，即通过对检定规程、校准规范、检验检测标准的整理、标准正文的整体拆分、分析和挖掘，使目前只能浏览的“死文档”变为可查、可用、可共享的“活数据”。同时，利用大数据分析技术，根据各专业特点，建立其专用网络数据库。其内容涉及标准的适用范围、技术指标、环境设施、测量设备、检测方法、证书、记录格式等方面。

二、设计要求

（1）设置检定规程、校准规范、检验检测标准基础信息，包括标准代号（编码）、标准中文名称、标准英文名称、方法类型（检定规范、校准规范）、方法属性（国家、省级、行业、市级、自编）、发布时间、实施时间、停用时间、替代关系、替代类型（全部替代或部分替代）、审核状态、使用状态，如图 2–24、图 2–25 所示。

检定规程信息管理

添加 修改 删除 停用或启用 审核 浏览... 覆盖

输入要查询的编码或名称 类别 搜索

	编码	名称	在用标准	英文名称	文档管理	文件类别	发布时间	实施时间	停用时间	审核状态	使用状态
31	JJF 1083-2002	光学倾斜仪	查看		在线浏览	技术规范	2002-08-24		2026-12-30	已审核	正常
32	JJF 1084-2002	框式水平仪和条式水平仪	查看		在线浏览	技术规范	2002-08-24		2026-12-30	已审核	正常
33	JJF 1085-2002	水平尺	查看		在线浏览	技术规范	2002-08-24		2026-12-30	已审核	正常
34	JJF 1088-2015	大尺寸外径千分尺	查看		在线浏览	技术规范	2016-02-24		2026-12-30	已审核	正常
35	JJF 1089-2002	滚动轴承径向游隙测量仪	查看		在线浏览	技术规范	2003-03-13		2026-12-30	已审核	正常
36	JJF 1090-2002	非金属建材塑限测定仪	查看		在线浏览	技术规范	2002-12-13		2026-12-30	已审核	正常
37	JJF 1091-2002	测量内尺寸千分尺	查看		在线浏览	技术规范	2003-05-04		2026-12-30	已审核	正常
38	JJF 1092-2002	光切显微镜	查看		在线浏览	技术规范	2003-05-04		2026-12-30	已审核	正常
39	JJF 1093-2015	投影仪	查看		在线浏览	技术规范	2016-06-07		2026-12-30	已审核	正常
40	JJF 1095-2002	电容器介质损耗测量仪	查看		在线浏览	技术规范	2003-05-04		2026-12-30	已审核	正常
41	JJF 1096-2002	引申计标定器	查看		在线浏览	技术规范	2003-02-04		2026-12-30	已审核	正常
42	JJF 1097-2003	平尺	查看		在线浏览	技术规范	2003-09-01		2026-12-30	已审核	正常
43	JJF 1098-2003	热电偶、热电阻自动测量系统	查看		在线浏览	技术规范	2003-06-01		2026-12-30	已审核	正常
44	JJF 1099-2003	表面粗糙度比较样块	查看		在线浏览	技术规范	2003-11-12		2026-12-30	已审核	正常

图 2–24 检定规程、校准规范、检验检测标准基础数据界面设计图

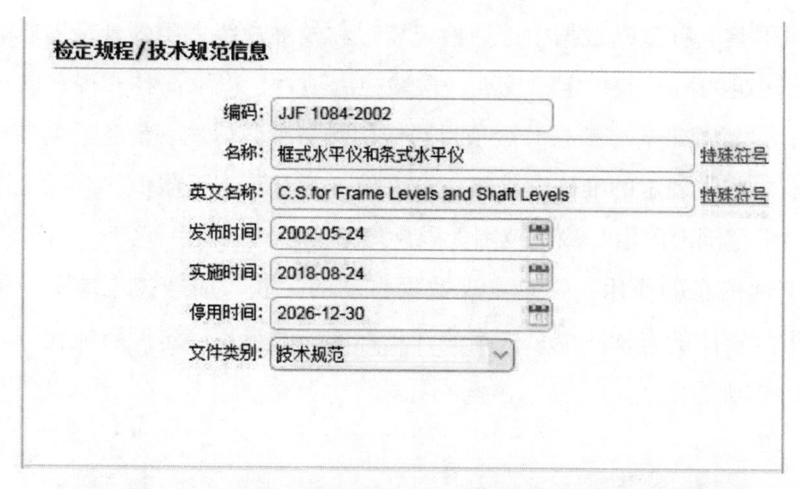

图 2-25 检定规程、校准规范、检验检测标准信息界面设计图

（2）设置检定规程、校准规范、检验检测标准的选择顺序依次为：国家、省级、行业、市级、自编。

（3）是否包含判定规则。

（4）设计检定规程、校准规范、检验检测标准 pdf 文本上传和在线浏览功能，同时，利用带有文字识别功能的高拍仪或扫描仪，将其转化为可编辑的文本格式，以便于下一步整体拆分的操作。

（5）对在用的检定规程、校准规范、检验检测标准进行整体拆分，使纯文档变为能为计算机所使用的最小元素，并建立起不同元素之间的关联、制约、对应关系。具体拆分方案，如图 2-26 所示。

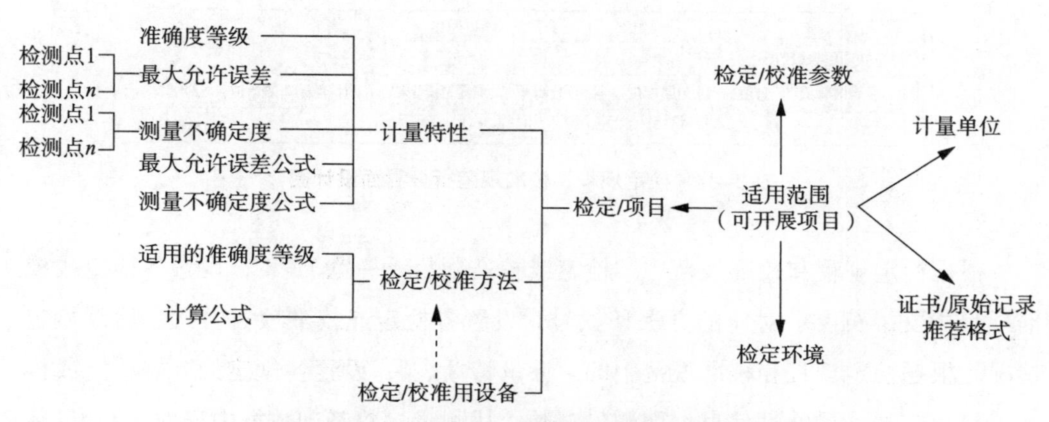

图 2-26 检定规程、校准规范拆分界面设计图

根据检定规程和校准规范中“适用范围”中的计量器具名称和限制条件的规

定，从计量器具名称基础数据中选择检定规程和校准规范适用的计量器具名称（即规定 / 规范规定的可开展检定、校准、检验检测项目，以下简称“规定的可授权开展项目”）；设置规定的可授权开展项目对应的测量参数信息、前置辅助参量、检定规程和校准规范中规定的准确度等级、分度值、测量范围下限值、测量范围下限计量单位、测量范围上限值、测量范围上限计量单位。

设置上述信息的作用：一是实现数据自动的关联、加载；二是实现检定、校准、检验检测资质的自动匹配；三是使计量标准、测量不确定度智能化管理得以实现，如图 2-27 所示。

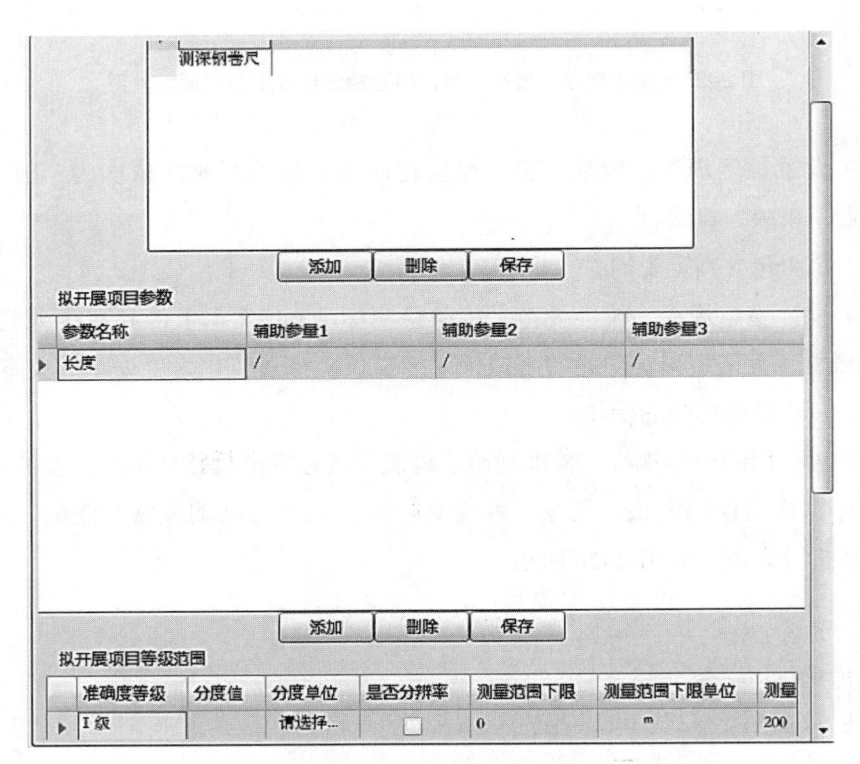

图 2-27　检定规程、校准规范拆分界面设计图

根据检定规程和校准规范中“检定或校准项目（一览）表”，设置各检定或校准项目中文、英文、对应的方法条款号，设置各检定或校准项目首次、后续检定情况。根据检定规程和校准规范中的“计量特性表”，设置各规定的开展检定或校准项目对应的计量特性信息，即测量参数（从测量参数基础数据中选取）、计量单位（从计量单位基础数据中选取）、准确度等级（从测量参数基础数据中选取）、各检定、校准点或测量范围的最大允许误差上下限数值、最大允许误差上下限计量单

位、最大允许误差公式、最大允许误差公式对应计量单位、各检定、校准点或测量范围对应的测量不确定度上下限数值、测量不确定度上下限计量单位、测量不确定度公式、测量不确定度公式对应计量单位。此处的最大允许误差公式和测量不确定度公式应为能够自由设置变量，并能自动计算的公式，而非简单的文本资料。

上述设置是检定规程、校准规范、检验检测标准基础数据的核心，是实现自动匹配的自动计算的基础。特别是最大允许误差的电子化、碎片化，使其原本需要翻阅大量资料的工作变得异常简单，如图 2-28、图 2-29 所示。

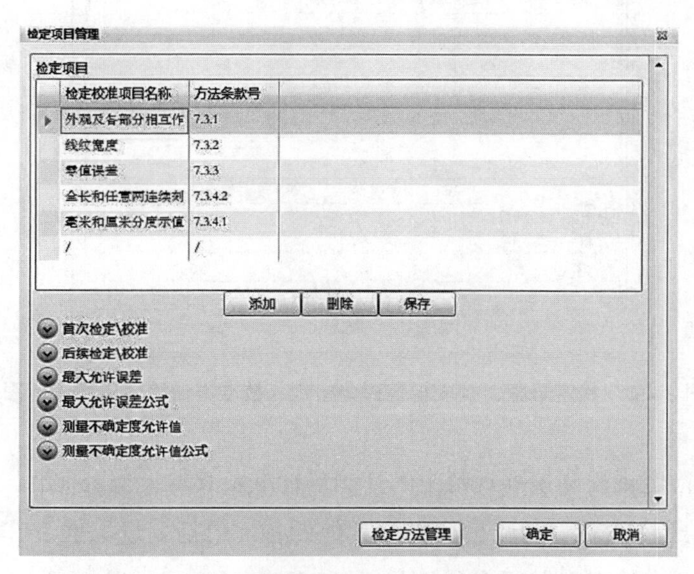

图 2-28　检定规程、校准规范拆分界面设计图

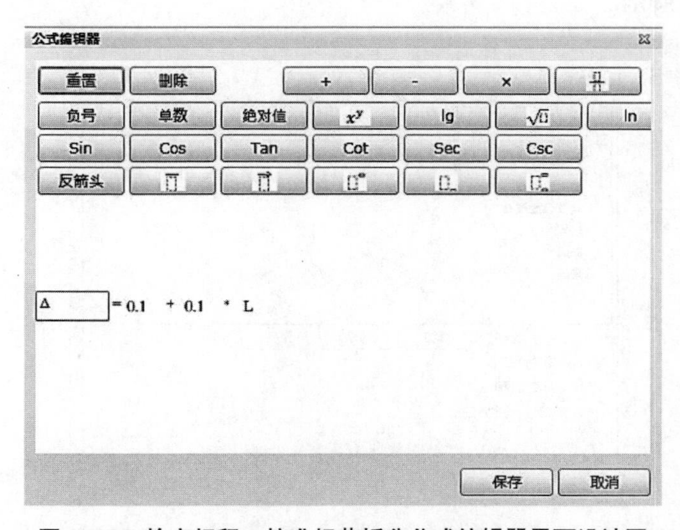

图 2-29　检定规程、校准规范拆分公式编辑器界面设计图

（6）根据检定规程和校准规范中的“检定或校准项目和检定或校准方法”，设置各检定或校准项目对应的检定或校准方法、方法适用的准确度等级及测量范围、方法对应的计算公式、数学模型。上述设置是为计量标准考核、CNAS 考核、测量不确定度评定提供基础数据，测量不确定度评定过程中数据模型的初始值就依靠此处进行自动加载，如图 2-30 所示。

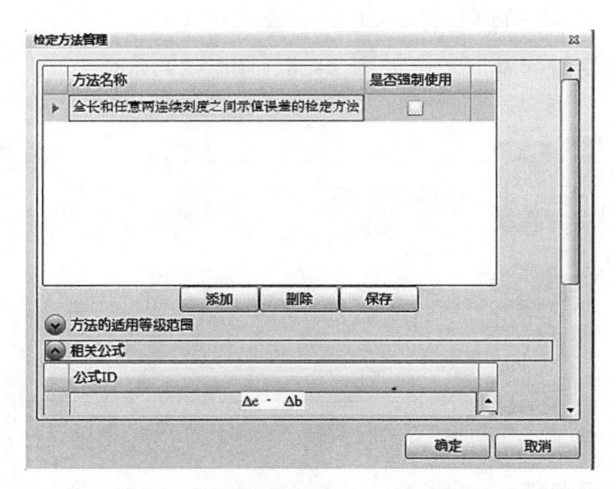

图 2-30　检定规程、校准规范拆分检定、校准方法管理界面设计图

（7）根据检定规程和校准规范中的“测量标准及其他设备”，设置各检定或校准项目对应检定或校准对应的测量标准及其他设备，包括测量标准及其他设备名称、测量参数、测量标准及其他设备能够传递的可开展检定或校准项目、检定或校准方法，如图 2-31 所示。

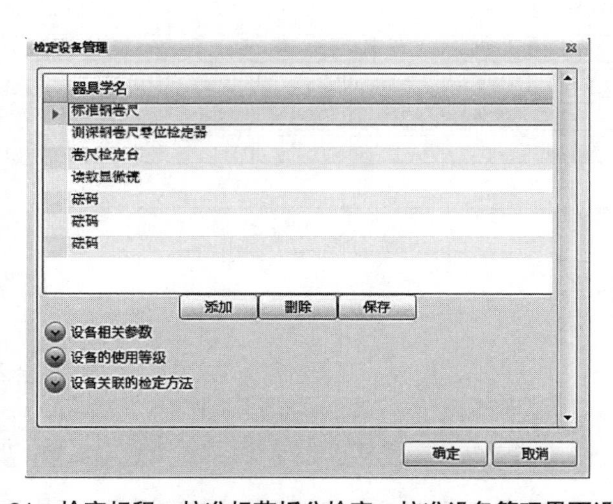

图 2-31　检定规程、校准规范拆分检定、校准设备管理界面设计图

（8）根据检定规程和校准规范中的“检定或校准项目环境”，设置对应的检定或校准环境条件，包括环境条件上限值、上限计量单位、环境条件下限值、下限计量单位。对于有特殊要求，如大气压力、电磁干扰等要求的，应依据检定规程和校准规范添加相应内容，如图 2-32 所示。

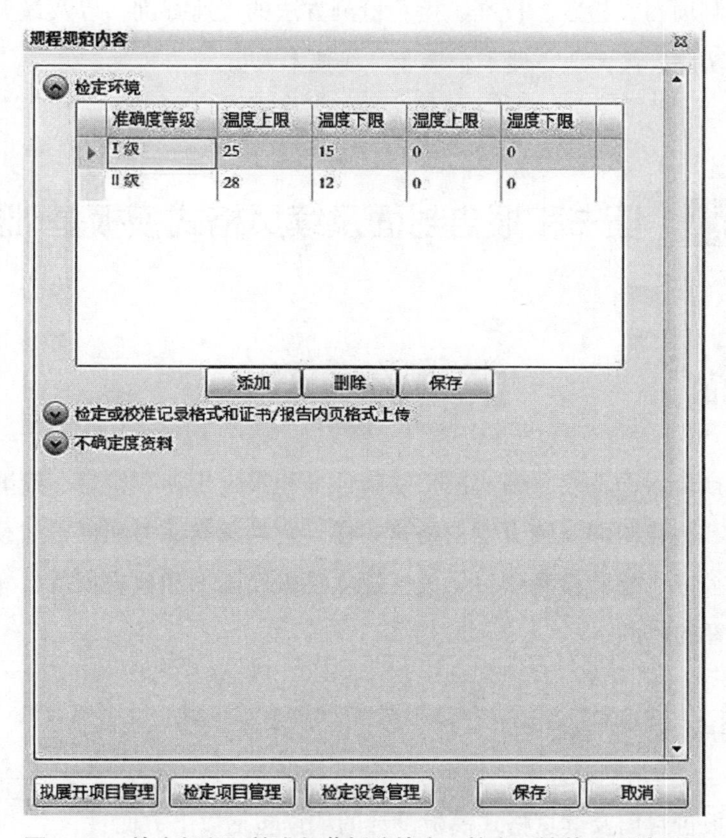

图 2-32　检定规程、校准规范拆分检定、校准环境管理设计界面

（9）根据检定规程、校准规范、检验检测标准附录中“检定、校准、检验检测内页格式样式”“检定、校准、检验检测记录样式”，制作、上传“检定、校准、检验检测内页格式样式”“检定、校准、检验检测记录样式”结构化模板。并对每个数据来源的计量单位、上限限值、计算公式、数据修约进行定义，使之符合检定规程、校准规范、检验检测标准的要求。

三、实施效果

检定规程、校准规范、检验检测标准基础数据的建立，特别是对国家技术法规的整体拆分，将检定规程和校准规范拆分为不可分割的基本要素，实现了计量技术法规由“死文档”到“活数据”的转变，免去了人工二次重复录入原始记录、证书和报告结果页表格、各机构重复编制的麻烦。同时，通过数据共享，为公众提供检定、校准、检验检测所规定的环境设施条件，计量标准器及配套设备，检定、校准、检验检测项目，检定、校准、检验检测方法的快速查询，以及最大允许误差表快速查询等功能，极大地方便了企事业一线技术人员。

第十四节　证书和报告封面及续页格式模板基础数据

一、设计目的

证书和报告封面及续页格式模板是指证书和报告未加载检定、校准、检验检测信息的证书和报告封面及续页空白格式式样。它是某类证书和报告加载的基底，与具体检定、校准、检验检测项目无关。建立模板使证书和报告规范、标准化，且达到信息化管理的目的。

二、设计要点

证书和报告封面及续页格式模板设计的依据包括以下方面：

（1）检定或校准证书封面及续页格式模板应依据《关于印发新版〈检定证书〉和〈检定结果通知书〉封面格式式样的通知》（国质检量函〔2005〕861 号）和《关于启用新版〈检定证书〉和〈检定结果通知书〉封面格式式样有关问题补充说明的通知》（国质检量函〔2006〕13 号）的要求进行设计。这两个“通知”对检定证书和检定结果通知书封面规格、内容、字体、字号均做出了明确规定。为实现一版多用，以及根据客户需求自由切换，检定或校准证书封面及续页格式可以设计为一个模板，对其变化部分实施自定义设计。检定或校准证书封面及续页格式可根据客户对中英文及检定或校准的需求，系统自动加载相应内容，并实现不同类型模板的自由转换。参见附录 1，【 】内的内容为根据检定、校准类型自动选择加载的内容“/”为选择加载项。为实现中文的自动切换，格式模板按中英文设计，需要纯中文时，英文不加载，行仍保留但行距缩小。另外，为防止中英文模板交替期误用和实现跨交替期的自由转换，可设置不同类型模板启用的时间和截止的时间。系统将根据检定或校准日期自动选择在有效期内的模板类型，参见附录1。

（2）根据CNAS-CL01-A025：2018《检测和校准实验室能力认可准则在校准领域的应用说明》的要求，计量溯源性声明应至少包含上一级溯源机构的名称、溯源证书编号。设计时，应考虑涉及上一级溯源机构的名称和溯源证书编号。“溯源至国家计量基准”获得CNAS认可证书尽量不使用，除非有足够的信息能证明其最终溯源至国家计量基准。另外，根据CNAS-CL01：2018《检测和校准实验室能力认可准则》的要求，设计时，应考虑盖有CNAS认可标识的检测和校准证书中应包含检测或校准物品的接收日期、对结果的有效性和应用至关重要的抽样日期、实施实验室活动的日期和报告的发布日期，参见附录1。

（3）仲裁检定通知书封面及续页格式模板应依据《关于印发〈仲裁检定申请书〉等式样的通知》（质检办量函〔2005〕371号）的要求进行设计，很多机构将检定证书封面格式用于仲裁检定，存在着极大风险。仲裁检定通知书封面因其特殊性，需要计量基准或社会公用计量标准证书编号、受理仲裁检定的计量行政管理部门等信息，加盖的并非是检定专用章，而是仲裁检定机构章（公章），参见附录2。

（4）定量包装商品净含量计量检验报告封面及续页格式模板应依据JJF 1070—2005《定量包装商品净含量计量检验规则》附录J“净含量计量监督检验报告（格式）”进行设计，参见附录3。

（5）计量器具型式评价报告封面及续页格式模板应依据JJF 1015—2014《计量器具型式评价通用规范》附录A“型式评价报告格式”进行设计，参见附录4。

（6）能效标识计量检测报告封面及续页格式模板应依据JJF 1261系列标准中“相关能效标识计量检测报告（格式）”进行设计，如JJF 1261.20—2017《电力变压器能源效率计量检测规则》。

三、实施效果

证书和报告封面及续页格式模板基础数据的建立，使不同模板间的自由转换得以实现，特别是在模板类型转换和模板新旧交替过渡中防止因模板问题而带来的检测风险。

第十五节 能力验证基础数据

一、设计目的

依据CNAS–RL02：2016《能力验证规则》，提供标准的能力验证方式、选择优先顺序、能力验证领域和频次、典型被测物、能力验证提供者等信息，以便于机构按照CNAS频次要求合理进行能力验证。

二、设计要点

（一）能力验证方式基础数据

按CNAS–RL02：2016《能力验证规则》分类，能力验证活动分为实验室间比对、能力验证，能力验证又可细分为CNAS指定的能力验证计划和测量审核。

（二）优先选择顺序基础数据

（1）CNAS认可的能力验证提供者（PTP）以及已签署PTP相互承认协议（MRA）的认可机构认可的PTP在其认可范围内运作的能力验证计划；

（2）未签署PTP、MRA的认可机构依据ISO/IEC 17043：2010《能力验证提供者认可准则》认可的PTP在其认可范围内运作的能力验证计划；

（3）国际认可合作组织运作的能力验证计划，例如，亚太实验室认可合作组织（APLAC）等开展的能力验证计划；

（4）国际权威组织实施的实验室间比对，例如，国际计量委员会（CIPM）、亚太计量规划组织（APMP）、世界反兴奋剂机构（WADA）等开展的国际、区域实验室间比对；

（5）依据ISO/IEC 17043：2010《能力验证提供者认可准则》获准认可的PTP在其认可范围外运作的能力验证计划；

（6）行业主管部门或行业协会组织的实验室间比对；

（7）其他机构组织的实验室间比对。

（三）能力验证领域和频次基础数据

按照CNAS–RL02：2018《能力验证规则》附录B“能力验证领域和频次表”，

结合 CNAS 定期发布的检测、校准领域能力验证开展情况参考信息，建立能力验证行业 / 领域、子领域、典型被测物（能力验证物品）树状结构，并在子领域上增加最低参加频次。

（四）能力验证提供者基础数据

按照 CNAS 网站公布的各领域开展能力验证参考信息，在能力验证领域树状结构上增加子领域对应的项目参数、能量验证提供方式（能力验证计划 / 测量审核）、能力验证提供者、网址或联系方式。如果有能力验证提供者，则系统提醒计量技术机构应与 CNAS 认可的能力验证提供者联系参加能力验证活动。如不选择 CNAS 认可的能力验证提供者，则系统自动在不符合工作管理（第十章第十节）、风险和机会的管理措施管理（第十章第十四节）和内部审核管理（第十章第十六节）中同时予以报警。

三、实施效果

通过能力验证基础数据的建立，得到资源提供、合理规划、到期提醒，从而得以有效管理，避免了因能力验证不满足领域和频次要求，而对检测工作有影响。

第十六节　测量不确定度来源标准化描述基础数据

一、设计目的

为不确定度计算机辅助评定提供不确定度来源的标准化描述。

二、设计要点

整理各类资料上的不确定来源及其描述，按人、机、料、法、环对其进行细分，形成各类不确定度分量的标准描述，如图 2–33 所示。

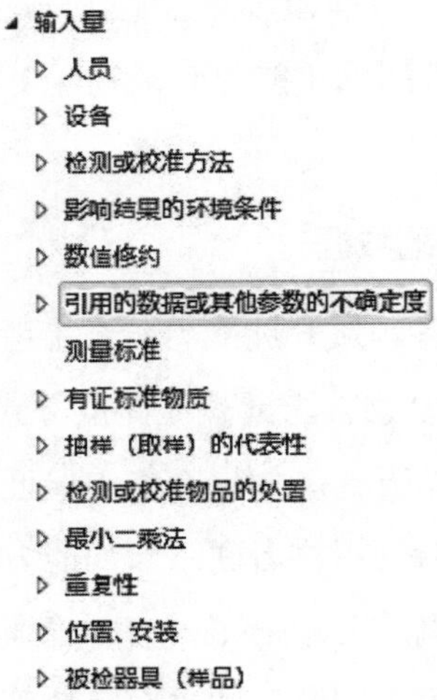

- ◢ 输入量
  - ▷ 人员
  - ▷ 设备
  - ▷ 检测或校准方法
  - ▷ 影响结果的环境条件
  - ▷ 数值修约
  - ▷ 引用的数据或其他参数的不确定度
  - 测量标准
  - ▷ 有证标准物质
  - ▷ 抽样（取样）的代表性
  - ▷ 检测或校准物品的处置
  - ▷ 最小二乘法
  - ▷ 重复性
  - ▷ 位置、安装
  - ▷ 被检器具（样品）

图 2–33　测量不确定度来源标准化描述基础数据界面设计图

三、实施效果

测量不确定度来源标准化描述基础数据的建立，使其测量不确定度评定像搭积木一样简单。只要选择对应不确定来源，填写一两项数据，一个不确定度评定就完成了。

第十七节　产品获证必备检验设备基础数据

一、设计目的

产品获证必备检验设备基础数据是认证、认可、生产许可获证企业必备计量器具管理子系统（第十二章）实施的基础，该子系统也是贯穿始终的主线。

二、设计要点

依据最新公布的各类认证 / 认可、行政许可产品目录，建立产品分类基础数据库，如图 2–34 所示。分类以产品名称为最小单位，每个产品名称下又包含该产品获证必备检验设备和对应的本地获证企业信息。

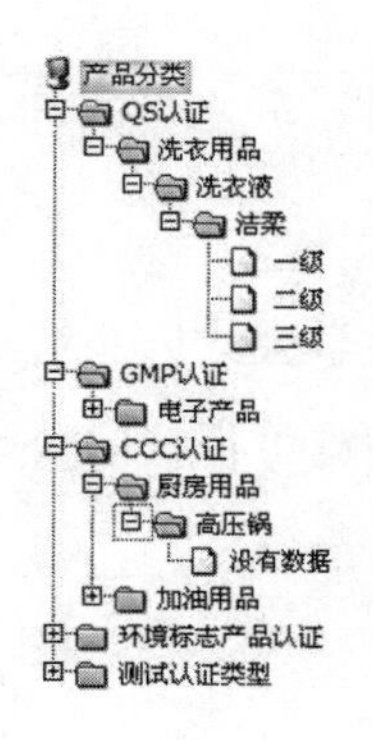

信 息

产品分类 下共有4种产品。 其中 QS认证下共有产品1种 GMP认证下共有产品1种 CCC认证下共有产品2种

认证产品信息列表

产品类型编码	产品类型名称	认证产品类型	认证产品状态
1232	戴尔	GMP认证	正常
123	洁柔	QS认证	正常
5323	高压锅	CCC认证	失效
00042	加油机	CCC认证	正常

共4条记录,显示1到4 1 /1页 每页 10

图 2–34　产品获证必备检验设备基础数据设计界面

依据上述细则、规则中对产品获证必备检验设备的规定，在产品分类基础数据库中添加每种产品获证必备的检验设备。在添加过程中，系统将利用已经建成的计量器具名称基础数据及其映射关系，自动分析、判断检验设备性质，将检验设备分为强制检定计量器具、一般计量器具和辅助设备三类。对于无法自动判断检验设备性质的，由计量技术机构人员人工判断，若仍无法判断，则由填报单位自行判断。

依据权威机构官方网站上公布的《获证企业名单》，建立本地获证企业及其获证产品信息库。其内容包括：企业全称、资质类型、产品种类、产品名称、发证部门、获证时间、有效期等信息，并通过统一社会信用代码管理部门（或电子黄页）企业基本信息数据库的多表联结，以获取（或补全）企业所在辖区、地址、联系人等信息。

三、实施效果

在建立本地获证企业及其获证产品信息库时，系统将通过产品名称这一主线，将导入的企业信息自动分配到产品分类基础数据库对应的产品名称中去，并通过产品分类基础数据库中产品名称与检验设备的对应关系，计量器具名称基础数据中检验设备与计量器具、强制检定计量器具的映射关系，自动生成每个获证企业的每个获证产品对应的必备检验设备、计量器具和强制检定计量器具。

第十八节 专用数学公式编辑和计算工具

一、设计目的

设计专用数学公式编辑和计算工具，用户可以自由录入、编辑数学公式。系统将复杂的数学公式以特定的纯文本符号进行展示和存储，可以随时浏览可视化的公式，并进行编辑。

二、设计要点

通过预定义的数学符号按钮使用户可以轻松录入、编辑数学公式。同时，如图2-35、图2-36所示，编辑框中显示的文本字符串，将复杂的数学公式以特定的纯文本符号进行表示和存储，可以随时浏览可视化的公式，并进行编辑。

设计的纯文本符号的表示方式与Matlab程序已经非常接近，通过简单的编译即可把纯文本符号的表示方式转换成Matlab程序进行运算。

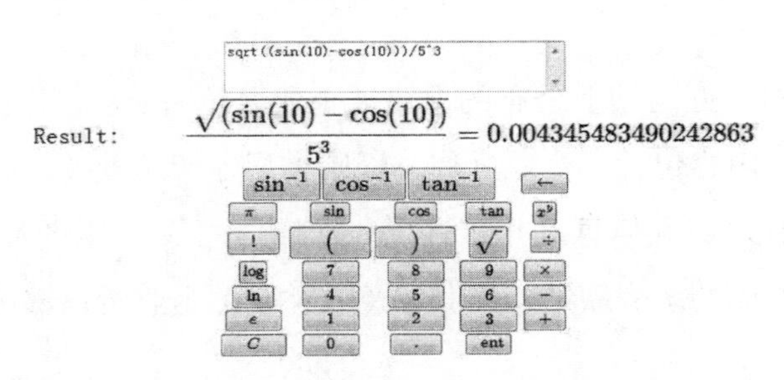

图2-35 专用数学公式编辑和计算工具设计界面（一）

公式名称	公式
Δ	0.2 * δ
Δ	0.3 * δ
Δ	0.1 + 0.1 * L
Δ	0.3 + 0.2 * L
Δα	$\alpha_1 - \alpha_2$

图2-36 专用数学公式编辑和计算工具设计界面（二）

三、实施效果

通过专用数学公式编辑和计算工具的设计，一方面，使得涉及公式的最大允许误差和测量不确定度均可以实现自动计算；另一方面，借助该工具可以建立最大允许误差、测量不确定度、示值误差计算公式以及测量不确定度数学模型。

第十九节 检定、校准、检验检测授权资质基础数据

一、设计目的

检定、校准、检验检测授权资质基础数据设计目的在于为授权考核管理子系统（第六章）提供基础数据，同时，为证书和报告制作提供基础数据。

二、设计要点

设置检定、校准、检验检测授权资质类型，包括计量授权、CNAS授权、资质认定授权，设置授权时间，针对每类授权设置时间。

根据每种授权类型，设计对应的授权证书结构化数据内容如下：

（一）计量授权证书结构化数据

1. 授权机构基础数据

包括：机构名称、地址、法人代表、负责人、主管部门、授权区域、证书编号、发证日期、有效日期、发证机关。

2. 授权项目基础数据

（1）授权检定项目基础数据，包括授权检定项目名称、计量特性（第一章第二节）、依据检定规程编号；

（2）授权校准、检测项目基础数据，包括授权校准/检测项目、计量特性（第一章第二节）、依据技术文件名称及编号；

（3）商品量/商品包装计量检验基础数据，包括授权商品量/商品包装计量检验的计量特性（第一章第二节）、依据技术文件名称及编号；

（4）型式评价基础数据，包括开展型式评价的计量器具名称、计量特性（第一章第二节）、依据技术文件名称及编号；

（5）能源效率标识计量检测项目基础数据，包括型式评价的计量器具名称、计量特性（第一章第二节）、依据技术文件名称及编号。

3. 授权签字人基础数据

包括：姓名、授权领域。

（二）CNAS 认证证书结构化数据

1. 授权机构基础数据

包括：机构名称、地址、法人代表、负责人、主管部门、注册编号、认可依据、发证日期、有效日期。

2. 关键场所基础数据

包括：地址代码、地址/邮编、设施特点、主要活动、说明。

（1）设施特点包括：固定、离开固定设施、临时、可移动、其他。

（2）主要活动包括：检测、校准、签发报告/证书、样品接收、合同评审、其他。

3. 认可的授权签字人及领域基础数据

包括：姓名、授权签字领域、说明。

4. 认可的项目基础数据

（1）认可的检测项目基础数据包括：检测对象、项目/参数、名称、检测标准（方法）、说明。

（2）认可的校准项目基础数据包括：测量仪器、校准参量、校准规范、测量范围上下限数值、测量范围上下限计量单位、测量范围限制条件或辅助参数、测量范围对应的测量不确定度上下限数值、测量不确定度上下限计量单位、测量不确定度公式、测量不确定度公式对应计量单位。

（三）资质认定证书结构化数据

1. 授权机构基础数据

包括：机构名称、地址、法人代表、负责人、主管部门、授权区域、证书编号、发证日期、有效日期、发证机关。

2. 批准检验检测的能力范围基础数据

包括：类别（产品/项目/参数）、产品/项目/参数、序号、名称、检测标准（方法）、依据的标准（方法）名称及编号（含年号）、限制范围、说明。

3. 授权签字人基础数据

包括：姓名、职务 / 职称、批准授权签字领域、备注。

三、实施效果

检定、校准、检验检测授权资质基础数据的建立为授权考核管理子系统（第六章）提供基础数据，同时，也为各类资质的结构化查询、资质的自动匹配提供了可能。

第二十节　标准物质基础数据

一、设计目的

标准物质基础数据的设计目的在于为测量设备管理子系统（第四章）提供基础数据，同时，提供统一、标准化的标准物质基础数据。

二、设计要点

依据最新的《国家标准物质目录》，建立标准物质基础数据树形结构。首先，建立一级、二级标准物质；其次，分别在各级标准物质下建立各行业标准物质分类，如：钢铁成分分析标准物质、有色金属及金属中气体成分分析标准物质、建材成分分析标准物质、核材料成分分析与放射性测量标准物质、高分子材料特性测量标准物质、化工产品成分分析标准物质、地质矿产成分分析标准物质、环境化学分析标准物质、临床化学分析与药品成分分析标准物质、食品成分分析标准物质、煤炭石油成分分析和物理特性测量标准物质、工程技术特性测量标准物质、物理特性与物理化学特性测量标准物质等；最后，在每个分类下增加具体的标准物质信息。

标准物质信息包括：标准物质名称、编号、研制单位、定级证书号、量值信息（标准值及其对应的测量不确定度）。

三、实施效果

通过标准物质基础数据的建立，一方面，使标准物质数据的引用实现了标准统一化；另一方面，防止无证标准物质的误用。

第二十一节 危险化学品、易制毒、易制爆危险化学品基础数据

一、设计目的

危险化学品、易制毒、易制爆危险化学品基础数据的设计目的在于为测量设备管理子系统（第四章）提供统一、标准化的基础数据。

二、设计要点

依据最新的《国家危险化学品目录》，建立危险化学品基础数据树形结构，内容包括：品名、别名、CAS 号、备注。

依据最新的《国家易制毒化学品目录》，建立易制毒化学品基础数据树形结构。首先，建立第一类、第二类、第三类易制毒化学品树状结构；其次，分别在各类易制毒化学品下建立具体品种名称；再次，对第一类中的药品类易制毒化学品进行标注；最后，对品种为危险化学品的进行标注。

依据最新的《国家易制爆危险化学品名录》，建立易制爆危险化学品基础数据树形结构，内容包括：品名、别名、CAS 号、主要的燃爆危险性分类。

三、实施效果

通过危险化学品、易制毒、易制爆危险化学品基础数据的建立，一方面使该数据的引用实现了标准化、统一化，另一方面防止了管理上的失控。

第二十二节 考核规范 / 认可准则 / 通用要求基础数据

一、设计目的

考核规范 / 认可准则 / 通用要求基础数据设计的目的在于为外部考核（CNAS、计量授权考核、计量标准考核）提供标准条款及对应的编号，为内部审核提供检查依据和标准，为内外部审核提供不符合案例，以防止不符合项 / 缺陷项描述不清或对应条款错误。

二、设计要点

（一）考核规范 / 认可准则 / 通用要求分类基础数据

计量技术机构常见的考核规范 / 认可准则 / 通用要求有：

——JJF 1033—2016《计量标准考核规范》；

——JJF 1069—2012《法定计量检定机构考核规范》；

——CNAS-CL01：2018《检测和校准实验室能力认可准则》；

——CNAS-CL01-G001：2018《CNAS—CL01〈检测和校准实验室能力认可准则〉应用要求》；

——CNAS-CL01-G005：2018《检测和校准实验室能力认可准则在非固定场所外检测活动中的应用说明》；

——CNAS-CL01-A025：2018《检测和校准实验室能力认可准则在校准领域的应用说明》。

设置上述考核规范 / 认可准则 / 通用要求的代号、中文名称、英文名称、发布日期、实施日期、废止日期、发布机构等信息。

（二）考核规范 / 认可准则 / 通用要求拆分基础数据

对各类考核规范 / 认可准则 / 通用要求进行整体拆分，其中，JJF 1033—2016《计量标准考核规范》依据附录 J《计量标准考评表》进行拆分、JJF 1069—2012《法定计量检定机构考核规范》依据附录 C《考核规范要求与管理体系文件对照检查表》进行拆分，CNAS 依据评审报告附件 1-1《实验室现场评审核查表》《实验室现场评审核查表》《检测和校准实验室能力认可准则在校准实验室的应用说明》进行拆分。拆分时，按其条款号层次，建立各类考核规范 / 认可准则 / 通用要求对应的内容树状结构。其节点信息包括：条款号、条款内容、评审 / 核查内容、不符合项 / 观察项 / 缺陷项描述。

（三）不符合项 / 观察项 / 缺陷项描述基础数据

在各类考核规范 / 认可准则 / 通用要求树状结构各节点上增加该条款对应的不符合项 / 观察项 / 缺陷项描述。其初始数据来源可由 CNAS 发布的《现场评审不符合项案例集》等资料获得。后续数据来源可从计量标准考核管理子系统（第五章），质量管理子系统（第十章）的内部、外部审核不符合项 / 观察项 / 缺陷项描述中获得，也可以从中提炼、总结出该条款不符合项 / 观察项 / 缺陷项描述的标准化，以便于在日常不符合项开具时，实现填空式在线开具。另外，可在设计时设计不符合项 / 观察项 / 缺陷项描述审批机制，对汇集的不确定度进行审核。审核通过的，显示以供所有用户参考；不通过的，只能本机构使用。不符合项 / 观察项 / 缺陷项描述基础数据建立后，系统将自动根据各类授权考核类型，依据其考核条款号，生成每种考核类型的不符合项 / 观察项 / 缺陷项描述树状结构。

（四）申请、考核资料基础数据

根据考核规范 / 认可准则 / 通用要求拆分基础数据，系统自动生成 JJF 1033—2016《计量标准考核规范》附录 J《计量标准考评表》、JJF 1069—2012《法定计量检定机构考核规范》附录 C《考核规范要求与管理体系文件对照检查表》、CNAS 评审报告附件 1-1《实验室现场评审核查表》《实验室现场评审核查表》《检测和校准实验室能力认可准则在校准实验室的应用说明》等资料，作为计量技术机构提交考核申请和现场考核时使用。

（五）授权申请、考核资料模板基础数据

依据 JJF 1033—2016《计量标准考核规范》附录、JJF 1069—2012《法定计量检定机构考核规范》附录、CNAS 申请资料、资质认定申请和考核资料，设计下列考核资料模板：

1. 计量标准申请、考核资料模板

（1）计量标准申请资料模板

包括：《计量标准考核（复查）申请书》《计量标准技术报告》《检定或校准结果的重复性试验记录》《计量标准的稳定性考核记录》《检定或校准结果的重复性试验记录》。

（2）计量标准考核资料模板

包括：《计量标准考核报告》（《计量标准考评表》《计量标准整改工作单》）、《计量标准考评工作评价及意见表》《首末次会议签到表》《计量标准考核证书》。

（3）计量标准日常管理资料模板

包括：《计量标准履历书》《计量标准更换申报表》《计量标准封存（或撤销）申报表》。

（4）模板之间的关联关系和先后顺序

《计量标准考评表》填写完毕后，系统依据《计量标准考评表》所填写的内容自动填写《计量标准整改工作单》中的对应的考核规范条款号和整改内容。

《计量标准考核报告》填写完毕后，系统依据《计量考核报告》所填写的内容自动生成《计量标准考核证书》。

2. 计量授权申请、考核资料模板

（1）计量授权申请资料模板

包括：《法定计量检定机构考核申请书》（JJF 1069—2012 附录 A）、《考核项目表 B1——检定项目》《考核项目表 B2——校准项目》《考核项目表 B3——商品量/商品包装检验项目》《考核项目表 B4——型式评价项目》《考核项目表 B5——能源效率标识计量检测项目》《考核规范与管理体系文件对照检查表》（JJF 1069—2012 附录 C）、《证书报告签发人员一览表》（JJF 1069—2012 附录 D）、《证书报告签发人员考核记录》（JJF 1069—2012 附录 D）。

（2）计量授权考核资料

包括：《考核任务书》《首/末次会议签到表》《考核项目表 B1——检定项目》《考核项目表 B2——校准项目》《考核项目表 B3——商品量/商品包装检验项目》《考核项目表 B4——型式评价项目》《考核项目表 B5——能源效率标识计量检测项目》《考核报告》[JJF 1069—2012 附录 F（含表 F1 考核结果汇总表）]、《不符合项/缺陷项记录表》（JJF 1069—2012 附录 E）、《纠正措施验证报告》[JJF 1069—2012 附录 G（含表 G1 验证结果汇总表）]、《经确认的检定项目表》（JJF 1069—2012 附录 H）、《经确认的校准项目表》（JJF 1069—2012 附录 I）、《经确认的商品量/商品包装检验项目表》（JJF 1069—2012 附录 J）、《经确认的型式评价项目表》（JJF 1069—2012 附录 K）、《经确认的能源效率标识计量检测项目表》（JJF 1069—2012 附录 L）。

（3）计量授权整改资料模板

包括：《整改计划》《会议签到表》《机构内部不符合项记录/纠正措施及实施报告单》《培训记录》《整改证据》《整改报告》。

（4）计量授权日常管理资料模板

包括：《机构负责人变更申请》《授权签字人变更申请》。

（5）模板之间的关联关系和先后顺序

《在不符合项 / 缺陷项记录表》（JJF 1069—2012 附录 E）中填写不符合项或缺陷项内容。其中，考核依据部分若选择“考核规范”，则调取本节第二部分考核规范 / 认可准则 / 通用要求拆分基础数据，并从中选择，选择后，系统同步加载《不符合项 / 缺陷项记录表》结论部分的不符合条款号；若选择“管理体系文件”，则调取考核规范要求与《管理体系文件对照检查表》（JJF 1069—2012 附录 C），并从中选择，选择后，系统同步加载《不符合项 / 缺陷项记录表》结论部分的不符合条款号；若“选择检定规程、校准规范、检验检测标准”，则调取检定规程、校准规范、检验检测标准基础数据（本章第十三节），并从中选择。需要时，可调阅所需检定规程或校准规范的电子版以确定具体条款编号。《不符合项 / 缺陷项记录表》结论部分的不符合条款号，则调取本节第二部分考核规范 / 认可准则 / 通用要求拆分基础数据，并从中选择。

《不符合项 / 缺陷项记录表》（JJF 1069—2012 附录 E）中不符合项或缺陷项填写完毕后，系统将自动根据不符合的条款序号进行排序，并自动关联加载《不符合项 / 缺陷项记录表》（JJF 1069—2012 附录 E）中的“考核项目”内容。

如果《不符合项 / 缺陷项记录表》（JJF 1069—2012 附录 E）中的不符合项或缺陷项内容涉及考核项目表 B1、表 B2、表 B3、表 B4、表 B5，设计时，应提供不符合项或缺陷项对应的考核项目表 B1、表 B2、表 B3、表 B4、表 B5 的选择功能。

选择《不符合项 / 缺陷项记录表》（JJF 1069—2012 附录 E）对应的考核项目表 B1、表 B2、表 B3、表 B4、表 B5 后，系统自动根据《不符合项 / 缺陷项记录表》（JJF 1069—2012 附录 E），为上述考核项目表中的“考核记录”加载“不符合项 / 缺陷项记录表”编号。

《考核项目表》中考核记录完成后，系统完成考核报告“申请考核项目确认”中“合格项目”“需要整改项目”“不合格项目”对应的考核项目表 B1、表 B2、表 B3、表 B4、表 B5 序号的填写。同时，将“需要整改项目”中的《考核项目表》需要同步到《纠正措施验证报告》（JJF 1069—2012 附录 G）“整改后合格项目”中。同时，统计现场试验数字填入《考核报告》。

系统自动根据《不符合项 / 缺陷项记录表》（JJF 1069—2012 附录 E），为《考核规范要求与管理体系文件对照检查表》（JJF 1069—2012 附录 C）加载“不符合项 / 缺陷项记录表”编号。

系统自动根据《考核规范要求与管理体系文件对照检查表》(JJF 1069—2012 附录 C),自动生成《考核结果汇总表》(JJF 1069—2012 附录 F 表 F1),并将《考核结果汇总表》(JJF 1069—2012 附录 F 表 F1)的统计结果写入《考核报告》。

系统自动根据《不符合项 / 缺陷项记录表》(JJF 1069—2012 附录 E),为《机构整改计划》《机构内部不符合项记录 / 纠正措施及实施报告单》《整改报告》等加载不符合条款和不符合描述。

系统自动根据《机构内部不符合项记录 / 纠正措施及实施报告单》中的整改措施,生成《纠正措施验证报告》(JJF 1069—2012 附录 G)中《验证结果汇总表》(JJF 1069—2012 附录 G 表 G1)验证意见。

考核项目表 B1、表 B2、表 B3、表 B4、表 B5 完成后,系统自动生成对应的、经确认的《检定项目表》(JJF 1069—2012 附录 H)、《校准项目表》(JJF 1069—2012 附录 I)、《商品量 / 商品包装检验项目表》(JJF 1069—2012 附录 J)、《型式评价项目表》(JJF 1069—2012 附录 K)、《能源效率标识计量检测项目表》(JJF 1069—2012 附录 L),并对其中相同的授权开展项目进行合并。

经确认的项目表完成后,系统自动根据授权项目所在领域,生成《证书报告签发人员一览表》(JJF 1069—2012 附录 D)、《证书报告签发人员考核记录》(JJF 1069—2012 附录 D)中的签发领域。

3. CNAS 申请、考核资料模板

(1)CNAS 申请资料模板

由于 CNAS 已实现网上申请,可按 CNAS 实验室 / 检验机构认可业务系统中要求导入。

(2)CNAS 考核资料模板

由于 CNAS 已实现网上申请,因此不必设计专门的模板。

(3)CNAS 整改资料模板

包括:《整改计划》《会议签到表》《机构内部不符合项记录 / 纠正措施及实施报告单》《培训记录》《整改证据》《整改报告》。

(4)CNAS 日常管理资料模板

包括:《变更申请书》。

(5)模板之间的关联关系和先后顺序

机构整改计划输入 CNAS 实验室不符合项 / 观察项记录表中的事实陈述、事实类型、依据文件 / 条款,系统自动为机构内部不符合项记录 / 纠正措施及实施报告单、整改报告等加载不符合条款和不符合描述。

4. 资质认定申请、考核资料模板

（1）资质认定申请资料模板

包括：《检验检测机构资质认定申请书》《检验检测能力申请表》《授权签字人汇总表》《授权签字人基本信息表》《组织机构图》《检定、校准、检验检测人员表》《仪器设备（标准物质）配置表》。

（2）资质认定评审资料模板

包括：《评审报告》《建议批准的检验检测能力表》《建议批准的授权签字人》《授权签字人评价记录表》《基本符合和不符合项汇总表》《现场考核项目表》《评审组人员名单》《整改完成记录》《评审组长确认意见表》《提请资质认定部门关注的事项》《检验检测机构资质认定现场评审日程表》《检验检测机构资质认定现场评审签到表》。

（3）资质认定整改资料模板

包括：《整改计划》《会议签到表》《机构内部不符合项记录 / 纠正措施及实施报告单》《培训记录》《整改证据》《整改报告》。

（4）资质认定日常管理资料模板

包括：《检验检测机构资质认定名称变更审批表》《检验检测机构资质认定地址名称变更审批表》《检验检测机构资质认定法人单位变更审批表》《检验检测机构资质认定授权签字人变更审批表》《检验检测机构资质认定标准（方法）变更审批表》《检验检测机构资质认定取消检验检测能力审批表》《检验检测机构资质认定人员变更备案表》。

（5）模板之间的关联关系和先后顺序

系统根据申请书内容生成考核报告相应内容。

在考核报告《建议批准的检验检测能力表》中增加现场试验标记。勾选后，将《建议批准的检验检测能力表》中已确定的内容加载到考核报告《现场试验项目表》中，同时，系统自动从申请书《仪器设备（标准物质）配置表》中搜索设备信息增加到考核报告《现场试验项目表》中。

三、实施效果

考核规范 / 认可准则 / 通用要求基础数据为计量标准考核管理子系统（第五章）、授权考核管理子系统（第六章）提供了基础数据。为计量技术机构主要考核的自动化、智能化提供了可能，从根本上保证了各类考核资料之间的逻辑性、一致性和规范性，极大地节省了人力，提高了效率。

CHAPTER 3

第三章

计量技术机构专用基础数据

计量技术机构专用基础数据是根据计量技术机构自身特点而建立的相关基础数据库，涵盖了计量技术机构质量管理体系所覆盖的机构、部门分工、授权资质、人员、供应商、测量设备、标准、方法、环境、证书和报告等基础数据。这些基础数据为后续章节中的计量管理子系统提供统一、规范的数据来源。

第一节 设计目的和思路

一、设计目的

第二章论述的计量通用基础数据为整个计量行业的基础数据，即全国可以建立一套统一的数据源为各个计量业务信息化平台所应用。计量技术机构专用基础数据是根据计量技术机构自身特点而建立的相关基础数据库，涵盖了计量技术机构质量管理体系所覆盖的机构、资质、人员、设备、方法、环境、证书、记录、客户、样品、财务基础数据，其中也包含了各种角色和状态信息。这些基础数据为以后的各种计量管理子系统提供统一、规范的数据来源。信息共享、信息交换已成为信息化时代的常态，为保证数据交换的顺畅，按标准、规范、专业设计基础数据库是必要的。为确保数据的准确、唯一，应严格按照 JJF 1001—2011《通用计量术语及定义》、JJF 1033—2016《计量标准考核规范》、JJF 1059—2012（所有部分）《测量不确定度评定与表示》、JJF 1069—2012《法定计量检定机构考核规范》、JJF 1070—2011（所有部分）《定量包装商品净含量计量检验规则》等标准进行设计，并使用规定的计量术语。

二、设计思路

计量技术机构专用基础数据包括以下 16 个基础数据库：

——计量技术机构基础数据；

——部门分工基础数据；

——授权资质基础数据；

——人员基础数据；

——供应商基础数据；

——测量设备基础数据；

——机构计量标准基础数据；

——检定、校准、检验检测方法基础数据；
——环境设施基础数据；
——证书和报告内页格式及原始记录格式模板基础数据；
——专用模板基础数据；
——客户信息基础数据；
——专业类别基础数据；
——数据状态基础数据；
——角色基础数据；
——考评员基础数据。

第二节　计量技术机构基础数据

一、设计目的

计量技术机构基础数据的设计目的在于为本书中所涉及的计量机构基础信息的应用提供标准、单一的数据来源。杜绝因数据来源不单一、更新不及时而带来的信息错误。

二、设计要点

计量技术机构基础数据分为计量技术机构基础信息、性质信息、特性信息、类别信息、场所信息、部门信息、分支机构信息。其设计步骤为：

（1）根据实验室认可、法定计量检定机构考核申请书和考核报告，设计计量技术机构基础数据的类型和中英文名称。

（2）对所有基础信息增加时效性信息，即启用时间、终止时间，以便于系统根据需要自动加载和自动切换。

（3）法律地位信息包括：独立注册法人机构、注册法人机构的一部分。

（4）机构类型信息包括：依法设置的机构、授权建立的机构、其他类型。

（5）基础信息包括：机构代码、名称、统一社会信用代码、行政区划代码、行政区划名称、注册地址、依法设立的文件名称及编号、行政主管部门代码、行政主管部门名称、法定代表人、法人代表聘任文件名称及编号、负责人、联系人等信息；同时，上传机构的统一社会信用代码证、依据设立的文件、法定代表人证书资料的扫描件。

如果选择注册法人机构的一部分，还应上传所属法人单位对该机构的授权文件，以及对该机构负责人的授权文件扫描件。

如果选择依法设置的机构，还应上传政府主管部门依法设置的文件、相应的主管部门对机构负责人的聘任文件。

如果选择授权建立的机构，还应上传政府计量行政部门同意授权的文件、相应的主管部门对机构负责人的聘任文件。

（6）类型信息包括：机构类型、创建时间、法律地位（如机关法人、事业法人、社团法人、企业法人）。

（7）性质信息包括：机构性质（全部政府拨款、部分政府拨款、全部自收自支、自收自支、全部上级单位补贴、部分上级单位补贴、其他）、资产性质（如国有、民营、股份制、外商独资、中外合资、中外合作、其他）、机构属性[市场监督管理、海关，国务院部委、地方政府，行业组织（联合会、协会），科研机构和大专院校所属，国有、民营、外资等企业]。

（8）授权信息包括：法定计量检定机构、CNAS、资质认定授权。

（9）特性信息包括：第一方实验室、第二方实验室、第三方实验室、中资实验室、外方独资实验室、中外合资实验室、中外合作实验室、中国内地实验室、中国香港实验室、中国澳门实验室、中国台湾实验室、国外实验室、国家中心、国家重点、部级、行业中心（站）、省市级中心（站）、CCC检测指定、司法鉴定、生产许可证、出口许可证、其他市场准入、已获国家级资质认定证书、已获省市级资质认定证书、已获JJF1069—2012《法定计量检定机构考核规范》及国际组织认定资格。

（10）类别信息包括：检定实验室、校准实验室、检测实验室、带自校准的检测实验室。

（11）场所信息包括：固定、离开固定设施的现场、临时、可移动。对于多场所的应分别描述。

（12）部门信息包括：名称、行政区划代码、行政区划名称、负责人、联系人。

（13）分支机构信息包括：名称、行政区划代码、行政区划名称、机构类型等信息。

（14）联系信息包括：姓名、联系地址、邮政编码、电话号码、手机号码、对外服务的业务联系电话、传真号码、网址、电子邮箱、QQ、微信、工作时间等信息，如图 3–1 所示。

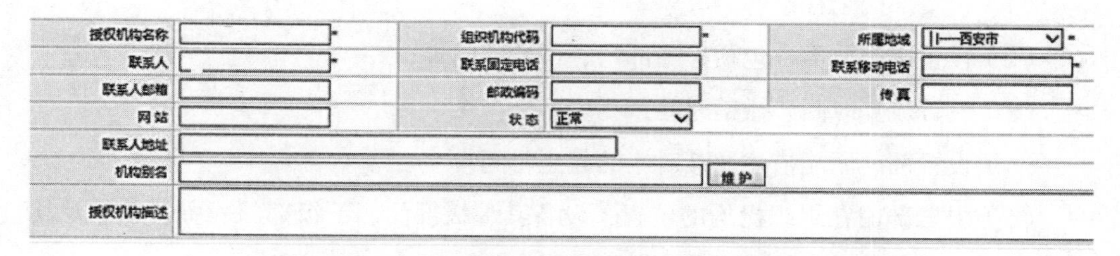

图 3–1　计量技术机构基础数据联系信息设计界面

三、实施效果

目前，CNAS 的实验室 / 检验机构认可业务管理系统和国家认证认可监督管理委员会的检验检测统计直报系统都建立了结构化的机构基础数据，并实现对机构信息的自由查询。本节所述的计量技术机构基础数据涵盖了计量技术机构各类考核所需的常见信息，结合本章其他基础数据可实现从机构简介、考核资料到各类统计报表的自动生产和输出。

第三节　部门分工基础数据

一、设计目的

部门分工基础数据设计的目的在于为其他所涉及部门基础信息的应用提供标准、单一数据来源，以杜绝因数据来源不唯一、更新不及时而带来的错误。

二、设计要点

部门分工基础数据分为部门名称、部门分类、成立时间、撤销时间、部门职能描述、上级部门、下级部门、主管领导、部门负责人、部门负责人任职条件、部门负责人职能描述、授权签字人、部门成员、试验地点、办公地点、联系电话、可开展的检定、校准、检测项目等。其设计步骤为：

（1）设置部门名称；

（2）设置部门分类，包括检测部门、行政部门等；

（3）设置成立时间、撤销时间；

（4）设置部门职能描述及其对应的起止时间；

（5）根据部门在组织机构的位置，设备其上级部门、下级部门、主管领导及其对应的起止时间；

（6）设置部门负责人的任职条件、职能描述及其对应起止时间；

（7）设置部门负责人、授权签字人、部门成员信息及其对应的起止时间；

（8）设置部门办公地点、试验地点及其对应联系电话，并设置这些信息对应的起止时间；

（9）建立部门、试验电话及其对应的授权开展项目的对应关系。

三、实施效果

部门分工基础数据的建立不仅实现了系统内所涉及的部门信息的自动更新，如网址信息的及时更新，实现了部门信息数据来源的标准、唯一。同时，通过部门与试验地点、联系电话、授权开展项目关联关系的建立，实现了从授权开展项目—职能部门—试验地点—联系电话的自动匹配，方便了客户或公众查询、联系。

第四节 授权资质基础数据

一、设计目的

建立授权资质基础数据的目的在于实现公众和客户对计量技术机构授权资质进行查询，以及网上报检和样品接受过程中检定资质的匹配，同时，授权资质基础数据也是贯穿整个计量技术机构管理系统的一条主线。一是通过授权开展项目这条主线，建立了与计量技术机构运作各要素间的内在逻辑关系，以实现关联要素取值或取值范围的自动加载，最大限度地避免人工干预，并通过严格的审批程序，从根本上防止逻辑性错误的发生；二是通过其建立的要素间逻辑关系，在检定规程、校准规范、检验检测标准更新时，立刻通知授权使用人按照新颁布的检定规程、校准规范、检验检测标准，重新对与其相关联的证书和报告类型、检定结论、检定周期/校准间隔，检定、校准用仪器设备，检定、校准、检验检测环境条件，证书和报告内页格式及原始记录格式模板进行符合性确认。授权资质基础数据审查通过后才可使用，否则，将在新的检定规程、校准规范、检验检测标准实施之日起将停止该项目证书和报告的制作。

二、设计要点

（1）建立授权资质基础数据，包括计量器具学名（从计量器具分类树状结构中选取）、授权类型（法定计量授权、CNAS、资质认定）、授权时间、到期时间，承担检定、校准、检验检测的部门（授权开展项目开展部门），检定、校准类型（送检、现场）。

（2）上传与各授权资质对应的授权证书及附件的电子版本。

（3）系统自动根据选择的计量器具学名，通过计量器具名称基础数据中建立的关联关系，自动加载计量特性（第一章第二节）、依据检定规程、校准规范、检验检测标准，根据本机构授权情况，对上述资料进行人工修改，如果机构建立第六章所述的授权考核管理子系统，机构的授权资质将自动生成，并根据每次授权考核情况自动更新，无需人工干预。

（4）设置法定计量授权资质与其对应的计量标准、社会公用计量标准之间的关联关系。

（5）设置授权资质与对应检定、校准、检验检测所使用的设备之间的关联关系。同样，如果建立计量标准和计量授权管理子系统，上述信息可通过自动关联而得到。由于一个授权资质可能对应多个标准，因此，检定、校准、检验检测所使用的设备可以有多个。

在设置授权资质与其对应的检定、校准、检验检测所使用设备之间的关联关系过程中，系统将自动根据检定规程、校准规范、检验检测标准基础数据（第二章第十三节）所建立的授权项目与其检定、校准、检验检测用主要设备的对应关系，自动寻找本机构内符合条件的检定、校准、检验检测所使用设备（如测量标准、参考标准和标准物质）并显示，以供选择。如未自动加载与其对应的检定、校准、检验检测所使用设备，系统将提示人工选择。人工选择过程中，系统将自动判断所选检定、校准、检验检测所使用设备与其对应授权开展项目的测量不确定度（或最大允许误差）之比是否小于或等于 1/3。若无法满足这一要求，系统则提示进行人工判断。

（6）设置授权资质与其对应检测部门，检定、校准、检验检测人员，授权签字人之间的关联关系及其上述对应关系的起止时间。

（7）设置授权资质开展项目与其对应检定、校准、检验检测地点、环境条件之间的关联关系。

（8）设置授权资质开展项目与其对应检定结论、检定周期（最长、最短）的关联关系。

（9）设置授权资质开展项目与其对应证书、报告专业代号之间的关联关系。

（10）设置授权资质开展项目与其对应检定或校准时间（最长、平均、最短）的关联关系。

（11）设置授权资质开展项目与其对应收费标准的关联关系。

（12）设置授权资质开展项目与其是否能够“独立制作证书和报告”的关联关系。

（13）如果建立授权资质考核管理子系统，上述（3）~（5）的所有信息均可实现自动加载。由于检定、校准、检验检测人员，授权签字人等信息均有时效性，对于过期的数据将不再显示。

（14）如果 CANS 授权资质与法定计量授权资质同一授权项目在测量范围和测量不确定度上存在差异，应分别设置，如图 3–2、图 3–3 所示。

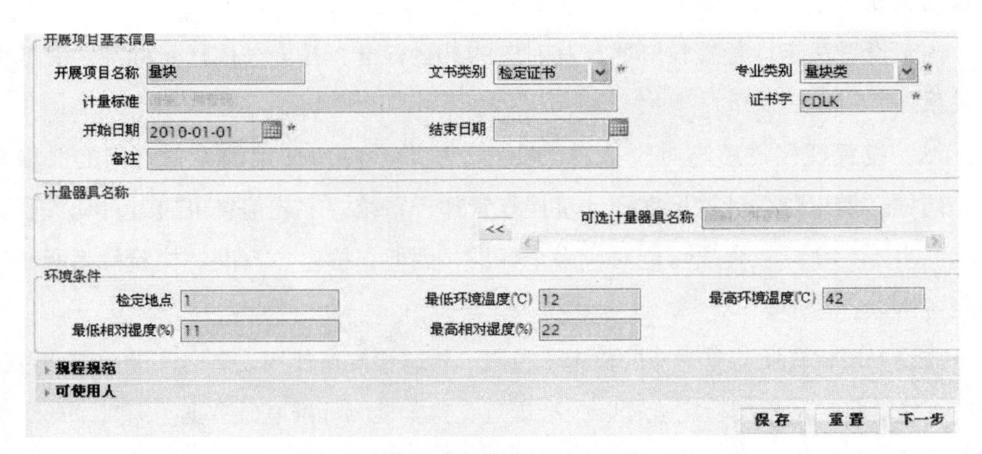

图 3–2　可开展项目基本信息界面设计图（一）

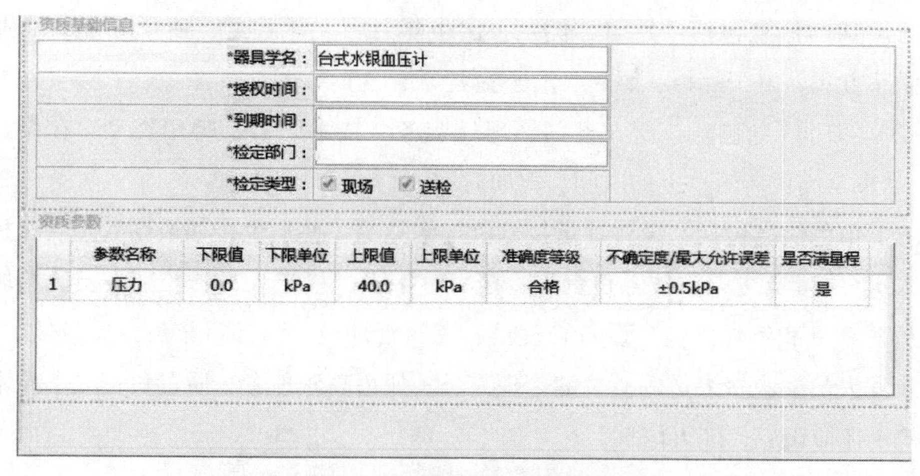

图 3-3　可开展项目基本信息界面设计图（二）

三、实施效果

授权资质基本数据的建立，一方面，为客户提供了结构化的查询手段，免去客户人工翻阅、查找资质的不便；另一方面，通过授权资质开展项目与各要素的关联关系，实现了证书和报告制作过程中证书和报告各要素信息的自动加载。

第五节　人员基础数据

一、设计目的

人员基础数据建立的目的在于为本系统所涉及的人员信息的应用提供标准、单一的数据来源；对人员资质进行授权管理；对人员角色、权限进行设置；自动生成相关质量记录和报表。

二、设计要点

人员基础数据分为基础信息、部门信息、角色信息、权限信息、资质信息、授权签字人信息、关联信息、技术档案信息 8 类基础信息。其中：

（1）基础信息包括：姓名、性别、出生年月、文化程度、所学专业、毕业时间、联系方式、电子邮箱、照片、电子签名等。

（2）部门信息包括：所在部门、现任职务、技术职称、聘用类型（在编、聘用）、从事本岗位年限、上岗时间、离职时间。

（3）角色信息包括：设置计量技术机构常见的一些角色，如最高管理者（机构负责人）、质量负责人、技术负责人、授权签字人、检定人员、校准人员、检验检测人员、意见和解释人员、设备管理员、资料管理员、内部审核员、质量监督员、样品收发人员、收费人员等；关键管理人员（如最高管理者、质量负责人、技术负责人等）还应设置代理人信息。

（4）权限信息包括：为人员分配相关的模块和权限。

（5）资质信息包括：资质类型（注册计量师、检定员证、计量专业项目考核合格证明等）、已获检定、校准、检验检测项目（从第二章第三节计量专业分类基础数据或第二章第十节计量器具名称基础数据自动加载并根据资质证书进行选择）、发证机构、资质证书编号、资质获得时间、资质有效期、是否本机构授权、授权时间、授权有效期；资质信息设计应考虑资质证书上传功能，以便于计量标准人员资质证明的自动输出。

（6）授权签字人信息包括：授权类型（法定计量授权、CNAS、资质认定）、授权签字地点（从第三章第二节计量技术机构基础数据中自动加载并根据《授权资质证书》进行选择）及其对应的授权签字领域（从第二章第三节计量专业分类基础数据或第二章第十节计量器具名称基础数据自动加载并根据《授权资质证书》进行选择）、授权时间、有效期、变更信息。通过第二章第三节所建立的计量专业分类与计量器具名称间的关联关系，系统自动为机构每类授权的每个授权项目分配对应的授权签字人。

（7）关联信息包括：设置人员可以管理、使用的计量标准，检定、校准、检验检测所使用的设备，检定规程、校准规范、检验检测标准，证书字、证书和报告、原始记录空白格式模板。设置上述信息的目的在于：一是控制人员权限，防止无资质检定、校准、检验检测；二是在人员出现调动时，快速对人员可使用资源进行调配，例如某部门新增检定、校准、检验检测人员，可一次性将检测部门其他人员可使用设备分配给新增人员。分配可分为新增和替代两种类型，新增为不清除原有使用人员的使用权限；替代为清除原有使用人员的使用权限，将其给予新的使用人员。

（8）技术档案信息包括：资质证书、发表论文、学术著作、获得奖励、培训记录等。在设计时，应考虑相关资料的上传功能。

三、实施效果

人员基础数据的建立，一方面，为整个系统提供了统一、标准的数据，避免了大量重复性的人工工作；另一方面，通过对人员关联信息的设置，实现了人员资质授权和设备授权的智能管理。

第六节　供应商基础数据

一、设计目的

建立供应商基础数据的目的在于：（1）根据 JJF 1069—2012《法定计量检定机构考核规范》、ISO/IEC 17025；《检测和校准实验室能力认可准则》要求，对供应商进行评价，并自动生成《评价记录》和《合格供应商名单》；（2）为其他涉及供应商数据的子系统提供统一、标准的数据来源。

二、设计要点

计量技术机构涉及的供应商包括：

（一）供应品类供应商

供应品类供应商包括：

（1）检定、校准、检验检测工作使用的计量标准、测量设备、标准物质、试验设备和辅助设备，与测量设备或测量系统配套使用的检定、校准、检验检测软件。

（2）检定、校准、检验检测工作使用的影响工作质量的试剂和其他易耗物品。

（二）服务类供应商

服务类供应商包括：计量标准、测量设备的委外检定、校准；计量标准、测量设备修理工作；抽样服务；能力验证服务；评审和审核服务；影响检定、校准、检验检测质量的设施和环境条件的设计、制造、安装、调试服务工作；“三废”（废水、废液、废气）处理服务；影响检定、校准、检验检测质量的人员教育培训工作。

（三）分包供应商

分包供应商包括：基础信息、资质信息、评价信息。

（1）基础信息一般包括：供应商名称、地址、统一社会信用代码、联系人、联系电话、电子邮箱、首次列入《合格供应商名单》时间；

（2）资质信息一般包括：资质名称、资质内容、授权时间、有效期；

（3）评价信息一般包括：年度供应清单（根据本书其他章节管理自动生成）、质量与价格、服务与信誉、质量保证能力、售后服务履行情况等。

（四）供应商基础信息

供应商基础信息包含：基础信息、资质信息、评价信息。

（1）基础信息一般包括：供应商名称、地址、统一社会信用代码、联系人、联系电话、所属公安机关（危险化学品要求）、电子邮箱、首次列入《合格供应商名单》时间；

（2）资质信息一般包括：资质名称、资质内容、授权时间、有效期；

（3）评价信息一般包括：年度供应清单（根据本书其他章节管理自动生成）、质量与价格、服务与信誉、技术与管理、设备与设施、质量保证能力、售后服务履行情况等。

（五）计量检定或校准服务供应商

在众多供应商基础数据中，计量检定或校准服务供应商较为特殊，由于其与检定或校准后的确认密切相关，因此分别进行说明。

计量检定或校准服务供应商的设计目的在于：

（1）在设备溯源时，溯源信息中的检定机构只能从已有的计量检定或校准服务供应商中选择，未纳入的信息，必须经过合格供应商评价方可进入。

（2）合格供应商评价过程中，系统将自动比较供应商授权资质与本机构送检/校设备在测量参数、测量范围、准确度等级、最大允许误差、不确定度方面的平衡匹配关系，以杜绝因超授权范围而造成无效溯源的风险。

（3）为检定或校准结果确认表自动生成提供数据支持。

（4）可将供应商《送检协议书》《委托协议书》模板固化到本系统，自动生成电子版的《委托协议书》，并发送至对方邮箱、QQ、微信中。避免了因送检时人工填报信息而带来的不规范和不准确。

计量检定或校准服务供应商的设计要点在于：

（1）参考本章第二节计量技术机构基础数据相关信息建立计量检定或校准服务供应商信息，包括供应商基础数据信息和授权资质信息。由于该供应商信息通常较多，系统设计时，应考虑授权资质批量导入功能。

（2）对于涉及计量标准器的溯源，还应提供社会公用计量标准信息。

（3）设置计量检定或校准服务供应商类型，包括本机构、行政区域内、行政区域外。

（4）为实现行政区域外测量设备的集中成批送检，设置区域外溯源机构的“集中送检日期”，以杜绝因证书和报告“下次检定或校准日期”晚于该溯源机构“集中送检日期”，而造成单独送机以及其带来到的送检成本增加。

（5）对于大量、长期送检的供应商，按其《送检协议书》《委托协议书》样式，设计本系统送检报表。以便于在送检时作为委托协议书附件，系统自动将其发送到对方邮箱、QQ、微信。

设计计量检定或校准服务供应商《委托协议书》模板管理功能，是为确保溯源设备样品信息的唯一性，简化送检流程，机构可要求计量检定或校准服务供应商提供其在用的《委托协议书》电子版本。设备管理员可将其制作成报表形式，以便于自动生成需送检设备的《委托协议书》，系统自动将其和对应的溯源证书副本发送到计量检定或校准服务供应商指定的邮箱中。

三、实施效果

供应商基础数据的建立杜绝了未经评价的供应商的混入，通过对供应商资质的审查，杜绝了无资质供应商提供服务的现象。

第七节　测量设备基础数据

一、设计目的

建立测量设备基础数据的目的在于：

（1）为设备溯源信息、设备期间核查、计量标准器稳定性考核信息、替代信息提供统一、规范的基础数据。

（2）为测量设备日常标准化一体化管理子系统（包括设备申请、购置审批、设备采购、设备验收、设备日常管理）提供基础数据服务。

二、设计要点

计量技术机构中测量设备可分为计量器具和非计量器具。计量器具分为溯源器具和非溯源器具。溯源器具分为周期检定器具和一次性消耗品，周期检定器具分为计量标准器、计量标准中的周检设备、核查标准、一般实验设备；一次性消耗品分为标准物质和易耗品，非溯源器具分为辅助设备和核查标准。非计量器分为试剂、工具、科研实验设备，如图 3–4 所示。按台件数来划分，可分为单台设备和成套设备，如图 3–5 所示。测量设备一般包含基础信息、溯源信息、维护保养信息、期间核查信息 4 个部分。

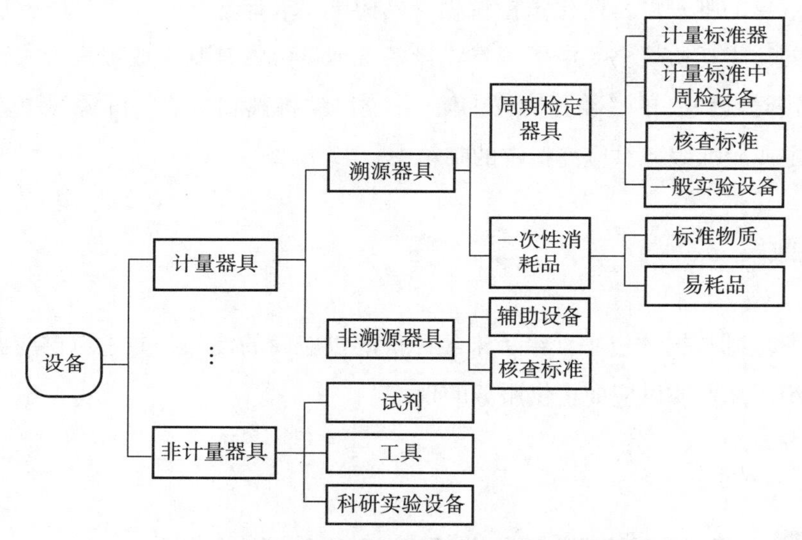

图 3–4　可开展项目基本信息界面设计图

测量设备基础数据设计步骤如下：

（1）设置测量设备实物或铭牌名称。系统根据实物或铭牌计量器具名称基础数据（第二章第九节）的预设，自动匹配与之对应的计量器具名称，通过计量器具名称自动加载对应的计量特性（第一章第二节），使用者根据测量设备信息添加相关信息。

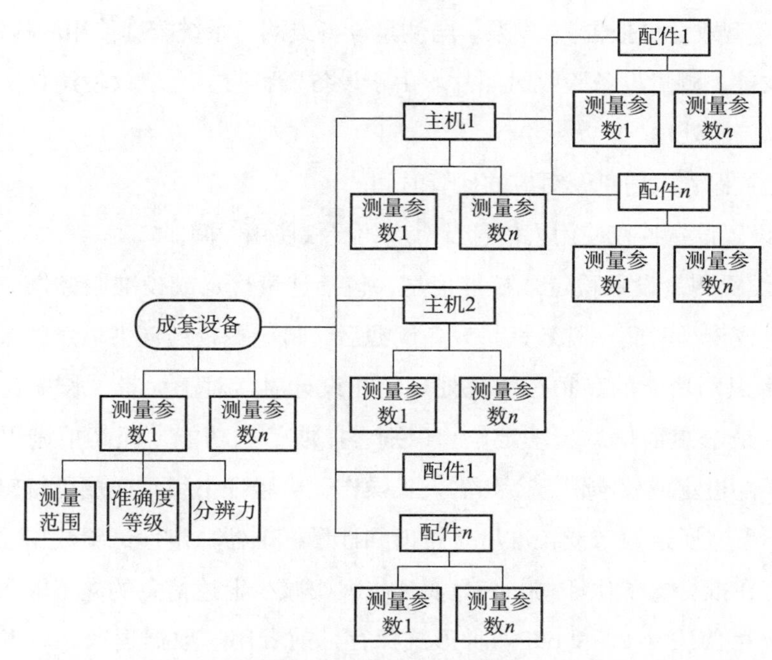

图 3-5　测量设备结构图

（2）设置测量设备基础信息，包括设备唯一性编号、型号规格、制造厂商、产地属性（进口，国产）、是否成套设备、设备用途、设备价值、购置时间、停用时间、所属部门、存放地点。

（3）设备属性，包括计量标准器、主要配套设备、标准物质、有证标准物质、核查标准、测量设备、试剂、消耗品或辅助装置，由于同一设备有可能在多个计量标准中出现，因此，它既可能是一个或几个计量标准中的计量标准器，也可能是其他计量标准中的主要配套设备。

（4）设备类型，包括可移动设备、无法移动设备。

（5）计量溯源类型，包括检定、校准、检验检测。

（6）设备状态，包括合格、准用、停用、变更、报废。

（7）测量设备为成套设备的，应进一步逐层添加设备主机、设备附件、主机附件的相关信息。添加完毕后，系统将自动计算成套设备、设备主机、设备附件、主机附件之间在测量设备价值、测量范围上平衡覆盖关系。

（8）测量设备资料附件添加功能，用以上传下述资料：《购入设备验收记录表》《装箱单》《保修卡》《使用说明书》《其他随测量设备附带资料》《供货合同》《售后服务合同》《财政审批单》《财政预算申请书》《设备购置论证报告》《商检报告》《进口许可证》《型式评价报告》、发票、与测量设备或测量系统配套使用的检定、校准、检验检测软件、测量设备验收时照片。由于设备资料较多，建议使用带文字识别功能的高拍仪快速处理。

（9）设置保管人信息及对应的保管时间。

（10）设置设备授权使用人信息及对应的授权使用时间。

（11）设置测量设备检定或校准信息，包括计量检定或校准服务供应商、证书编号、检定或校准时间、有效期。设备溯源后，检定或校准证书信息的录入，建议使用带文字识别功能的高拍仪快速处理。在设计时，对于大量、长期送检的供应商，可设计证书封面信息自动定位、识别、抓取信息功能，即高拍过程中同时识别、加载全部检定或校准信息。如需人工操作，可将证书续页变成可编辑的文本格式，以便于下文所述检定或校准后修正值和计量标准器稳定性试验数据的设置。目前，我国正在推行电子化证书，一旦实现将大幅减少上述信息的人工输入量。高拍的最终结果可使用 word 和 pdf 两种形式保存，前者用于数据提取，后者用于证书打印。打印时，系统会自动计算该测量设备所在的计量标准，自动确定打印份数。打印过程中，可通过系统将测量设备所在计量标准的名称加载到证书右上角，以便于计量标准文件集的更换。如果计量技术机构已建立如第五章所述的计量标准考核管理子系统，可在考核前集中打印全套计量标准文件集，其中包括历次溯源证书。

（12）在选择计量检定或校准服务供应商时，系统通过计量器具名称，自动匹配满足检定、校准、检验检测要求的计量检定或校准服务供应商，使用者根据实际情况进行选择。

（13）设置测量设备检定或校准后修正值信息。系统自动根据检定规程、校准规范、检验检测标准基础数据（第二章第十三节）的预设，自动加载检定或校准项目信息，使用者利用高拍识别的 word 文档，结合证书原件，设置每个检定或校准项目、每个检定或校准点的修正值信息，该修正值信息将为证书和报告制作及期间核查填写提供数据。

（14）设置测量设备检定或校准后《计量标准履历书》中计量标准器稳定性试验记录，设置步骤为系统根据计量器具名称，自动关联测量设备对应的测量参数，使用者从中选择需要进行稳定性试验的测量参数，增加试验点，填写本次溯源后的测量结果。系统自动根据检定规程、校准规范、检验检测标准基础数据（第二章第十三节）中最大允许误差的预设，自动赋予计量标准器在该测量参数该试验点下的最大允许误差。

（15）设置测量设备维护保养信息。

（16）设置期间核查信息（第四章第十二节）。

（17）设置测量设备停用、报废信息，包括停用报废申请人及申请时间、停用报废理由、停用报废批准人及批准时间。

（18）设置测量设备替代关系。

（19）设计设备资产卡、设备溯源状态标签打印功能。

（20）设计测量设备维护保养记录、期间核查、检定或校准结果确认表输出功能。

（21）为了便于现场操作、实施，维护保养、期间核查记录、修正值查询可通过手机 APP 功能实现。

三、实施效果

测量设备基础数据的建立为计量技术机构信息管理系统（MIMS）的设备提供了统一、规范的数据来源，为实现第四章所述的测量设备智能化管理奠定了数据基础。

第八节　机构计量标准基础数据

一、设计目的

建立机构计量标准基础数据的目的在于：（1）为计量标准考核管理子系统（第五章）提供准确、唯一的数据来源；（2）为实现计量标准考核、授权考核的智能化、全自动管理提供数据支持；（3）从根本上解决建标申请、考核资料相同信息间的一致性问题。一致性问题是长期困扰计量标准考核的难题，在建标、考核过程中，往往同一信息会反复出现在多个文件中，由于缺少信息化手段，信息的复制完全依靠复制粘贴，经常出现错误，更有甚者出现《计量标准考核证书》张冠李戴的现象。

二、设计要点

计量技术机构中的计量标准可分为计量标准和社会公用计量标准两类。计量标准是指准确度低于计量基准的，用于检定其他计量标准或工作计量器具；社会公用计量标准是指区（县）级以上人民政府计量行政部门组建的，作为统一本地区量值的依据，是社会实施计量监督具有公证作用的各项计量标准。社会公用计量标准与部门、企事业单位计量标准的区别在于：在处理计量纠纷时，社会公用计量标准进行仲裁检定出的数据具有法律效力。部门、企事业单位计量标准要想取得法律地位，必须经有关政府计量行政部门专门授权，计量标准是社会公用计量标准的前提。

计量标准基础数据的设计步骤为：

（1）选择计量标准分类信息（从第二章第十一节计量标准命名基础数据中选取），包括计量标准、社会公用计量标准、部门最高计量标准、企事业单位最高计量标准、计量授权。

（2）设置计量标准基础信息，设计要点如下：

① 设置计量标准基础信息，包括计量标准名称（从第二章第十一节计量标准命名基础数据中选取）、计量标准代码（系统根据计量标准名称自动加载）、计量标准负责人（从人员基础数据中选取）、计量标准负责人电话、计量标准管理部门联系人、计量标准管理部门联系人电话、计量标准考核证书编号、保存地点（从本章第十节环境设施基础数据中选取）、计量标准的计量特性（第一章第二节），如图 3–6、图 3–7 所示；

显示序号：6
保存地点
标准名称：钢卷尺标准装置
特殊符号
计量标准负责人：
总价值（万元）：
标准代码：01215500
标准类别：☑社会公用 ☑计量授权 ☐部门最高 ☐企事业最高
计量标准证书号：
发证日期：
有效期：
社会公用证书号：
发证日期：
有效期：
项目编号：请在 考核信息 处编号
申报日期：2017-08-01
状态：正在考核

图 3–6　计量标准基础信息界面设计图

计量标准参数

参数	测量范围下限	测量范围下限单位	测量范围上限	测量范围上限单位	准确度等级	最大允许误差	最大允许误差单位
长度	0	m	5	m	请选择...		请选择...

图 3–7　计量标准参数界面设计图

② 从测量设备基础数据（本章第七节）中选取计量标准器和主要配套设备信息，如图 3–8、图 3–9 所示；

标准器

计量标准器	设备学名	参数	测量范围下限	测量范围下限单位	测量范围上限	测量范围上限单位	准确度等级	最大允许误差
标准钢卷尺	标准钢卷尺	长度	0	m	5	m	请选择...	

图 3-8　计量标准器选择界面设计图

配套设备

计量标准器	设备学名	参数	测量范围下限	测量范围下限单位	测量范围上限	测量范围上限单位	准确度等级	最大允许误差
砝码	砝码	质量		请选择...	5	kg	请选择...	
砝码	砝码	质量		请选择...	1.5	kg	请选择...	
砝码	砝码	质量		请选择...	1	kg	请选择...	
读数显微镜	读数显微镜	长度	0	mm	3	mm	请选择...	0.01
零位检定器标	测深钢卷尺零	长度	0	mm	500	mm	请选择...	0.05
钢卷尺检定台	卷尺检定台	长度	0	m	5	m	请选择...	

图 3-9　主要配套设备选择界面设计图

③ 设置环境条件及设施信息，包括温度上下限值、温度上下限计量单位、湿度上下限值、湿度上下限计量单位，如图 3-10 所示；

温度下限	温度上限	湿度下限	湿度上限
15	25	0	0

图 3-10　环境条件及设施信息界面设计图

④ 从人员基础数据（本章第五节）中选取检定或校准人员，及其对应的检定、校准资质，如图 3-11 所示；

序号	姓名	核准的检定或校准项目	性别	文化程度	出生日期	资格证书	发证机关	发证日期
		钢卷尺						
		钢卷尺						

图 3-11　测量设备结构图

⑤ 从计量器具名称基础数据（第二章第十节）中选取开展的检定或校准项目，如图 3-12 所示；

开展项目

选择	拟开展项目	参数名称	准确度等级	测量范围下限	测量范围下限单	测量范围上限	测量范围上限单
☑	钢卷尺	长度	Ⅰ级	0	m	200	m
☑	钢卷尺	长度	Ⅱ级	0	m	200	m
☑	测深钢卷尺	长度	Ⅰ级	0	m	50	m
☑	测深钢卷尺	长度	Ⅱ级	0	m	50	m

图 3-12　开展的检定或校准项目选取界面设计图

⑥ 设计检定或校准结果重复性试验、计量标准的稳定性考核在线填报功能，如图 3-13、图 3-14 所示；

重复性考核

位	最大允许误差	误差单位	核查标准	标称值	标称值单位	重复性限	重复性限单位	重复性实验数据单位	考核记录
		请选择...	标准钢卷尺	1	mm		请选择...	请选择...	查看

考核记录

考核记录

属性	重复性实验时间	实验人	结论	1	2	3	4	5	6	7	8	9	10	单位	均值	S	扩展不确定
首次	7/31/2013	s	✓	4.16	4.22	4.18	4.15	4.2	4.24	4.22	4.23	4.16	4.15	mm	4.191	0.03	

图 3-13 检定或校准结果重复性试验在线填报界面设计图

稳定性考核设定

参数	计量标准属性	需要修正	核查标准	核查标准属性	依据规程	鉴定/校准项目	标称值	标称值单位	最大允许误差	最大允许误差单位
	实物量具	✓	钢卷尺	实物量具	钢卷尺检定	全长和任意两连续	1	cm		请选择...

添加 删除 保存 页 1 共 1

计量标准稳定性考核记录

是否首次	单位	结论	考核人	考核日期	1	2	3	4	5	6	7	8	9	10	均值	扩展不确定度
✓	mm	不合格		2013/8/12	1.1	1.2	1.1	1.1	1.2	1.3	1.4	1.3	1.2	1.1	1.2	1
✓	mm			2013/8/12	1.1	1.3	1.2	1.1	1.2	1.1	1.2	1.2	1.2	1.2	1.18	1
✓	mm			2013/8/12	1.1	1.2	1.3	1.4	1.3	1.2	1.1	1.2	1.1	1.1	1.2	1
✓	mm	不合格		2013/8/12	1.1	1.2	1.3	1.1	1.2	1.3	1.8	2	5	9.6	2.56	1

图 3-14 计量标准的稳定性考核在线填报界面设计图

⑦ 设计检定或校准结果的验证在线填报功能，如图 3-15 所示；

检定或校准结果的验证

传递比较法

参数	实验时间	实验人	本装置试验数据ylab	ylab单位	本装置Ulab	Ulab单位	高一级试验数据yref	yref单位	高一级Uref	Uref单
长度	2013/10/3	张娟	0.06	请选择...	0.02	请选择...	0.07	请选择...	0.02	请选择...

比对法

参数	实验时间	实验人	校准点	本装置试验数据ylab	A装置试验数据y1	B装置试验数据y2	C装置试验数据y3	单位	本装置Ulab	Ul

图 3-15 检定或校准结果的验证在线填报界面设计图

⑧ 设计考核信息基础信息在线填报功能，包括计量标准考评表、考核信息，系统根据考核信息自动生成整改工作单等相关表格，如图 3-16 所示。

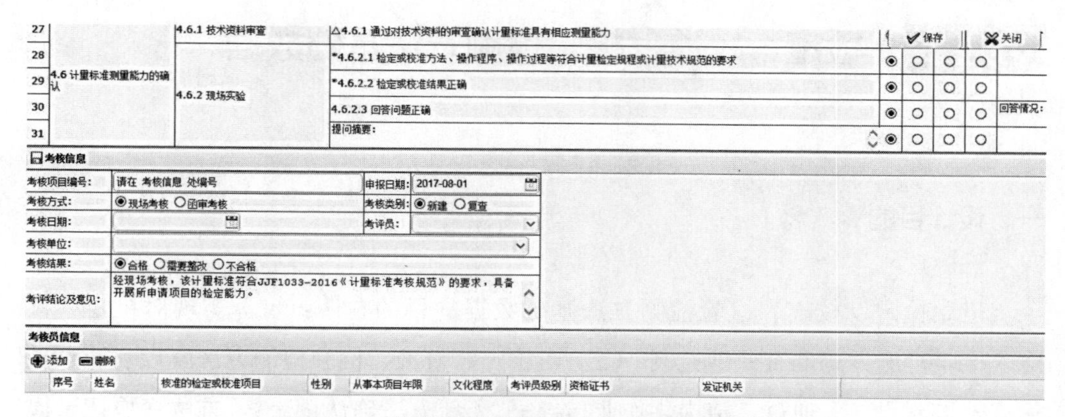

图 3-16　考核信息基础信息在线填报界面设计图

（3）依据 JJF 1033—2016《计量标准考核规范》附录格式，自动输出《计量标准考核申请书》《履历书》《技术报告》《考核报告》《更换申报表》《封存（或撤销）申报表》《计量标准考核证书》《考核情况说明》等文档，同时，设计时应支持单个文件独立下载和全套资料打包下载的功能，如图 3-17 所示。

其它功能（新建标在保存后才能操作）

考评信息录入

文件集	技术报告撰写	考核信息填写	重复性试验	稳定性试验
计量标准的工作原理及其组成	计量标准的量值溯源和传递框图	检定或校准结果的测量不确定度评定	考核检定项目B1	考核校准项目B2

各类报告输出

申请书 生成 下载	履历书 生成 下载	考核报告 生成 下载	技术报告 生成 下载
情况说明 生成 下载	签字模板 生成 下载	全套资料下载 生成	

图 3-17　资料自动输出界面设计图

三、实施效果

机构计量标准基础数据的建立，实现了计量标准统一管理、统一修改和统一更新，并可自动生成符合 JJF 1033—2016《计量标准考核规范》要求的各类 word 表格。从源头上杜绝人工操作的不准确和不一致，大幅提高计量标准建立、申请、考核的效率和质量。

第九节 检定、校准、检验检测方法基础数据

一、设计目的

建立检定、校准、检验检测方法基础数据的目的在于：（1）实现对检定、校准、检验检测方法的有效性控制；（2）对检定、校准、检验检测方法发放、回收进行有效控制；（3）通过《结构化作业指导书》《新方法确认记录》《方法变更记录模板》的设计，使其在方法变更后自动更新相关内容，保证数据的一致性。

二、设计要点

从计量器具名称基础数据（第二章第十节）中选择、添加本机构使用的检定规程、校准规范和检验检测标准。

为本机构使用的检定规程、校准规范和检验检测标准分配使用人及对应启用时间、有效期、回收时间等信息，如图 3–18 所示。

到账信息公布　规程规范

规程规范名称　执行日期　废止日期

规程规范代码　使用人　查 询

	代码	规程规范名称	规程规范英文名称	执行日期	废止日期	状态	类别
☐ +	JJG237-2010	秒表检定规程		2011-03-06	2030-03-05	在用	计量技术规范
☐ +	JJG987-2004	线缆计米器检定规程		2004-09-01	2020-09-01	在用	计量技术规范
☐ −	JJG692-2010	无创自动测量血压计检定规		2010-11-11	2011-04-22	失效	计量技术规范
└ ☐	JJG987-2004	线缆计米器检定规程		2004-09-01	2020-09-01	在用	计量技术规范
☐ +	JJG264-2008	容重器检定规程		2008-11-23	2020-11-22	在用	计量技术规范
☐ +	JJF(西)003-2008	长度通用测试/校准方法		2008-02-19	2020-02-26	在用	地方计量检定规程
☐ +	JJG 740-2005	研磨面平尺检定规程	Milling Straight Edges	2005-09-03		在用	国家计量检定规程
☐ +	JJG740-2005	研磨面平尺		2005-09-03		在用	计量技术规范
☐ +	JJG725-1991	晶体管直流和低频参数测试		2010-06-01	2030-06-01	在用	计量技术规范
☐ +	根据	用户提供的技术资料		2006-01-01		在用	计量技术规范
☐ +	JJG1011-2006	角膜曲率计检定规程		2006-01-01	2020-01-01	在用	国家计量检定规程
☐ +	JJG 579-2010	验光镜片箱检定规程		2010-08-11	2020-01-01	在用	国家计量检定规程

1-1 共 1 条　第 1 页 共 1 页

1-16 共 490 条　第 1 页 共 31 页　增加

检定项目　规程规范变更　关联开展项目　添加自己为使用人　删除自己为使用人　室主任增加使用人　室主任删除使用人

图 3–18　检定规程、校准规范基础信息界面设计图

设计《结构化作业指导书》《新方法验证记录》《方法变更记录模板》格式，利用检定规程、校准规范、检验检测标准基础数据（第二章第十三节）的预设，对其相关信息进行加载。为杜绝机构使用未经证实的方法的现象发生，设计时可以建立方法证实记录、分配使用人、方法启用时间之间的逻辑关系，只有在方法得到证书、作业指导书得到更新、证书和原始记录空白格式模板得到确认的情况下，新方法才可以得到启用。

检定、校准、检验检测方法变更后，对该方法所涉及的测量设备信息实施锁定，并通知设备保管人员对检定或校准需求进行重新确认。

三、实施效果

检定、校准、检验检测方法基础数据的建立从源头上杜绝了机构方法不准确、不受控、不确认的乱象，降低了因方法不规范带来的检测风险。

第十节　环境设施基础数据

一、设计目的

计量技术机构的环境设施基础数据主要包括 4 个方面：一是检定、校准、检验检测地点；二是检定、校准、检验检测地点的环境要求；三是检定、校准、检验检测地点内的环境、安全监控设施；四是对环境监测记录的控制。根据信息化的要求，建立上述基础数据，以便于系统自动匹配环境设施参数，避免由于人工输入造成数据错误。

二、设计要点

建立机构所有检定、校准、检验检测地点基础数据，应具体到房间号，以便于为设备管理、计量标准考核、证书和报告制作提供准确、唯一的数据。

建立每个检定、校准、检验检测地点与其配备的环境、安全设施，如恒温加湿设备、温湿度计、通风装置、喷淋装置，易制毒、易制爆危险化学品保存设施，灭火器，防辐射服、防静电服，废液处理桶等设施及其保管人的对应关系。

建立每个检定、校准、检验检测地点与其授权开展的检定、校准、检验检测项目的对应关系（系统可以通过本章第八节机构计量标准基础数据中预设，自动生成）。该对应关系建立以后，系统进一步根据检定规程、校准规范、检验检测标准基础数据（第二章第十三节）的预设，自动加载每个授权开展的检定、校准、检验检测规定的温湿度控制及环境设施要求。

建立无线或有线温湿度自动监控系统。该系统可以 7×24 小时不间断地监控并记录每个检测地点的温湿度情况，使用者可以通过手机 APP 实时查询每个检测地点的温湿度历史变化曲线，检定、校准、检验检测人员可以通过手机 APP 或检测地点内的显示器选择某个检测地点内正在进行的检定、校准、检验检测项目，系统自动计算出当前温湿度控制的上下限值（根据正在进行的检定、校准、检验检测项目的温湿度要求范围的交集自动算出），当温湿度超过限值时，系统将自动报警。通过以上设计，免去了人工记录温湿度数据的麻烦；为证书和报告制作及原始记录制作提供当日温湿度数据；从技术上保证了对环境条件的实时监控，及时干预，从源头上防止了环境条件偏离对结果数据的影响；通过对长期监控数据的统计、分析，有利于发现环境变化趋势及环境改进的措施。

系统根据第二章第十三节所述检定规程和校准规范整体拆分结果中的环境设施的预设，自动统计每个实验室内开展的检定、校准、检验检测项目及其对应环境设施要求，如通风、隔离、喷淋、洗眼、烟雾报警、“三废”处理等要求，系统自动匹配机构现有环境设施设备，并确认其是否满足检定规程或校准规范要求。

三、实施效果

环境设施基础数据的实施，杜绝了以往环境记录靠人读手记的弊端，所有环境记录自动采集、自动记录、自动报警，从源头上杜绝了环境条件不满足要求仍继续检验检测的行为，极大地降低了检测风险。

第十一节　证书和报告内页格式及原始记录格式模板基础数据

一、设计目的

证书和报告内页格式及原始记录格式模板基础数据的设计目的在于实现对证书和报告内页格式、电子原始记录格式的全面受控，通过对相关信息的预设，以达到证书、报告与原始记录的高度统一，并有效控制错误数据的填入。

二、设计要点

从检定规程、校准规范、检验检测标准基础数据（第二章第十三节）中选取本机构使用的证书和报告内页格式及原始记录格式结构化模板。

为每个证书和报告内页格式、原始记录格式分配管理人员、使用人员及对应的启用时间、终止时间。其中，管理人员被赋予修改权限，按规定程序完成修改审批后，方可使用新的格式模板；使用人员只有使用权限，而无修改权限。

当检定规程、校准规范、检验检测标准发生变更时，系统自动将现有格式模板的终止时间设置为新检定规程、校准规范、检验检测标准实施时间，并自动提示使用人员对证书和报告内页格式、原始记录格式进行及时变更，未及时履行变更手续的将在新检定规程、校准规范、检验检测标准实施日期起停止现有格式模板的使用。

三、实施效果

证书和报告内页格式及原始记录格式模板基础数据的建立，不仅实现了证书和报告内页格式、原始记录格式模板的一次建立，多方使用，同时，解决了因检定规程、校准规范和检验检测标准更新，证书和报告内页格式、原始记录格式模板不同步更新的问题。

第十二节 专用模板基础数据

一、设计目的

专用模板基础数据的设计目的在于为后续管理提供统一、标准的专用模板来源，并使其全面受控。

二、设计要点

计量技术机构常见的专用模板有：

（1）第四章测量设备管理子系统需要输出的专用模板主要有：设备申请、采购、验收、检定或校准需求、检定或校准结果确认、期间核查、使用、保养、巡查、维修、报废等表格和记录；设备标示，如设备资产卡、检定或校准状态标示、修正值卡；合格供应商名册、供应商评价记录；标准物质购置、验收、领用、使用、回收、销毁等表格和记录；危险化学品购置、验收、领用、使用、回收、销毁等表格和记录。

（2）第七章测量不确定度管理子系统需要输出的专用模板主要有：《测量不确定度评定报告》《测量不确定度汇总表》。

（3）第八章计量业务管理子系统需要输出的专用模板主要有：《委托协议书》《样品流转记录》、证书和报告修改记录及各类业务统计报表。

（4）第九章收费管理子系统需要输出的专用模板主要有：《缴费单》《报价单》。

（5）第十章质量管理子系统需要输出的专用模板主要为 1 ~ 4 计量技术机构所有受控的质量记录。

（6）第十一章强制检定工作计量器具管理子系统需要输出的专用模板主要有：强制检定备案 / 领码单、系统外自行送检备案表、各类强制检定业务统计报表。

专用模板在设计上可采取报表形式，以便于数据的自动引用和加载。在设计过程中，如专用模板属于受控质量记录或技术记录，质量体系受控格式应严格设计。当受控格式发生变更时，应同步予以变更。

三、实施效果

专用模板基础数据的设计，为后续章节相关记录、表格的自动生成提供了统一、规范的模板格式，通过对专用模板内数据来源的定义，实现了自动抓取、自动填充。同时，该基础数据还为计量技术机构的各类专用模板提供了统一、集中管理，并实现了全面受控。

第十三节　客户信息基础数据

一、设计目的

客户信息是贯穿整个计量技术机构管理系统的一条主线，其信息的唯一性是保证整个系统有效运转的关键。这点在第一章第三节中已进行了详细描述，而客户信息基础数据正是利用该理论对客户信息进行唯一性管理的有效体现。

二、设计要点

计量技术机构的客户信息大体可以分为两类：一类是来自强制检定备案的客户信息，这类信息经过了备案审查较为准确；另一类来自非强制检定客户送检，此类客户信息的准确就要依靠本书所述的客户和样品信息唯一性保障系统得以保证。

强制检定客户信息唯一性的保障主要依赖于注册时统一社会信用代码和个人身份证信息的填报，填报信息的真实性则依靠计量监管机构备案时严格查验相关资料原件或复印件得以落实。经过几年实践，这部分客户信息多义性问题比较少见。另外，由于存在客户有多个分支机构，但各分支机构所在地行政区域不一致的问题，设计时，应设计分支机构功能，为每个分支机构建立独立的账户，使其能独立地向所在辖区实施报检，如图 3-19、图 3-20、图 3-21 所示。

单位注册 | 个人注册

单位信息

*是否本地注册单位:	◉是 ○不是	
*单位全称:		(请输入完整的单位名称)
*单位代码:	◉ 三证/五证合一码 ○ 组织机构代码	(组织机构代码输入格式xxxxxxxx-X;三证/五证合一码输入18位)
*使用者类型:	餐饮服务企业	(请选择使用者类型)
*所在地:	陕西省 西安市 --区/县--	(注意:请根据单位所属辖区认真选择所在地)
*通讯地址:		(通讯地址2~100个字符)
*常用联系人:		
*移动电话:		
传真:		
座机:		

帐号信息

*用户帐号:		(2~20个字符,支持大小写英文、数字和"_"格式,请以英文字母开头)
*密码:		(密码必须包含字母、数字、特殊字符,6-20个字符,例如:zhangzhe2017@)
*确认密码:		(两次密码需要一致)
*电子邮箱:		(用于找回密码,请填写有效邮箱)
*移动电话:		

1. 仪器具使用方才注册强检计量器具管理账号,申请器具赋码和报检。
2. 单位注册时,必须依照本单位的组织机构代码证或三证合一上的名称、地址、代码填写注册信息。
3. 若单位没有组织机构代码证或三证合一,必须依照上级单位的组织机构代码证或三证合一注册上级单位账号,并在上级单位的账号里建立子部门账号(子部门账号信息为该下级单位信息),该下级单位使用子部门账号管理器具。
4. 若单位的组织机构代码证或三证合一辖区与器具实际使用辖区不同:
(1) 在组织机构代码证或三证合一所在辖区注册单位账号。
(2) 在单位账号里建立子部门账号,子部门账号所在地为器具实际使用辖区。
(3) 子部门账号用于管理本辖区使用的器具。
5. 只有无组织机构代码证和三证合一的个体户才可以使用个人身份证注册账号,个人身份证注册的账号仅限申报99件器具。

图 3-19 单位注册界面设计图

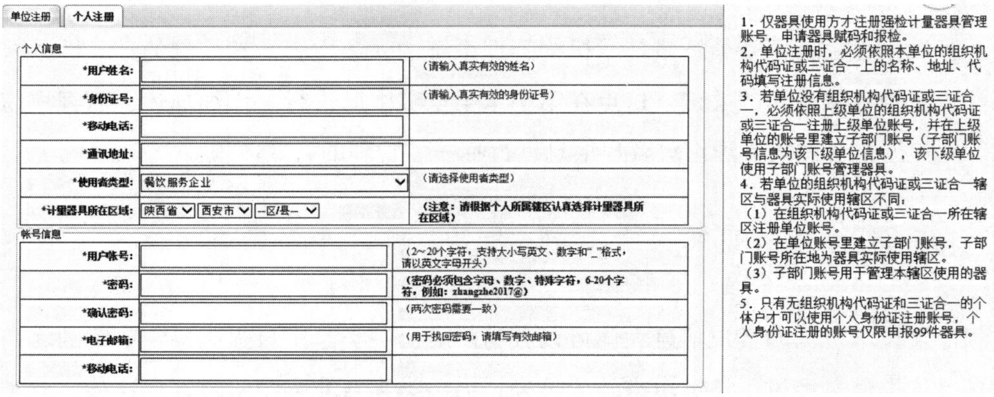

单位注册 | 个人注册

个人信息

*用户姓名:		(请输入真实有效的姓名)
*身份证号:		(请输入真实有效的身份证号)
*移动电话:		
*通讯地址:		
*使用者类型:	餐饮服务企业	(请选择使用者类型)
*计量器具所在区域:	陕西省 西安市 --区/县--	(注意:请根据个人所属辖区认真选择计量器具所在区域)

帐号信息

*用户帐号:		(2~20个字符,支持大小写英文、数字和"_"格式,请以英文字母开头)
*密码:		(密码必须包含字母、数字、特殊字符,6-20个字符,例如:zhangzhe2017@)
*确认密码:		(两次密码需要一致)
*电子邮箱:		(用于找回密码,请填写有效邮箱)
*移动电话:		

1. 仪器具使用方才注册强检计量器具管理账号,申请器具赋码和报检。
2. 单位注册时,必须依照本单位的组织机构代码证或三证合一上的名称、地址、代码填写注册信息。
3. 若单位没有组织机构代码证或三证合一,必须依照上级单位的组织机构代码证或三证合一注册上级单位账号,并在上级单位的账号里建立子部门账号(子部门账号信息为该下级单位信息),该下级单位使用子部门账号管理器具。
4. 若单位的组织机构代码证或三证合一辖区与器具实际使用辖区不同:
(1) 在组织机构代码证或三证合一所在辖区注册单位账号。
(2) 在单位账号里建立子部门账号,子部门账号所在地为器具实际使用辖区。
(3) 子部门账号用于管理本辖区使用的器具。
5. 只有无组织机构代码证和三证合一的个体户才可以使用个人身份证注册账号,个人身份证注册的账号仅限申报99件器具。

图 3-20 个人注册界面设计图

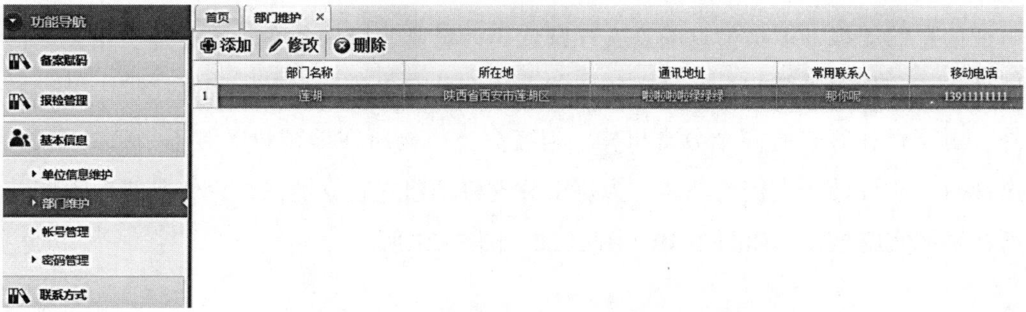

功能导航
- 备案赋码
- 报检管理
- 基本信息
  - 单位信息维护
  - 部门维护
  - 帐号管理
  - 密码管理
- 联系方式

首页 | 部门维护 ×

添加 修改 删除

	部门名称	所在地	通讯地址	常用联系人	移动电话
1	莲湖	陕西省西安市莲湖区	啦啦啦啦绿绿绿	那你呢	13911111111

图 3-21 客户部门维护界面设计图

非强制检定客户信息通过本书所述客户和样品信息唯一性保障系统得以保证，如图 3–22 所示。

到账信息公布　客户管理

客户名称　　所属区县 请选择
社会统一信用代码　联系人　联系电话　查 询

社会统一信用代码	客户名称	客户地址	所属区县	联系人	联系电话	是否协议单位
770025714	陕西鑫元建设工程有限公司	西安市阎良区建设巷东侧	阎良区		86850223	否
688995180	西安千军建筑劳务有限公司	陕西省西安市莲湖区星火路	陕西省西安市		68906286	否
729944751	高新区午子绿茶专营店	陕西省西安市高新路３３号	高新区		88323064	否
L28552555	西安市碑林区小蜜蜂商店	陕西省西安市碑林区金花	碑林区		82630012	否
698644886	西安邦达楼宇设备有限公司	陕西省西安市未央区文景路	陕西省西安市		13389211195	否
678609469	西安锐思堂广告文化传播有限公司	陕西省西安市雁塔区东三	雁塔区		87861210	否
69863731X	西安宝瑞汽车租赁有限公司二分公司	陕西省西安市雁塔区育才路	陕西省西安市		13201896537	否
L13516025	西安市碑林区惠利机械经营部	陕西省西安市碑林区兴庆路	碑林区		83283551	否
78359422X	西安山森石化有限公司第二分公司	陕西省西安市灞桥区灞桥	灞桥区		83613966	否
791697093	西安市鹊信机械厂	陕西省西安市临潼区新丰	临潼		13572541703	否
698600963	西安彩云之南餐饮有限责任公司	西安市新城区万寿路５１号	新城区		85427726	否
668678903	西安唐森特建筑工程有限公司	陕西省西安市雁塔区丈八	陕西省西安市		86619935	否
678637929	盛恒（西安）房地产开发有限公司浐	陕西省西安市灞桥区浐河	灞桥区		87651700	否
552335829	西安德润化工有限公司	陕西省西安市雁塔区科技路	陕西省西安市		85049902	否

1 - 18　共 137 537 条　第 1 页　共 7 641 页　增加　删除

设置协议单位　取消协议单位

图 3–22　客户管理界面设计图

三、实施效果

客户信息基础数据的建立使客户信息的唯一性得以保障。

第十四节　专业类别基础数据

一、设计目的

设置专业类别的目的是防止无授权人员进行证书和报告制作，另外，也可通过证书和报告编号规则辨别是制作的证书和报告的机构或专业组。

二、设计要点

计量技术机构出具的证书编号通常由专业类别编号 + 证书流水号组成。而报告专业代号一般由四位字母组成，前两位应体现部门或分支机构信息，后两位应体现专业信息。如 CDJC，CD 是长度的拼音缩写，JC 是精测项目的拼音缩写。

专业代号通常在质量体系文件有所规定，设计上应依据质量体系文件规定，设置专业类别、证书和报告专业代号、有效期、授权使用人员及授权有效期。设置有效期的目的在于质量体系文件专业代号变更时，防止过期专业代号的使用。设置授权使用人员及授权有效期的目的在于防止无授权人员进行证书和报告制作。

建立专业类别与第二章计量专业分类基础数据的关联关系、计量器具名称基础数据的关系，以实现证书和报告制作时，专业类别的自动加载。

设计专业类别查询功能，通过专业类别的查询，可实现对各专业的证书和报告、专业业务量、收费情况进行精准统计。

三、实施效果

专业类别基础数据的建立，为证书和报告制作提供了基础数据，通过专业类别的设置，能够清晰地对证书、报告进行分类。

第十五节　数据状态基础数据

一、设计目的

数据状态基础数据是计量技术机构信息管理系统最为关键也是最为核心的基础数据。数据状态基础数据的设计原则为数据状态既要唯一（具有排他性，不能有任何重复），又要完整（涵盖整个流程，不能有任何遗漏）。计量技术机构因业务需求不同、业务流程不同，因此，在数据状态上也略有不同。本节所罗列的数据状态仅供参考，设计时，应根据本机构的实际情况进行调整。

二、设计要点

（一）组织机构状态

包括：新增、维持、变更、暂停、撤销。

（二）检定、校准、检验检测地点状态

包括：新增、维持、变更、暂停、撤销。

（三）授权资质状态

包括：新增、维持、变更、即将到期、已过期、暂停、撤销。

（四）人员状态

包括：新增、维持、变更、离岗、离职。

（五）人员资质状态

包括：新增、维持、变更、即将到期、已过期、暂停、撤销。

（六）设备计量溯源状态

包括：无需溯源、等待溯源、首次溯源、即将到期、按期溯源、超期未送、设备停用。

（七）设备计量溯源确认状态

包括：符合、不符合。

（八）设备状态

包括：合格、准用、停用、变更、报废。

（九）计量标准状态

包括：正常、变更、即将到期、已过期。

（十）计量标准考核状态

包括：新建、复查、变更。

（十一）方法 / 标准状态

包括：正常、变更、已颁布、已实施、作废、作废保留。

（十二）环境设施状态

包括：符合要求、不符合要求、变更。

（十三）委托协议书状态

包括：待分发、待分配、已分配、任务退回、申请变更、变更批准、已废弃、检定中、检定完成、待缴费、已缴毕。

（十四）送检样品状态

包括：登记、未分发、已分发、待领、已样、在检、检毕、待归还、已归还、待领取、已领取、退检、已报废。

（十五）证书、报告状态

包括：未完成、待提交、待核、待批、待打印、已打印、待领取、已领取。

（十六）缴费状态

包括：未缴费、已缴毕。

（十七）强制检定赋码状态

1. 报检状态

包括：从未送检、首次送检、按期送检、超期未检。

2. 审核状态

包括：待提交、待审核、初审未过、初审通过、复审未过、复审通过、报废。

3. 数据状态

包括：待提交、已提交、初审通过、待市级计量行政管理部门审核、复审通过、复审不通过、检定机构退回、任务已接、器具已送达、退检、超期未检、超期未送、完成。

4. 领码状态

包括：已领码、未领码。

三、实施效果

数据状态基础数据的建立，为后续章节中业务的开展提供了基础数据，使业务流转得以顺利实现。

第十六节　角色基础数据

一、设计目的

角色基础数据是计量技术机构信息管理系统设计的基础数据，其设计原则同样是不重复、不遗漏。计量技术机构因业务需求不同、业务流程不同，在数据状态上也略有不同。本节所罗列的数据状态仅供参考，设计时，应根据本机构的实际情况进行调整。

二、设计要点

（一）客户角色

客户角色分为管理人员和操作人员两类，对于有分支机构的客户，还应下设分支机构管理人员和分支机构操作人员。

（二）计量技术机构角色

1. 管理层

通常包括：法定代表人、最高管理者、质量负责人、技术负责人。

2. 质量管理人员

通常包括：质量管理部门负责人、资料管理员、内部审核员、质量监督员、证书和报告质量抽查人员、风险管理人员。

3. 技术管理人员

通常包括：技术管理部门负责人、专业技术委员会委员。

4. 业务管理人员

通常包括：业务管理部门负责人、业务调度人员、样品收发员、客户服务人员、抽样人员、投诉处理人员。

5. 设备管理人员

通常包括：设备管理部门负责人、设备管理人员、设备保管人员、设备授权使用人员、标准物质授权使用人员、设备验收人员。

6. 计量标准管理人员

通常包括：计量标准管理部门负责人、计量标准负责人。

7. 财务管理人员

通常包括：财务管理部门负责人、收费人员。

8. 环境设施管理人员

通常包括：环境设施管理部门负责人、危险化学品管理人员、“三废”（废气、废水、废渣）处理管理人员、环境设施保障人员。

9. 行政管理人员

通常包括：行政管理部门负责人、车辆管理人员、考勤保管人员、环境设施管理人员、后勤保障管理人员。

10. 信息化管理人员

通常包括：信息化管理部门负责人、系统管理人员、系统维护人员。

11. 检测部门相关人员

通常包括：检测部门负责人，检定、校准、检验检测人员，修理人员、核验人员、证书和报告签发人员、意见及解释人员、现场检测负责人、抽样人员、计量标准负责人、发票领取人员、预存费用分配人员，现场检定、校准、检测报价人员，协作人员。

（三）计量行政管理角色

计量行政管理角色分为管理人员、行政审核人员、行政批准人员、行政监督人员 4 类。

（四）考评员管理角色

考评员管理角色分为考评组长、考评员两类。

三、实施效果

角色基础数据的建立，为系统的有效实施提供了保障，确保各角色在自己规定的权限内按系统设计的流程有条不紊地开展各类工作。大幅降低了人工管理角色间权限责任不清，造成推诿扯皮、相互掣肘的问题，从根本上保障了各岗位职责的落实和任务的跟踪。

第十七节　考评员基础数据

一、设计目的

考评员基础数据建立的目的：一方面，为各类考核任务的下达提供快速查询和匹配，系统可以自动通过待考核项目自动匹配出满足要求的评审员；另一方面，为各类考核资料的评审员提供快速、准确的信息。

二、设计要点

考评员基础数据分为基础信息、资质信息两类基础信息。

（1）基础信息包括：姓名、职称、所在单位、联系电话；

（2）资质信息包括：资质类型、资质级别、发证机构、资质证书编号、资质获得时间、资质有效期、考核项目 7 类，其中：

① 资质类别包括：计量标准考核、法定计量检定机构考核、CNAS 评审、资质认定评审 4 类；

② 资质级别包括：国家级、省级；

③ 考核项目见计量专业分类基础数据（第二章第三节）。

三、实施效果

考评员基础数据的建立，使其对考评员的动态管理和快速查询得以实现，同时，也免去了被考核机构要求填写考评员信息的麻烦，保证了考评员信息的准确可靠。

CHAPTER 4

第四章

测量设备管理子系统

计量技术机构的测量设备直接影响到检定、校准、检验检测和科研工作的正常开展，关系到机构的长期战略和健康发展。本章利用信息化手段，建立了一套符合计量技术机构特点的测量设备管理子系统，不仅为后续章节提供了标准的数据来源，而且保证了设备使用的持续有效性和可靠性，达到节约成本、延长设备使用寿命的目的，使之更好地为计量检测和科研工作服务。

第一节 设计目的和思路

一、设计目的

测量设备是对测量所涉及的软件和硬件的总称。随着科学技术的不断发展，自动化程序的不断提高，测量设备在计量技术机构中占据着举足轻重的地位，发挥着越来越大的作用。保证测量设备的正常运行，需要部门协同管理。协同管理是将企业的各种资源，包括人、财、物、信息和流程整合在统一的平台上，通过网状信息和关联业务的协同环境将它们紧密地联系在一起，在协同管理平台中，这些资源可以突破各种障碍被迅速找到集合到一起，实现它们之间的沟通、协调，从而保证目标的达成。

二、设计思路

测量设备管理子系统包括：设备基础信息管理、设备采购管理、供应商管理、测量设备检定或校准管理、测量设备的使用和维护保养管理、测量设备保管和日常管理、测量设备的维修和报废管理、标准物质管理，危险化学品、易制毒、易制爆危险化学品管理，易耗品管理、期间核查管理、查询统计。

第二节 设备基础数据管理

一、设计目的

建立设备基础数据的目的在于：

（1）为下一步设备溯源信息、设备期间核查、计量标准器稳定性考核信息、替代信息提供一个基础信息平台；

（2）为设备的日常标准化管理（包括设备申请、购置审批、设备采购、设备验收、设备日常管理）提供了一站式服务平台，在提高工作效率的同时也减少了部门间因信息不对称而产生的矛盾和扯皮。

二、设计要点

（一）基础数据

设备基础数据在第三章第七节进行了详细描述，此处不再赘述。

（二）系统用户

设计时，系统用户可分为采购申请部门、采购管理部门、技术委员会/专家、采购决策部门、采购执行部门、采购验收部门、固定资产管理部门、日常管理部门8类，每类用户功能如下：

1. 采购申请部门

通过系统实现在线提交采购申请、调研论证、设备试用。其重点在于技术参数的确定和可行性的论证。

2. 采购管理部门

通过系统实现对采购申请的初审、汇总；对技术委员会/专家的意见进行汇总，对决策层批准的采购进行汇总形成年度采购计划。在验收过程中，对设备的技术参数指标进行确认。

3. 技术委员会/专家

在线对已提交的采购申请进行论证、评价、打分，对存在的问题在线提出修改意见。

4. 采购决策部门

在线对采购申请进行审核，最终决定采购项目。

5. 采购执行部门

对设备实施采购中遇到的问题，在线与相关部门进行沟通；对设备供应商进行评价；合同管理。

6. 采购验收部门

在线对待验收设备进行验收，履行出入库手续，将验收资料上传系统。

7. 固定资产管理部门

在线对固定资产进行管理。

8. 日常管理部门

在线对验收设备建账、资料归档。

三、实施效果

设备基础数据的建立为后续设备管理提供标准的数据来源，确保了设备信息的准确可靠。

第三节 设备采购管理

一、设计目的

（1）目前，在多部门合作管理机制下，校准实验室在设备政府采购过程中容易出现以下问题：

① 缺乏标准化作业程序，容易造成各部门间沟通和衔接出现问题；

② 设备管理部门与固定资产管理部门两套设备台账不一致；存在未验收就进入固定资产台账的风险；

③ 盲目追求高新产品，忽略其实用性，与本单位的实际情况脱节，造成设备闲置；

④ 缺乏资源共享机制，导致设备重复采购；

⑤ 设备验收缺乏严格的验收规范，草率验收，出现问题相互推诿；

⑥ 缺乏投资收益比、设备使用效率考核机制，设备创造的经济效益和社会效益与其价值严重不符。

（2）设备管理的压力陡然增大，主要体现在以下几个方面：

① 设备采购入口太多，计量技术机构目前设备来源主要有：上级下拨设备、科研设备、验设备、其他来源设备；

② 设备管理环节太多，特别是设备送检环节，容易造成设备丢失的风险；

③ 设备日常维护工作量大。计量技术机构的核心在于设备，几乎每台设备都要按期送检，按需求确认，按规定加贴标识，按期进行期间核查。对于计量标准，还须按 JJF 1033—2016《计量标准考核规范》的要求对其实施管理。

（3）针对上述问题，只有通过信息化手段进行设备采购管理才是解决问题的唯一途径。实施信息化管理的好处在于：

① 通过人工技术智能，以最小代价实现管理的最大规范化和标准化，进而达到质量与业务的和谐共生、相互促进；

② 变人治为法治，变人管质量为流程管质量。

二、设计要点

根据系统的总体功能设计，基于部门协同的校准实验室设备采购管理系统主要由基础信息管理、采购申请管理、采购验收管理、统计与评价 4 个功能模块构成，如图 4–1 所示，本章将以这 4 个主要功能模块为重点，对系统主要功能进行设计。

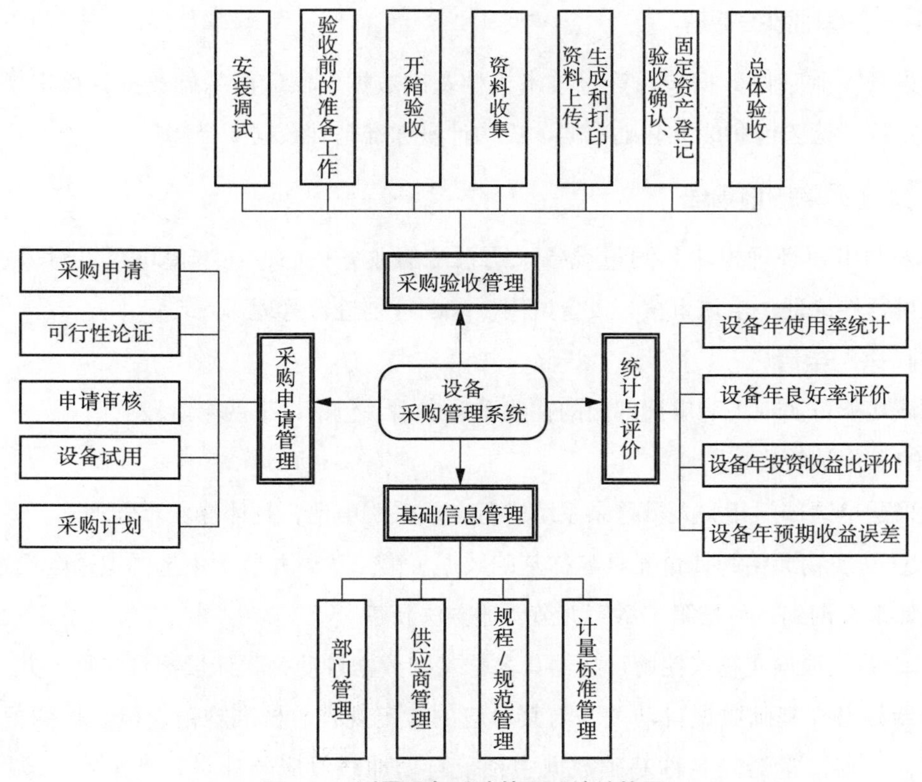

图 4–1　测量设备采购管理系统结构图

本系统的ER模型如图4-2所示。

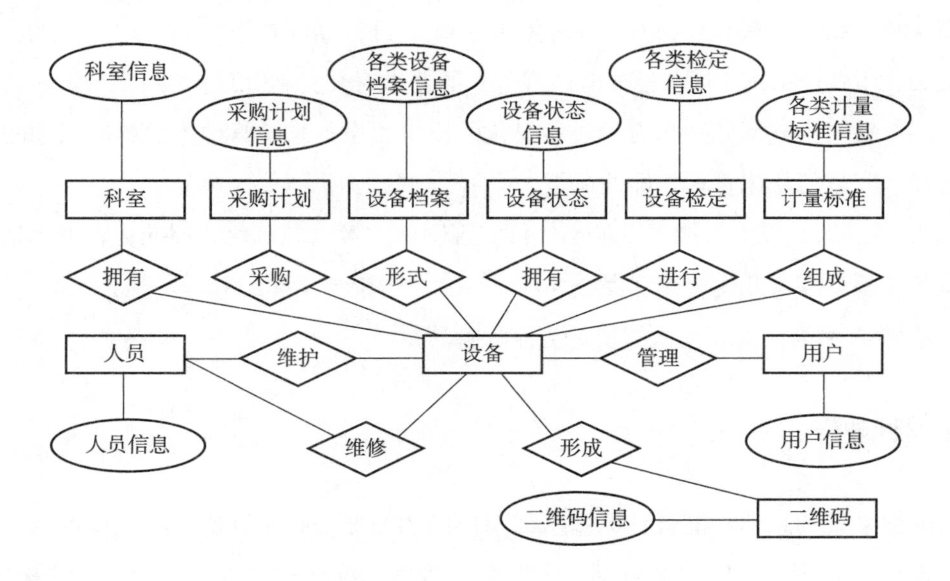

图 4-2　设备采购 ER 模型图

（一）基础数据管理

设备采购基础数据涉及计量技术机构基础数据，供应商基础数据，检定规程、校准规范、检验检测标准基础数据，机构计量标准基础数据4个部分。

（二）采购申请管理

采购申请管理模块是测量设备采购系统的业务核心，在本模块可以对采购申请、可行性论证、申请审核、设备试用、采购计划进行管理。

1. 采购申请

该功能可实现采购申请部门的在线采购申请，包括以下两个阶段：

（1）申请管理

采购申请部门相关人员登录系统进行在线采购申请，具体操作步骤如下：

① 从实物或铭牌计量器具名称基础数据（第二章第九节）中选择拟采购设备名称，如未查询到，可按第二章第九节所述方法新建。

② 系统根据实物或铭牌计量器具名称基础数据自动关联计量器具名称，并通过计量器具名称基础数据自动关联与其对应的检定规程、校准规范、检验检测标准。同时，根据计量器具名称基础数据中预设自动加载对应的计量特性（第一章第二节）。如未自动加载，采购申请部门相关人员可自行添加和修改。

③ 系统根据实物或铭牌计量器具名称自动关联计量器具名称，通过计量器具名称在供应商基础数据（第三章第六节）中关联匹配符合要求的计量检定或校准服务供应商，通过上述填写的拟采购设备计量特性（第一章第二节），自动与计量检定或校准服务供应商授权资质进行匹配，如匹配到适合的计量检定或校准服务供应商则显示给采购申请部门相关人员；如匹配不到，由采购申请部门相关人员对设备溯源情况进行在线说明。

④ 采购申请部门相关人员填报制造厂商信息，一般系统要求提供 3 家以上制造厂商信息，包括制造厂商名称、型号规格、技术参数、配套设备、选配件、附件表、主机产品报价、附件报价、整机报价、联系人、联系电话等信息。在填报制造厂商及型号规格内容时，系统自动根据计量器具制造厂商基础数据（第二章第八节）查找并加载查询到的制造厂商及对应的型号规格。

上述信息填报完毕，提交采购部门进行初评。

（2）采购部门初评管理

采购部门登录系统对所提交采购申请的可行性、合理性及技术指标的正确性、先进性进行初审、排序。其中，初审包括以下内容：

初审意见包括：通过、修改后通过、不通过。

初审评价包括：对拟采购设备的市场前景、设备先进性、是否符合规程 / 规范 / 标准要求和机构长期战略吻合度的评价。

初审意见下达后，系统自动将初审意见发送给采购申请部门。

2. 可行性论证

对初审通过的申请，采购申请部门相关人员登录系统进行可行性论证，可行性论证包括以下内容：

（1）选择调研形式，包括厂家咨询、专家咨询、同行咨询、现场演示、短期试用、实地考察、服务对象及计量行政管理部门意见征集、周边地区同类设备拥有情况调研、潜在客户群调查等。

（2）系统自动统计并显示采购申请部门近几年的业务收入、设备年使用率平均值、设备年良好率平均值、设备年投资收益比平均值、设备年预期收益误差平均值。

（3）系统按所申请测量设备所对应的计量器具名称（计量器具学名），在第三章第七节所述测量设备基础数据中自动搜索与申请购置测量设备计量器具名称相同的已有测量设备，并显示其基本信息（实物或铭牌计量器具名称、制造厂商、型号规格、出厂编号)、技术参数、所属部门、使用率、设备年良好率、设备年投资收益比、设备年预期收益误差等信息，并自动根据上述信息自动给出推荐购置评分和与已有设备资源共用推荐指数。

(4)系统按所申请测量设备所对应的计量器具名称(计量器具学名)，在第三章第七节所述测量设备基础数据中自动关联匹配其对应的检定规程、校准规范、检验检测标准与可开展项目。系统进一步调取智能分析系统的设计与实现(第十二章第六节)，对可开展的检定或校准计量器具名称所涉及的认证认可类型、产品分类、相关细则、产品名称、该产品本地获证企业数量，以及这些企业中该器具的正确配备和按时送检情况，经过智能分析得出此类计量器具本地存量，检定、校准、检验检测需求，开展后每年预期检定、校准、检验检测收入，并形成各类分析图表。调取智能分析系统(第十一章第八节)，对已开展的强制检定项目及其业务饱和度进行统计、汇总。自动调取计量标准考核管理子系统(第五章)查询可开展项目涉及的计量标准器及其主要配套设备本地存量、检定、校准、检验检测需求和开展后每年预期检定、校准、检验检测收入，填补空白。

(5)系统按所申请测量设备所对应的计量器具名称(计量器具学名)，在第三章第七节所述测量设备基础数据中自动关联匹配其对应的检定规程、校准规范、检验检测标准，并自动计算其最严格的环境条件，显示在左侧列表中，采购申请部门相关人员在右侧列表填写实验室现有情况，如需改造，应说明具体改造方案及预算。

(6)填报现有人员状况，安装场地及各项辅助设施的安全、完备程度，对现有条件无法满足的须提出改进措施。

(7)填报申请采购测量设备的理由、用途及其对机构业务发展的影响。

(8)填报本地其他机构同类设备使用情况，包括市场占有率、设备品牌、型号、生产厂家、采购价格、使用情况、投入产出情况，以及使用中发现的问题。

(9)选择是否可与外单位达成协作方案。

(10)填报风险分析，尤其是对购买的设备需委托厂商加工的，应充分说明委托加工的原因，以及现有设备不能满足需要的理由，并制定严格的验收标准。

(11)填报工作量及业务收入预测分析(属于更新设备的应提供原设备创收的证据)，内容包括：使用频率(次/月)、年检定量、收费标准、年收入、年费用支出、年利润、投资回收年限。其中，年费用支出即运行维修成本，包括人工、水电费用、管理、耗材成本、维护成本。

（12）不同品牌、同类设备比较。比较内容应包括：

① 设备信息，包括：主机名称、制造厂商、型号规格、计量特性（第一章第二节）、符合规程 / 规范 / 标准情况、能够检定（校准）的计量器具、数据处理方式、其他技术指标、配件名称、配件生产厂家、配件技术指标、主机售价、配件售价、总售价；

② 生产商信息，包括：企业资质、企业是否建立质量保证体系、行业领先程度、市场占有率、售后服务承诺；系统自动判断其是否在《机构合格供应商名单》，是否列入《采购黑名单》；

③ 应用情况，包括：应用单位、应用人员及联系电话、总体评价、先进性评价、稳定性评价、主要存在问题；

④ 环境条件，包括：场地要求、环境要求（温度、湿度、震动、冲击）。

（13）填写现场演示情况，应有设备使用人、技术专家以及相关部门对现场演示效果分别作出评价。

可行性论证填写完毕后，使用者提交采购部门审核。

3. 申请审核

采购部门对申请部门在线提交的可行性论证进行审核。审核内容包括：

（1）论证完整性；

（2）是否重复采购，系统将自动根据已有设备进行查重；

（3）制造厂商是否列入《不合格供应商名单》。

4. 设备试用

采购申请部门可与设备生产商达成书面协议，进行短期试用，以加深了解。设备试用一般不超过 6 个月，试用完毕登录系统，在线填写以下内容：

（1）设备重复性；

（2）设备稳定性；

（3）设备综合性评价；

（4）设备使用频次；

（5）产生的社会和经济效益。

5. 采购计划

采购计划包括专家综合打分、集中评价打分、采购计划确定、采购计划公示、财政预算编写、采购指标确认、采购结果反馈、采购实施 8 个环节。

（1）专家综合打分

采购部门审核完毕后，系统自动推荐相关领域专家供采购部门选择，选择后，系统通知专家登录系统进行审核。专家审核内容包括：

① 是否属于已经被证实为技术不够成熟或处于技术代谢末期的产品；

② 设备报价是否超过网上平均市场报价。

（2）集中评价打分

专家审核完毕后，提交审核资料，进入专业技术委员会评审阶段。专业技术委员会采用线上和线下结合方式进行评审，主要听取上年度各采购申请部门设备投资收益比评价和设备良好统计通报、本年度业务发展重点及投资方向报告。根据《采购申请部门拟采购设备调研报告》《技术专家评审报告》，利用现场提问、专家答疑、厂方咨询等方式逐个对“调研报告”进行集中评价打分，并现场公布得分情况。采购部门将记录的现场得分情况登入系统，并提交机构最高管理者审批。

（3）采购计划确定

最高管理者登录系统确定采购项目，并根据战略部署和业务发展需要提出新的采购需求，系统将根据最高管理者的审批情况形成年度采购计划。

（4）采购计划公示

采购计划确定后，将进行机构内部公示和网上招标两种方式公示，机构内部公示主要是通过系统告知设备采购申请部门、技术专家、采购部门。设备采购申请部门将拟采购设备的配置清单、技术参数、商务条件与供货商进行确认，并参考调研报告逐项确定政府采购设备的各项参数、技术指标、供应商资质、参考价格、售后服务承诺和索赔条款。

（5）财政预算编写

通过公示期的设备，系统将提醒采购申请部门登录本系统编制《财政预算申请书》。系统提供标准版的申请书格式，并自动生成申请书中的所有项目。

（6）采购指标确认

设备采购部门对所有《财政预算申请书》进行汇总，系统自动形成《政府采购项目实施申请审批表》，各采购部门对其进行网上确认，内容包括：

① 主机技术指标的完整性；

② 选配件及其技术指标的完整性；

③ 对于与测量设备或测量系统配套使用的检定、校准、检验检测软件必须要求厂家进行软件评测，特别是对数据处理正确性的测试证明；

④ 标准物质是否列入《国家标准物质目录》。

（7）采购结果反馈

采购结果反馈按以下步骤进行：

① 财务部门登录系统，根据《年度测量设备采购计划》，结合下年度资金使用情况调整下年度财政预算。如有变动，财务部门及时登录系统进行项目调整；

② 财务部门调整后，系统将通过手机短信等形式通知申请人；

③ 财务部门及时通知采购部门《政府采购项目实施申请审批表》进行调整；

④ 预算编制完成后，采购部门将《年度测量设备采购计划》连同最高管理者批准的《测量设备采购申请表》下发至采购部门、设备管理部门和采购申请部门，以便于各部门了解下年度采购项目。

（8）采购实施

设备采购部门按财政预算实施采购，如有改动应及时登录系统进行修改。《采购合同》签订后，设备采购部门将其上传至系统。

采购申请人登录系统对《采购合同》进行确认，如存在问题，通过系统向采购部门进行反馈，便于对出现的问题及时处理。

（三）采购验收管理

1. 安装调试

安装调试前首先应进行设备开机前培训，其目的是让设备使用人员熟悉设备的基本原理，熟练操作、培训合格方可进行调试。在此期间，设备使用人员应密切配合，并借助厂家安装调试的机会，进一步熟悉了解设备的原理结构、安装调试方法，必要时向厂家技术人员提供维护方面的技术细节。调试过程中，应特别注意与测量设备或测量系统配套使用的检定、校准、检验检测软件在数据处理方面的正确性和独立出证系统如何与校准实验室内部管理系统对接等问题。采购申请人登录系统填写《安装调试记录》，作为最终验收依据。安装调试结束后应立即试运行，试运行期间，采购申请人登录系统填写《重复性和稳定性实验结果》。

2. 验收前的准备工作

完成安装调试工作后，采购申请人登陆系统提出验收申请，采购部门同意验收后，选择参与验收的部门，系统自动生成《测量设备采购合同验收清单》。

3. 开箱验收

（1）开箱前检查

设备到货后，采购部门利用手持终端或移动设备进行开箱前检查，逐项进行确认，包括清点包装箱个数、检查包装上的标签和包装外观，若存在包装箱有碰撞痕、破损、雨淋、倾斜、倒置、挤压等问题，系统登记完毕后，打印《开箱前检查单》，双方确认后签字确认。必要时，采购部门留下影音资料并上传至系统，以备后续索赔。

（2）开箱检查

采购部门登录系统，选择生成《测量设备采购合同验收清单》。

采购部门、采购申请部门负责人、设备使用人和供应商共同对拟验收设备实施开箱检查，并依据《测量设备采购合同验收清单》逐一清点主机、附件、选配件、备件和随测量设备附带的消耗品与合同的规定是否一致，若发现漏项、缺件、部件不合格等现象应作出记录；检查设备及其选配件名称、计量特性（第一章第二节）、其他技术要求等是否符合要求。对两者不一致的地方利用平板电脑应予以记录，围绕合同产生的争议最终应以此为准。

4. 资料收集

开箱检查之后，如无异议，则对照《测量设备采购合同验收清单》和测量设备实物或铭牌对测量设备信息进行登记。登记信息包括：

（1）设备类型，包括：测量系统、主机、配件、选件；

（2）设备属性，包括：计量标准器（测量标准）、主要配套设备、核查标准、周期检定或校准设备、辅助设备；

（3）基本信息，包括：实物或铭牌计量器具名称、计量器具名称（计量器具学名）、制造厂商、型号规格、出厂编号、购入价格；

（4）验收时计量特性（第一章第二节）；

（5）检定或校准信息，包括：

① 检定或校准基本信息，包括：溯源机构、检定或校准时间、下次检定或校准时间、证书编号；

② 检定或校准后计量特性（第一章第二节）；

③ 检定或校准需求信息，包括：计量特性（第一章第二节）、检定或校准类型、检定或校准参数、检定或校准点。该信息首次填写时，由设备保管人根据需求填写。后续填写时，系统自动加载上次检定或校准后确定的信息。设计该信息的目的在于生成《检定或校准结果确认表》或《委托协议书》中的检定或校准需求。

（6）设备保管信息，包括：保管部门、保管人、保管时间；

（7）设备位置信息，包括：保存位置、保存时间、移动路线；

（8）设备验收信息，包括：验收时间、验收地点、验收人员；

（9）设备影像资料信息，包括：主机、附件、选件实物照片以及对应铭牌照片；

（10）《测量设备采购合同验收清单》等资料扫描件；

（11）与测量设备或测量系统配套使用的检定、校准、检验检测软件。

在设计上，系统优先加载设备采购阶段最终确定的指标。如果采购的设备为采购申请时申请的制造厂商及对应的型号规格之一，则选择该数据，并在该数据上进行补充和修改；如果未匹配到采购申请时提供的制造厂商及对应的型号规格，则系统自动加载《采购合同》中的相关指标。设备验收人员按实物对其进行确认、修改和补充，对验收中出现的问题进行记录。

在界面设计上，可按照主机—附件—选件的结构进行展开，每一层又按基本信息—设备验收时计量特性信息—检定或校准信息—设备保管信息—设备验收信息进行展开。其中，设备验收时计量特性信息、设备验收信息为一次性数据；检定或校准信息、设备保管信息为定期更新数据。设计验收时计量特性信息的目的在于保留设备验收时的原始数据。而设计检定或校准中的检定或校准后计量特性信息的目的在于根据每次溯源结果，为证书和报告制作、计量标准 / 计量授权考核提供及时、准确的数据。由于测量设备经常发生降等、降级的现象，因此，有时两个计量特性参数很可能不一致。

5. 资料上传、生成和打印

（1）设备使用人在验收现场利用手持终端或移动设备现场确认设备保管人、计量标准负责人和设备授权使用人，系统自动打印含有条码、二维码信息的设备资产卡或 RFID 标签。

（2）采购部门利用高拍仪或扫描仪上传《调研报告》《采购指标确认表》《采购合同》、发票、《售后服务合同》《企业资质、型式评价报告》扫描件。进口设备除上述资料外还需上传《进口委托协议书》《海关免税证明》《进出口登记表》、外商发票等资料扫描件。

（3）设备管理部门现场收集并扫描上传的资料包括：《装箱单》《使用说明书》《出厂合格证》《保修卡》《维修手册》、与测量设备或测量系统配套使用的检定、校准、检验检测软件、其他随带资料、《人员培训评价表》《安装调试记录》。

（4）设备管理人员登录系统填写设备使用说明书计量特性（第一章第二节）；

（5）设备管理人员登录系统查询、系统匹配符合有资质的检定或校准机构，系统自动生成《检定或校准结果确认表》。

（6）信息化管理部门对软件符合性进行检查，并形成《软件登记表》。

（7）设备使用人登录系统，在线补充《检定 / 校准结果确认表》。

6. 验收确认、固定资产登记

各验收部门登录系统，进行确认；采购部门在线上传发票。固定资产管理人员登录系统，将设备详细信息录入财政固定资产管理系统后，获取设备的固定资产编号，并填入本系统。

7. 总体验收

总体验收应在设备开箱验收并投入使用一段时间以后，在数量、附件、清单等齐全的情况下，根据相关的验收标准，设备验收委员会指派专家对设备的技术指标逐项验收。验收合格后，参与验收的人员登录系统进行总体验收，设备即可投入使用。

三、实施效果

本节首先介绍了计量技术机构设备采购工作的现状，重点阐述了设备采购电子化对提高效率、降低成本的重要作用。因此，提出基于部门协同的校准实验室设备采购管理系统，从而实现以自动化的设备管理信息处理方法来进行设备管理，既方便了专职的设备管理人员高效、准确的日常工作，又使其他部门的工作人员方便快捷地获取设备信息，对设备的采购、更新换代等决策提供数据支撑。

第四节 供应商管理

依据供应商基础数据（第三章第六节）所述，计量技术机构涉及的供应商可分为测量设备采购供应商、标准物质供应商、危险化学品供应商、供应品供应商、计量检定或校准服务供应商、计量培训供应商、环境设施改造供应商、“三废”处理供应商等。在设计上，所有基础数据均来自供应商基础数据，并针对不同供应商的不同特点和要求，进行独立设计。

一、供应商的选择

采购时应从《合格供应商名单》中选择，对未纳入《合格供应商名单》的，首次选择时先进行供应商的评价，评价通过后，方可进入《合格供应商名单》。

二、供应商资质管理和查新

（一）供应商资质管理

1. 标准物质供应商

系统根据标准物质基础数据（第二章第二十节），自动匹配标准物质供应商提供的标准物质是否为有证标准物质，并判断资质是否过期。

2. 危险化学品供应商

对机构所有危险化学品供应商的《危险化学品经营许可证》进行在线管理。

3. 易制毒化学品供应商

对机构所有使用的易制毒化学品供应商的《易制毒化学品经营备案证明》进行在线管理。

系统对机构所有在用的易制毒化学品进行匹配，对无法匹配到合格供应商的设备，自动匹配满足要求的计量检定或校准服务供应商。对计量标准器还应进一步判断是否溯源至社会公用计量标准，对无法自动匹配到供应商的设备，系统作出提示，以便于人工匹配。

4. 计量检定或校准服务供应商

系统调取检定、校准、检验检测授权资质基础数据（第二章第十九节），导入计量检定或校准服务供应商授权资质。对已使用本计量技术机构管理系统的供应商，其授权资质由系统自动生成。

系统调取机构计量标准基础数据（第三章第八节），填写计量检定或校准服务供应商的社会公用计量标准信息。对已使用本计量技术机构管理系统的供应商，其社会公用计量标准信息由系统自动生成，以便于机构计量标准器检定、校准时对供应商的选择。

系统对设备基础数据管理（本章第二节）中的所有设备自动匹配满足要求的计量检定或校准服务供应商，对计量标准器还应进一步判断是否溯源至社会公用计量标准。对无法自动匹配到供应商的设备，系统作出提示，以便于人工匹配。

5. 危险废物处理供应商

对机构危险废物处理供应商的《危险废物经营许可证》进行在线管理。

（二）供应商资质查新

设置各类供应商资质的查新间隔，定期对供应商资质进行查新。对已使用计量技术机构管理系统的供应商，系统将自动对其资质进行更新。

三、供应商评价

根据各类供应商的特点，设计供应商在线评价体系，定期对其进行评价。

四、供应商的退出

对于评价不合格的供应商，将其从《合格供应商名单》中剔除。

五、实施效果

供应商管理，从根本上杜绝未经评价的供应商混入，定期对供应商资质进行审查，杜绝无资质供应商提供服务的现象。

第五节 测量设备检定或校准管理

一、设计目的

测量设备检定或校准特别是计量标准器和主要配套设备的按期检定或校准，对于计量技术机构而言，是其质量管理工作的重中之重。特别是强制检定收费免征后，由于需要办理免征手续，都会增加检定或校准的难度和时间。因此，如何建立一套高效、互通、自动运转、自动提醒的测量设备检定或校准体系尤为重要。该体系的建立将极大地降低中间环节，提高工作效率的同时也避免因设备溯源不及时带来的检测风险和业务延误。

溯源信息建立在基础信息之上，是设备历次溯源的记录，设备送检信息包括使用部门、使用人、计量检定或校准服务供应商、检定证书编号、本次送检获得的计量特性（第一章第二节）、检定、校准、检验检测费用及溯源证书电子副本。

二、设计要点

（一）计量标准器、主要配套设备的计量溯源性要求

依据 JJF 1033—2016《计量标准考核规范》4.1.3 的规定，计量标准器应定点定期经法定计量检定机构或区（县）级以上人民政府计量行政部门授权的计量技术机构建立的社会公用计量标准检定合格或校准来保证其溯源性；主要配套设备应当经检定合格或校准来保证其溯源性。

有检定规程的计量标准器及主要配套设备，应当按照检定规程的规定进行检定；没有检定规程的计量标准器及主要配套设备，应当依据国家计量校准规范进行校准。如无国家计量校准规范，可以依据有效的校准方法进行校准。校准的项目和主要技术指标应当满足其开展检定或校准工作的需要，并参照 JJF 1139—2005《计量器具检定周期确定原则和方法》的要求，确定合理的复校时间间隔。

（二）应进行校准的测量设备

（1）在下列情况下，测量设备应进行校准：

① 当测量准确度或测量不确定度影响报告结果的有效性；

② 为建立报告结果的计量溯源性，要求对设备进行校准。

（2）影响报告结果有效性的设备类型可包括：

① 用于直接测量的设备，如使用天平测量质量；

② 用于修正测量值的设备，如温度测量；

③ 用于从多个量计算获得测量结果的设备。

（三）测量设备检定或校准基本信息

（1）测量设备检定或校准基本信息包括：

① 检定或校准需求信息，包括计量特性（第一章第二节）、检定或校准点。涉及多参数的要分开填写，统一检定或校准参数，在不同测量范围准确度等级不同的，同样分开填写。

② 检定或校准基本信息，包括溯源机构、检定或校准时间、下次检定或校准时

间、证书类型、证书编号。

③ 检定或校准后计量特性信息，包括计量特性（第一章第二节）、检定或校准点、校准值、最大示值误差等。

④ 检定或校准后修正值信息。

⑤ 检定或校准后证书扫描件。

（2）在设计上，新增检定或校准信息时，系统会自动提示本次溯源是否与上次溯源机构相同。如选择相同，则自动加载上次溯源信息，但证书编号、检定日期、下次检定日期等信息不自动加载；如选择不相同，则只加载检定或校准后计量特性信息，并按如下步骤完成填写：

① 系统自动根据测量设备的实物或铭牌计量器具名称在本章第四节所述计量检定或校准服务供应商基础数据中关联与之匹配的授权开展项目。关联匹配的顺序为先计量器具名称（计量器具学名）匹配，再计量特性参数匹配（即授权开展项目测量范围覆盖被检定或校准设备的测量范围。准确度等级 / 最大允许误差 / 测量不确定度优于被检定或校准设备对应信息），系统自动显示所有关联匹配到的溯源机构以供选择。若系统未关联匹配到符合要求的溯源机构，则进一步判断测量设备属性是否为计量标准器、测量标准、主要配套设备。如果是，则提示相关部门重新寻找溯源机构或采取实验室比对等其他溯源方式。如果不是，则对授权开展项目匹配不做强制要求。如果溯源机构授权信息过期，则提示相关人员更新授权资质。

② 若测量设备属性为计量标准器，还应进一步判断溯源机构是否建立了对应的社会公用计量标准。

③ 对于本机构内部检定或校准，系统通过资产编号自动获取系统中的检定或校准信息。自动更新“证书编号”“检定或校准日期”“下次检定日期”等信息，并自动将证书和报告结果数据页作为附件，以便于在线查看设备修正值信息。

④ 对于外部检定或校准，设计纸质版证书和报告高拍文字识别功能。根据所选溯源机构，自动识别“证书编号”“检定或校准日期”“下次检定日期”等信息，并自动识别证书和报告结果数据页的检定或校准数据并将其转为可编辑格式，以便于《设备修正值表》的形成和应用。

（四）溯源计划管理

系统自动根据测量设备的下次检定或校准日期，生成年度、季度、月度检定或校准计划。为了便于溯源计划的生成，系统将提供多种组合查询方式，包括按下次检定或校准日期查询、按设备所属部门查询、按溯源方式查询、按溯源机构查询等。

在生成溯源计划过程中，系统将首先判断测量设备属性，如果测量设备属于计量标准器，则首先选择检定作为溯源途径，并且只能将该计量标准器定点、定期送至法定计量检定机构或区（县）级以上人民政府计量行政部门依法授权的计量技术机构已建立的社会公用计量标准，检定合格或校准来保证其溯源性。

在生成溯源计划的过程中，应考虑设计下次检定或校准日期自动修正功能，以杜绝因证书和报告中出现"下次检定或校准日期"晚于该溯源机构"集中送检日期"的现象，进而造成单独送检以及其带来的送检成本增加。当系统录入的"下次检定或校准日期"晚于集中送检日期时，系统自动按"集中送检日期"进行修正。对于修正的数据，生成溯源计划的同时显示证书和报告"下次检定或校准日期"和自动修正后集中送检日期。

溯源计划生成后，系统将以系统登录提醒、公告板提醒、证书和报告制作中提醒等多种方式提醒设备保管部门负责人对其进行确认。设备保管部门负责人确认后形成最终的溯源计划，并根据溯源机构类型的不同进行如下处理。

（五）本机构内部检定或校准管理

本机构内部检定或校准的特点是检定或校准计划的制定、下达，样品的收发，证书和报告制作，溯源信息更新，均在本计量技术机构信息管理系统（MIMS）完成，因此，可实现数据的高度共享与互用。即实理溯源计划中自动生成、内部检定或校准任务自动分发、检定或校准信息自动更新等一系列自动化操作，最大化地减少了人为干预，提高了工作效率。其具体步骤为：

（1）检定或校准计划确定后，系统自动分离出其中的内部检定或校准任务，并按内部检定或校准设备所属的设备保管部门形成各自的内部检定或校准《委托协议书》。

（2）为防止内部不经检定或校准就出具证书和报告的现象，同时，便于对设备进行年度清查，系统将发信息给相关人员。对于送检类型为"送检"的测量设备送至样品收发部门。在样品收发过程中，系统将按测量设备附带的主机、配件、选件进行展开，以防止样品接收和流转中发生丢失而责任不清。对于送检类型为"现场检定或校准"的测量设备由设备管理人员联系相关检定、校准、检验检测人员进行现场检定或校准，具体流程按第八章第三节样品收发中的规定步骤实施。

（3）内部检定或校准证书制作中，系统自动调取上次溯源相关信息，并自动记录本次检定或校准中修改的信息。如溯源为首次溯源，则需按第八章计量业务管理子系统中证书和报告的规定实施步骤。

（4）内部检定或校准证书制作完毕后，系统自动更新该设备的检定或校准基本信息，包括修正值表的信息，并同步更新计量标准考核管理子系统（第五章）及授权考核管理子系统（第六章）中的相关信息。

（5）若检定结果为不合格，将自动锁定其所涉及的计量标准器、授权资质及本机构尚未发出证书和报告，以防止不合格证书和报告的发出，直至相关人员确认处理完毕后，方可恢复。

（6）打印内部检定或校准证书时，系统自动判断其是否为计量标准器或主要配套设备、CNAS 授权的测量标准。按资料存档需求自动统计打印份数，打印时，自动将其所属的设备唯一性编号、计量标准的序号，CNAS 授权号打印到证书右上角，便于资料管理，并按其提示对计量标准文件集等资料中的溯源证书存档进行更新。

（7）内部检定或校准证书制作完毕后，系统将自动生成《缴费单》，并将其发送给设备保管部门负责人进行网上确认。确认过程中，将提供上次收费情况和本地区收费标准以供参考。设备保管部门负责人对收费情况进行确认后，缴费状态由“待缴费”变更为“已缴费”，并计入相关人员个人任务统计。也可打印《缴费单》，经设备保管部门负责人签字确认后，进行网上缴费确认。对于某些计量技术机构而言，机构内部检定或校准因不涉及现金或转账缴费，因此采取计入检测部门任务但不包含核发绩效，所以在任务统计设计中，应对其进行区分，即设计包括内部检定或校准和不包括内部检定或校准两种统计方法，同时，设计单独的机构内部检定或校准的统计模块。

（8）为确保测量设备检定或校准后，其计量性能仍可以满足检定规程、校准规范、检验检测标准的要求，设计上，须进一步进行检定或校准结果确认、检定或校准结果的重复性试验、计量标准、计量标准器的稳定性考核（如适用）、期间核查试验结果录入（如适用）等，方可投入使用。

（六）外部检定或校准管理

外部检定或校准管理设计重点：一是确保按期溯源，杜绝因流程设计而造成的遗漏和延误；二是确保在外部检定或校准过程中设备及其选件、配件不发生丢失；三是确保溯源机构按本机构校准需求进行校准，以保证检定或校准的有效性；四是实现外部检定或校准信息结果录入的智能化、自动化。为达到以上设计目的，可进行如下设计：

1. 外部委托协议书的生成

检定或校准计划确定后，系统自动分离出其中的内部检定或校准任务，并按计量检定或校准服务供应商基础数据中保存的各溯源机构《委托协议书》模板，生成本次检定或校准各溯源机构《委托协议书》(多张)。在生成过程中可遵循以下原则进行设计：

(1)《委托协议书》中样品排列顺序，按测量设备保管部门排列，以便于测量设备的领取、统计和发放。

(2) 对于成套设备，系统自动按本章第三节所述测量设备信息登记中预设主机、配件、选件的树状结构展开，以便于设备送检人员与设备保管人员利用手机APP或手持终端扫描设备资产卡上的条码、二维码或RFID标签获取主机、配件、选件信息，并对照实物逐一对其清点、确认和交接，同时，在系统中记录交接中出现的问题。被确认的信息将加载到《委托协议书》的备注中，以防止因设备交接信息不详细、不准确而导致的设备丢失。

(3) 系统自动加载本章第四节所述测量设备信息登记中预设的检定或校准需求信息，送检负责人员与设备保管人员利用手机APP或手持终端扫描设备资产卡上的条码、二维码或RFID标签获取待溯源设备的测量范围下限值、测量范围下限计量单位、测量范围上限值、测量范围上限计量单位、测量范围限制条件或辅助参数、准确度等级、检定或校准类型、检定或校准参数、检定或校准点等信息。如需调整可现场进行，设备保管人员现场进行确认，被确认的信息将加载到《委托协议书》的备注中。

(4) 系统自动将设备保管人员的信息加载到《委托协议书》的备注中。

2. 计量标准器免费强制检定的申请

(1) 网上报检

对于可以通过计量标准考核管理子系统（第五章）进行计量标准器免费强制检定的，可进行网上报检，网上报检过程与强制检定工作计量器具子系统基本一致。

(2) 纸质报检

打印纸质《计量标准器免费强制检定报检单》和对应的《计量标准考核证书》，实施外部检定或校准。

3. 外部检定或校准的实施

(1) 纸质报检

打印《委托协议书》，作为溯源机构纸质《委托协议书》的附件。送检时，送检负责人员依据备注中的主机、附件、配件信息，与溯源机构样品收发人员进行样品交接。如有出入，现场在《委托协议书》中进行注明。

外部检定或校准前，可通过系统将电子版《委托协议书》通过邮箱、QQ、微信等途径发送到对应的待溯源机构，也可通过其他方式为待溯源机构提供电子版的《委托协议书》，以便于待溯源机构以“电子版”进行录入，杜绝人工录入造成的错误。

（2）网上报检

对于已建立计量标准考核管理子系统或溯源机构建立网上业务受理平台的（第五章），可实现外部检定或校准测量设备的网上报检。

（3）测量设备的领取

送检负责人员对照《委托协议书》内容逐一清点送检设备的主机、配件、选件是否完整、检定或校准证书类型是否正确、检定或校准点是否正，并对其进行确认。如有问题，在手机 APP 或手持终端中进行说明。

4. 外部检定或校准设备机构内部交接

送检负责人员与设备保管人员利用手机 APP 或手持终端扫描已溯源设备资产卡上的条码、二维码或 RFID 标签，获取本次溯源的主机、配件、选件信息。并对照实物逐一对其清点、确认和交接，在系统中记录交接中出现的问题。

（七）检定或校准信息的更新

检定或校准完毕后，在系统中对测量设备检定或校准基本信息中的信息进行更新。

（八）检定或校准结果确认

1. 检定或校准结果确认内容

检定或校准结果确认主要包括 5 方面内容：

（1）计量检定或校准服务供应商资质证书附件中授权项目的测量范围和准确度等级 / 最大允许误差 / 测量不确定度能否满足设备检定或校准需要，即：

① 计量检定或校准服务供应商授权资质授权的测量参数、测量范围是否覆盖本机构设备开展检定、校准、检验检测要求的所有测量参数、测量范围；

② 计量检定或校准服务供应商授权资质授权的准确度等级是否高于或等于本机构设备开展检定、校准、检验检测要求的准确度等级；

③ 计量检定或校准服务供应商授权资质授权的测量不确定度是否优于或等于本

机构设备开展检定、校准、检验检测要求的测量不确定度。

（2）检定或校准结果能否符合计量检定或校准服务供应商授权资质要求，即：

① 上级检定或校准机构出具的检定或校准证书中给出的测量参数、测量点是否在计量检定或校准服务供应商授权资质授权的测量参数、测量范围之内；

② 上级检定或校准机构出具的检定或校准证书中给出的准确度等级是否低于或等于计量检定或校准服务供应商授权资质中授权的准确度等级；

③ 上级检定或校准机构出具的检定或校准证书中给出的测量不确定度是否大于或等于计量检定或校准服务供应商授权资质授权的测量不确定度。

（3）检定或校准结果能否满足设备检定或校准需要，即：

① 上级检定或校准机构出具的检定或校准证书中的测量参数、测量点是否覆盖本机构设备所能够开展的检定、校准、检验检测要求的所有测量参数、测量范围；

② 上级机构出具的检定证书给出的准确度等级，是否高于或等于本机构设备所能够开展的检定、校准、检验检测要求的准确度等级；

③ 上级机构出具的校准证书中的测量不确定度，是否优于本机构设备开展检定、校准、检验检测要求的测量不确定度。

（4）检定或校准证书中检定或校准日期是否在计量检定或校准服务供应商授权资质到期之前。

（5）检定或校准证书中给出的测量不确定度是否大于本机构设备开展检定、校准、检验检测要求的最大允许误差的 1/3，如大于，设计时应考虑不确定度的影响。

2. 检定或校准结果确认的判断依据选择原则

检定或校准结果确认依据可分为三种：

（1）本机构设备所能够开展的全部检定、校准、检验检测项目，所依据的检定规程、校准规范、检验检测标准中所规定的设备配置要求，作为检定或校准结果确认的判断依据。当检定规程、校准规范、检验检测标准没有明确设备配置要求时，可根据试验方法，确定检定或校准结果确认的判断依据。当涉及多个检定规程、校准规范、检验检测标准时，按每个检定规程、校准规范、检验检测标准进行展开。涉及多参数的，按每个参数展开。

（2）当检定规程、校准规范、检验检测标准中没有提出具体要求的，可对《设备说明书》中的技术指标进行判断，判断其是否满足试验方法的要求。如果满足，可选择《设备说明书》中的技术指标作为检定或校准结果确认的判断依据。

（3）当上述两种方式都无法获得时，可依据计量检定或校准服务供应商出具的

《检定或校准证书》中所依据的检定规程、校准规范、检验检测标准，查阅所依据检定规程、校准规范、检验检测标准中的技术指标作为检定或校准结果确认的判断依据。

如果当检定规程、校准规范、检验检测标准中均未对设备配置作出要求或未对测量参数、测量范围、准确度等级、最大允许误差、测量不确定度作出要求，可不对其检定或校准结果进行判断。

3. 检定或校准结果确认界面设计

在设计上，检定或校准结果确认界面内容包括：

（1）设备基本信息

包括：唯一性编号、设备名称、型号规格、制造厂商、出厂编号、存放地点、保管人。其中，设备名称、型号规格、制造厂商、出厂编号信息可从设备基础数据管理（本章第二节）中进行查询、选择；唯一性编号、存放地点、保管人信息，系统将自动根据预设自动关联和加载。

（2）设备检定或校准信息

包括：检定或校准证书类型、上级检定或校准机构出具的检定或校准证书编号、检定或校准日期、有效期。上述信息，系统将自动根据预设进行自动关联和加载。

（3）计量检定或校准服务供应商授权资质

包括：计量检定或校准服务供应商名称、授权资质类型、授权项目名称、授权项目对应的计量特性（第一章第二节）、依据的规程 / 规范 / 标准名称、代号、授权有效期。其中，计量检定或校准服务供应商名称可从供应商管理（本章第四节）中进行查询、选择，其余信息系统将自动根据预设进行自动关联和加载。

（4）测量设备涉及的本机构授权项目

包括：授权项目、授权项目对应的计量特性（第一章第二节）、依据的规程 / 规范 / 标准名称、代号。上述信息系统将根据授权资质基础数据（第三章第四节）及授权考核管理子系统（第六章）的预设进行自动关联和加载。

（5）设备检定或校准结果确认判断依据

包括：开展的检定、校准、检验检测项目所依据的全部检定规程、校准规范、检验检测标准代号及名称、《设备说明书》、计量检定或校准服务供应商出具的检定或校准证书中所依据的检定规程、校准规范、检验检测标准及其他判读依据 4 种类型。依据上文介绍的检定或校准结果确认的判断依据选择原则，从以上 4 种判断依据中选择合适的判断依据，系统自动根据所选的判断依据，自动加载检定、校准、检验检测要求的技术参数。

（6）设备检定、校准、检验检测要求的技术参数

包括：检定或校准参数、检定或校准项目、要求检定或校准范围、要求检定或校准的点、要求的准确度等级、要求的最大允许误差、要求的测量不确定度。系统自动根据选择检定或校准结果确认判断依据加载设备检定、校准、检验检测要求的技术参数。具体步骤如下：

① 选择开展的检定、校准、检验检测项目所依据的全部检定规程、校准规范、检验检测标准代号及名称，系统将根据所选测量设备涉及的本机构所有授权项目包括所有依据的授权项目，并根据其量值传递关系，自动关联检定规程、校准规范、检验检测标准基础数据（第二章第十三节），并自动加载设备检定、校准、检验检测要求的技术参数。

② 选择设备说明书，系统根据所选设备，自动关联采购验收管理（本章第三节）中设备使用说明书技术指标，在此基础上自动加载设备检定、校准、检验检测要求的技术参数。

③ 选择计量检定或校准服务供应商出具的检定或校准证书中所依据的检定规程、校准规范、检验检测标准，系统将根据计量检定或校准服务供应商出具的检定或校准证书中所依据的检定规程、校准规范、检验检测标准名称及代号，自动关联检定规程、校准规范、检验检测标准基础数据（第二章第十三节），并自动加载设备检定、校准、检验检测要求的技术参数。

（7）设备检定或校准后的技术参数

包括：检定或校准参数、检定或校准项目、已检定或校准范围、已检定或校准的点、检定后准确度等级、校准结果、最大示值误差、证书中给出对应点的不确定度。上述信息均来自上级检定或校准服务机构出具的检定或校准证书中的信息，检定或校准结果确认人员根据溯源证书进行人工填写。

（8）设备检定或校准后结果确认

根据上述设备检定或校准结果确认判断依据，进行如下判断：

① 判断上级检定或校准机构出具的检定或校准证书中已检定或校准的测量参数是否包含设备检定、校准、检验检测要求的技术参数中要求检定或校准的所有测量参数。若包含则确认通过；若不包含或系统无法自动判断，则系统给予提示，由人工进行确认。

② 判断上级检定或校准服务机构授权项目的测量参数是否包含上级检定或校准机构出具的检定或校准证书中已检定或校准的所有测量参数。若包含则确认通过；若不包含或系统无法自动判断，则系统提示，由人工进行确认。

③ 判断上级检定或校准机构出具的检定或校准证书中已检定或校准的所有测量范围上下限或已检定或校准的测量点是否包含要求设备检定、校准、检验检测要求的技术参数中要求检定或校准的测量范围的上下限或要求检定或校准的测量点。若包含则确认通过；若不包含或系统无法自动判断，则系统给予提示，由人工进行确认。

④ 判断上级检定或校准服务机构授权资质的测量范围上下限是否包含上级检定或校准机构出具的检定或校准证书中已检定或校准的测量范围上下限或已检定或校准的点。若包含则确认通过；若不包含或系统无法自动判断，则系统给予提示，由人工进行确认。

⑤ 判断上级检定或校准机构出具的检定或校准证书中是否给出准确度等级信息。若给出，则进一步判断上级检定或校准机构出具的检定或校准证书中准确度等级是否高于设备检定、校准、检验检测要求的技术参数中要求的准确度等级。若高于，则确认过程结束；若低于，则确认结果为不通过，或系统无法判断，则系统给予提示，由人工进行确认。

⑥ 若上级检定或校准机构出具的检定或校准证书中没有给出准确度等级信息，则应进一步判断上级检定或校准机构出具的检定或校准证书中是否给出测量不确定度信息，若给出，则进行如下判断：

a. 判断上级检定或校准服务机构授权资质是否给出测量不确定度信息。若给出，则判断上级检定或校准服务机构授权资质上下限的测量不确定度是否小于上级检定或校准服务机构出具的检定或校准证书中给出的相同测量点的测量不确定度。小于则确认通过；大于或无法判断时，则系统给予提示，由人工进行确认。

b. 判断设备检定、校准、检验检测要求的技术参数中是否给出要求的测量不确定度信息。若给出，则进一步判断上级检定或校准机构出具的检定或校准证书中给出的测量不确定度是否小于设备检定、校准、检验检测要求中相同测量点对应测量不确定度信息。若小于则确认通过；若大于或无法判断时，则系统给予提示，由人工进行确认。

c. 判断设备检定、校准、检验检测要求的技术参数中是否给出要求的最大允许误差。若给出，则进一步判断上级检定或校准机构出具的检定或校准证书中给出的测量不确定度是否小于设备检定、校准、检验检测要求中相同测量点对应最大允许误差的 1/3。若小于，则在结果确认中不加测量不确定度影响；若大于，则在结果确认中加测量不确定度影响；若无法判断，由人工进行确认。

d. 依据上级检定或校准机构出具的检定或校准证书，填写校准结果、最大示值误差，系统自动根据上一步判断，选择对校准结果是否增加测量不确定度影响。

e. 判断处理后的结果是否大于设备检定、校准、检验检测要求中相同测量点对应最大允许误差。若小于，则检定或校准结果确认通过；若大于或无法判断，则系统给予提示，由人工进行确认。

f. 若设备检定、校准、检验检测要求的技术参数中没有给出要求的最大允许误差，则只判断上级检定或校准机构出具的检定或校准证书中给出的测量不确定度是否小于设备检定、校准、检验检测要求中相同测量点对应测量不确定度信息。若大于或无法判断，则系统给予提示，由人工进行确认。

⑦ 若上级检定或校准机构出具的检定或校准证书中既没有给出准确度等级，又没有给出测量不确定度信息，则应进一步判断设备检定、校准、检验检测要求的技术参数中是否给出要求的最大允许误差。若给出，则直接判断校准结果、最大示值误差是否大于设备检定、校准、检验检测要求中相同测量点对应最大允许误差。小于，则检定或校准结果确认通过；大于或无法判断，则系统给予提示，由人工进行确认。

⑧ 若设备检定、校准、检验检测要求的技术参数中未给出要求的最大允许误差，即设备检定、校准、检验检测要求中准确度等级、最大允许误差、测量不确定度均未给出的，则只对测量范围作出判断。

（9）设备检定或校准后结果处理

对于检定或校准结果确认不符合要求的测量设备，系统自动锁定其所涉及的计量标准、授权资质及未发出证书和报告，以防止不合格证书的发出，并提供所有涉及该测量设备的已出具的证书和报告，若经评估需要追回已发出证书，则需依据现有数据逐一追回已发出证书和报告，并在系统上进行核销。

（九）测量设备检定或校准后，计量参数发生变化的后续处理

有的测量设备经过检定或校准结果确认后，测量范围、准确度等级、测量不确定度发生了变化，系统将进行如下后续处理：

1. 计量标准器和主要配套设备的后续处理

对于标记为“计量标准器”和“主要配套设备”的测量设备，一旦溯源后，计量

特性发生变化，系统首先判断检定或校准结果确认是否满足要求。若满足要求，系统将自动调用计量标准器变更管理模块（第五章第三节）。若不满足要求，系统将自动查找是否存在可替代的其他测量设备。若存在可替代的测量设备，系统将进一步判断该设备是否已建立了计量标准。若已建立计量标准，则允许该计量标准器或主要配套设备对应的授权项目开展工作。若未建立计量标准，系统自动锁定该计量标准器或主要配套设备所涉及的计量标准、授权资质及未发出证书和报告，以防止不合格证书的发出。同时，对样品收发模块（第七章第二节）实施锁定，以停止相关样品的接收。与此同时，调用计量标准器变更管理程序（第四章第四节），待完成变更手续后，解除锁定。若无可替代的测量设备，系统在完成上述两种锁定之外，自动调用计量标准撤销停用管理程序（第四章第三节），实施计量标准撤销或停用。

2. 获得 CNAS 授权的测量设备后续处理

对于标记为“CNAS 授权”的测量设备，若该测量设备同时标记为“计量标准器”或“主要配套设备”，一旦更换完毕，系统自动生成书面更换申请，并启动倒计时提醒，按要求在规定时间内（20 个工作日）上传书面通知 CNAS 的证据。

3. 计量标准器的后续处理

如果不满足要求，应进一步判断是否存在可替代的其他计量标准器，若无可替代的计量标准器，应暂时停止开展该项目的检定或校准工作。若存在或该计量标准器降等、降级后仍满足开展授权项目的要求，应进一步判断该计量标准器的准确度等级变化是否引起所在计量标准的测量不确定度或准确度等级或最大允许误差发生变化。若发生变化，应申请新建计量标准；若未发生变化，应在《计量标准履历书》中予以记载。

（十）设备检定或校准状态条码标签打印

检定或校准结果确认后，系统自动根据确认情况按设备使用部门生成检定或校准状态条码标签，设备管理人员将其下发至使用部门并监督其粘贴到设备上。

（十一）检定、校准、检验检测资质的停用

对于设备送检期内，需要停止检定、校准、检验检测的，由设备管理人员申请检定、校准、检验检测资质停用。系统自动查找机构内是否存在与被替代设备同计量器具名称、计量器具学名的其他设备。如这些设备也是经过考核授权的设备，则不能停止检定、校准、检验检测资质。如果不存在可替代设备，则停止相应资质，并停止相应授权项目的网上送检受理和送检样品受理。

三、实施效果

测量设备的检定或校准是计量技术机构管理的难点和重点，通过本模板的设计，实现了对测量设备溯源的有效管理。

第六节　测量设备的使用和维护保养管理

一、设计目的

测量设备的使用及维护保养管理设计重点在于对设备的授权、设备维护保养计划、记录的自动生成、设备作业指导的生成和控制。

二、设计要点

测量设备使用和维护保养管理主要包括设备授权管理、设备维护保养管理、设备使用管理三个部分。

设备授权管理内容设计上包括：授权设备信息、授权设备保管人员、授权设备使用人员、授权有效期。流程设计上，由检测部门负责人登录本系统对本部门的设备的使用进行人员授权，授权经技术负责人批准后，形成《测量设备保管和使用授权一览表》。

设备维护保养管理内容设计上包括：日常保养、通电、除尘、除湿、加油及功能性检查等。流程设计上，由设备保管人员在线制定维护保养计划，系统按设定时间通知设备保管人员定期进行维护保养，维护保养结束后，设备保管人员登录本系统填写《维护保养记录》，系统自动生成设备维护保养计划和记录。

设备使用管理内容设计上包括：设备使用时间、使用人、设备状态。流程设计上，由设备使用人员登录本系统或手持终端，对设备使用情况进行记录。系统自动生成《设备使用记录》。对于与本系统建立数据接口、实现数据交互的设备，系统将自动记录设备使用时间和状态。

三、实施效果

仪器设备的使用的应用，不仅实现了设备使用人授权、设备维护保养、设备使用的自动提醒，同时实现了《设备维护保养记录》和《设备使用记录》的自动记录。

第七节 测量设备保管和日常管理

一、测量设备的保管

为防止设备丢失，设备保管人员应在设备验收时详细记录设备的保存位置，保存位置应详细到具体房间号，具体至置物架（柜）的具体位置，每当设备保存位置发生变化时，设备保管人员登录手机 APP 或本系统进行保存位置的变更，系统将自动记录设备的移动路线。对有能力的机构，可使用射频卡固定在设备上，实时记录设备的现有位置和移动路线。

对于加装了射频卡的测量设备，其内部流转同样可以利用手机 APP 或登录本系统进行查询和交接。

二、测量设备标示管理

设计测量设备标识打印功能，打印的标识包括以下三部分内容：

（一）设备资产卡

包括：设备分类、设备唯一性编号、设备名称、型号 / 规格、制造厂商、出厂编号、测量参数、测量范围、准确度等级、设备保管人员。

（二）检定或校准状态标识

检定或校准状态标识分为合格证（绿色）、准用证（黄色）、停用证（红色）三类。标签内容包括：设备唯一性编号、设备名称、出厂编号、检定或校准结果确认、下次检定或校准日期、溯源机构。

（三）修正值卡片

在设备标识材质的选择上，可选用条码、RFID、射频等方式。条码成本较低，RFID、射频可实现设备交接和保管的全电子化。

三、日常监督检查

设计测量设备日常监督检查功能，内容包括日常巡查和年度盘点。

（一）日常巡查

1. 自动巡查

对于加装有源射频标签的设备，由于其可对设备实施动态跟踪，巡查时，其可准确地显示设备位置及移动轨迹，因此，系统可实现自动巡查，并统计、汇总巡查结果。

2. 人工巡查

对于没有源射频标签的设备，设备管理人员利用手机 APP 或手持终端扫描二维码或 RFID 标签进行巡查，系统将自动显示未巡查到的设备。巡查过程中，对于保存位置发生变化的设备应及时进行位置变更。

3. 巡查结果统计

根据巡查结果，自动统计设备盈亏数量、盈亏金额。

（二）年度盘点

年度盘点与日常巡查功能基本相似，区别在于日常巡查是对部分设备进行的小范围抽查，而年度盘点是针对全部设备进行全面检查。

第八节　测量设备的维修和报废管理

一、测量设备的维修

测量设备（包括硬件和软件）发现故障后，设备保管人员应立即停用，并在线提交维修申请，在线填写故障现象、原因和拟采取的维修措施。经设备保管部门、设备管理部门负责人审核、技术负责人批准后，进行维修。

维修申请批准后，系统自动打印“停用”标志，并将其加贴到停用设备上，维修结束后，上传设备维修记录，同时，为设备维修保留历史记录。

维修过程中，设备管理部门对维修中产生的资料及时上传系统。

维修结束后，设备保管部门在线对维修结果进行确认，并对提供维修服务的供应商进行评价。

维修结果确认后，系统将自动提示对维修过的设备进行检定、校准或检测，以表明能正常工作。对于计量标准中的计量标准器必须强制要求检定或校准。

检定、校准后，系统将自动调用测量设备检定或校准管理（本章第五节），对检定、校准结果进行确认。

要求对检定、校准后结果进行测量设备检定或校准管理。

二、测量设备的更换

（一）更换申请

当设备需要更换时，由设备保管人员在线提交更换申请，在线填写更换原因。

申请更换时，系统将自动根据计量标准考核管理子系统（第五章）及授权考核管理子系统（第六章）的预设，判断待更换设备是否涉及计量标准、计量授权开展项目、CNAS 授权项目，在设计上应根据更换类型的不同进行如下设计：

（二）计量标准器的更换

如系统判断待更换设备为计量标准器，系统将显示其所属的所有计量标准名称，同时，搜索其他同计量器具名称（器具学名）可替代设备以供选择，并自动判断待选择设备与待更换设备在测量参数及其对应测量范围、准确度等级 / 最大允许误差 / 测量不确定度上的平衡覆盖关系。若可实现完全替换，则推荐设备保管人员选择更换，设备保管人员也可选择其他设备或新增设备进行更换。更换关系选择后，系统将进一步判断设备准确度等级 / 最大允许误差 / 测量不确定度是否发生变化。若发生变化，系统将提示设备保管人员新建计量标准；若未发生变化，系统将自动生成《计量标准器更换申请表》和《计量标准履历书》中的《计量标准器及配套设备更换记录》。

设备保管人员提交《计量标准器更换申请》，经设备使用部门、设备管理部门负责人审核、技术负责人批准后，由设备管理部门向主持考核的政府计量行政管理部门提交更换手续。

计量标准器更换手续未批准前，拟更换设备仍无法正式启用，直至更换手续办理完毕。

计量标准器更换手续完成后，设备保管人员上传经主持考核的政府计量行政管理部门批准的《计量标准器更换申请表》或《计量标准考核证书》，并完成计量标准器更换。

（三）主要配套设备的更换

主要配套设备的更换与计量标准器的更换步骤基本一致，但不自动判断设备准确度等级 / 最大允许误差 / 测量不确定度是否发生变化。直接生成《计量标准器更换申请表》和《计量标准履历书》中的《计量标准器及配套设备更换记录》。

（四）CNAS 授权项目测量设备的更换

对于标记为“CNAS 授权”的测量设备，若发生设备更换，一旦完成更换手续，系统将自动生成书面更换申请，并启动倒计时功能，要求设备管理部门在 CNAS 规定的时间内（20 个工作日）上传向 CNAS 履行更换的书面手续至本系统。

（五）非授权项目的设备更换

非授权项目的设备更换，只需机构内部批准即可。

（六）设备更换相关信息更新

设备更换完毕后，系统将自动对涉及《计量标准技术报告》相关内容进行更换，对 CNAS 申请资料中涉及的设备信息进行更换。

设备更换完毕后，系统将自动对被更换设备涉及的《作业指导书》《原始记录空白模板》《期间核查作业指导书》《测量不确定度评定报告》实施锁定，并告知设备保管人员在限期内完成对上述资料的修改。上述资料由设备保管人员在线提交，经相关管理部门审核、批准后，更换设备方可正常使用。如未在规定的期限内修改完毕的，将停止已更换设备的使用。

（七）检定、校准、检验检测资质的停用

对于设备更换期内需要停止检定、校准、检验检测的，由设备管理人员申请检定、校准、检验检测资质停用。系统自动查找机构内是否存在与被替代设备同计量

器具名称、计量器具学名的其他设备。若这些设备也是经过考核授权的设备，则不能停止检定、校准、检验检测资质；若不存在可替代设备，则停止相应的检定、校准、检验检测资质，并停止相应授权项目的网上送检受理和送检样品受理。

三、测量设备的停用/报废

（一）停用/报废申请

当设备需要停用/报废时，由设备保管人员在线提交停用/报废申请，在线填写停用/报废原因。

申请停用/报废时，系统将自动根据计量标准考核管理子系统（第五章）及授权考核管理子系统（第六章）的预设，判断待更换设备是否涉及计量标准、计量授权开展项目、CNAS 授权项目。在设计上应根据停用/报废类型的不同进行如下设计：

（二）计量标准器停用/报废

如果系统判断待停用/报废设备为计量标准器，则应进一步判断是否存在更换设备。若存在，则直接申请停用/报废。若未建立更换设备信息，则提示设备保管人员履行计量标准器变更手续。若仍需进行停用/报废，可申请停用/报废，系统自动生成《计量标准封存（或撤销）申请表》，同时，系统自动判断该停用/报废申请是否造成检定、校准、检验检测资质停用。若造成停用，系统及时通知设备保管人员。

如确需对设备进行停用/报废，设备保管人员提交计量标准器更换申请，经设备使用部门、设备管理部门负责人审核、技术负责人批准后，由设备管理部门向主持考核的政府计量行政管理部门提交计量标准封存或撤销手续。

计量标准器封存或撤销手续完成后，设备保管人员上传经政府计量行政管理部门批准的《计量标准封存（或撤销）申请表》。系统自动生成并打印《设备停用/报废审批表》，经相关部门负责人签字确认后完成计量标准器停用/报废。

（三）主要配套设备停用/报废

主要配套设备的停用/报废与计量标准器的步骤基本一致，但不必生成《计量标准封存（或撤销）申请表》。

（四）其他授权项目的设备停用 / 报废

其他授权项目的设备停用 / 报废，不履行主持考核单位的停用 / 报废手续。

（五）非授权项目的设备更换

非授权项目的设备停用 / 报废，只需机构内部批准即可。

（六）检定、校准、检验检测资质的停用

对于设备更换期内需要停止检定、校准、检验检测的，由设备管理人员申请检定、校准、检验检测资质停用，系统自动查找机构内是否存在与被替代设备同计量器具名称、计量器具学名的其他设备，若这些设备也是经过考核授权的设备，则不能停止检定、校准、检验检测资质；若没有可替代设备，则停止相应的检定、校准、检验检测资质，并停止相应授权项目的网上送检受理和送检样品受理。

第九节 标准物质管理

一、标准物质的购置

标准物质使用部门登录本系统进行标准物质采购申请。标准物质使用人员在标准物质基础数据（第二章第二十节）中查询需要购置的标准物质，填写技术参数和购置数量，经标准物质使用部门负责人、设备管理部门审核，技术负责人批准后，实施采购。

二、标准物质的验收

采购完毕，标准物质使用部门与采购部门进行联合验收，并在系统中完成如下信息：

（1）标准物质名称、编号；

（2）标准物质的计量特性（第一章第二节）；

（3）标准物质的溯源信息，包括标准物质证书编号、有效期；

（4）标准物质购买来源，从供应商管理（本章第四节）中选择对应的合格供应商；

（5）购买数量、购买费用；

（6）标准物质的保存位置信息、保存方式（如双人双锁等）、保存环境要求（如恒温保存、通风设施）、安全监控（如视频监控）、防护措施、应急救援器材、设备；

（7）标准物质相关采购文件（如申请表、采购计划、供应商名单、验收记录、影像资料等）。

三、标准物质的领用和使用

标准物质使用人员登录系统，选择需要领用的标准物质，填写用途和领用数量，设备管理部门批准后，进行领用，并补充保管人员、存放位置信息，系统自动根据领用数量自动更新机构中该标准物质剩余数量、使用部门剩余数量。

每次使用标准物质时，保管人员需登录系统对标准物质的使用数量、使用用途、退回数量进行登记，系统将自动更新机构中该标准物质剩余数量、使用部门剩余数量。

四、标准物质的收回和销毁

对于过期的标准物质，系统将提示设备管理部门和标准物质使用人员进行收回，设备管理部门相关人员可利用手机 APP 或手持终端对收回的标准物质进行交接确认。标准物质收回后，交由具有合法处理资格的合格供应商（本章第四节）进行销毁处理。

第十节　危险化学品、易制毒、易制爆危险化学品管理

一、危险化学品、易制毒、易制爆危险化学品的购置

危险化学品、易制毒、易制爆危险化学品（以下简称危险化学品）使用部门登

录本系统进行危险化学品采购申请。危险化学品使用人员在危险化学品、易制毒、易制爆危险化学品基础数据（第二章第二十一节）中查询需要购置的危险化学品，填写购置数量，经危险化学品使用部门负责人、设备管理部门审核，技术负责人批准后，实施采购。

二、危险化学品的验收

采购完毕，危险化学品使用部门与采购部门进行联合验收，并在系统中完成如下信息：

（1）危险化学品名称；

（2）危险化学品的购买来源，在供应商管理（本章第四节）中选择对应的合格供应商；

（3）购买数量、购买费用；

（4）危险化学品的保存位置信息、保存方式（如双人双锁等）、保存环境要求（如恒温保存、通风设施）、安全监控（如视频监控）、防护措施、应急救援器材、设备；

（5）危险化学品相关采购文件（如申请表、采购计划、供应商名单、验收记录、影像资料等）。

三、危险化学品的领用和使用

危险化学品使用人员登录系统，选择需要领用的危险化学品，填写用途和领用数量，设备管理部门批准后，进行领用，并补充保管人、存放位置信息，系统自动根据领用数量自动更新机构中该危险化学品剩余数量、使用部门剩余数量。

每次使用危险化学品时，保管人员需登录系统对危险化学品的使用数量、使用用途、退回数量进行登记，系统将自动更新机构中该危险化学品剩余数量、使用部门剩余数量。

四、危险化学品的收回和销毁

对于过期的危险化学品，系统将提示设备管理部门和危险化学品使用人员进行收回，设备管理部门相关人员可利用手机 APP 或手持终端对收回的危险化学品进行交接确认。危险化学品收回后，交由具有合法处理资格的合格供应商进行销毁处理。

第十一节 易耗品管理

一、易耗品的类型

易耗品包括培养基、化学试剂、试剂盒和玻璃器皿等。

二、易耗品的购置

易耗品由使用部门人员登录系统进行易耗品采购申请。申请人填写易耗品名称、购置数量，经使用部门负责人、设备管理部门审核，技术负责人批准后，实施采购。

三、易耗品的验收

采购完毕，易耗品使用部门与采购部门进行联合验收，并在系统中完善如下信息：易耗品名称、类型、等级、生产日期、保质期、成分、购买来源（在第三章第六节中选择对应的合格供应商）、购买数量、购买费用和相关采购文件（如申请表、采购计划、供应商名单、验收记录、影像资料等）。

对商品化的试剂盒，实验室应核查该试剂盒已经过技术评价，并有相应的信息或记录予以证明。

四、易耗品供应商的更换

系统将自动记录每一批易耗品验收合格率，对合格率不高的易耗品，系统将提示更换易耗品供应商。

五、易耗品的领用和使用

易耗品使用人员登录系统，选择需要领用的易耗品，填写用途和领用数量，设备管理部门批准后，进行领用，并补充保管人员、存放位置信息。易耗品使用完后，使用人员登录系统重新申请购置。

六、易耗品的收回和销毁

对于过期的易耗品，系统将提示设备管理部门和易耗品使用人员进行收回，设备管理部门相关人员可利用手机 APP 或手持终端对收回的易耗品进行交接确认。易耗品收回后，如需要，可交由具有合法处理资格的合格供应商进行销毁处理。

第十二节 期间核查管理

一、期间核查对象的选择

设备管理人员登录系统，选择需要核查的测量设备，进行在线期间核查。选择过程中，系统将提示该测量设备的设备属性（计量标准、测量设备、标准物质、实物量具），对于一次性标准物质和实物量具系统提示可不进行期间核查，在选择期间核查对象上，通常应从以下几个方面来考虑测量设备是否需要进行期间核查：

（1）对测量结果的质量有重要影响的关键测量设备的关键量值；

（2）有特殊规定的或设备使用说明中有要求的测量设备；

（3）不够稳定、易漂移、易老化且使用频繁的测量设备；

（4）经常携带到现场检测的测量设备；

（5）使用频次高和使用条件恶劣的测量设备；

（6）曾经过载或怀疑出现质量问题的测量设备；

（7）具备相应的核查标准和实施条件。

二、核查标准的选择

核查对象选定后，从测量设备基础数据（第三章第七节）中选择设备属性作为核查标准，系统将自动根据被核查对象的设备属性，按以下规则自动推荐核查标准。

（一）计量标准的期间核查标准的选择

若系统判断待核查测量设备为计量标准器，且该标准器为实物量具，则在选择的核查标准中优先推荐实物量具作为核查标准。若判断核查标准均为测量设备，则不推荐进行期间核查，而利用计量标准历年的检定证书或校准证书，画出相应的修正值或校准值随时间变化的曲线。

若判断计量标准和核查标准的对象均为测量设备，且进一步判断所选择的核查标准为实物量具，则优先推荐实物量具作为核查标准。若判断核查标准均为测量设备，则不推荐进行期间核查。

（二）一般测量设备的期间核查标准的选择

若系统判断待核查测量设备为一般测量设备，且选择的核查标准为实物量具，则优先推荐实物量具作为核查标准。若选择的核查标准为测量设备，则尽量选择测量不确定度优于被核查对象或与其相当的测量设备作为核查标准。

（三）一次性有证标准物质的期间核查标准的选择

若系统判断待核查设备为一次性有证标准物质，则不推荐进行期间核查。非一次性有证标准物质按一般测量设备处理。

三、核查参数、核查范围、核查点的选择

选择完核查标准后，对核查参数、核查范围、核查点进行设置。设置原则如下：

（一）核查参数和核查范围的选择

期间核查不需要对设备的所有测量参数和测量范围进行核查，实验室应根据自身的实际情况和实践经验选择测量参数和测量范围，也可按下述情况分别处理：

（1）原则上设备关键测量参数都必须进行期间核查。对于多功能设备，可选择基本参数。例如，数字万用表，可选择核查直流电压和直流电流，因为，电阻可由直流电压和直流电流导出，交流电压和交流电流可通过积分转换为直流电压和直流电流。

（2）选择设备的基本量程和基本量程中常用的测量点进行核查。例如，由于数字万用表自带 10V 的基准电压发生器和 1mA 恒流电流发生器，因此数字万用表的直流电压可在 10V 点处进行期间核查；直流电流可在 1mA 点处进行期间核查，由于电子天平通常配有 100mg 的标准砝码，因此使用 1 kΩ 标准电阻核查直流电阻标准（数字多用表或多功能源的直流电阻参量）；电子天平可在 100mg 点处进行期间核查。

（二）期间核查测量点的选择

期间核查测量点的选择测量点可利用式（4-1）计算得出：

$$q=\sqrt[n-1]{A/a} \qquad \cdots\cdots\cdots\cdots（4-1）$$

式中：

q——等比数列设公比；

A——量程末项；

a——量程首项；

n——测量点个数。

例如，A=100，a=1，n=6，理论上取等比数列，通常可以取 1，2.5，5，15，40，100。

四、核查方法

期间核查方法选择流程如图 4-3 所示。

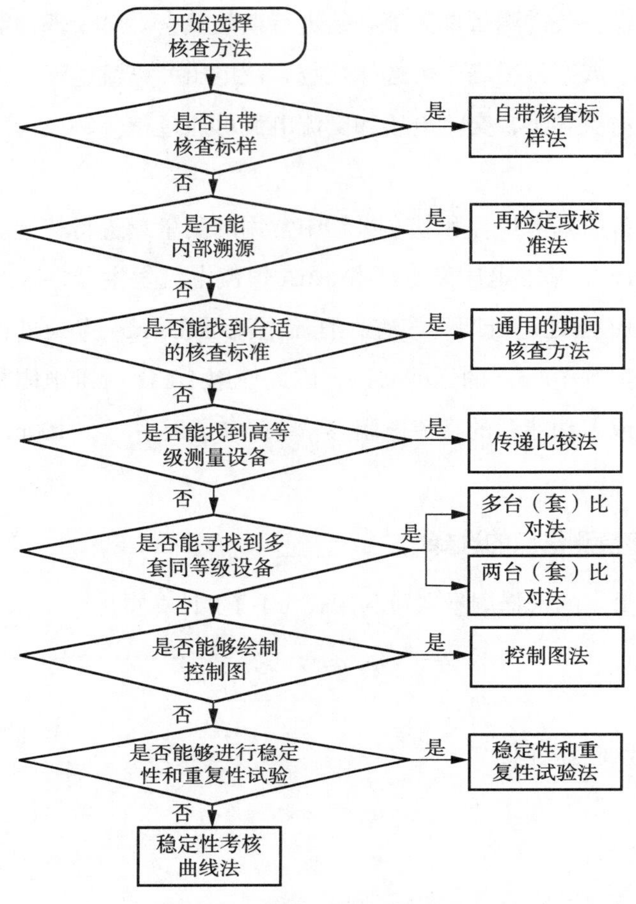

图 4-3　核查方法选择流程图

（一）自带核查标样法

若被核查对象（如电子天平、硬度计、分光光度计、超声测厚仪、酸度计气相色谱仪、液相色谱仪等）自带标样、核查系统、自动核查程序，且这些自带核查设备的稳定性是符合要求的，可参照制造商提供的核查方法和结果判定原则进行核查。如果说明书没有要求，可按被核查对象的判定原则进行判断，自带核查标样法的期间核查记录可根据实际情况自行设计。

（二）再检定或校准法

若被核查对象能够在本机构内部实现溯源（如电子天平、万能材料试验机），并且其准确度等级和测量范围均符合要求，可通过对被核查对象关键测量参数再检定、再校准方式进行期间核查，并根据规程 / 规范、说明书、铭牌上标明的准确度等级判定原则进行判断。具体方法步骤如下：

（1）若被核查对象的检定或校准有依据的规程 / 规范，在规程 / 规范要求的测量点中选择测量点进行再检定或再校准，并根据规程 / 规范中示值误差的要求对核查结果进行判断。

（2）若无可依据的规程 / 规范，可参考设备出厂的《使用说明书》。在基本量程中选择测量点进行再校准，或参照制造商提供的核查方法进行核查，并根据《使用说明书》中提供的结果判定原则进行判断。

（3）若既无规程 / 规范，又无《使用说明书》，可根据《使用说明书》或铭牌上标明的准确度等级，判断示值误差是否符合准确度等级要求。

当用准确度等级对示值误差提要求时，只测一次，用一次测量结果与测量标准值的差的相对值跟准确度等级相比较；当用准确度等级对重复性误差提要求时，测 6 次，用 6 次测量结果的极差与测量标准的相对值跟准确度相比较。

（三）通用的期间核查方法

被核查对象经高等级测量设备检定或校准后，立即用被核查对象对核查标准进行一组附加测量，将参考值 y_s 赋予核查标准。即用被核查对象测量核查标准得到 $\bar{y}_0$ 值。由被核查对象溯源证书查找到相应的修正值 δ，利用式（4–2）确定参考值 y_s。

$$y_s=\bar{y}_0-\delta \qquad \cdots\cdots\cdots\cdots\cdots\cdots（4–2）$$

式中：

$\bar{y}_0$ ——被核查对象对核查标准进行 k 次（通常取 $k\geqslant5$）重复测量所得算术平均值；

δ ——被核查对象溯源证书查找到核查点相应的修正值。

之所以被核查对象检定或校准后应立即进行附加测量，其目的在于保持校准状态，防止引入因仪器不稳定等因素带来的误差。

隔一段时间（大于一个月）后，用被核查对象对核查标准进行第一次期间核查，测量并记录 m 次（m 可以不等于 k）重复测量的数据，得到算术平均值 $\bar{y}_1$。

每隔一段时间（大于一个月）重复上述期间核查步骤，得到各次核查的核查数据 $\bar{y}_1$，$\bar{y}_2$，$\bar{y}_3$，…，$\bar{y}_n$。

查询被核查对象依据检定规程或校准规范中最大允许误差 $\varDelta$ 或被核查对象所在计量标准的扩展不确定度 U。

判断是否满足 $|\bar{y}_1-y_s|\leqslant|\varDelta|$ 或 $|\bar{y}_1-y_s|\leqslant|U|$，若满足，则核查结论为符合要求。

（四）传递比较法

对一些有等级区分的被核查对象，如量块、天平、砝码、压力表、百分表等。若可在实验室内、外寻找到高等级的测量设备，可选择一个稳定的被测对象作为核查标准（比对样品）。首先，用被核查对象对核查标准进行测量，得到测量结果 y_1，及其对应的扩展不确定度为 U_1；然后，用高等级测量设备对核查标准进行测量，得到测量结果 y_0，其对应的扩展不确定度为 U_0。若满足式（4–3）要求，则说明被核查对象状态有效。

$$|y_1-y_0| \leqslant \sqrt{U_1^2+U_0^2} \quad \cdots\cdots\cdots\cdots\cdots\cdots\cdots\cdots (4\text{–}3)$$

式中：

y_1 ——用被核查对象对核查标准进行测量，得到测量结果；

y_0 ——用高等级测量设备对核查标准进行测量，得到测量结果；

U_1——用被核查对象对核查标准进行测量，评估出的测量不确定度；

U_0——用高等级测量设备对核查标准进行测量，评估出的测量不确定度。

若 $U_0 \leqslant \frac{1}{3}U_1$，则可忽略 U_0 影响。若满足式（4–4）要求，则说明被核查对象状态有效。

$$|y_1-y_0| \leqslant U_1 \quad \cdots\cdots\cdots\cdots\cdots\cdots\cdots\cdots\cdots\cdots (4\text{–}4)$$

（五）多台（套）比对法

若无法寻找到合适的核查标准，可以在实验室内、外寻找到多台（套）同类的、具有相同准确度等级测量设备，人为将这些测量设备岔开周期送检，当其中一台（套）测量设备溯源、确认完毕后，用这些同等级测量设备短时间内对同一相对稳定的被测量样品（该样品不需要长期稳定，可以是顾客送来的样品）进行核查。此种方法适合因核查标准体积过大、过于昂贵而找不到核查标准的情况，如出租车计价器测量标准、大型医疗设备测量标准等。

1. 两台（套）比对法

两台（套）比对法是选用两台（套）具有相同准确度等级的测量设备岔开周期送检。例如，可以将其中一台（套）安排 1 月送检，另外一台（套）安排 7 月送检。当其中一台（套）测量设备溯源、确认完毕后，两个同准确度等级的测量设备同时对同一相对稳定的被测样品进行测量，分别得到 y_1、y_2。两次测量结果对应的扩展不确定度分别为 U_1 和 U_2。若满足式（4–5）要求，则说明被核查对象状态有效。

$$|y_1-y_2| \leqslant \sqrt{U_1^2+U_2^2} \quad \cdots\cdots\cdots\cdots\cdots\cdots\cdots\cdots (4\text{–}5)$$

式中：

y_1——用被核查对象对一个相对稳定的被测样品进行测量，得到测量结果；

y_2——用与被核查对象同等级的测量设备对同一相对稳定的被测样品进行测量，得到测量结果；

$U1$——用被核查对象对同一相对稳定的被测样品进行测量，评估出的测量不确定度；

U_2——用与被核查对象同等级的测量设备对同一被测样品进行测量，评估出的测量不确定度。

2. 多台（套）比对法

多台（套）比对法就是选用 3 台（套）以上具有相同准确度等级的测量设备岔开周期送检。当其中任意一台（套）同等级测量设备溯源结束后，立即对其进行检定、校准结果确认，若符合要求，则用被核查对象对一个相对稳定的被测样品进行测量，得到测量值为 y_1。然后用其他同等级测量设备（包括刚溯源、确认完毕后的测量设备）分别对同一相对稳定的被测样品进行测量，得到的测量值分别为 y_2，y_3，y_4，…，y_n，计算所有测量结果的平均值 $\overline{y}$，假定测量结果的扩展不确定度相同，均为 U，若满足式（4–6）要求，则说明被核查对象状态有效。

$$|y_1-\overline{y}_i|\leqslant\sqrt{\frac{n}{n-1}}U \qquad \cdots\cdots\cdots\cdots（4\text{–}6）$$

式中：

y_1——用被核查对象对一个相对稳定的被测样品进行测量，得到测量结果；

$\overline{y}_i$——用与被核查对象同等级的一组测量设备对同一相对稳定的被测样品进行测量，得到测量结果的平均值；

n——参与比对测量设备的数量；

U——用被核查对象对一个相对稳定的被测样品进行测量，评估出的测量不确定度。

（六）控制图法

控制图是对测量过程是否处于统计控制状态的一种图形记录。对于准确度较高且重要的计量，若有可能，实验室可利用核查标准，采用控制图对被核查对象进行持续及长期的统计控制。关于控制图的绘制方法可参考 JJF 1033—2016《计量标准考核规范》附录 C。

（七）稳定性和重复性试验法

当上述核查方法均不适用时，可利用被核查对象所属计量标准的稳定性和重复性核查数据或结果作为期间核查结果。稳定性和重复性试验方法可参考 JJF 1033—2016《计量标准考核规范》附录 C。

（八）稳定性考核曲线法

如果稳定性和重复性试验也无法进行，可依据历年检定或校准证书的数据来绘制被核查对象稳定性考核曲线，时间轴以年为单元。可参考 JJF 1033—2016《计量标准考核规范》附录 C。

五、期间核查方案和计划的制定

（一）《期间核查作业指导书》的生成

期间核查方法选择后，设备保管人员登录本系统进一步填写核查人员、核查依据、核查时间等信息，系统自动生成《期间核查作业指导书》。内容包括：被核查的测量仪器或测量系统；使用的核查标准；测量的参数和测量方法；核查的测量点；核查的记录信息、记录形式和记录的保存；核查曲线图或核查控制图的绘制方法（必要时）；核查时间间隔；需要增加临时核查的特殊情况（如磕碰、包装箱破损、环境温度的意外大幅波动、出现特殊需要等）的规定等。

（二）《期间核查计划》的生成

《期间核查作业指导书》生成后，系统自动生成《期间核查计划》，内容包括：计划期间核查时间；针对不同的设备确定核查频次；需进行核查的设备；期间核查方法。

六、期间核查结果的处理

当对被核查对象的性能产生怀疑时，如果没有适当的核查标准或有效的期间核查方式，实验室应考虑提前校准（缩短校准周期）。

若期间核查结果符合要求，可继续正常使用；若期间核查结果不符合要求，应立即停止工作，加贴标识，经重新检定或校准确认功能恢复正常后方可使用。需要停止检定、校准、检验检测的，由设备管理人员申请检定、校准、检验检测资质停用。系统自动查找机构内是否存在与被替代设备同计量器具名称、计量器具学名的其他设备，如这些设备也是经过考核授权的设备，则不能停止检定、校准、检验检测资质。如果不存在可替代设备，则停止相应的检定、校准、检验检测资质，并停止相应授权项目的网上送检受理和送检样品受理。需要对已发出证书和报告进行追回的，系统自动搜索被核查设备涉及的证书和报告，并利用条码对追回的证书和报告进行确认。

若系统判断期间核查结果有风险趋势，将自动通知设备使用人员启动风险和机会的管理措施，查找潜在的不符合原因，按照有关规定进行更换部件、维修保养等措施，并修订《年度期间核查计划》，对该设备加严核查。

第十三节　查询统计

一、设备年使用率统计

系统自动对设备选择次数进行统计，并对统计结果进行分析，对长期不使用且无法提供合理解释的设备由设备管理部门收回并另行分配。

二、设备年良好率评价

设备管理部门根据《设备维修记录》对设备年良好率进行统计，并将数据录入本系统。

三、设备年投资收益比评价

采购管理部门登录系统填报设备年投资收益比评价，设备年投资收益比按式（4–7）进行计算。

$$\text{设备年投资收益比}=\frac{\text{设备年收益}-\text{设备年使用成本}-\text{微额利润}}{\text{设备年使用成本}} \quad \cdots\cdots(4\text{–}7)$$

式中：

（1）设备年收益：可通过校准实验室内部管理系统，对制作证书时，设备被选择次数及其产生的经济效益自动计算，对无法自动计算的，设备使用人员须对其年收益作出书面说明，并提交业务主管部门进行验证；

（2）设备年使用成本≈设备折旧成本＋人工成本＋水电房租等管理成本≈设备总投资 ×15%+ 设备年收益 ×10%+ 机构全年水电等费用 / 机构设备总数；

（3）微额利润：根据服务项目的难易程度和技术含量高低等具体情况，一般掌握在设备年收益的 5% ~ 15%。

四、设备年预期收益误差

采购管理部门登录系统填报设备年预期收益误差，设备年预期收益误差按式（4–8）进行计算。

$$\text{设备年预期收益误差}=\frac{\text{调研报告预期年收益}-\text{设备实际年收益}}{\text{调研报告预期年收益}} \quad \cdots\cdots（4\text{–}8）$$

式中：

（1）调研报告预期年收益：来自本章第四节可行性论证中预期年利润的数据；

（2）设备实际年收益：同式（4–7）中的设备年收益。

五、供应商评价

设备使用人员和设备管理部门登录系统对供应商的评价集中在设备质量、设备稳定性、按时到货、安装调试评价、人员培训评价、售后响应速度、问题处理能力、沟通难易程度、设备先进性、与测量设备或测量系统配套使用的检定、校准、检验检测软件是否按要求进行修改、售后服务能力等方面。评价等级分为：很好、较好、一般、不合格 4 个等级，对综合评价不合格的供应商，系统自动将其列入《不合格供应商名单》。列入《不合格供应商名单》后，采购申请人将无法在采购申报中选择该供应商。

C H A P T E R 5

第五章

计量标准考核管理子系统

计量标准考核管理子系统通过计量标准基础信息的统一规划和建设，计量标准设备使用和控制的智能化建档，计量技术机构检定数据的智能化、网络化，实现计量标准信息的全面共享和即时更新、系统自动预警提示的动态管理模式，有效地解决了目前计量标准中底子不清、监管不力、管理混乱、错误率偏高等问题。

第一节 设计目的和思路

一、设计目的

计量标准管理是确保计量技术机构检定、校准数据或结果准确性的关键，因该项工作涉及面广、工作量大、技术性强，以往靠人工管理费时费力，且出错率高，目前国内对计量标准的管理大多停留在人工管理的层面上，易造成如下问题：

（1）人工管理手续繁琐，资料易丢失；

（2）资料维护工作量大，缺乏动态监管和自动提醒；

（3）信息复用率和共享利用率低，无法重复灵活应用；

（4）无法实现重复性、稳定性、期间核查试验数据的自动计算、判断和图表生成，同时，缺乏有效手段确保上述试验的按期执行；

（5）缺少检定或校准项目与其对应实验设备的映射关系；

（6）无法利用计量标准信息对证书和报告实施一体化同步管理；

（7）无法对建标资料中常见错误进行智能识别与自动更正。

本章针对计量标准管理存在的问题，提出了利用计算机技术对计量标准实施智能化、标准化、动态化管理的理念和方法，实现建标资料网络建档，重复性、稳定性自动计算，履历书自动生成，测量过程异常自动判断，数据智能分析纠错，等等，达到强化管理、简化流程、减少失误的目的。

二、设计思路

智能化计量标准管理系统是通过 JJF1033—2016《计量标准考核规范》、JJF1069—2012《法定计量检定机构考核规范》、CNAS-CL01：2018《检测和校准实验室能力认可准则》和 CNAS-CL25：2014《检测和校准实验室能力认可准则在校准领域的应用说明》中对计量标准管理要求的共性问题及复杂关系的研究，全面考虑各方面要求，建立统一的计量标准基础数据库及要素间关联匹配关系。并在此基础上，通过对管理流程的标准化设计，实现了对建标资料的自动检查、动态管理和智能维护；对计量标准考核 / 计量授权考核 CNAS 要求的资料自动输出；计量标准资料的在线提交、审核、备案；便于计量考核人员资料的迅速查阅、智能校对和政府计量行政管理部门的动态管理。通过设计符合国家标准要求的数据接口，实现与各计量技术机构现有内部信息管理系统的自由对接和数据共享。

本系统主要包括：基础数据、计量标准管理、计量技术机构应用、动态监管、网上交互式平台。用户通过统一入口登录本系统，如图 5–1 所示。

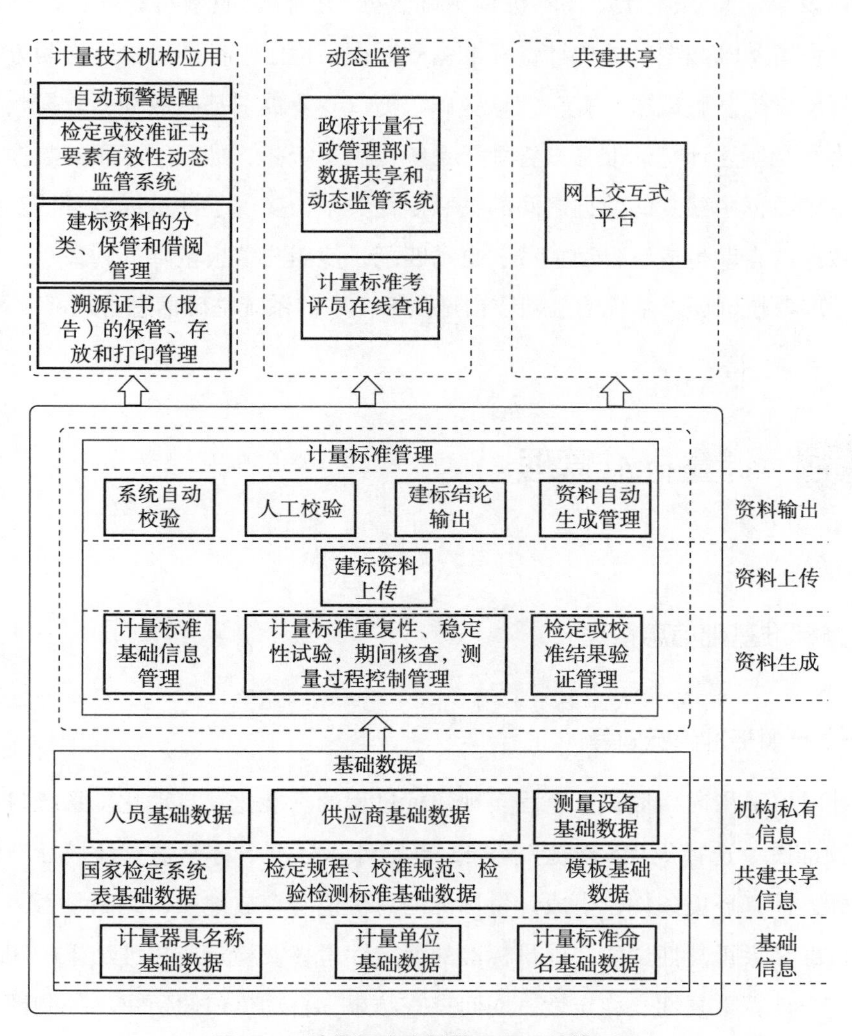

图 5–1　计量标准考核管理子系统模型图

第二节 基础数据

利用第二章所述测量参数基础数据、计量单位基础数据、检定结论基础数据、多义性消除常见词基础数据、计量器具制造厂商基础数据、实物或铭牌计量器具名称基础数据、计量器具名称基础数据、计量标准命名基础数据、国家检定系统表基础数据、检定规程、校准规范、检验检测标准基础数据、专用数学公式编辑和计算工具，以及第三章所述计量技术机构基础数据、授权资质基本数据、人员基础数据、测量设备基础数据、机构计量标准基础数据，检定、校准、检验检测方法基础数据，环境设施基础数据、客户信息基础数据、专业类别基础数据、数据状态基础数据，为本章所述计量标准考核管理子系统提供了统一、准确、可靠的数据，并通过以上基础数据中建立的数据之间的关联制约关系，实现了计量标准考核及授权考核相关数据的自动生成、自动加载、自动匹配，使用户填报量降低到最小，本章所述计量标准考核管理子系统的基础数据见图 5-1 中的系统基础信息管理部分。

第三节 计量标准管理

一、计量标准基础信息管理

（一）计量标准建标向导

设计时可采用向导形式，全程实现建标过程的标准化、自动化。系统自动形成检定或校准图，选择规程 / 规范 / 标准，确定计量标准名称，估算计量标准的主要技术指标，计算环境条件，生成计量标准的总价值和存放地点，判断是否需要进行检定或校准结果重复性试验、计量标准的稳定性考核及检定或校准结果的测量不确定度评定。计算重复性、稳定性、期间核查结果，自动生成履历书、控制图、测量过程异常自动判断、数据智能分析纠错等功能、检定或校准结果验证，并自动形成各类资料文档。

具体步骤如下：

（1）选取任一拟授权开展项目，系统自动搜索包含该项目的国家检定系统表框图以供选择，如图 5–2 所示。

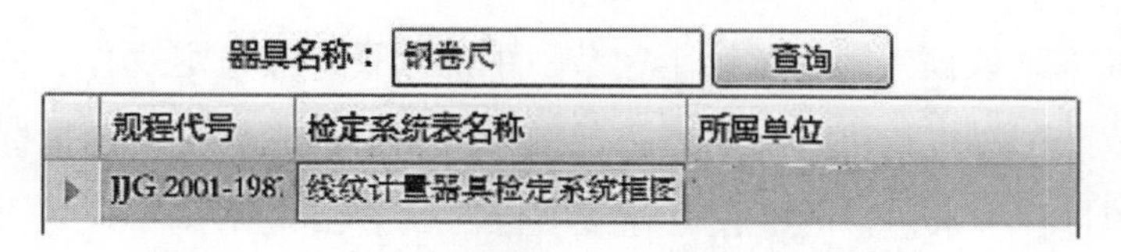

图 5–2　国家检定系统表选择界面图（一）

（2）选定计量标准适用的国家检定系统表框图后，系统将根据国家检定系统表基础数据（第二章第十二节）中的预设，对选中的国家检定系统表进行展开，用户可根据本机构实际情况对表中任意节点按“三级三要素”的要求，设置传递关系和要素内容设定，如图 5–3 所示。

图 5–3　国家检定系统表选择界面图（二）

（3）传递关系和要素内容设定完成后，系统将自动生成计量标准的量值溯源和传递框图，如图 5–4 所示。若国家检定系统表不适用拟建的计量标准，用户可根据需要自行设计计量标准的量值溯源和传递框图。

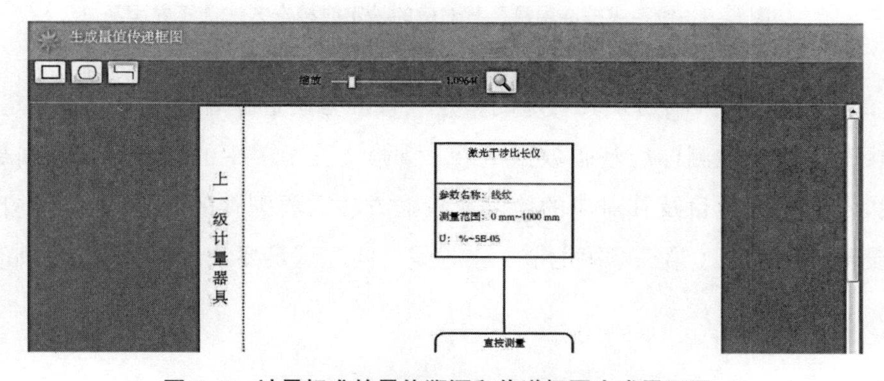

图 5–4　计量标准的量值溯源和传递框图生成界面图

（4）计量标准的量值溯源和传递框图一经确认，系统将自动根据框图中确定的可开展的检定或校准项目，利用计量器具名称基础数据（第二章第十节）的预设，自动关联可开展项目对应的检定规程、校准规范。并自动按检定规程、校准规范、检验检测标准基础数据（第二章第十三节）中的预设，按检定规程、校准规范中预设的“适用范围”对授权可开展项目进行展开，以便人工增补在计量标准的量值溯源和传递框图过程中未包含的授权可开展项目，如图 5-5 所示。

依据的规程规范代码	依据的规程规范名称
JJG 4-2015	钢卷尺检定规程

选择	拟开展项目	参数名称	准确度等级	测量范围下限	测量范围下限	测量范围上限	测量范围上限
✓	钢卷尺	长度	Ⅰ级	0	m	200	m
✓	钢卷尺	长度	Ⅱ级	0	m	200	m
✓	测深钢卷尺	长度	Ⅰ级	0	m	50	m
✓	测深钢卷尺	长度	Ⅱ级	0	m	50	m

图 5-5　授权可开展项目选择界面图

（5）可授权开展项目增补完毕后，系统自动根据检定规程、校准规范、检验检测标准基础数据（第二章第十三节）中的预设，按检定规程、校准规范中预设的“检定或校准项目”对检定或校准项目及其对应的检定或校准方法组合进行展开，以便用户根据实际情况进行选择，如图 5-6 所示。

选择	检定\校准项目名称	方法条款号	方法名称
✓	外观及各部分相互作月	7.3.1	外观及各部
✓	线纹宽度	7.3.2	线纹宽度
✓	零值误差	7.3.3	零值误差的
✓	全长和任意两连续刻月	7.3.4.2	任意两线纹
✓	毫米和厘米分度示值讠	7.3.4.1	毫米分度值
☐	/	/	厘米分度允

图 5-6　检定或校准项目及其对应的检定或校准方法选择界面图

（6）检定或校准项目及其对应的检定或校准方法选择后，系统根据检定规程、校准规范、检验检测标准基础数据（第二章第十三节）中的预设，自动加载已选择的检定或校准项目及其对应的检定或校准方法需要配置的测量设备，并自动在测量设备基础数据（第三章第七节）中寻找、匹配满足要求的测量设备，如图 5-7 所示。

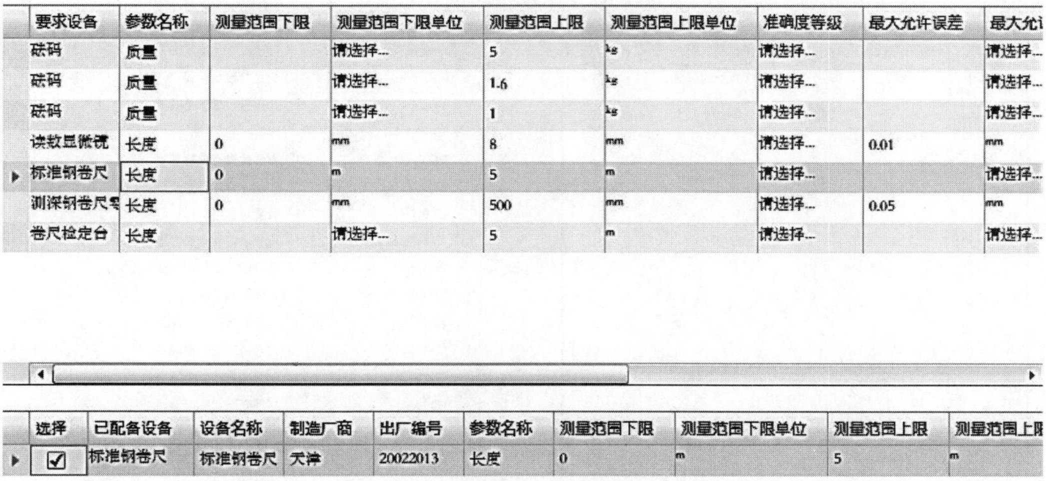

要求设备	参数名称	测量范围下限	测量范围下限单位	测量范围上限	测量范围上限单位	准确度等级	最大允许误差	最大允i
砝码	质量		请选择...	5	kg	请选择...		请选择...
砝码	质量		请选择...	1.6	kg	请选择...		请选择...
砝码	质量		请选择...	1	kg	请选择...		请选择...
读数显微镜	长度	0	mm	8	mm	请选择...	0.01	mm
标准钢卷尺	长度	0	m	5	m	请选择...		请选择...
测深钢卷尺零	长度	0	mm	500	mm	请选择...	0.05	mm
卷尺检定台	长度		请选择...	5	m	请选择...		请选择...

选择	已配备设备	设备名称	制造厂商	出厂编号	参数名称	测量范围下限	测量范围下限单位	测量范围上限	测量范围上限
☑	标准钢卷尺	标准钢卷尺	天津	20022013	长度	0	m	5	m

图 5-7　测量设备自动配置界面图

（7）测量设备配置完毕后，用户根据计量标准实际，从中选择计量标准器，以便于下一步系统自动对计量标准的测量范围和准确度等级 / 最大允许误差 / 测量不确定度进行估算。如图 5-8 所示。

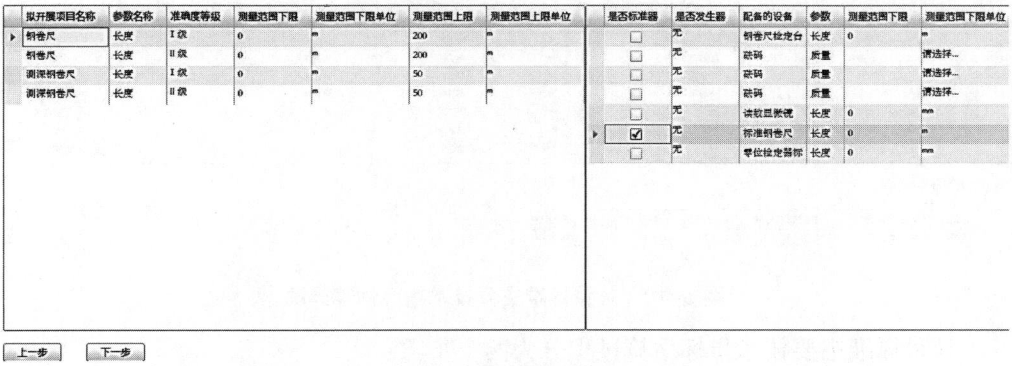

拟开展项目名称	参数名称	准确度等级	测量范围下限	测量范围下限单位	测量范围上限	测量范围上限单位
钢卷尺	长度	I 级	0	m	200	m
钢卷尺	长度	II 级	0	m	200	m
测深钢卷尺	长度	I 级	0	m	50	m
测深钢卷尺	长度	II 级	0	m	50	m

是否标准器	是否发生器	配备的设备	参数	测量范围下限	测量范围下限单位
☐	无	钢卷尺检定台	长度	0	m
☐	无	砝码	质量		请选择...
☐	无	砝码	质量		请选择...
☐	无	砝码	质量		请选择...
☐	无	读数显微镜	长度	0	mm
☑	无	标准钢卷尺	长度	0	m
☐	无	零位检定器标	长度	0	mm

上一步　下一步

图 5-8　计量标准器选择界面图

（8）计量标准器选择后，系统自动根据已选择的计量标准器和可开展项目。在计量标准命名基础数据（第二章第十一节）中寻找、匹配与之相适用的计量标准名称。如用户不选择本系统自动匹配的计量标准名称，系统还提供了计量标准命名查询、选择功能，可以从计量标准命名基础数据（第二章第十一节）中选择适合的计量标准名称，如图 5-9 所示。

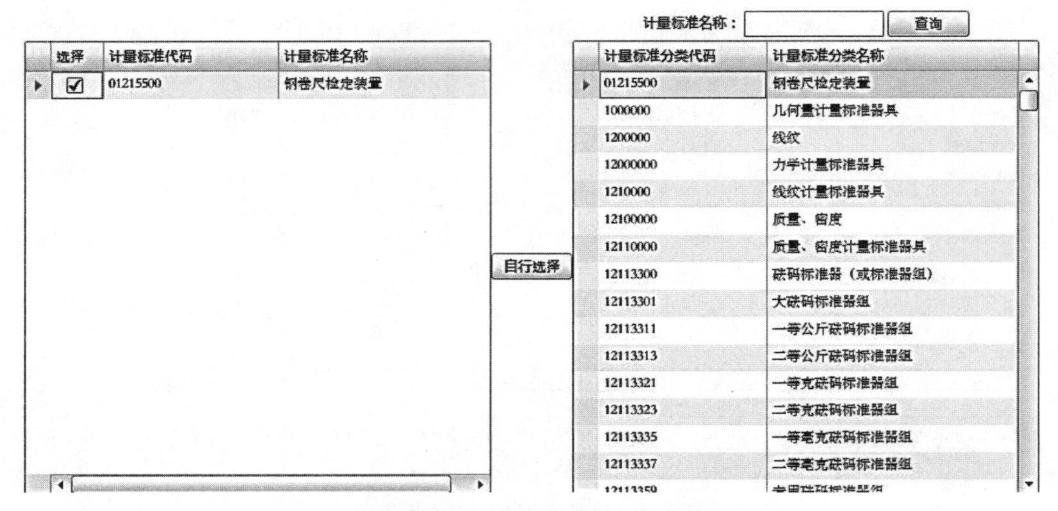

图 5-9　计量标准名称选择界面

（9）计量标准名称选择后，系统将自动根据所选计量标准器的计量特性估算出计量标准的主要技术指标。若用户需对系统估算出的主要技术指标进行修改，系统应提供修改功能，如图 5-10 所示。

是否标准器	计量标准器	设备学名	参数	测量范围下限	测量范围下限单位	测量范围上限	测量范围上限单位	准确度等级	最大允许误差	最大允许误差单位	最小测量不确定度	最大测量不确定度	测量不确定度单
☐	钢卷尺检定台	卷尺检定台	长度	0	m	5	m	请选择...		请选择...			请选择...
☐	砝码	砝码	质量		请选择...	5	kg	请选择...		请选择...			请选择...
☐	砝码	砝码	质量		请选择...	1.5	kg	请选择...		请选择...			请选择...
☐	砝码	砝码	质量		请选择...	1	kg	请选择...		请选择...			请选择...
☐	读数显微镜	读数显微镜	长度	0	mm	3	mm	请选择...	0.01	mm			请选择...
☑	标准钢卷尺	标准钢卷尺	长度	0	m	5	m	请选择...		请选择...			请选择...
☐	零位检定器标	测深钢卷尺零	长度	0	mm	500	mm	请选择...	0.05	mm			请选择...

合并计量标准等级范围：

开展项目	参数	测量范围下限	测量范围下限单位	测量范围上限	测量范围上限单位	准确度等级
标准钢卷尺	长度	0	m	5	m	请选择...

图 5-10　计量标准主要技术指标估算界面

计量标准主要技术指标估算过程分为两个步骤：

①“不确定度 / 准确度等级 / 最大允许误差”估算，具体流程如图 5-11 所示。

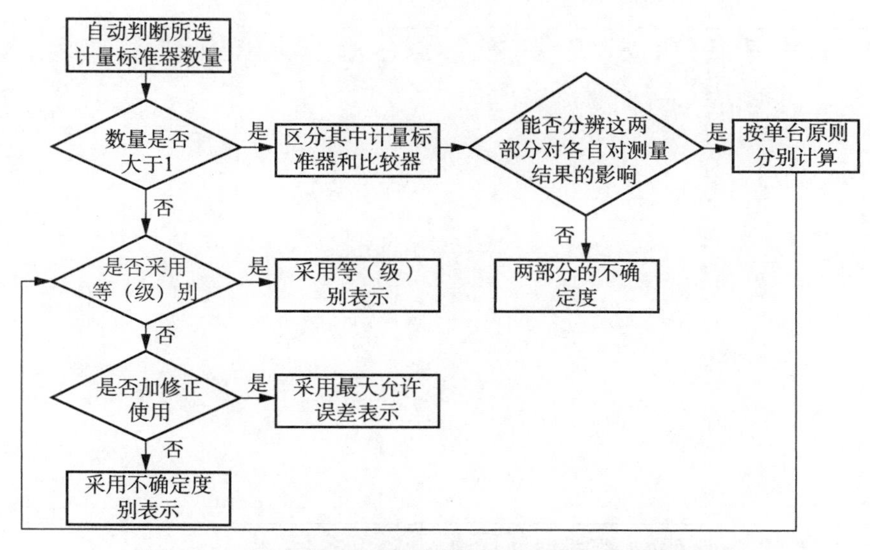

图 5-11　不确定度 / 准确度等级 / 最大允许误差估算图

②“测量范围”估算，可按如下流程进行：

a. 判断各实验设备测量范围的计量单位是否统一；

b. 若单位一致，自动估算计量标准的测量范围；

c. 若单位不一致，可人工设定“测量范围”及计量单位或自定义单位换算公式。

自动估算的结果若无法直接引用，可参考检定规程、校准规范或国家检定系统表框图等资料予以修正，最终形成计量标准的主要技术指标。技术指标确定后，传递框图中的相关信息同步进行更新。

若出现同一检定或校准项目对应多个计量标准器的情况，系统自动根据设备的计量性能对计量标准的主要技术指标按测量范围与准确度等级组合进行二级展开。

建立拟授权开展项目或其测量范围与准确度等级二级组合及其对应证书和报告内页模板关联的映射关系。

（10）计量标准主要技术指标估算完毕后，系统根据检定规程、校准规范、检验检测标准基础数据（第二章第十三节）中的预设，自动对所选可开展项目在检定规程、校准规范中环境条件要求，自动计算该计量标准对环境要求的极限值，如图 5-12 所示。

准确度等级	温度下限	温度上限	湿度下限	湿度上限
Ⅰ级	15	25	0	0
Ⅱ级	12	28	0	0

温度下限：15；温度上限：25；湿度下限：0；湿度上限：0 计算

图 5-12 环境条件估算界面

（11）环境条件估算完毕后，系统根据可开展检定或校准项目，在人员基础数据（第三章第五节）中寻找、匹配具有可开展检定或校准项目资质的人员以供选择，如图 5-13 所示。

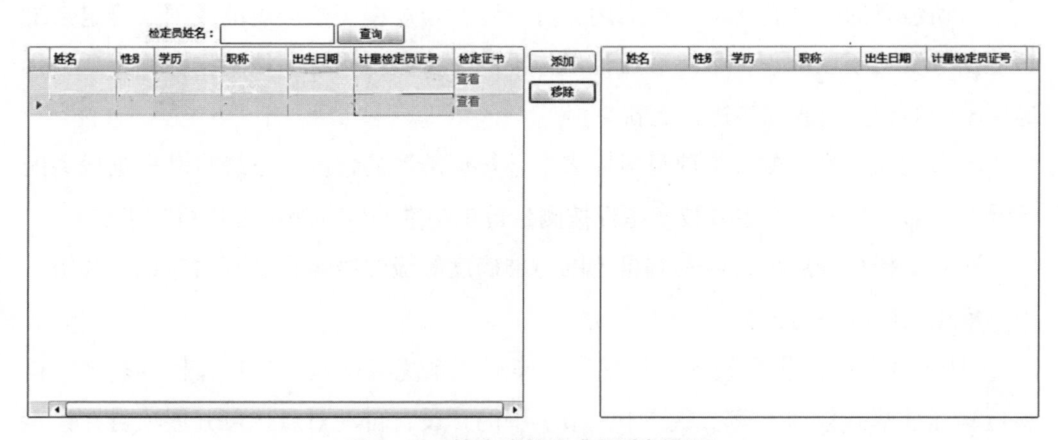

图 5-13 检定或校准人员选择界面

（12）系统自动根据各实验设备的价值和存放地点，自动生成计量标准的总价值和存放地点。

（13）系统自动生成计量标准基础信息，完成计量标准建立向导的全部步骤，如图 5-14 所示。

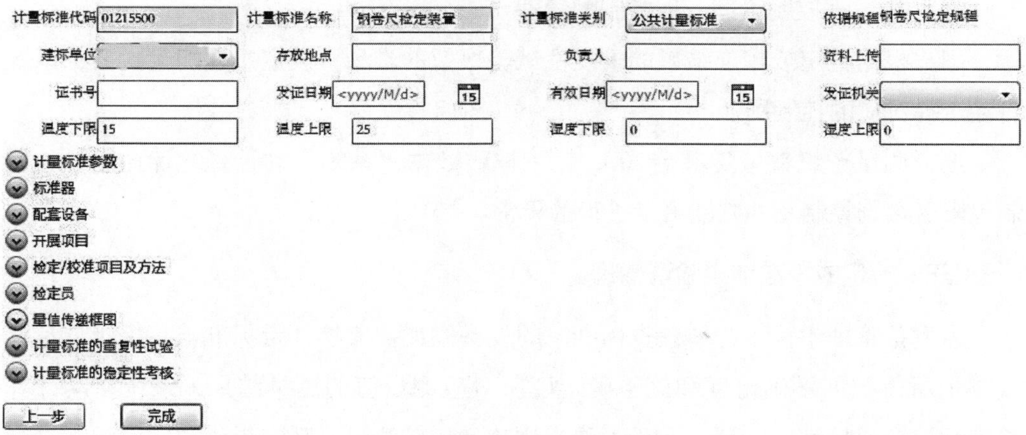

计量标准代码 01215500　计量标准名称 钢卷尺检定装置　计量标准类别 公共计量标准　依据规程 钢卷尺检定规程

建标单位　存放地点　负责人　资料上传

证书号　发证日期 <yyyy/M/d> 15　有效日期 <yyyy/M/d> 15　发证机关

温度下限 15　温度上限 25　湿度下限 0　湿度上限 0

- 计量标准参数
- 标准器
- 配套设备
- 开展项目
- 检定/校准项目及方法
- 检定员
- 量值传递框图
- 计量标准的重复性试验
- 计量标准的稳定性考核

上一步　完成

图 5-14　计量标准基础信息汇总界面

（14）添加计量标准考核证书号、社会公用计量标准证书编号及其对应的授权机构、授权时间及有效期等信息。

（二）检定或校准结果的重复性试验、计量标准的稳定性考核、测量过程控制管理

1. 检定或校准结果的重复性试验、计量标准的稳定性考核

系统自动判断计量标准名称是否列入《简化考核的计量标准目录》或属于一次性使用的标准物质。若列入，可不进行重复性、稳定性及检定或校准结果的测量不确定度评定。

用户可选择是否选择测量过程控制，若选择测量过程控制，则不必再单独进行检定或校准结果的重复性试验、计量标准的稳定性考核。若不选择测量过程控制，填写测量不确定度评定中所采用的重复性数据，系统自动判断计量标准是否可测量多种参数。若计量标准可测量多种参数，则须对每一种参数的重复性、稳定性进行试验。

用户根据 JJF 1033—2016《计量标准考核规范》规定自定义重复测量次数和测量组数，并设置间隔时间（系统自动判断是新建标准还是已建标准，新建标准间隔时间应大于 1 个月）。

检定、校准人员在线填写检定或校准结果的重复性试验、计量标准的稳定性考核记录和期间核查记录。系统对其数据进行计算、评定结果是否符合要求。

2. 测量过程控制管理——控制图管理

用户根据检定或校准结果的重复性试验次数的难易，设定重复测量次数，系统自动选择对应的控制图。

选择测量子组数（要求 k=20），输入取样数据，系统自动计算统计控制量、控制界限、绘制控制图并判断测量过程的异常。

（三）检定或校准结果验证管理

为设备管理中标示为“核查标准”的设备添加被考核计量标准与高一级计量标准测量所得扩展不确定度和该不确定度所对应测量值的测量结果，系统自动计算并进行检定或校准的验证，对于无法采用传递比较法时，系统提供“比对法”进行验证。

（四）建标资料上传

系统提供规程 / 规范电子版本的在线查询功能，以便计量标准负责人利用其完成《计量标准技术报告》中系统无法自动生成的内容。与文件集要求的典型证书和报告、使用的原始记录空白格式，所有上述资料均应采用 word 格式便于其作为附件上传至系统，以生成完整的技术报告。

（五）系统自动校验

自动校验，可按如下流程进行：

（1）是否存在内容上的缺项。

（2）计量单位的准确、统一。对系统中未存储的计量单位，进行集中显示、人工判断。

（3）申请书、考核报告、履历书中的相同信息是否一致。

（4）自动校验计量标准、计量标准器、拟授权开展项目三者之间测量范围和不确定度 / 准确度等级 / 最大允许误差的覆盖、平衡关系，对无法自动判断的，提供参数比对功能。

（5）被考核单位上传的典型证书和报告内页模板、原始记录模板的内容与第二章第十三节“检定规程、校准规范、检验检测标准基础数据”中预设内容进行比对，并给出两者区别。

（6）检查申请书中计量标准不确定度、建标报告评定出的不确定度、规程 / 规范中评定出不确定度、被检计量仪器最大允许误差四者的数据平衡关系是否正确。

（7）规程 / 规范是否现行有效，检定、校准、检验检测人员资质是否有效，是否涵盖所有拟授权开展项目，所有计量标准器及主要配套设备是否连续、有效溯源。

（8）计量标准命名是否根据 JJF 1022—2014《计量标准命名与分类编码进行命名规范》，命名是否正确。

（9）检定或校准结果的重复性试验、计量标准的稳定性考核是否按规定进行。

（六）建标结论输出

系统将对自动校验的结果进行综合分析，并输出符合 JJF 1033—2016《计量标准考核规范》要求的综合性评价报告。

（七）人工校验

申请书、考核报告和整改报告发出前，人工检查资料是否齐全，单位符号是否统一，不确定度表示是否正确，单位意见、印章是否齐全。

二、计量标准日常维护管理

（一）《计量标准履历书》管理

通过对新建计量标准管理、检定机构专用基础数据库中检定、校准人员和设备等信息的日常维护，系统自动生成《计量标准履历书》，在此模块中只需对“计量标准器稳定性考核图表”“计量标准器及配套设备修理记录”两个模块进行维护即可。

1. 计量标准器稳定性考核图表

计量标准器稳定性考核是通过相邻两年周期检定或校准证书给出的标准器偏差值之差是否符合标准器允许变化量来得出结论，而计量标准稳定性考核是选用一个稳定的被测对象，每年用被考核的计量标准对其进行一组 n 次的重复测量，取其算数平均值作为测量结果，以相邻两年的测量结果之差作为该计量标准的稳定性，该稳定性要小于计量标准扩展不确定度或最大允许误差的绝对值，见表 5–1。

表 5-1 计量标准器稳定性考核记录

计量标准器名称及编号	名义值	允许变化量 V	上级法定计量机构检定数据或自我对比数据									
			2013 年 8 月	2014 年 8 月	变化量 V	结论	2015 年 8 月	变化量 V	结论	2016 年 8 月	变化量 V	结论
多功能校准源 44347	直流电压（DCV）100V	± 0.003	99.996	99.998	0.002	合格	99.997	0.001	合格	99.997	0.000	合格
多功能校准源 44347	交流电压（ACV）10mV	± 0.004	9.997	9.994	0.003	合格	9.995	0.001	合格	9.994	0.001	合格

因此，此模块的设计主要包括以下几部分信息：

（1）填写基本信息

填写的基本信息包括以下方面：

① 考核基本信息，包括：时间、地点、填写人员；

② 计量标准器具信息，从设备基础数据库中选择；

③ 核查标准信息，包括：器具名称、制造厂商、型号规格、出厂编号。

（2）填写考核数据

填写的考核数据内容包括以下方面：

① 名义值及其计量单位；

② 允许变化量及其计量单位；

③ 偏差值的计量单位；

④ 考核年代；

⑤检定或校准证书给出的标准器在该点上的检定或校准数据。

（3）系统自动判断偏差值是否小于允许变化量

系统根据计量标准器稳定性考核数据，对偏差量是否小于允许变化量作出自动判断，并给出计量标准器稳定性考核结论。

（4）系统自动生成计量标准器稳定性考核图表

系统自动根据计量标准器稳定性数据生成计量标准器稳定性考核图表，如图 5-15 所示。

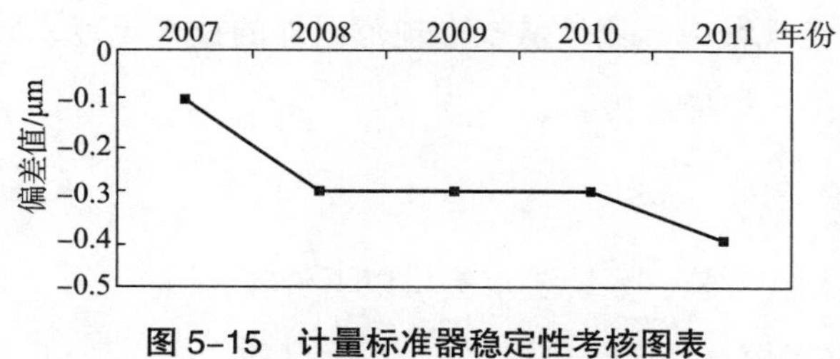

图 5-15　计量标准器稳定性考核图表

2. 计量标准器及配套设备修理记录

用户填写计量标准器及配套设备的修理记录。

（二）测量过程的统计控制——控制图管理

（1）用户根据检定或校准结果的重复性试验次数的难易程度，设定重复测量次数，系统自动选择对应的控制图；

（2）选择测量子组数（要求 k=20）；

（3）输入取样数据，系统自动计算统计控制量、控制界限、绘制控制图并判断测量过程的异常。

三、计量标准新建（复查）考核管理

（一）基础信息

基础信息包括：计量标准考核证书编号、社会公用计量标准证书编号及其对应的授权机构、授权时间及有效期、计量标准类别、启用时间和证书、报告专业代号、拟开展检定或校准项目对应的新建计量标准的基本信息。

（二）新建考核

申请新建计量标准考核，系统要求提供以下资料：

（1）《计量标准考核（复查）申请书》，系统自动生成；

（2）《计量标准技术报告》，系统自动生成；

（3）计量标准器及主要配套设备有效的检定或校准证书扫描件，扫描上传；

（4）开展检定或校准项目的原始记录及相应的模拟检定或校准证书扫描件，扫描上传；

（5）检定或校准人员资格证明，扫描上传；

（6）可以证明计量标准具有相应测量能力的其他技术资料，扫描上传；

（7）如采用检定规程或国家计量校准规范以外的技术规范，应当提供技术规范和相应的文件扫描件，扫描上传。

（三）复查考核

申请计量标准复查考核，系统要求提供以下资料：

（1）《计量标准考核（复查）申请书》，系统自动生成；

（2）《计量标准考核证书》，系统自动生成；

（3）《计量标准技术报告》，系统自动生成；

（4）《计量标准考核证书》有效期内计量标准器及主要配套设备的连续、有效的检定或校准证书扫描件，扫描上传；

（5）随机抽取该计量标准近期开展检定或校准工作的原始记录及相应的检定或校准证书扫描件，扫描上传；

（6）《计量标准考核证书》有效期内连续的《检定或校准结果的重复性试验试验记录》扫描件，扫描上传；

（7）《计量标准考核证书》有效期内连续的《计量标准的稳定性考核记录》扫描件，扫描上传；

（8）检定或校准人员资格证明扫描件，扫描上传；

（9）《计量标准更换申报表》（如果适用）扫描件，扫描上传；

（10）《计量标准封存（或撤销）申报表》（如果适用）扫描件，扫描上传；

（11）可以证明计量标准具有相应测量能力的其他技术资料，扫描上传。

（四）到期报警

检测到计量标准到期时，显示预警，以便于资料管理员对计量标准进行复查，若逾期对计量标准没有进行复查，则停止该计量标准所有拟开展检定或校准项目的证书和报告制作。

（五）资料自动生成管理

自动生成以下内容：

（1）JJF 1033—2016 附录中要求的相关填报表格；

（2）JJF 1069—2012 表 B1、表 B2、表 B3，考核报告第 6 项、表 D1、表 D2，经确认的检定（校准）项目表；

（3）CNAS 申请书附表 1-2、附表 2-2、附表 3-1；CNAS 评审报告附表 1、附

表 2、附表 3、附表 5–2、附件 2，附件 3.1、附件 3.2；

（4）质量记录包括:《文件借阅登记表》《合格分包方名册》《供应商评价表（计量服务）》《合格供应商名单》《授权签字人审核记录表》《设施和环境条件要求一览表》《仪器设备使用记录表》《开展新项目申请表》《开展新项目评审表》《仪器设备一览表》《仪器设备维修单》《仪器设备维护（保养）记录表》《检定或校准计划表》《标准物质一览表》《期间核查计划》《期间核查结果评价表》《标准物质报废申请表》《检测室温》《湿度记录表》《检测能力审核记录表》《计量检定资格申请表》。

四、计量标准变更管理

在计量标准的有效期内，计量标准器或主要配套设备发生更换（包括增加，下同），应当按下述规定履行相关手续：

（1）更换计量标准器或主要配套设备后，如果计量标准的不确定度、准确度等级或最大允许误差发生了变化，系统自动按新建流程进行。

（2）更换计量标准器或主要配套设备后，如果计量标准的测量范围、开展检定或校准的项目发生变化，系统自动按复查流程进行。

（3）更换计量标准器或主要配套设备后，如果计量标准的测量范围、准确度等级或最大允许误差，以及开展检定或校准的项目均无变更，系统自动调取《计量标准更换申报表》，系统将自动匹配更换后计量标准器或主要配套设备的有效检定或校准证书扫描件。必要时，还需提供《检定或校准结果的重复性试验试验记录》和《计量标准的稳定性考核记录》扫描件。

（4）如果更换的计量标准器或主要配套设备为易耗品（如标准物质等），并且更换后不改变原计量标准的测量范围、准确度等级或最大允许误差，开展的检定或校准项目也无变更的，系统自动调取《计量标准履历书》。

（5）在计量标准的有效期内，发生除计量标准器或主要配套设备以外的其他更换，应当按下述规定履行相关手续：

① 如果开展检定或校准所依据的检定规程或校准规范发生更换，系统自动在《计量标准履历书》进行记录，并让计量标准负责人判断这种更换是否存在技术要求和方法发生实质性变化，如存在，系统自动按复查流程进行，并提示计量标准负责人填写检定规程或技术规范变化的对照表。

② 如果计量标准的环境条件及设施发生重大变化，如固定的计量标准保存地点

发生变化、实验室搬迁等，系统自动按复查流程进行。

③ 更换检定或校准人员，系统自动在《计量标准履历书》进行记录。

④ 如果申请考核单位名称发生更换，系统将自动报警，并提示向主持考核的计量行政管理部门报告，并申请换发《计量标准考核证书》。

五、计量标准撤销停用管理

在计量标准有效期内，因计量标准器或主要配套设备出现问题，计量标准需要进行技术改造或其他原因而需要暂时封存或撤销的，系统将按相关规定履行相关手续。

首先，填写《计量标准封存（或撤销）申报表》。其内容包括：计量标准名称、代码、测量范围、不确定度或准确度等级或最大允许误差、计量标准考核证书编号、计量标准考核证书有效期，封存或撤销原因，申请停用时间；其次，扫描上传经批准的《计量标准封存（或撤销）申报表》。

六、计量标准的恢复使用

封存的计量标准需要恢复使用，如《计量标准考核证书》仍然处于有效期内，申请考核单位应当申请计量标准复查考核；如《计量标准考核证书》超过了有效期，则应按新建计量标准申请考核。

第四节 计量技术机构应用

一、自动预警提醒系统

（一）周检器具到期自动预警

周检器具到期自动预警分为系统登录集中预警与证书和报告制作时选中该器具送检倒计时报警两种，一旦超过送检时限，在制作证书和报告时该器具将无法被选中。

（二）新方法确认

新规程/规范颁布后，若检定、校准人员不按时按新的规程/规范的相关要求对实验设备的测量范围、准确度等级、建标报告、测量不确定度评定、作业指导书、实施细则、证书和报告内页模板、原始记录模板、人员培训进行确认，系统将提前按设定天数自动进行提醒，逾期不再进行新方法确认，将停止该规程/规范以及与其关联的所有要素的使用。

（三）计量标准器更换确认

计量标准器发生更换后，系统自动要求相关人员对建标报告、测量不确定度评定、作业指导书、实施细则、原始记录模板按新标准进行重新修改，逾期不修改的将停止该设备的选用。

（四）计量标准到期预警

系统自动提供计量标准到期预警给资料管理人员，若预期对标准进行复查，将停止该计量标准所有拟授权开展项目的证书和报告制作。

二、证书和报告要素有效性动态监管系统

利用上述模块的各类预设，对证书和报告全部要素从时间、权限、要素三个方面间逻辑关系进行事前、事中和事后全过程控制，有效预防证书和报告各类质量事故的发生。

三、建标资料的分类、保管和借阅

对机构内采用不同色标的已建标资料，按 JJF 1022—1991《计量标准命名规范》和计量标准代码先后排序并编制“内部编号”；对建标资质册内部，按 JJF 1033—2016《计量标准考核规范》中文件集的顺序制作目录，按文件名称和页码序号制作指示标签，并按文件名称在文件集中的先后顺序签贴在资料管理册中塑料内页袋的相应位置。其中，计量标准器和主要配套设备溯源证书标签应包括器具的全部信息，并按考核申请书的顺序进行排序，最新的溯源证书应放置在最上层，以便于检查是否按时送检。

四、溯源证书（报告）的保管、存放和打印

系统为设备管理人员提供本机构溯源证书集中打印功能，并自动根据计量标准管理中设备与计量标准的映射关系自动计算出打印的份数，并在证书下脚注明其涉及的计量标准的“内部编号”和“设备资产编号”。打印完毕的证书一份放入整个机构的《设备溯源证书资料管理册》，其余按“内部编号”放入对应的建标册中。

第五节 动态监管和网上交互式平台

一、动态监管

（一）政府计量行政管理部门数据共享和动态监管系统

建标数据传递给省级计量行政管理部门，形成统一标准平台，便于掌握建标情况、标准使用情况、标准使用状态、规程变化情况和标准器及时送检情况，及时发现标准器过期，自动生成考核报告和各类统计报表。

（二）计量标准考评人员在线查询

利用自动校验功能，对其中疑似问题进行统计分析，并形成报告，这样将为考评人员节省大量时间，将考核重点放在对其检定或校准能力的考核上。同时可以方便地对规程 / 规范、国家计量检定系统表框图等资料进行快速查阅。

二、网上交互式平台

网上交互式平台给用户提供一个互相交流、互相学习、资料交换的场所。用户通过此平台可以实现建标资料的共享、共建和信息交互，最大限度地实现对测量不确定度评价流程的统一化、规范化、标准化管理，避免重复性建设。

CHAPTER 6

第六章 授权考核管理子系统

授权考核管理子系统包括计量授权考核管理、CNAS授权申请管理、资质认定评审管理。其中，CNAS授权申请管理方面，由于CNAS已实现网上申请、网上评审、网上审批，无需单独设计评审系统，只需对其整改资料进行设计，其设计原理与其他考核整改相似。本章主要介绍计量授权考核管理和资质认定评审管理。

第一节　计量授权考核管理

一、设计目的

计量授权考核是计量技术机构的主要考核，其考核依据为《法定计量检定机构监督管理办法》《计量授权管理办法》和 JJF 1069—2012《法定计量检定机构考核规范》；其检定、校准授权的基础为计量标准考核；其商品量 / 商品包装检验项目授权主要依据《定量包装商品计量监督管理办法》和 JJF 1070—2005《定量包装商品净含量计量检验规则》进行考核；其型式评价项目授权主要依据《计量器具新产品管理办法》和 JJF 1015—2014《计量器具型式评价通用规范》进行考核；其能源效率标识计量检测项目授权主要依据 JJF 1261.1—2017《用能产品能源效率计量检测规则》进行考核。由于一般计量技术机构较少涉及型式评价和能源效率标识，本章着重介绍检定、校准和定量包装商品净含量计量检验授权。目前在计量授权考核中有以下常见问题：

（1）计量授权考核严重脱离计量标准考核，两者相同信息不一致；

（2）考核资料间相同信息一致性差；

（3）考核资料准确性差，出现检定规程或校准规范名称错误、授权项目准确度等级与检定规程不符等问题；

（4）考核资料规范性差，出现计量单位错误、量的符号错误等问题；

（5）考核资料逻辑性差，前后矛盾。

本章针对计量授权管理存在的问题，提出利用计算机技术对计量标准实施智能化、标准化、动态化管理的理念和方法，实现考核资料自动生成、智能纠错等功能，达到强化管理、简化流程、减少失误的目的。

二、设计思路

检定、校准计量授权的基础是计量标准考核，在第五章第三节计量标准管理中已介绍，此处不再赘述，本节主要介绍其他资料的自动生成过程。

三、申请资料管理

调取计量授权申请资料模板（第二章第二十二节），调取过程中，系统对申请资料中相关内容进行自动加载。其中：

（1）考核申请书相关信息从计量技术机构基础数据（第三章第二节）中获取。

（2）由计量标准数据自动生成考核项目表B1——检定项目、考核项目表B2——校准项目。

（3）考核项目表B3——商品量/商品包装检验项目、考核项目表B4——型式评价项目、考核项目表B5——能源效率标识计量检测项目由人工填写。其中“依据文件名称及编号”信息从检定、校准、检验检测方法基础数据（第三章第九节）中获取，“测量设备”信息从测量设备基础数据（第三章第七节）中获取，考核项目表B4——型式评价项目中的“计量器具名称”从计量器具名称基础数据（第二章第十节）中获取。

（4）《考核规范与管理体系文件对照检查表》（JJF 1069—2012附录C）从第二章第二十二节所述《管理体系文件对照表》自动生成。

（5）《证书报告签发人员一览表》（JJF 1069—2012附录D）中人员基本信息从人员基础数据（第三章第五节）获取。签发领域信息由考核项目表B1、表B2、表B3、表B4、表B5中获得，将计量专业分类基础数据（第二章第三节）分类、汇总，并按分类展开，由人工选择填写。

（6）《证书报告签发人员考核记录》（JJF 1069—2012附录D）中的“个人参加培训及取得资质情况简述”从第十章第四节所述人员培训管理中获取。其他信息在《证书报告签发人员一览表》中获取。

（7）机构依法设立的文件副本、机构法定代表人任命文件副本从计量技术机构基础数据（第三章第二节）中获取。

（8）授权的法定计量检定机构授权证书副本从授权资质基础数据（第三章第四节）中获取。

（9）质量手册、程序文件目录信息从管理体系文件的控制管理（第十章第十二节）中获取。

（10）已参加的计量比对和（或）能力验证活动目录及结果从结果有效性的保

证管理（第十章第七节）中获取。

四、考核资料管理

（一）考核任务的建立

依据考核任务书，建立考核任务信息，即考核任务编号、考核日期、考核组成员。其中，考核组成员从考评员基础数据（第三章第十七节）中获取。

从机构计量标准基础数据（第三章第八节）中选择本次考核涉及的计量标准。

（二）考核资料的生成

调取第二章第二十二节所述计量授权考核资料模板，调取过程中，系统对考核资料中相关内容进行自动加载。其中：

（1）考核报告第一部分“概况”从《考核申请书》中获取；第二部分“F1 考核结果汇总表”从《考核规范与管理体系文件对照检查表》（JJF 1069—2012 附录 C）获取；第三部分“不符合项/缺陷项及整改要求”从《不符合项/缺陷项记录表》（JJF 1069—2012 附录 E）获取；第四部分“申请考核项目确认”由填写完成后的考核项目表 B1、表 B2、表 B3、表 B4、表 B5 获得；第五部分“考核组成员”由考核任务信息获得。

（2）考核项目表 B1、表 B2 从第五章第三节所述计量标准基础信息管理获取；

（3）其他考核资料的生成过程在第二章第二十二节所述计量授权模板之间的关联关系和先后顺序中有所介绍，此处不再赘述。

五、整改资料管理

系统自动根据《不符合项 / 缺陷项记录表》（JJF 1069—2012 附录 E），为机构整改计划、机构内部不符合项记录 / 纠正措施及实施报告单、整改报告等加载不符合条款和不符合描述。

以机构内部不符合项记录 / 纠正措施及实施报告单为基础，填写原因分析、纠正措施、完成情况、验证情况，同时上传整改证据。

系统根据机构内部不符合项记录 / 纠正措施及实施报告单自动生成《人员培训记录（含评价记录）》，并生成整改报告。

系统按整改资料顺序输出整改资料。

六、后续管理

计量授权考核的后续管理主要是到期复查和人员变更，到期复查，系统将于计量授权到期 6 个月前自动提醒。人员变更已在第十章第四节所述“人员变更管理”中进行介绍，此处不再赘述。

第二节　资质认定评审管理

一、设计目的

资质认定评审比计量授权考核相对简单，设计目的主要在于考核资料的一致性、规范性和合理性。

二、设计思路

利用第二章、第三章、第四章已有基础数据，首先对申请资料进行在线填写；申请资料生成后，系统自动依据申请资料生成考核资料。在现场考核中以“建议批准的检验检测能力表”为核心，自动生成现场考核项目表中的相关内容。

三、申请资料管理

（1）《检验检测机构资质认定申请书》相关信息从计量技术机构基础数据（第三章第二节）中获取。

（2）《检验检测能力申请表》中依据的标准（方法）名称及编号（含年号）从检定规程、校准规范、检验检测标准基础数据（第二章第十三节）中获取，无法获取的，允许机构新建标准名称及编号。

（3）《授权签字人汇总表》中人员基本信息从人员基础数据（第三章第五节）获

取，申请授权签字领域信息由人工根据《检验检测能力申请表》汇总填写。

（4）《授权签字人基本信息表》中的“何年毕业于何院校、何专业、受过何种培训”“从事检验检测工作的经历”从人员培训管理（第十章第五节）中获取，其他信息从《授权签字人汇总表》中获取。

（5）《组织机构图》从管理体系文件的控制管理（第十章第十二节）获取。

（6）《检定、校准、检验检测人员表》从人员基础数据（第三章第五节）获取。

（7）《仪器设备（标准物质）配置表》从测量设备基础数据（第三章第七节）获取。

（8）机构依法设立的文件副本、机构法定代表人任命文件副本从计量技术机构基础数据（第三章第二节）中获取。

（9）非独立法人检验检测机构，检验检测机构设立批文、所属法人单位法律地位证明文件、法人授权文件、最高管理者的任命文件从计量技术机构基础数据（第三章第二节）中获取。

（10）资质认定授权证书副本从授权资质基础数据（第三章第四节）中获取。

（11）固定场所产权 / 使用权证明文件，由人工上传。

（12）管理体系内部审核、管理评审记录（适用于首次、复查评审）从内部审核管理（第十章第十六节）、管理评审管理（第十章第十七节）中获取。

（13）从事特殊领域检定、校准、检验检测人员资质证明（适用时）从人员基础数据（第三章第五节）获取。

四、评审资料管理

（一）评审任务的建立

依据评审任务书，建立评审任务信息，即评审任务编号、评审日期、评审组成员。

（二）评审资料的生成

调取第二章第二十二节“考核规范 / 认可准则 / 通用要求基础数据”所述资质认定评审资料模板，调取过程中，系统对考核资料中相关内容进行自动加载。其中：

（1）评审报告第一部分“概况”、第二部分“评审地点”从评审申请书中获取。

（2）建议批准的检验检测能力表从《检验检测机构资质认定申请书》中生成，

并在基础上在线修改。

（3）建议批准的授权签字人从《授权签字人汇总表》中生成，并在基础上在线修改。

（4）《授权签字人评价记录表》从《授权签字人基本信息表》中生成，并在基础上在线修改。

（5）《基本符合和不符合项汇总表》，人工在线填写。

（6）考核报告《建议批准的检验检测能力表》中增加现场试验标记。勾选后，将《建议批准的检验检测能力表》中已确定的内容加载到考核报告《现场试验项目表》中，同时系统自动从申请书《仪器设备（标准物质）配置表》中搜索设备信息增加到考核报告《现场试验项目表》中。

（7）评审组人员名单从评审任务信息获取。

（8）整改完成记录根据基本符合和不符合项汇总表生成。

（9）评审组长确认意见表，人工在线填写。

（10）提请资质认定部门关注的事项，人工在线填写。

（11）《检验检测机构资质认定现场评审日程表》，人工在线填写。

（12）《检验检测机构资质认定现场评审签到表》，人工在线填写。

五、整改资料管理

系统自动根据《基本符合和不符合项汇总表》，为机构整改计划、机构内部不符合项记录/纠正措施及实施报告单、整改报告等加载不符合条款和不符合描述。

以机构内部不符合项记录/纠正措施及实施报告单为基础，填写原因分析、纠正措施、完成情况、验证情况，同时上传整改证据。

系统根据机构内部不符合项记录/纠正措施及实施报告单自动生成《人员培训记录（含评价记录）》，并生成整改报告。

系统按整改资料顺序输出整改资料。

六、日常管理

检验检测机构资质认定名称变更、地址名称变更、法人单位变更，详见第十章

第三节中“组织机构信息变更”。

检验检测机构资质认定授权签字人变更、人员变更备案，详见第十章第四节中“人员变更”。

检验检测机构资质认定标准（方法）变更，详见第十章第六节中“方法变更通知”。

C H A P T E R 7

第七章 测量不确定度管理子系统

测量不确定度管理子系统设计上采用向导形式，全程实现不确定度评定过程的标准化、自动化。用户只需填写极少信息，即可完成一套复杂的不确定度评定。系统将自动完成模型建立、灵敏度系数求导、不确定度来源分析、不确定度来源简化、有效自由度计算、不确定度分量合成、分布类型估算、包含因子选定、扩展不确定度计算、不确定度报告输出、检定或校准结果验证的全套不确定度评估。

第一节 设计目的和思路

一、设计目的

智能化测量不确定度计算机辅助评定系统是通过对《测量不确定度表示指南》《测量不确定评定与表示》《检测和校准实验室能力认可准则》《测量不确定度评定和报告通用要求》《国际计量学基本和通用标准术语词汇表（VIM）》和《通用计量术语及定义》等标准的深入研究，对其评定流程、评定技巧、常见问题、基础数据、关键点、要素间的关联匹配及制约关系进行整合、优化、汇总和预设，并利用计算机辅助计算和数据库存储技术，实现评定过程标准化、数据统计分析智能化和测量不确定度计算自动化。

二、设计思路

本系统主要由基础信息管理单元、不确定度生成单元、检定或校准结果验证单元、评定报告生成单元、自动提醒单元、网上交互式平台组成，用户通过统一入口登录本系统，如图 7–1 所示。

第二节 基础信息管理单元

利用第二章和第三章所述的各项基础数据（参见第五章第二节内容），为本章所述测量不确定度管理子系统提供了统一、准确、可靠的数据。通过以上基础数据中建立的数据之间的关联制约关系，实现了测量不确定度相关数据的自动生成、自动加载、自动匹配，使用户填报量降低到最小。本章所述测量不确定度管理子系统的基础数据由 11 大部分组成，具体结构如图 7–1 所示。

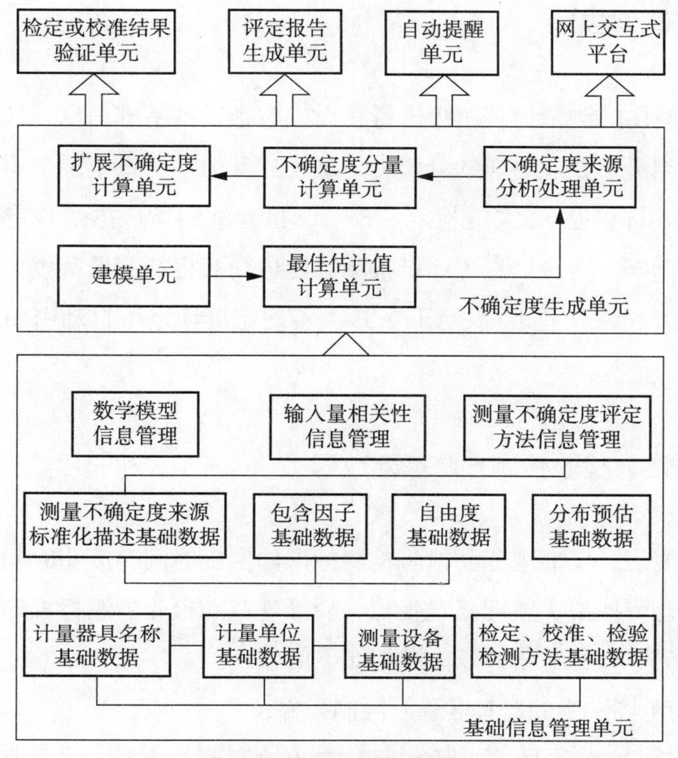

图 7-1　测量不确定度管理子系统模型图

一、计量器具名称基础数据

依据 JJF1051—2009《计量器具命名与分类编码》、CNAS-AL06：2015《实验室认可领域分类》，逐层建立器具名称分类信息库，以便于实现从“计量器具名称”→“规程 / 规范”→“检定或校准项目”→“被测量”→“数学表达式”的传递过程。详见第二章第十节。

二、计量单位基础数据

依据“中华人民共和国法定计量单位”及其他相关资料，按计量分类逐级建立计量单位库，以确保评定过程中计量单位的统一、准确。详见第二章第五节。

三、测量设备基础数据

对机构内使用的测量设备信息进行预设，包括设备基础信息，计量特性（即测量参数对应的测量参数及对应的分辨力、最小分度值、测量范围、不确定度、准确度等级、最大允许误差），实施检定、校准、检验检测所依据的检定规程、校准规范和检验检测标准，送检信息（即设备溯源后最新获得的测量范围、不确定度、准确度等级、最大允许误差），以便于在B类不确定度评定中自动引用和计算。详见第三章第七节。

四、检定、校准、检验检测方法基础数据

设置检定规程、校准规范和检验检测标准的实施时间、废止时间、替代关系和领用记录等信息，搜集、整理检定规程、校准规范和检验检测标准的现行有效版本（word或pdf格式），并从中抓取、添加如下信息：

（1）“适用范围”中的器具名称及限制条件；

（2）《检定或校准项目（一览）表》中的检定或校准项目（不包括观察项目、使用中可不检定和不影响检定或校准结果的项目）及其对应方法条款号，最大允许误差；

（3）被测量及其对应的数学表达式；

（4）测量结果不确定度。详见第三章第九节。

五、测量不确定度来源标准化描述基础数据

逐层建立测量不确定度来源标准化描述基础数据，见表7–1。并对其中最底层来源对应的分布类型、分布确定性和包含因子进行预设。对无法明确分布的，按分布预估管理中预设进行预估，如图7–2、图7–3所示。系统自动记录分布预估及对应选择人数。详见第二章第十六节。

表 7-1　不确定度来源信息表

序号	不确定度来源			分布类型名称	分布确定性	包含因子 /k	评定方法	已选择人数
	一级	二级	三级					
1	设备	修正值	数据修约导致的不确定度	矩形分布	确定	$\sqrt{3}$	B 类	
			相同修约间隔给出的两独立量之和或之差，由修约导致的不确定度	三角分布	确定	$\sqrt{6}$	B 类	
		仪器校准	最大允许误差	矩形分布	确定	$\sqrt{3}$	B 类	

六、分布预估基础数据

分布预估包括两部分预估，即输入量分布预估和不确定度合成分布预估，具体流程如图 7-2、图 7-3 所示。

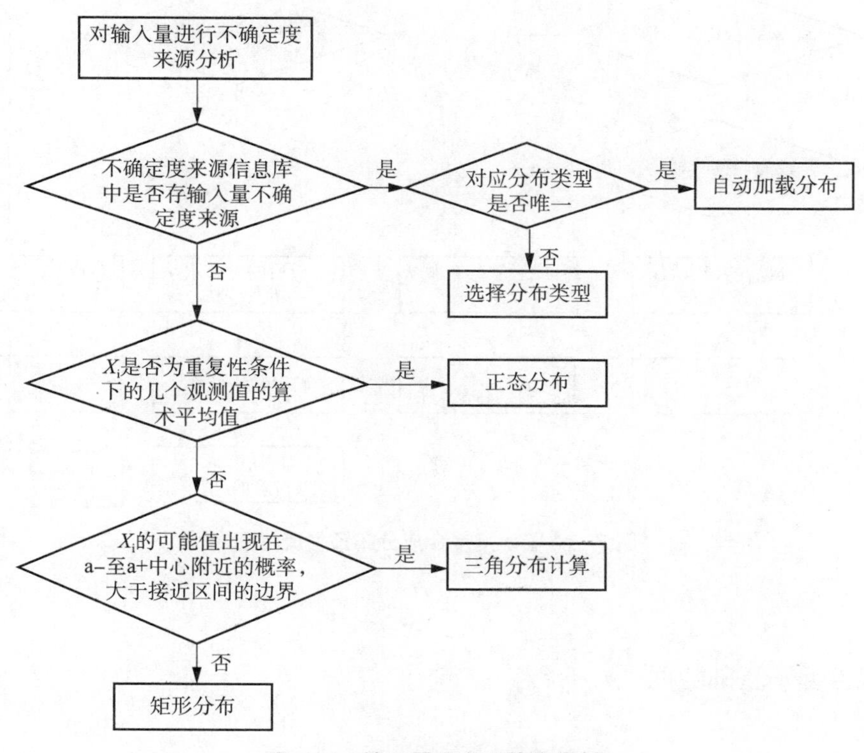

图 7-2　输入量分布预估流程图

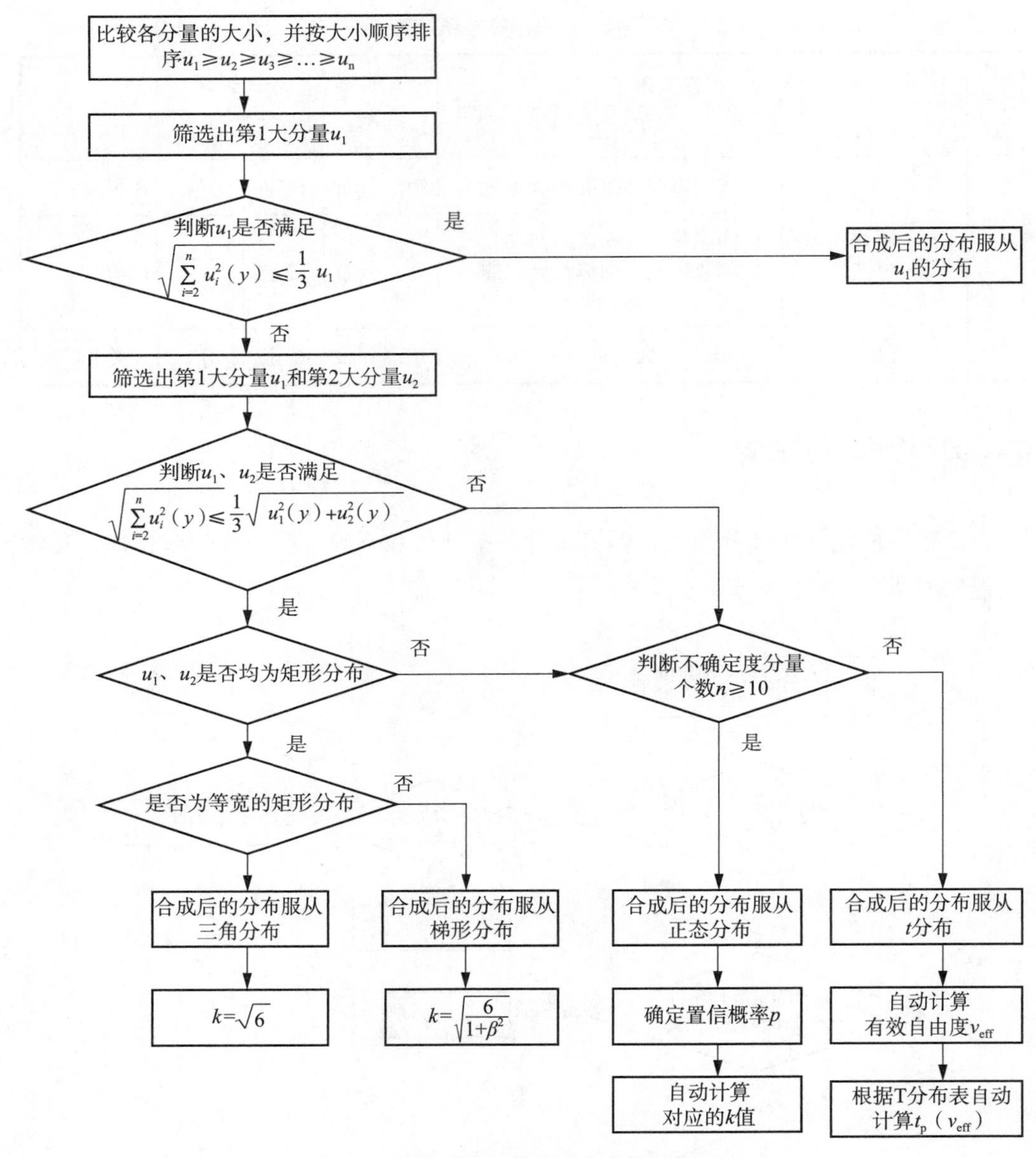

图 7-3　不确定度合成分布预估流程图

七、包含因子基础数据

建立各类分布与其对应包含因子 k 的关联关系。包括：正态分布情况下，包含概率 p 与包含因子 k_p 间的映射关系；t 分布情况下，包含概率 p 与自由度 v 组合及 $t_p(v)$ 间的映射关系。

八、自由度基础数据

建立数据来源的可靠程度与自由度的关联匹配关系，见表 7-2。

表 7-2　数据来源可靠程度与自由度对应表

序号	$s(q_i)$ 的不可靠程度 /%	$s(q_i)$ 的可靠程度 /%	相当的自由度
1	0	100	∞
2	10	90	50
3	20	80	12
4	25	75	8
5	30	70	6
6	40	60	3
7	50	50	2

九、数学模型信息管理

建立各类数学模型，并对其是否线性、不确定类型、非线性模型简化处理条件及对应的被测量合成方差表达式进行预设，见表 7-3。

表 7-3　数学模型预设表

序号	数学模型	是否线性	不确定度类型	非线性模型简化处理条件	被测量 y 的方差表达式
1	$y=x_1x_2$	否	绝对		$u^2(y)=x_2^2u^2(x_1)+x_1^2u^2(x_2)+u^2(x_1)u^2(x_2)$
				$x_1>>u(x_1)$，$x_2>>u(x_2)$	$u^2(y)=x_2^2u^2(x_1)+x_1^2u^2(x_2)$
				$x_1<<u(x_1)$，$x_2>>u(x_2)$	$u^2(y)=x_2^2u^2(x_1)$
				$x_1<<u(x_1)$，$x_2<<u(x_2)$	$u^2(y)=u^2(x_1)u^2(x_2)$

十、输入量相关性信息管理

设置输入量相关性的出现原因、判断原则、处理方法，供用户参考。

建立相关类型与其对应的相关性系数、协方差之间的映射关系。

自动检查是否存在分辨力导致的测量不确定度分量的功能，并判断其与实验标准偏差的大小，以选用其中较大者。

十一、测量不确定度评定方法信息管理

依据图 7-4 流程设定 A 类评定步骤。

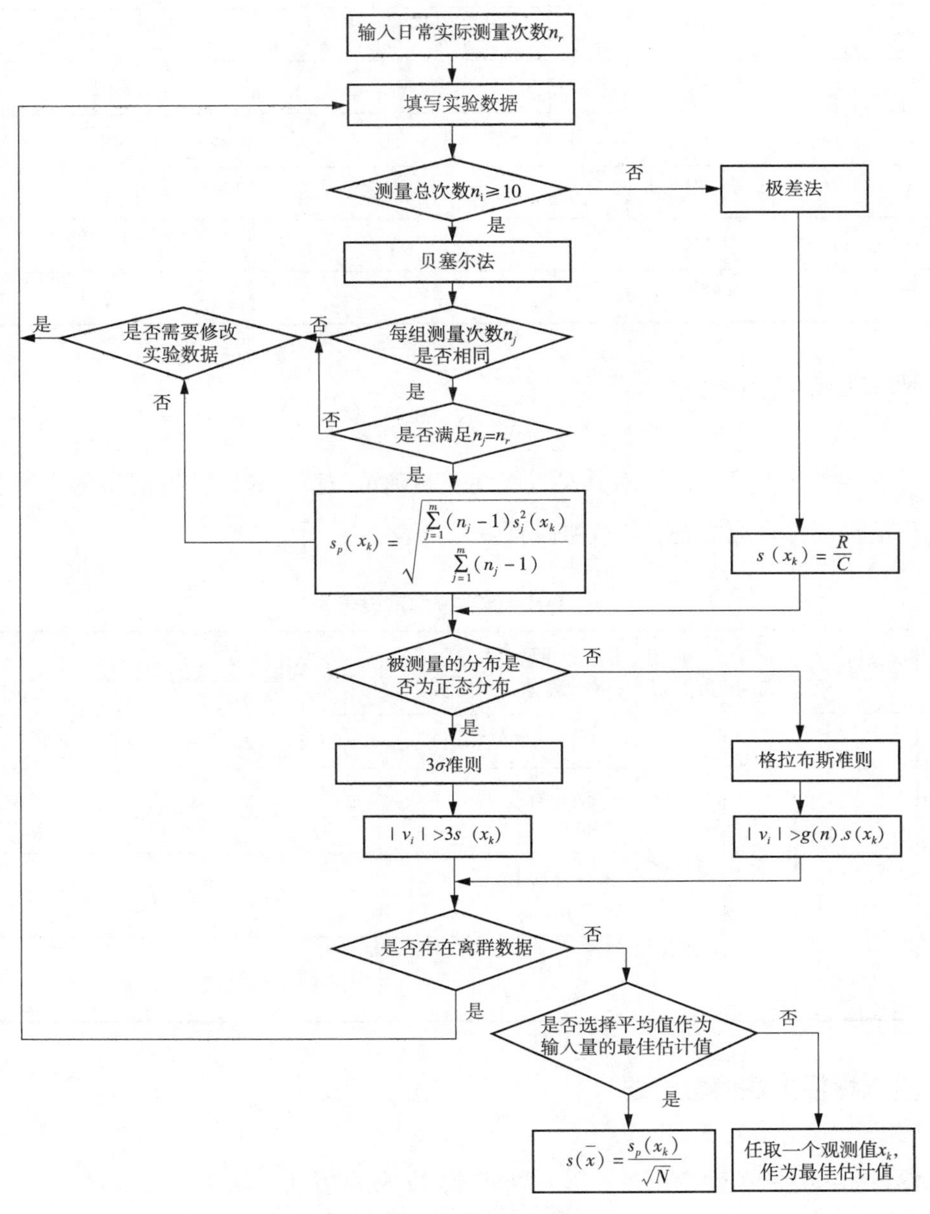

图 7-4　A 类评定流程图

依据图 7-5 流程设定 B 类评定步骤。

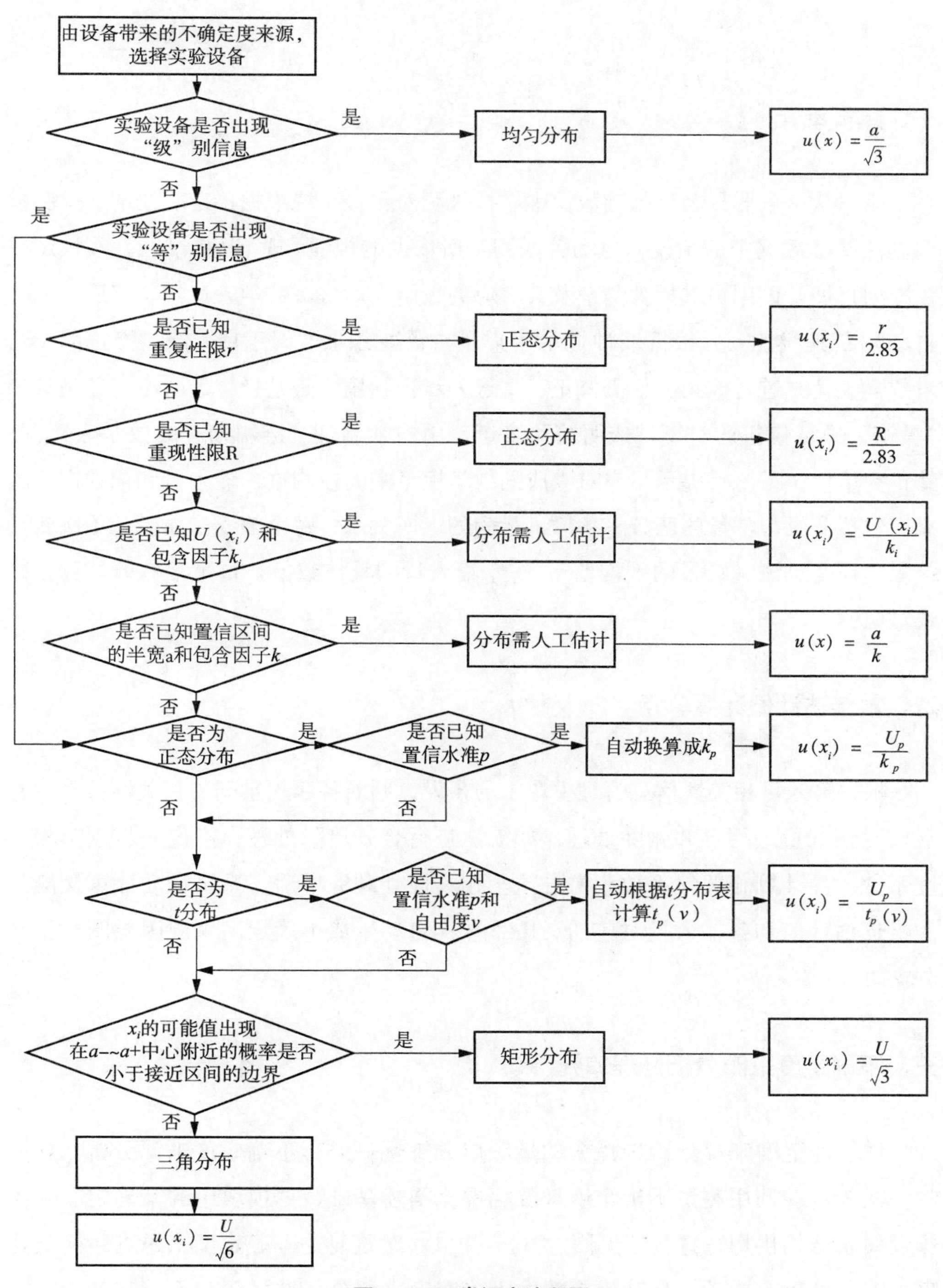

图 7-5　B 类评定流程图

第三节 不确定度生成单元

一、建模单元

用户从计量器具名称基础数据中选择被测对象，系统根据检定、校准、检验检测方法基础数据中的预设，自动关联测量所依据的规程/规范/标准，并按检定或校准项目展开供用户选择被测量及其对应的数学表达式。数学表达式确定后，系统自动判断其线性，并根据线性提示用户是否需要添加“修正项”或“修正因子”，对数学表达式进行修正。如需修正，将进一步提示用户是选择“透明箱”还是选择“黑箱”进行修正。对于“透明箱”修正，用户须添加“透明箱”的数学表达式。修正完毕后，系统将提示用户对生成的数学模型中的被测量、输入量和常数进行定义，包括变量与常量的区分、各输入量间的隶属关系、每个输入量属于“单次测量结果”还是“测量结果的平均值”、每个输入量的具体数值、每个常数的计算公式或对应值。

二、最佳估计值计算单元

根据输入量相关性信息管理模块中的预设，判断各输入量间的相关性关系，并自动对输入量进行合并删除处理，如无法进行合并删除处理，需进一步选择相关性系数，并计算相关性系数和协方差。相关性处理完毕后，系统自动计算被测量的最佳估计值和各输入量对应的灵敏系数，自动生成不确定度来源因果图主干和分支。

三、不确定度来源分析处理单元

对不确定度来源分析选择图的最底层分支逐一进行不确定度来源分析。分析时，系统自动调用测量不确定度来源标准化描述基础数据模块中的不确定度来源预设树状结构供用户选择（见图 7-6），并自动对重复的不确定度来源进行简化处理。简化处理完毕后，自动生成新的不确定度来源分析选择图和不确定度分量汇总表。

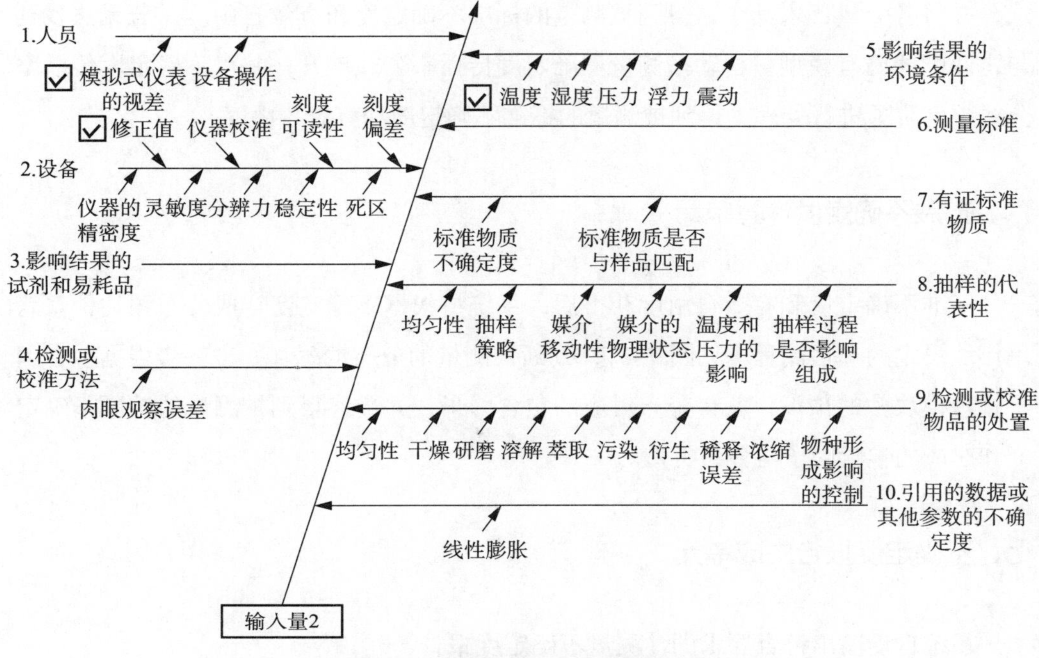

图 7–6　不确定度来源分析选择图

四、不确定度分量计算单元

不确定度来源简化处理完毕后，系统将根据用户所选择的不确定度来源自动关联测量不确定度来源标准化描述基础数据模块，以确定不确定度分量汇总表中各输入量的分布类型、包含因子、不确定度评定方法。并按照不确定度评定方法管理模块中设定的评定流程（见图 7–4、图 7–5）获得各分量的实验标准差、标准不确定度和自由度；在进行 B 类评定方法中如涉及因设备引起的测量不确定度来源时，应从设备信息中选择，以便获得设备测量不确定度、准确度等级或最大允许误差，并依据自由度管理子单元的预设，预估数据来源的可靠程度，以获得测量不确定度的自由度。

五、合成方差表达式生成单元

不确定度分量计算完毕后，系统还将根据被测量数学模型在模型基础数据中寻找与之相匹配的已有数学模型，若匹配成功，则自动生成被测量的合成方差表达式，并将各分量代入其中，得到被测量的标准不确定度和有效自由度。若无法找到与之匹配的已有模型，自动按测量不确定度传播率公式展开，并对不确定度传播率公式中高阶项进行处理，得到被测量的标准不确定度和有效自由度。

六、扩展不确定度计算单元

标准不确定度和有效自由度获得后，系统将根据不确定度合成分布预估信息管理模块设定的预估流程（见图 7–3），判断被测量的分布情况。并进一步根据包含因子管理模块中的预设，获得分布对应的包含因子，并最终得到被测量的扩展不确定度和对应的包含因子与分布类型。

七、不确定度报告生成单元

系统自动输出符合要求的《测量不确定度报告》。

八、检定或校准结果验证单元

为设备管理中标示为“核查标准”的设备添加被考核计量标准和高一级计量标准测量所得扩展不确定度与该不确定度所对应测量值的测量结果，系统将自动计算并进行检定或校准的验证。对于无法采用传递比较法时，系统提供“比对法”进行验证。

九、自动提醒系统

新规程、规范颁布后，系统将通过即时通信、手机短信等方式提醒用户更新规程、规范，并提醒其对其实验设备的测量范围、准确度等级、人员培训、作业指导书、检定或校准证书结果、数据模板、不确定度评定等内容按新方法进行确认。

十、网上交互式平台

网上交互式平台给用户提供一个互相交流、互相学习、资料交换的场所。用户通过此平台可以实现测量不确定度资料的共享、共建和信息交互，最大限度地实现对测量不确定度评价流程的统一化、规范化、标准化管理，避免重复性建设。

第四节　实施效果

通过对测量不确定度评定基础信息的统一规划和建设，本系统将用户从计算中解脱出来，而专注于测量不确定度理论和评定方法的研究。同时，通过集中式数据存储和网上交互式平台的应用，实现了测量不确定度资料的共享、共建和信息交互。进而，最大限度地确保了测量不确定度评价流程的统一化、规范化、标准化，避免了重复性建设。

提供一个完整、准确的测量不确定度计算系统，使专业人员在不具备高深的数学和数理统计知识的前提下也可以完成测量不确定度的计算。

把专业人员从繁杂庞大的计算工作中解脱出来，从而专注于对测量方法、误差理论、不确定度来源分析上。项目采用向导形式，全程实现不确定度评定过程的标准化、自动化。用户只需填写极少信息，即可完成一套复杂的不确定度评定。系统将自动完成从模型建立、灵敏度系数求导、不确定度来源分析处理、不确定度来源简化处理、有效自由度计算、不确定度分量合成、分布类型估计、包含因子确定、扩展不确定度计算到不确定度报告输出、检定或校准结果验证的全套不确定度评估。

专业人员通过平台就可以方便、快捷、高效地进行测量不确定度的评定工作。在评定步骤上，智能化地给出相关的信息（包括来源、方法、注意的点），杜绝各种可能出现的问题，最大限度地保证测量不确定度评定结果的准确性、完备性和可用性。

网上交互式平台给用户提供一个互相交流、互相学习、资料交换的场所。用户通过此平台可以实现测量不确定度资料的共享、共建和信息交互，最大限度地实现对测量不确定度评价流程的统一化、规范化、标准化管理，避免重复性建设。

建立全国统一的测量不确定度评定平台，实现测量不确定度资料的共享、共建和信息交互，最大限度地实现对测量不确定度评价流程的统一化、规范化、标准化管理，避免重复性建设。

对所有校准点的CMC评定完毕后，系统将自动形成CMC曲线，并给出拟合公式。

CHAPTER 8

第八章 计量业务管理子系统

计量业务管理是整个计量技术机构信息管理系统（MIMS）的核心，也是本书的重点，通过本章对计量业务管理子系统的介绍，完整地再现了从样品委托到证书出具的计量业务全过程，并利用第一章第三节所述客户信息和样品信息唯一性理论保证了样品信息的唯一性，为后续章节介绍的其他管理子系统提供了数据保障。利用第一章第三节所述证书和报告要素有效性理论确保了对证书报告质量的有效控制。通过计量业务管理子系统的有效运行，极大地降低了机构的运行风险，实现了业务流程的自动化。

第一节 设计目的和思路

一、设计目的

计量业务管理是整个计量技术机构信息管理系统（MIMS）的核心，也是本书的重点。计量技术机构的业务可以分为样品流、证书流、财务流、项目流、质量流等主要管理方向。包含了从样品流转、证书和报告制作、证书审核、证书打印、费用交纳到客户关系管理的全部业务流程，其各模块间存在复杂的逻辑关系，在接下来的章节中将一一进行介绍。由于篇幅限制，本章所述计量业务管理子系统特指计量技术机构客户、样品和证书管理子系统。

二、设计思路

本章的设计思路是以第一章第三节基础理论为依据，以第二章计量通用基础数据、第三章计量技术机构专用基础数据为基础，构建覆盖整个计量技术机构客户、样品、证书的整个业务主流程。首先，利用第一章“客户信息和样品信息唯一性理论”，解决了全国普遍存在客户和样品信息的多义性问题，从根本上确保了数据的准确、可靠、唯一；其次，利用第一章“证书和报告要素有效性理论”，从时间、权限、要素间逻辑关系对证书和报告各要素实施了自动加载与有效性控制，将人为错误降至最低，实现了证书和报告制作的自动化、标准化、智能化、制度化及规范化；再次，利用第一章“分布式计量校准服务网络理论”，构建了以市级计量技术机构作为本部和网络中心节点、以区（县）计量技术机构作为市级计量技术机构的分支机构和业务前端，构建一个覆盖整个区域的计量服务网络；最后，以第二章计量通用基础数据、第三章计量技术机构专用基础数据为统一、标准的数据源，为本章所述计量业务管理子系统提供标准、准确、唯一的数据。

一般而言，计量技术机构业务类型通常分为客户送检和现场检定两类。其业务整体流程如图 8–1 所示，客户送检流程如图 8–2 所示，现场检定流程如图 8–3 所示，证书制作流程如图 8–4 所示。

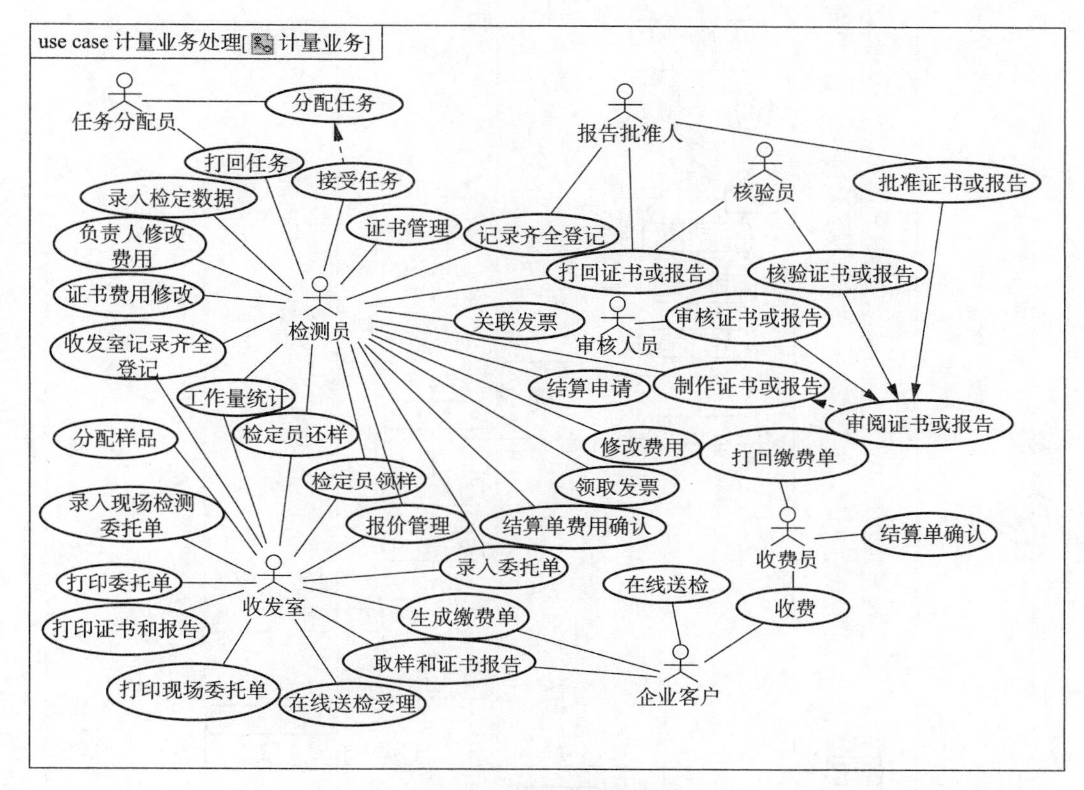

图 8–1　业务整体流程图

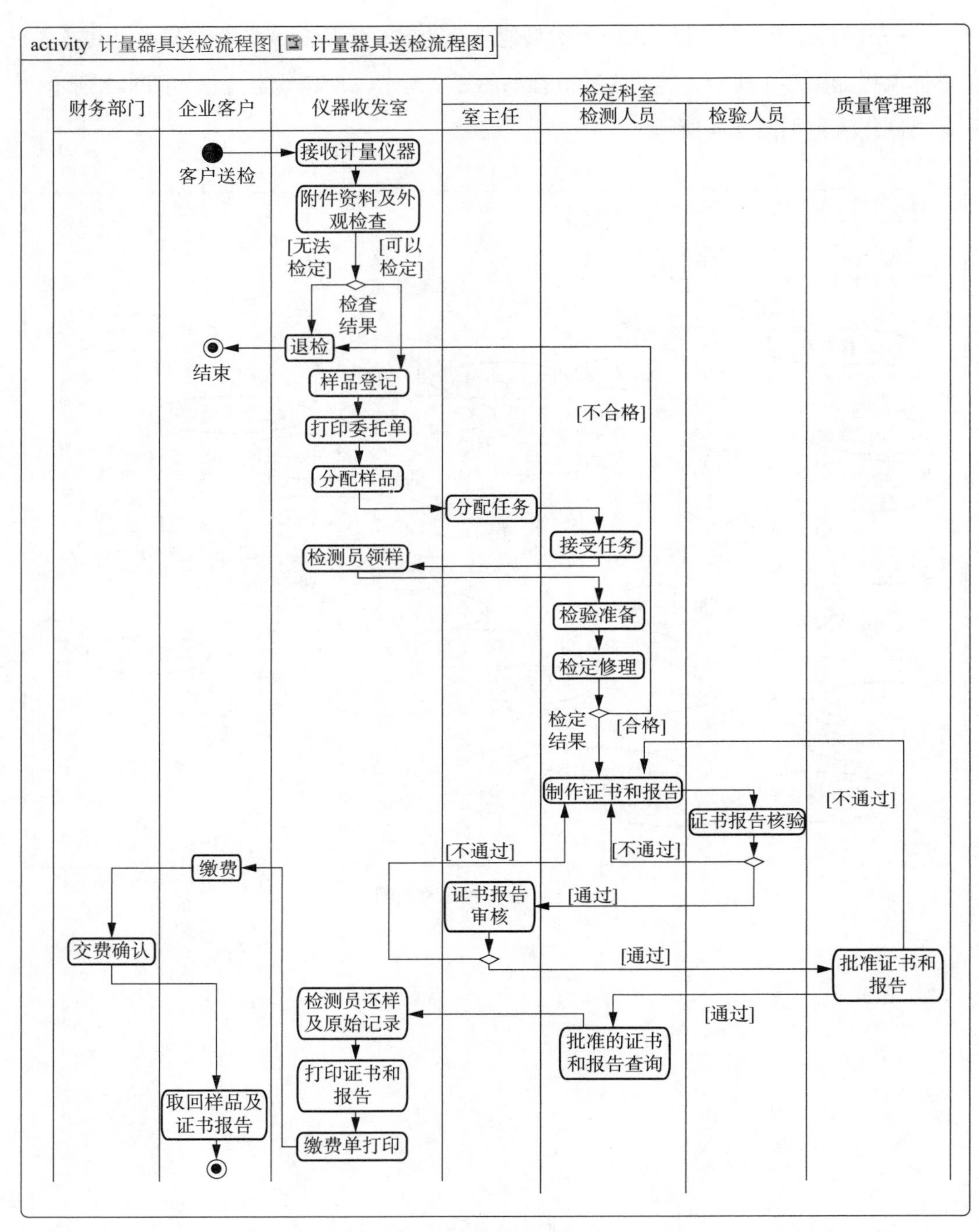
activity 计量器具送检流程图 [计量器具送检流程图]
财务部门
企业客户
仪器收发室
检定科室
室主任
检测人员
检验人员
质量管理部
客户送检
接收计量仪器
附件资料及外观检查
[无法检定]
[可以检定]
检查结果
退检
结束
样品登记
打印委托单
分配样品
[不合格]
分配任务
接受任务
检测员领样
检验准备
检定修理
检定结果
[合格]
制作证书和报告
证书报告核验
[不通过]
[不通过]
[不通过]
缴费
证书报告审核
[通过]
交费确认
[通过]
批准证书和报告
检测员还样及原始记录
[通过]
批准的证书和报告查询
打印证书和报告
取回样品及证书报告
缴费单打印

图 8-2 客户送检流程图

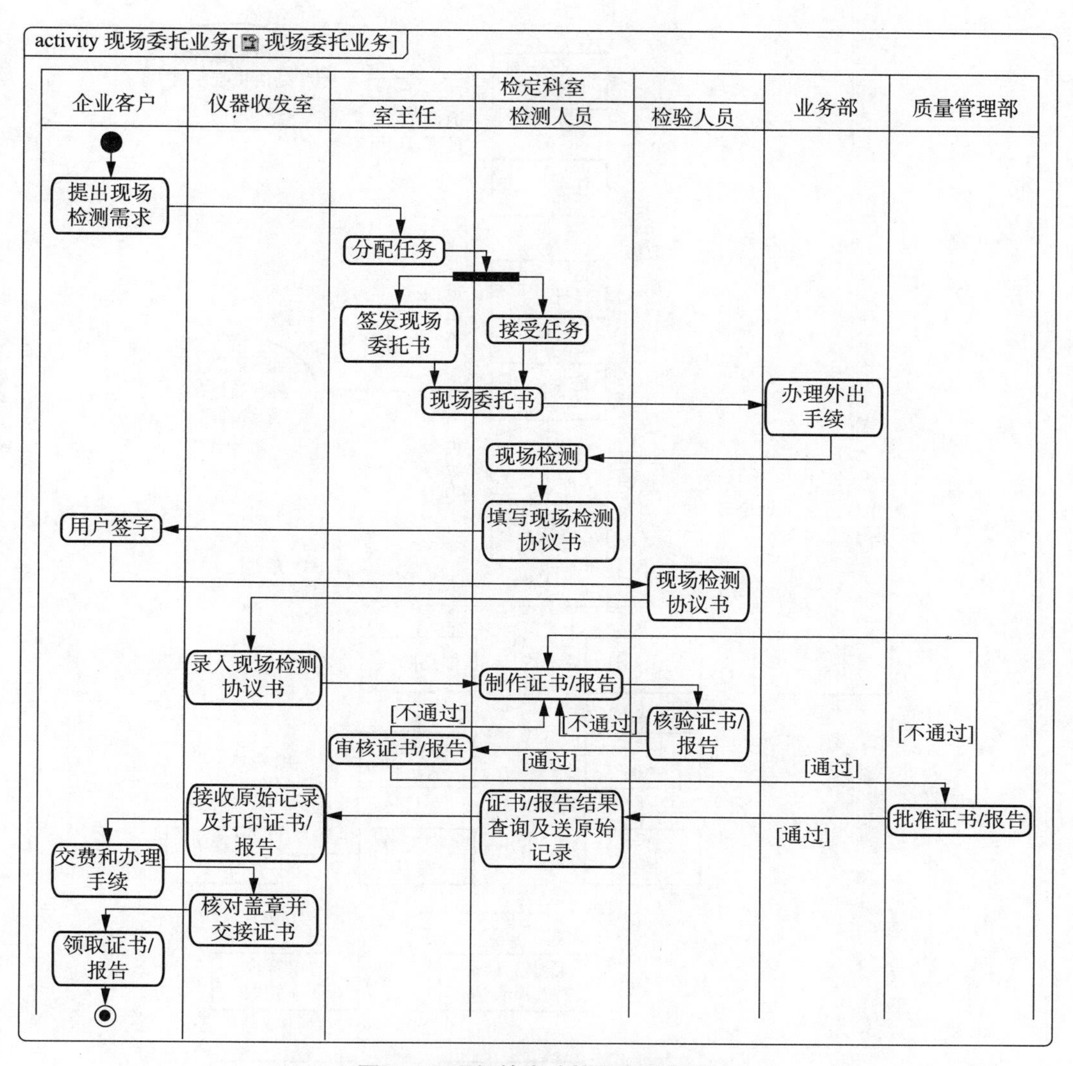

图 8-3　现场检定（校准）流程图

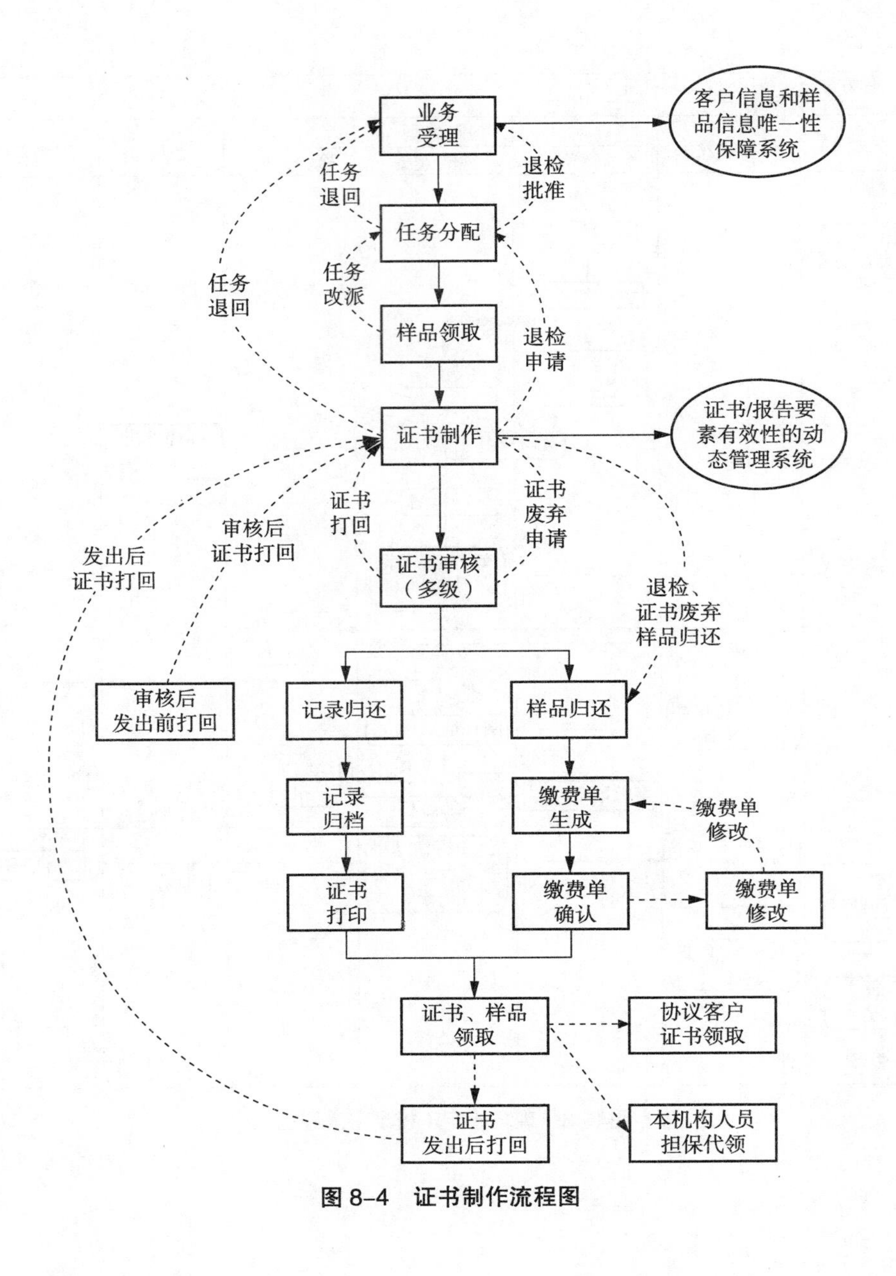

图 8-4　证书制作流程图

第二节　基础数据管理

利用第二章所述测量参数基础数据、计量单位基础数据、检定结论基础数据、多义性消除常见词基础数据、计量器具制造厂商基础数据、实物或铭牌计量器具名称基础数据、计量器具名称基础数据、计量标准命名基础数据、国家检定系统表基础数据，检定规程、校准规范、检验检测标准基础数据，证书和报告封面及续页格式模板基础数据、测量不确定度来源标准化描述基础数据、产品获证必备检验设备基础数据、专用数学公式编辑和计算工具，第三章所述计量技术机构基础数据、授权资质基本数据、人员基础数据、测量设备基础数据、机构计量标准基础数据，检定、校准、检验检测方法基础数据，环境设施基础数据、证书和报告内页格式及原始记录格式模板基础数据、客户信息基础数据、专业类别基础数据、数据状态基础数据，为本章所述计量业务管理子系统提供统一、准确、可靠的数据。通过以上基础数据中建立的数据之间的关联制约关系，实现了计量业务相关数据的自动生成、自动加载、自动匹配，使用户填报量降至最小。

第三节　样品收发

一、设计目的

样品收发作为计量技术机构业务流程的入口和出口，其质量的好坏不仅会影响到整个系统的正常运转，同时对客户信息和样品信息的唯一性保障至关重要。特别是计量技术信息管理系统中如何解决仪器收发标准化问题已成为系统设计的重点和难点，也是制约计量技术机构快速、健康发展的一个“瓶颈”。因此，分析仪器收发“瓶颈”的成因，并对其流程进行优化设计，具有非常重要的现实意义。

目前，计量技术机构信息管理系统（MIMS）多数仍停留在证书和报告制作上，还未上升到利用信息对整个机构进行科学化管理，对业务实施统一调度的高度上。这集中体在各机构对客户信息、样品信息等基础数据的采集、整理、规范和挖掘还普遍不够重视，进而导致对仪器收发这一数据采集终端缺乏足够重视和深入系统的研究，加之各机构仪器收发管理方式和流程各不相同，通常认为无法制定或没有必要制定标准化的作业流程及相应标准，造成收发时，收发人员缺乏正确指导、自由度大，同时，收发人员多为聘用，上岗前缺乏严格的专业培训，进而导致其在专业知识、业务技能、实践经验、责任心等方面均不符合标准化要求，又因其收入普遍不高，无法形成有效的奖罚机制。

本节针对目前计量技术机构样品收发现状及其存在问题，分析了影响样品收发标准化进程的因素，并结合工作实际，提出了一整套科学化、规范化、标准化的解决方案，以达到提高收发效率、缩短等待时间、避免人为失误的目的。

二、设计思路

样品收发是计量业务管理子系统设计的重中之重，其核心就是最大限度地保证客户信息和样品信息的唯一性和准确性，即确保填报的样品信息和实物或铭牌上信息的一致性。因此，其主要依据第一章“客户信息和样品信息唯一性理论”作为理论基础。目前，计量技术机构样品收发类型大体有以下三类：

（1）利用条形码、代码、RFID 标签等全程实现样品收发自动化。例如，强制检定工作计量器具子系统（第十一章），就是通过对每台强制检定计量器具统一赋码，加贴带有强制检定计量器具唯一码的 RFID 标签来保证客户信息和样品信息的唯一性。

（2）利用网上报检实现样品收发自动化，即设计网上业务受理平台实施报检，通过网上送检编号完成样品收发。例如，通过网上报检结合第一章“客户信息和样品信息唯一性理论”和第二章和第三章基础数据的单一来源、自动关联、智能纠错来实现客户信息和样品信息的唯一性。

（3）传统人工填报纸质《委托协议书》样品收发，此类样品收发是本章研究的难点和重点，由于送检《委托协议书》由客户自行填写，不属于强制性规范化行为，在填写过程中，填写人对信息描述得不够清楚，经常出现简写、别名、俗称等问题，导致填写准确率低。这就要求设计上依靠第一章“客户信息和样品信息唯一性理论”。流程上必须严格遵守本章所述流程和设计要点，才能确保客户信息和样品信息的唯一性、准确性。

“民用四表”等大批量独立出证的样品收发，此类样品收发需要通过设备供应商对其测量设备附带的检测系统进行改造。通过数据结构，使之能与本书所述各系统实现数据交换和共享。

三、设计要点

（一）客户送检样品收发设计

1. 客户信息的组成

在设计“客户名称”时，一个完整的客户单位表述应该分为三部分，即“母公司名称”+“子公司名称”+“使用部门名称”，如图 8–5 所示。其中，“母公司名称”源自统一社会信用代码数据库，其体现的是组织机构，但客户无母公司时，母公司就是客户名称；“子公司名称”可以源自统一社会信用代码数据库，也可以源自网上报检母公司对其下属无独立统一社会信用代码的内部机构建立的子账号和源于纸质报检客户填写的信息；“使用部门名称”用于区分样品安装、使用的地点，通常《委托协议书》、证书和报告上“客户名称”体现的是“母公司名称”+“子公司名称”，“使用部门名称”可以出现在备注栏。

采用三层结构设计的目的在于：便于母公司对其所有子公司账号的管理。

便于母公司在不同行政管辖区域内存在强制检定计量器具按其所在行政管辖区域进行报检；防止客户检定、校准、检验检测费用结算时，因客户单位多义性而造成的统计不准的问题；便于某次送检过程，“子公司名称”“使用部门名称”的联系人更加准确，以便及时通知送检人。但在费用结算时，又便于统一联系、统一结算。

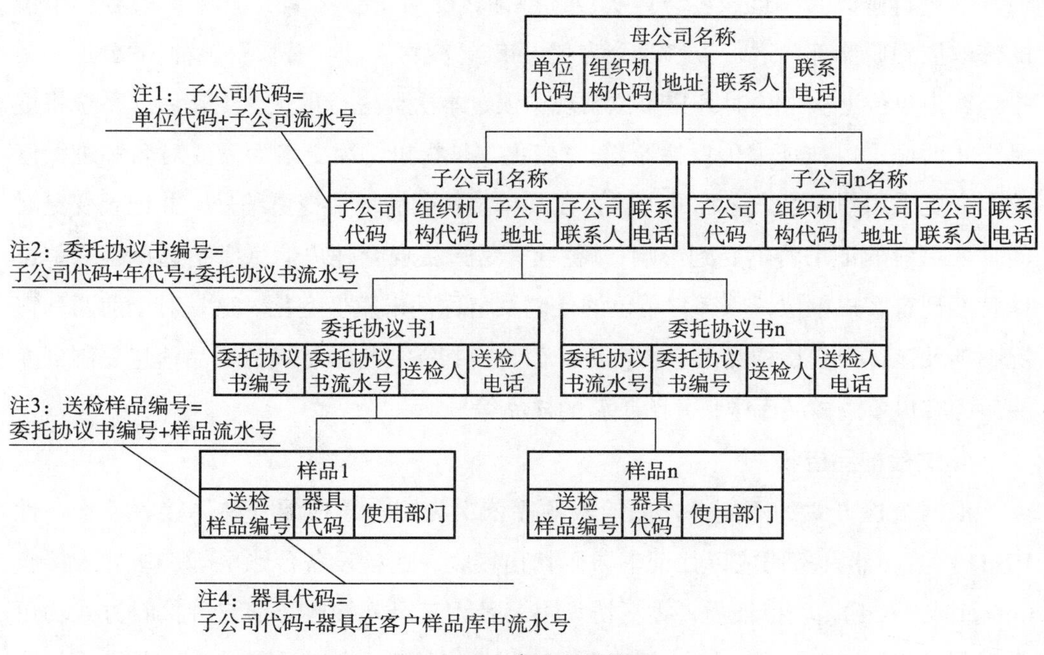

图 8–5　客户信息结构图

2. 客户信息的获取

客户信息按以下顺序优先获取：网上送检编号、样品器具信息条码标签（包括 RFID 标签）、客户联系卡、单位代码、单位全称、单位名称的关键字、送检联系人、联系电话。上述信息如果客户能够提供，收发人员可通过检索数据库获取客户信息；如果不能提供或查询未果，则可新建客户信息并制作客户联系卡。新建过程中，系统将自动按新建客户与已有客户名称的相似度数据进行排序，供收发人员参考，检索或新建的结果必须通过分屏共览方式供送检人员确定是否为其单位全称。

3. 客户信息的修改

本章所述各系统均是以客户单位作为主线，按客户单位 ⊂《委托协议书》⊂《缴费单》⊂ 证书 ⊂ 送检样品的包含关系展开，构建出整个业务系统的基础架构。因此，客户单位的修改记录在样品系统中 ID 的变化，而该 ID 下关联的历史送检记录、证书、收费统计都会发生变化。特别是客户单位修改后，如果有证书与其关联，将出现用户手中证书与证书副本不一致的问题。要解决这一问题，一方面，要利用第一章第三节的方法；另一方面，要对客户单位设置状态标识，状态标识分为“新建”“已入库”，其中,“新建”是指首次赋予单位代码。而其客户单位下无关联样品，处于“新建”状态下客户单位，可以从《委托协议书》录入到证书发出后打回的任何环节进行修改。一旦该客户再次被选择即转变为“已入库”。已入库的客户单位的修改应到职能部门进行。修改分为“更正”“变更”和“替换”三种。“更正”是指该客户单位上次送检时客户单位出现错误，本次要进行更正。更正后，系统将记录更正时间，以往证书仍保持原样；“变更”是指机构因更名而需要对名称进行修改。变更采用新建客户名称的方式，在其单位代码后增加变更编号，并记录变更时间，变更前的证书将不受到影响；“替换”是指从现有客户信息库中选择客户单位以替换现有客户单位，原客户单位的代码及名称都未发生变化。这是对于前两种情况不涉及该客户送检样品编号的变更。而替换却需要将须替换的样品信息复制到变更后的客户单位样品库中，并给予新的样品编号。

4. 送检样品接收

根据报检方式的不同，样品接收顺序依次为网上送检编号整体接收、唯一性 RFID 标签、器具条码或以往证书条码扫描接收、送检设备台账电子表格导入接收（excel 或 word）、填报纸质《委托协议书》及人工录入接收。前三种接收方式均可实现现场打印，后一种方式，收发人员应指导、检查或代为客户人工填报《委托协议书》。填写《委托协议书》应注意以下几点：

（1）人工填报和通过条码扫描打印的委托协议书编号必须一致；

（2）人工填报的《委托协议书》中“样品器具名称”“规格型号”“制造厂商”“出厂编号”4 项内容，严格按样品铭牌或标签上的名称填写，不得使用简写、简称；

（3）客户名称、单位地址、单位辖区、联系人、联系电话、客户确认签字必须齐全、准确，不得出现内容上的缺项以及简写、俗称等现象；

（4）为确保客户信息的唯一性，对客户要求在证书首页客户名称中体现使用部门的情况，可设立“使用部门”的单独字段，分别填写、分别录入，两者不得合并；

（5）对无法确定的信息，收发人员有权要求检定、校准、检验检测人员现场给予协助。

5. 纸质《委托协议书》的录入和保存

纸质《委托协议书》的保存以月为单位，按其编号进行归档，以便于查询和调阅。

纸质《委托协议书》的录入应遵循以下步骤：

（1）由于客户送检完毕时，纸质《委托协议书》可能尚未录入系统，也无法给出委托协议书编号。收发人员录入时，须建立纸质《委托协议书》首页流水号（及对应条码）和系统生成的委托协议书编号的映射关系，便于查找。

（2）纸质《委托协议书》样品信息录入的步骤依次为：

① 进入客户送检样品信息基础数据。

② 依次通过出厂编号、器具名称、规格型号、制造厂商等条件或其关键字进行组合查询。

③ 系统将与上述查询条件匹配的结果集进行智能分析，并按照其匹配程度顺序显示在界面上，方便收发人员选择。

④ 系统将对整个机构客户送检样品信息基础数据，按“计量器具名称（器具学名）”—“出厂编号”—“制造厂商”—“规格型号”的顺序实施查重。对其中“/”或“无”以不同数据处理，若存在完全重复数据，则直接引用现有数据；若存在疑似重复数据，提供给客户进行选择；若无重复数据，按以下“新建样品信息”处理。“新建样品信息”可以任意修改，直至再次送检被引用后进入锁定状态。如果仍需修改，必须履行相关手续。在强制检定计量器具收发中，经常会出现不同客户送检器具信息完全重复的情况，其原因大体有两种：同一器具同时被多个使用者混用；器具信息填写错误，特别是出厂编号错误。对于前者应进一步落实器具所属人，对于后者可以在型号规格基础数据（第二章第八节）中增加出厂编号的图像说明。

（3）若仍无法得到所需信息，则需新建样品信息，新建样品信息的步骤为：

① 根据计量器具名称关键字对计量器具名称基础数据进行模糊查询；

② 若查询未果，则新建器具名称；

③ 若查询到，系统将自动关联与之匹配的型号规格、制造厂商以供选择；若无匹配信息，收发人员应通过关键字对型号规格、制造厂商进行模糊查询。若查询到，系统将自动建立其与器具名称的对应关系；若查询未果，则新建。

（4）新建的器具名称、型号规格、制造厂商等信息须经过相关管理部门核实后方可批准进入数据库。

（5）新建过程中，为了提高同型号整批样品新建效率，可设计样品信息批量复制功能，即自动生成指定数量的样品信息，并根据需要将已有样品信息复制到指定位置。在设计该功能时应注意以下问题：

① 实物或铭牌上器具名称、型号规格、制造厂商、使用部门等信息可根据需要批量复制，但出厂编号不能批量复制（“/”或“无”除外）；

② 批量复制后，应设计对复制整体数据按行或按列集中修改功能，以利于提高修改效率；

③ 批量复制修改完毕后，系统立即对批量复制的数据实施查重，并对其中的重复数据予以提示；

④ 在成批复制过程中由于样品数量众多，难免遗漏，因此，需要设计送检样品编号重新排序功能；

⑤《委托协议书》发出后，无论“更正”“变更”“替换”均不应改变原有的送检编号，以防止因送检编号重复而造成的信息丢失。

6. 授权类型选择

“授权类型”分为法定计量检定机构授权（即法定计量授权）和 CNAS 授权。选择相应授权类型后，系统将根据授权类型匹配相应的“授权类型”证书编号尾字母（如 S 表示法定计量授权，C 表示 CNAS 授权）。设计“授权类型”目的在于：一是便于样品收发人员根据证书编号尾字母中的授权类型字母加盖对应的检定、校准、检验检测印章；二是系统自动根据所选的授权类型，加载本授权开展项目对应机构授权资质信息，防止与本次检定、校准、检验检测类型无关机构授权资质信息的加载。因此，在样品收发中，样品收发人员应询问客户所需的授权资质类型，以防止证书和报告出具后不满足客户需求。

7. 委托类型选择

“委托类型”分为仲裁检定计量器具、免征强制检定工作用计量器具、跨区域送检强制检定工作用计量器具、免征计量标准器、跨区域送检计量标准器，认证、认可、生产许可获证企业必备计量器具，本机构内部检定或校准测量设备、考核现场试验样品、能力验证试验样品、委托送检等。选择相应“委托类型”后，系统将根据“委托类型”在“授权类型”证书编号尾字母代号后匹配相应的“委托类型”证书编号尾字母（如Z表示仲裁检定，Q表示强制检定工作用计量器具，B表示计量标准器，R表示认证、认可、生产许可获证企业必备计量器具，N表示本机构内部检定或校准）。设计“委托类型”目的在于区分样品委托的类型，根据委托类型不同加载个性化信息。如：

（1）选择仲裁检定计量，系统自动加载证书和报告封面及续页格式模板基础数据（第二章第十四节）中仲裁检定通知书模板，系统缴费状态默认为“已缴费”；

（2）选择免征强制检定工作用计量器具，系统缴费状态默认为“免征”；

（3）选择跨区域送检强制检定工作用计量器具，系统缴费状态维持为“未缴费”；

（4）选择免征计量标准器，系统将在证书和报告续页增加社会公用计量标准器信息，系统缴费状态默认为“免征”；

（5）选择跨区域送检计量标准器，系统将在证书和报告续页增加社会公用计量标准器信息，系统缴费状态维持为“未缴费”；

（6）选择本机构内部检定或校准测量设备，检定或校准完毕后，系统将自动更新测量设备溯源信息（第四章第二节），并建立证书和报告调用链接，实现机构内部检定或校准信息的全面数据共享，这时系统缴费状态默认为“内部已确认”；

（7）选择考核现场试验样品、能力验证试验样品，系统缴费状态默认为“内部已确认”。

因此，在样品收发中，样品收发人员应询问客户所需的授权资质类型，以防止证书和报告出具后不满足客户需求。

8. 条码标签的打印

对未加贴条码标签的样品加贴条码标签。计量技术机构常见条码标签有以下两种：

（1）提前打印流水标签（同时打印两张相同的标签），其中，一张贴在仪器上，另一张贴在《委托协议书》对应样品上。《委托协议书》信息录入后，扫描协议书上的条码信息，补全样品的信息。此种设计方法的优点在于：条码较小，解决了部分样品尺寸过小条码贴不上去的问题；条码打印在仪器收发之前，实现了收发过程中样品条码的粘贴，避免了样品入库后，再加贴条码、寻找样品的麻烦。缺点在于：条码信息中缺少样品信息，容易造成条码的误贴，特别是贴在样品外包装（如平面平晶通常将条码贴在其盒子上，而非平面平晶上）；若采用“委托协议书编号”+“样品流水号”的方式，贴有条码的器具由于可以通过条码扫描方式获得样品信息，可以不用更换条码，但条码上委托协议书编号不是本次送检的委托协议书编号，容易造成混淆，若将原有条码更换为本次送检《委托协议书》的条码号，又会增加工作量。针对上述问题，可以采用“客户单位代码”+“样品在样品库中流水号”的方式。但若样品原来就有条码，但由于使用过程中条码脱落，此种方式，将会使已经入库的样品产生新的样品库中流水号。在补全样品信息中，须建立新旧样品库中流水号的关联关系，并用新流水号替代旧流水号，这样就不会出现样品库流水号出现断号和统计上的困难。

（2）《委托协议书》录入完毕后，打印含有客户信息和样品器具信息的条码标签。此种设计方法的优点在于：条码信息齐全，不易混淆；将条码与样品状态标识合二为一；最大化地减少了样品库中流水号重复的问题。缺点在于：样品尺寸过小，无法粘贴到样品表面；条码打印在样品入库后，在众多样品中寻找条码对应的样品效率较低。解决方法：针对第一个缺点，机构可定制样品流转专用袋，用以盛放样品，也可以将多个样品放入袋中，袋外粘贴所涉及样品的条码；针对第二个缺点，可将手写《委托协议书》变为由样品收发人员现场信息录入，再打印《委托协议书》的模式，录入同时就可将条码贴到样品上。

9.《委托协议书》打印

设计《委托协议书》打印功能，《委托协议书》打印只针对网上送检、设备台账导入、上次《委托协议书》、送检证书扫描、贴有条码的器具扫描等非人工输入《委托协议书》的形式的录入。《委托协议书》模板存储在专用模板基础数据（第三章第十二节）中。

10.《委托协议书》处理

《委托协议书》的处理分为未完成的处理和任务退回两类。第一类设计目的在于：经常有《委托协议书》未录完，但样品收发人员却误认为已经发送的现象，在设计上可通过分页板解决此类问题。

（二）现场检定、校准、检验检测样品收发设计

现场检定任务下达后，检定、校准、检验检测人员应确认《委托协议书》所属的客户单位是否曾经送检。对已送检客户，通过下次检定/再校准日期监控系统获

取到期样品信息，并现场打印《委托协议书》。现场检定、校准中，根据实际情况对现场《委托协议书》内容进行修改，并对操作类型进行标注。现场检定完毕后，由专人负责收集本次现场检定所有参与人员填写的《委托协议书》，以确保机构信息和样品器具信息的规范填写，对不规范的填写予以纠正，并查询、填写单位代码后统一提交。样品信息录入人员利用客户信息与样品信息唯一性保障系统，在信息录入过程对其中疑似数据及时与检定、校准、检验检测人员进行沟通，对产生多义性的信息进行及时纠正。在证书和报告制作完成之后，集中打印样品器具条码标签，并将样品器具条码标签、证书和报告、仪器合格标签一并交于送检人员，并告知送检客户设备管理人员将标签贴至相应位置。这样，通过样品器具条码标签和被检仪器实物、铭牌的对比，进一步印证了单位信息和样品器具信息的正确性，下次现场检测，检定、校准、检验检测人员在填写现场《委托协议书》时，可在确保唯一性的前提下利用客户标识和样品标识表示单位信息和样品信息。也可以利用手持终端扫描样品器具条码标签获取样品信息，对没有条码标签的通过手持终端上的查询系统确定该样品是否已检定。如果已检定，重新打印样品器具条码标签；如果没有，则新建样品信息并打印条码标签。

（三）现场带回样品收发设计

现场带回样品，由现场检定、校准、检验检测人员协助或代为填写送检《委托协议书》，并经客户签字确认，现场检定完毕后，将样品和《委托协议书》一并送仪器收发部门，执行送检标准化程序。

（四）独立制作证书和报告系统的样品收发设计

对于“民用四表”等大批量且独立出证的样品，根据机构的实际情况，可以设计以下两种处理方式：

1. 以数据交换方式进行独立制作证书和报告

采购测量设备时，若测量设备具有独立制作证书和报告的功能，则可根据测量设备用途及具体功能需求，要求设备供应商对其测量设备附带的检测系统进行改造，并设计与本章所述计量业务管理子系统的数据接口。具体方法如下：

（1）实施赋码管理的强制检定计量器具，以数据交换方式独立制作证书和报告

在对测量设备附带的检测系统进行改造时，可要求增加“强制检定计量器具唯一码”“检定、校准、检验检测费用”“协作人员”“修理费”“修理人员”等字段，并设计其与本章所述计量业务管理子系统以及第十一章所述强制检定工作计量器具

管理子系统的数据接口，以实现数据的实时共享与双向交换。

以强制检定工作计量器具子系统为业务受理前端，通过网上报检系统实现样品信息录入、审核和接收。

以“强制检定计量器具唯一码”作为连接两个系统的唯一性纽带，将客户信息、样品信息交换到测量设备附带的检测系统。

检定时，利用手持终端扫描送检样品上的强制检定FRID标签，以获取该样品检定任务，并在测量设备附带的检测系统进行证书制作和相关费用填写。

检定完毕后，保存检定结果的同时，系统自动通过数据接口上传检定证书编号、检定结论、检定日期、下次检定日期、检定人员、核验人员、授权签字人，检定、校准、检验检测费用，协作人员、修理费、修理人员等信息到强制检定工作计量器具子系统和计量业务管理子系统。计量业务管理子系统设计专用模块以接收上述信息，以便于对这部分强制检定计量器具的统计和查询。

在上传检定信息的同时，也可要求上传检定数据和独立制作证书和报告系统出具的证书和报告。

如果条件允许，也可以通过上传的检定数据，在计量业务管理子系统中完成证书的制作和打印。

数据上传完毕后，客户在计量业务管理子系统中打印《缴费单》，缴费状态为“免征”。

客户凭《缴费单》领取证书和报告。

（2）未实施赋码管理的强制检定计量器具和非强制检定计量器具，以数据交换方式独立制作证书和报告

在对测量设备附带的检测系统进行改造时，可要求增加“委托协议书编号”“样品整体数量”“流水号”“检定、校准、检验检测费用”“协作人员”“修理费”“修理人员”等字段，并设计其与本章所述计量业务管理子系统的数据接口，以实现数据的实时共享与双向交换。具体方式为：

（1）以计量业务管理子系统为业务受理前端，客户送检样品时，样品收发人员应选择“委托类型”为“独立制作证书和报告样品”。在进行纸质《委托协议书》录入时，样品管理人员只负责录入送检单位信息、实物或铭牌计量器具名称及其对应的样品数量，不必录入具体样品信息（制造厂商、型号规格、出厂编号等）。系统自动根据上述信息生成委托协议书编号和与样品数量相等的“流水号”及样品记录，对于现场检定、校准、检验检测还需录入检定、校准、检验检测人员信息。完

成《委托协议书》录入后，打印含有委托协议书编号和流水号范围的条码，粘贴在送检样品上。

（2）以"委托协议书编号+流水号"作为连接两个系统的唯一性纽带，将客户信息、样品信息交换到测量设备附带的检测系统。

（3）检定时，在独立制作证书和报告系统信息录入界面输入委托协议书编号和样品整体数量，独立制作证书和报告时，系统自动生成与样品整体数量相等的检定记录及对应的流水号。检定、校准、检验检测人员按样品实物或铭牌上的信息补齐样品信息，并填写每个样品的收费信息。为便于批量处理，可设计"同检定、校准、检验检测收费""同协作人员""同修理费""同修理人员"等快捷方式。

（4）检定完毕后，保存检定结果的同时，系统自动通过数据接口上传检定证书编号、检定结论、检定日期、下次检定日期、检定人员、核验人员、授权签字人，检定、校准、检验检测费用，协作人员、修理费、修理人员等信息到计量业务管理子系统。计量业务管理子系统设计专用模块以接收上述信息，以便于对这部分强制检定计量器具的统计和查询。

（5）在上传检定信息的同时，也可要求上传检定数据和独立制作证书和报告系统出具的证书和报告。

（6）如果条件允许，也可以通过上传的检定数据，在计量业务管理子系统中完成证书制作和打印。

（7）数据上传完毕后，客户在计量业务管理子系统中打印《缴费单》。强制检定计量器具缴费状态变更为"免征"。非强制检定计量器具缴费状态变更为"待缴费"。

（8）客户凭《缴费单》领取证书和报告。

2. 以人工填报方式独立制作证书和报告

测量设备供应商在对测量设备附带的检测系统进行改造时，无法实现测量设备附带的检测系统与本章所述计量业务管理子系统的数据交换的情况，可以人工填报方式独立制作证书和报告。具体方法如下：

（1）实施赋码管理的强制检定计量器具，以人工填报方式独立制作证书和报告

以强制检定工作计量器具子系统为业务受理前端，通过网上报检系统实现样品信息录入、审核和接收。

检定完毕后，相关人员登录强制检定工作计量器具子系统，查询到对应样品信息。人工补充检定证书编号、检定结论、检定日期、下次检定日期、检定人员、核

验人员、授权签字人，检定、校准、检验检测费用，协作人员、修理费、修理人员等信息。查询也可通过扫描样品上粘贴的“强制检定计量器具唯一码”获得。

在人工补充检定信息的同时，也可上传由独立制作证书和报告系统出具的证书、报告。

人工补充检定信息完毕后，通过本章所述计量业务管理子系统以及第十一章所述强制检定工作计量器具管理子系统的数据接口，将强制检定工作计量器具子系统交换到计量业务管理子系统。

客户在计量业务管理子系统中打印《缴费单》，缴费状态为“免征”。

客户凭《缴费单》领取证书和报告。

（2）未实施赋码管理的强制检定计量器具和非强制检定计量器具，以人工填报方式独立制作证书和报告

以计量业务管理子系统为业务受理前端，样品收发人员应选择“委托类型”为“独立制作证书和报告样品”。在进行纸质《委托协议书》录入时，样品管理人员只负责录入送检单位信息、实物或铭牌计量器具名称及其对应的样品数量，不必录入具体样品信息（制造厂商、型号规格、出厂编号等）。系统自动根据上述信息生成委托协议书编号和与样品数量相等的“流水号”及样品记录。对于现场检定、校准、检验检测还需录入检定、校准、检验检测人员信息。完成《委托协议书》录入后，打印含有委托协议书编号和流水号范围的条码，粘贴在送检样品上。

检定完毕后，相关人员登录计量业务管理子系统，查询到对应样品信息。人工补充检定证书编号、检定结论、检定日期、下次检定日期、检定人员、核验人员、授权签字人、检定、校准、检验检测费用、协作人员、修理费、修理人员等信息。查询也可通过扫描样品上粘贴的条形码方式获得。

在人工上传检定信息的同时，也可上传由独立制作证书和报告系统出具的证书、报告。

客户在计量业务管理子系统中打印《缴费单》，缴费状态为“免征”。

客户凭《缴费单》领取证书和报告。

（3）未实施赋码管理的强制检定计量器具和非强制检定计量器具，以人工简化方式独立制作证书和报告

为进一步简化流程，设计上，在采用客户送检样品时，每个《委托协议书》只生成一条送检记录，即不按委托单、样品展开。检定、校准、检验检测完毕后，检定、校准、检验检测人员在本系统中查询到该委托协议书记录，填入整批收费信息

和合并证书、报告编号或证书起止编号。为区别与按样品逐个填写缴费信息的《缴费单》，设计时应允许样品数量可以大于1，用户凭《缴费单》进行样品交接、证书和报告缴费、发放等手续。

（五）客户要求的方法不合适或过期的处理

当客户要求的方法不合适或是过期的，应设计系统自动报警功能，若客户坚持，系统打印带有客户声明的《委托协议书》，经客户签字确认后，进行样品接收。

（六）检测或校准做出与规范或标准符合性的处理

当客户要求针对检测或校准做出与规范或标准符合性的声明时（如通过/未通过，在允许限内/超出允许限），客户可在第十三章所述网上报检系统报检过程中明确规定规范或标准，以及判定规则。也可以在样品收发过程中向收发人员提出符合性判定要求。系统根据检定规程、校准规范、检验检测标准基础数据（第二章第十三节）中的预设，自动判断所选校准规范、检验检测标准是否包含判定规则。若包含判定规则，提供给客户选择确认。若不包含判断规则，则由客户或客户委托收发人员明确校准规范或标准以及判定规则。系统打印带有检测或校准做出与规范或标准符合性的声明的《委托协议书》，经客户签字确认后，进行样品接收。

（七）要求或标书与合同之间的偏离处理

当要求或标书与合同之间存在差异时，收发人员在线记录两者的差异，并确认客户要求的偏离不应影响实验室的诚信或结果的有效性。确认后，打印要求或标书与合同偏离说明，经客户签字确认后，作为《委托协议书》的附件。

（八）《委托协议书》关联信息设计

设计“发票信息”，因为存在发票可能会出现在《委托协议书》录入前开具的现象，需建立发票与《委托协议书》间的对应关系。一方面，可以在纸质《委托协议书》上注明发票编号、开票信息、开票金额、开票人等信息；另一方面，新建《委托协议书》时，应录入上述发票信息，以防止重复开具发票、票账不符等问题。对于已关联发票的《委托协议书》，系统将自动对其生成的《缴费单》进行锁定，只有在两者平衡关系正确的情况下，方可进行缴费确认。

设计“协同分局”，可在《委托协议书》中增加协同分局和协助等级的选项。对于现场检定或校准，检定或校准完毕后，双方互评并签字确认。《委托协议书》录入时，在协同分局中选择配合的区（县）级计量行政管理部门及对应的协助程度。该《委托协议书》及评价信息同步显示到各系统“辖区内计量器具动态监管”模块中，以便区（县）级计量行政管理部门对评价作出确认。对应送检，《委托协议书》录入时，只选择配合区（县）级计量行政管理部门，待客户缴费结束后，再作出评价，评价同样须经过区（县）级计量行政管理部门确认。

设计“样品加急状态”，由样品收发人员在《委托协议书》中注明，并录入系统，系统将自动根据其缓急程度给予不同颜色的显示，用以提醒各部门此样品的紧急程度。

（九）任务分配

任务分配是针对送检样品而进行的，送检《委托协议书》发送后，须经检测部门负责人对本部门任务进行分配，对不属本部门的任务进行任务退回或任务转发。在设计时，应提供同样品名称的功能，以便于一次性选择到相同样品名称的样品。在对样品进行分配时，系统将自动根据授权项目基础数据中预设自动关联该项目中有资质的检定、校准、检验检测人员。若关联不到，将进一步显示该样品名称对应的有历史记录的检定、校准、检验检测人员。任务退回中，检测部门负责人应注明退回原因。一旦发生退回，系统将自动发消息给样品收发人员，如图 8-6 所示。

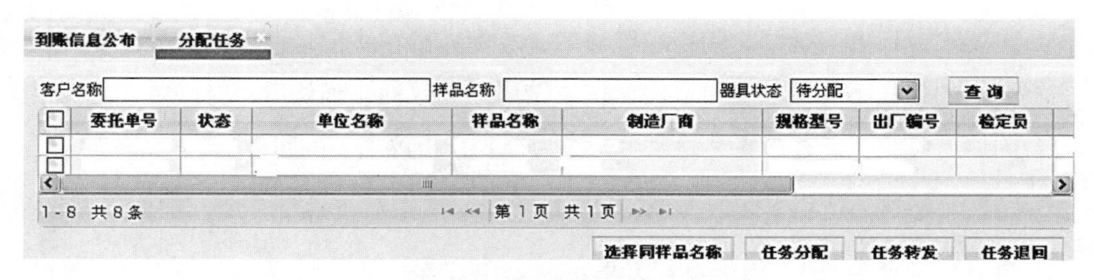

图 8-6　任务分配界面设计

在任务分配中，为便于检测部门负责人清晰直观掌握现有资源情况，可借鉴项目管理思想。设计时可利用资源列表，以便于根据每个资源任务饱和情况，合理分配任务，如表 8-1 所示。对于资源严重超负荷的人员，系统将给予提醒。任务分配完毕，系统将自动发消息给相关检定、校准、检验检测人员。

表 8-1　任务分配列表

人员	待检任务		未领取任务		超时任务		来自 OA 日常任务（7 日内）		到期周检任务（7 日内）		请假时间	资源可利用情况		
	数量	时间估计 A_2	数量	时间估计 B_2	数量	超期间	数量	时间估计 D_2	数量	时间估计 E_2	F_1	已占用时间 $G=A_2+D_2+E_2+F_1$	可用时间估计	过度分配情况

（十）个人任务管理

个人任务管理中主要显示两部分任务：检测部门负责人分配给其的任务和现场带回的任务。

检定、校准、检验检测人员若发现分配错误的任务或客户信息、样品信息错误，可将任务退回给检测部门负责人要求重新分配，退回时应注明退回原因。

（十一）样品流转、交接标准化管理

样品交接可使用刷卡确认的方式替代常见的纸质流转（交接）单，即机构给每个员工制作磁条卡，作为实验室门禁、登录信息管理系统、交接确认的唯一凭证。在样品交接时，收发人员可利用条码扫描方式确定交接样品，并通过手机 APP、分屏共览方式，对交接样品信息与样品器具条码标签上样品信息逐一核对，对其中错误的信息，进行现场更正，样品交接完毕后，刷卡确认，如图 8-7 所示。

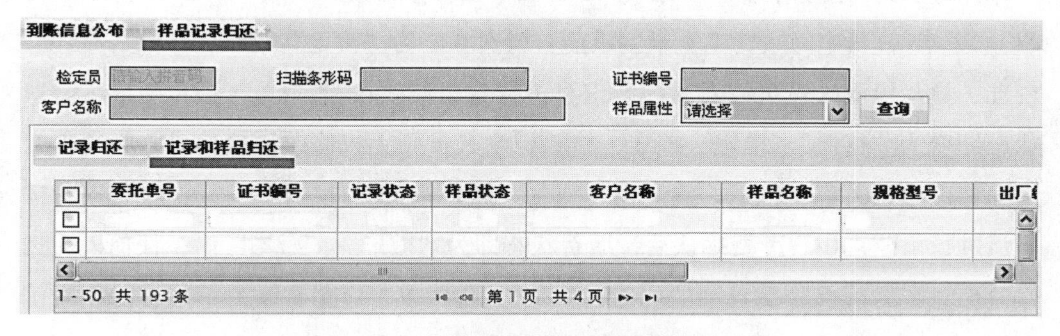

图 8-7　样品记录归还界面设计图

（十二）合同的偏离

在接到样品后，由于样品本身特性，无法按规定开展检定、校准、检验检测，需要对合同（《委托协议书》）进行偏离时，检定、校准、检验检测人员在线通知样品收发人员，样品收发人员核实后，系统自动发信息给客户通知重新进行合同评审，新的合同评审可通过第十三章网站和网上业务受理平台进行网上变更确认。

（十三）原始记录、证书和报告收发标准化管理

1. 原始记录收发

为了实现样品、证书和报告、原始记录的统一化管理，证书和报告、原始记录可采用同一编号（即证书和报告编号），以便于检索。同时，实行送检样品与原始记录一并交接，以简化流程，并要求收发人员严格遵守以下规定：

（1）证书和报告仍处于审核状态，拒收其关联的样品与原始记录的归还；

（2）原始记录签字手续不全，拒绝接收；

（3）无原始记录，拒绝打印证书和报告；

（4）证书和报告副本与原始记录装订在一起，以月为单位，按证书编号进行排序、归档。

2. 证书和报告收发

为实现证书和报告准确收发，证书和报告应包含证书编号的条码信息和防伪标识，这样在收发时，可以利用扫描条码对其快速收发，并有利于及时发现未缴费的证书。同时对本机构人员代领证书、借阅证书和报告副本或原始记录的现象应严格执行刷卡确认手续。

（十四）收费标准化管理

计量技术机构信息管理系统（MIMS）的缴费状态通常可分为“待定”“待缴”“缴毕”，其中《缴费单》未生成前，缴费状态为“待定”，在这一阶段，检定、校准、检验检测人员可以对其缴费信息进行自由修改；《缴费单》一旦生成，缴费状态即变为“待缴”，检定、校准、检验检测人员则无权修改缴费信息，必须提交书面修改申请，经批准后，废弃已生成的《缴费单》，由仪器收发部门收费人员按申请进行修改；用户缴费确认后，缴费状态即为“缴毕”。“缴毕”后，任何人无法修改信息。为确保收费管理的严谨和规范，《缴费单》应包含缴费单编号的条码信息和防伪标识，以实现缴费过程的快速和准确。

四、实施效果

通过以上设计，基本达到了简化管理流程、杜绝收费漏洞、实现快速录入、避免重复劳动与冗余建设的效果。

第四节　检定、校准、检验检测过程监控

CNAS–CL01：2018《检测和校准实验室能力认可准则》要求“原始的观察结果、数据和计算应在观察或获得时予以识别”，JJF 1069—2012《法定计量检定机构考核规范》要求“观测结果、数据和计算应在产生的当时予以记录，并能按照特定任务分类识别”“在观察或获得时予以识别或记录”。但现实中对上述要求很难监督，若条件许可，可设计独立的检定、校准、检验检测过程监控功能，若尚无条件对其实施信息化监督，可按本书其他章节介绍的方式实施检定、校准、检验检测。

检定、校准、检验检测过程监控可设计以下模块：

一、现场检定、校准、检验检测过程监控模块

开发具有类似钉钉 APP 轨迹跟踪功能的现场检定、校准、检验检测 APP。现场检定、校准、检验检测人员根据每日系统安排的现场任务，依据手机或手持终端 GPS 导航的指引依次到达地点，系统自动记录到达位置和到达时间，并自动调取该客户的委托单。现场检定、校准、检验检测人员选择待检定、校准、检验检测样品，系统自动判断该样品是否为首次检定、校准、检验检测样品，如存在历史记录，系统自动调取以往数据。如果是首次，现场检定、校准、检验检测人员根据现场样品实际状况，判断是否能够开展现场检定、校准、检验检测。如果无法开展，经客户电子签名确认后，办理退检手续，并上传退检样品照片。若可以开展，系统可自动生成电子原始记录，按如下步骤实施现场检定、校准、检验检测：

（1）检查系统中样品信息与实物或铭牌计量器具名称是否一致，如不一致，按实物或铭牌计量器具名称修改，并上传实物或铭牌计量器具名称照片。如一致，直接上传实物或铭牌计量器具名称照片（首次检定、校准、检验检测适用）。

（2）检查样品状态、封印状态、法制性标志等外观要求，在线如实记录，并上传相关证件。

（3）检查检定规程、校准方法、检验检测标准能否满足现场检定、校准、检验检测要求。如满足，在线选择相应检定规程、校准方法、检验检测标准；如不满足，告知客户，经客户电子签名同意后，按方法偏离或退检处理。

（4）检查环境条件能否满足现场检定、校准、检验检测要求。如满足，在线如

实记录，并上传环境监测证据；如不满足，需告知客户，经客户电子签名同意后，按方法偏离或退检处理。

（5）检查测量设备能否满足现场检定、校准、检验检测要求，如实选择测量设备，并上传测量设备照片。

（6）系统自动选择原始记录数据采集方式，对于带有数据自动采集功能的测量设备，可通过设计与计量技术机构信息管理系统的接口，自动采集并上传数据。

（7）依据电子原始记录中预先设置好的检定、校准、检验项目及测量点逐点进行现场检定、校准、检验检测，系统自动记录每个项目及每个检定时间，并与系统规定时间进行比较。检定、校准、检验检测过程需全程录像，全部检定、校准、检验检测完毕后，点击上传视频证据。如现场检定、校准、检验检测不满足检定规程、校准规范、检验检测标准要求，需告知客户，经客户电子签名同意后，按方法偏离或退检处理。

（8）在线填写或自动采集现场检定、校准、检验检测数据过程中，系统将调取历史数据，并利用控制图法等质量控制方法对其中数据偏离较大的数据给予提示，以便于及时发现问题、及时复检。

（9）电子原始记录生成后，系统自动生成相应的电子证书和报告。经授权签字人远程在线审核、批准后，如客户需要，可发放电子证书。

（10）需要加载封印的，加装完毕后，上传加装的封印照片。

（11）需加贴检定、校准标识的，加贴完毕后，上传加贴的标识照片。

（12）所有样品现场检定、校准、检验检测完毕，客户电子签名确认后，打印现场《委托协议书》，系统记录现场检定、校准、检验检测完成时间。

二、实验室内检定、校准、检验检测过程的监控模块

对实验室内检定、校准、检验检测过程的监控过程与现场检定、校准、检验检测过程的监控基本相似，但客户的相关确认，只能通过电话、短信、微信、手机APP专用即时通信工具等方式通知客户，客户登录网上业务受理手机APP平台，完成电子签名确认。另外，对检定、校准、检验检测全过程的录像可由移动摄像设备改为固定摄像设备。最后，由于《委托协议书》送检时已签订，只需对其进行备注，不必重新打印、确认。

三、检定、校准、检验检测在线调度、支持模块

设计检定、校准、检验检测在线调度、支持模块，利用视频会议系统，实时了解各作业现场情况。当检定、校准、检验检测人员需要技术支持时，可通过视频会议方式寻求技术支持。

第五节　证书和报告制作

证书和报告制作是整个管理系统核心模块之一，其应用基础为证书和报告要素有效性的动态管理系统，本节主要对其设计细节进行详细介绍。

证书和报告制作可分为下列模块：

一、退检申请

退检是指检定、校准、检验检测人员接受样品后，发现样品因损坏，无检定、校准、检验检测能力等原因无法实施检定、校准、检验检测，而将样品退回样品收发部门。其流程设计为：

（1）检定、校准、检验检测人员申请退检；

（2）检测部门负责人批准退检申请；

（3）检定、校准、检验检测人员归还样品，样品收发人员在系统中进行样品归还确认；

（4）样品收发人员通知客户领取样品，在系统中进行客户领取样品的确认。

二、任务退回

任务退回是指《委托协议书》发出后，因检定、校准部门选择错误，现场检定、校准、检验检测人员选择错误，客户信息错误、样品信息错误等原因，由检测部门退回样品，收发部门重新修改数据。其流程设计为：

（1）现场检定、校准、检验检测，检定、校准、检验检测人员申请任务退回，样品收发部门接收退回任务；

（2）客户送检，检定、校准、检验检测人员退回检测部门负责人，检测部门负责人视情况进行重新分配或退回样品收发部门。

三、客户单位名称修改

证书和报告制作过程中，如需要对客户单位名称进行修改，应严格限制要求，仅限于“新建”客户单位名称，且该客户单位名称下所有样品缴费状态均为“未缴毕”。这样设计是为防止通过对“已缴费”证书和报告客户单位进行修改，逃避缴费。由于客户单位修改将影响所有现有证书、报告和原始记录，因此，一旦修改，系统将自动发送消息给所有涉及该客户单位的系统用户，以提醒其对现有纸质资料（如原始记录、《委托协议书》）进行通过修改，保证线上和线下信息的一致性，对于“已入库”的信息则只能过“替换”“更正”的方式进行修改。

四、样品信息修改

样品信息修改是检定、校准、检验检测人员发现系统样品信息和样品实际信息不同，而需要对其进行修改。对于样品信息状态为“新建”的样品信息，检定、校准、检验检测人员可以进行修改。对于“已入库”的信息则只能过“替换”“更正”的方式进行修改。“替换”是从样品库中重新选择样品信息进行替换；“更正”是复制并更正原有器具信息，系统给予新的 ID，并自动建立更正前样品 ID 和更正后 ID 间的关联关系。

五、样品信息批量修改

样品信息批量修改仅针对“新建”信息，系统将自动过滤能够批量修改的信息。用户可在列表中选择需要批量修改的样品信息，输入需要修改的信息。

六、合并证书和报告选择

合并证书和报告是应客户要求而产生。在日常实践当中，经常会碰到送检量大，且检定、校准、检验检测结果数据简单（有的仅仅给出一个结论），若每个样品都形成一张证书，往往一次送检就有上百张证书，不利于客户保管和查阅。因此，可以将相同《委托协议书》中实物或铭牌计量器具名称的样品合并到一张证书中。之所以设置这两个先决条件，一是因为每次送检均是以《委托协议书》—《缴费单》—证书—样品这条主线进行展开；二是因为证书制作是以实物或铭牌上计量器具名称—检定规程、校准规范、检验检测标准—测量设备—环境条件—检定、校准、检验检测人员—结果数据模板这条主线实现自动关联和加载；三是《缴费单》生成时，合并证书和报告自动合成一条数据。

在设计上，系统自动依据同《委托协议书》、同实物或铭牌计量器具名称这两个前提条件，自动筛选出可选择的合并证书和报告样品，证书和报告制作者勾选需要合并的样品。系统自动根据选择的样品信息，自动给出合并建议（如同制作厂商、同型号规格、同检定结论）。证书和报告制作者可根据自身需要选择合并内容。为最大化减少收费信息填报量，设计时，可提供同检定、校准、检验检测费用，同协作人员、同修理费、同修理人员等同证书选项。同时，也满足了每个样品收费个性化的需求。

七、合并证书和报告的取消

合并证书和报告的取消分为系统自动取消和人为取消两类。系统自动取消是指因样品信息修改导致原有的合并证书和报告选择组合的取消。若修改后，存在样品不符合合并的条件，系统自动将其从合并组合中剔除，并对其标签和证书编号（若存在）进行清空，使其恢复未合并前原始状态。若修改后，所有样品仍符合合并条件，但存在样品不符合证书和报告制作人已选择的合并内容要求，系统会自动根据合并样品信息重新给出合并建议，供证书和报告制作人选择，重新制作证书和报告，系统将自动对合并证书和报告模板中的“样品信息”进行行、列的增删。为确保合并证书和报告模板“检测数据”部分不受影响，设计时，应遵照“先删后增”的原则，并注意序号的重新排序；人为取消是指在未改变样品信息的情况下，证书和报告制作人出于某种原因取消合并证书的情况（如客户每个样品需要出具独立的证书和报告）。此种情况下，证书和报告制作人可自由选择被取消合并的样品，自动对剩下的合并样品进行相应处理。

八、独立制作证书和报告系统

独立制作证书和报告系统是指测量设备或测量系统测量设备附带的检测系统可以实现数据自动采集、证书和报告自动生成、自动打印等功能。经机构相关管理部门验证、批准、授权，其不在本章所述业务管理子系统中进行证书和报告制作，独立出具证书和报告的系统，多在“民用四表”、出租汽车计价器等领域予以授权使用。由于独立制作证书和报告系统受控性差，必须严格限制。在系统设计上，首先，在授权资质基础数据（第三章第四节）中对可独立制作证书和报告的授权开展项目进行设置，只有设置为“独立制作证书和报告”的授权开展项目方可使用该功能，其他项目不得独立制作证书和报告；其次，独立制作证书和报告系统使用的证书和报告模板必须使用统一模板，以防止证书和报告格式失控；再次，设计统一的数据接口规范，实现其与计量技术机构信息管理系统（MIMS）的数据共享和交换；最后，利用数据接口，将测量设备或测量系统测量设备附带的检测系统采集到的数据，实时传送到计量业务管理子系统，实现在计量业务管理子系统自动生成和打印证书、报告。

九、证书和报告制作及修改

证书和报告制作可分为：样品信息列表设计、费用信息列表设计、预存费用冲抵设计、发票费用冲抵设计、历史送检证书和报告信息套用设计、送检时限设计、证书和报告要素信息、自动加载设计、证书和报告生成设计、证书和报告编号设计、原始记录附件上传设计、证书和报告修改设计、证书和报告重新发布设计 12 个部分。其中：

（一）样品信息列表设计

样品信息列表包含了证书和报告制作所涉及的所有样品信息。包括“委托协议书流水号”“器具名称”“型号规格”“制造厂商”“出厂编号”“客户方使用部门”“检定、校准、检验检测费”“修理费”“出检费”“其他费用”“协作人员”“检定结论”等。设计时，应考虑样品信息批量修改、样品排序、智能排序等功能。其中：

（1）样品信息批量修改与上一节所述“样品信息批量修改”功能基本相同，都是对“新建”的样品信息进行批量修改。批复制过程中由于样品数量众多，难免遗漏。

（2）样品排序与上一节所述“样品排序”功能基本先同，但设计目的不同，上一节的目的在于：防止样品信息批量复制过程中因信息遗漏而无法与《委托协议书》一一对应；本节的目的在于：确保合并证书和报告中样品顺序与原始记录中样品顺序保持一致，以提高证书和报告制作与审核效率，保证原始记录与证书和报告信息的一致性。

（3）智能排序分为局部调整和整体调整两种。局部调整是通过鼠标拖动，进行局部调整；整体调整是采用左右列表的形式，通过“出厂编号”“制造厂商”“规格型号”等，查询待检样品列表。查询后，将其打入左列表。对于合并证书和报告涉及多张原始记录的情况，检定、校准、检验检测人员须按照待检样品列表的顺序进行整理装订。每份记录上须标注合并证书和报告编号、总页数和当前页数，否则不予审核及证书和报告打印。

（4）在待检样品列表中器具状态为“新建”的样品，可通过不同颜色区别。

（5）显示待检样品列表中当前选中样品的信息，对器具状态为“新建”的样品直接修改其信息，对于“已入库”的样品采用“替换”“更正”方式进行修改。

（二）费用信息列表设计

费用信息列表包含了证书和报告制作所涉及的所有费用信息。包括“检定、校准、检验检测费”“交通费和其他费用”“协助人员”“修理费”“修理人员”等。其中，“协助人员”是指除证书和报告制作人员外其他参与检定、校准、检验检测的人员；“修理人员”是指参与样品修理的人员，这里可以是证书和报告制作人员，也可以是其他人员，甚至可以是该项目的授权检定、校准、检验检测人员。“协助人员”和“修理人员”应先按本部门，后其他部门的原则进行选择。不同的是，“协助人员”应排除登录的证书和报告制作人员本人，而“修理人员”可以是任何人。

为提高合并证书和报告收费信息填写效率，同时兼顾收发的多样性和复杂性，设计时，可设计“同检定、校准、检验检测费用”“同协作人员”“同修理费用”“同修理人员”按钮，点击后，系统对选定的多条收费信息加载相同信息，并对自动加载的数据予以颜色区分。

为防止证书和报告缴费完毕后对关联缴费信息进行修改的行为现象，一旦缴费完毕，系统将对缴费信息实施锁定，不允许任何人对其进行更改。

为防止只检定、校准、检验检测，不收费或少收费现象的发生，在设计时，检定、校准、检验检测费用除客户单位为考核客户外，一律不准为零，并可以通过计量器具名称基础数据（第二章第十节）的预设对其检定、校准、检验检测费用的上限和下限值进行控制。

“委托状态”为仲裁检定计量器具、免征强制检定工作用计量器具、免征计量标准器、本机构内部检定或校准测量设备、考核现场试验样品、能力验证试验样品的样品，制作证书时仍填写缴费信息，系统缴费状态默认为“免征”。

每个样品的缴费信息填写完毕后，系统将自动检查并提示费用为0的样品序号，直至所有样品均填写费用，系统将自动计算每张证书和报告的费用。

为便于业务的开展，可设计证书和报告费用成批修改功能，即对已生成的费用整体下浮。系统将计算出下浮系数，并给证书和报告中所有样品的费用乘以该下浮系数。

（三）预存费用冲抵设计

系统将根据预存费用管理中的预算，进行以下判断：

判断已选择的缴费状态为“待缴费”的证书和报告其所对应的《委托协议书》是否已关联预存费用。若未关联预存费用，则终止预存费用冲抵。若已关联预存费用，判断该委托协议书冲抵状态是否为“未冲抵”。若为已冲抵，则终止预存费用冲抵。若为未冲抵，判断已选择证书和报告的总费用是否大于预存费用。若不大于预存费用，则终止预存费用冲抵。若不大于预存费用则进行冲抵，同时显示如下信息：

（1）预存费用中分配本检定、校准、检验检测人员的费用；

（2）已冲抵费用（包括本证书和报告冲抵费用）；

（3）未冲抵样品数；

（4）本检定、校准、检验检测人员涉及《委托协议书》及其样品详细列表，如表8–2所示。

表8–2 任务分配列表

序号	委托协议书编号	送检流水号	器具名称	型号规格	制作厂商	证书和报告编号	样品收费总额	是否冲抵	检定或校准状态	缴费状态

（四）发票费用冲抵设计

发票费用冲抵是指现场检定、校准、检验检测过程中提前收取客户现场检测费用，并且完成如下步骤：

（1）本次现场检定负责人已完成检定、校准、检验检测费用分配，并与现场《委托协议书》进行关联，系统对该现场《委托协议书》实施锁定；

（2）所有参与人员对分配费用进行确认；

（3）财务人员收到钱款，进行缴费确认；

（4）系统通过委托协议书编号，在证书和报告制作过程中自动进行冲抵；

（5）系统自动计算预存钱款与所有冲抵证书和报告报告间的平衡关系，关系正确则打印《缴费单》；不正确，发消息给本次现场检定负责人进行重新调整。

（五）历史送检证书和报告信息套用设计

证书参考信息包括：历次检定、校准、检验检测信息，本次送检时限，授权开展项目，证书套用信息。其中，历次检定、校准、检验检测信息包括本样品历次送检的检定、校准、检验检测日期，证书编号，检定、校准、检验检测费用。在设计上，应该提供证书和报告查看功能，便于调取和套用历史检定和证书信息。

设计历史送检证书和报告信息套用功能。证书和报告制作者根据需要选择某次历史送检记录作为套用模板，系统自动搜索套用模板对应的证书类别、证书字、检定结论、核验人员、审核人员、检定周期、测量设备、检定规程、校准规范、检验检测标准、结果数据页模板等信息在本次检定、校准、检验检测日期内的有效取值，并自动加载到证书和报告制作页面，同时复制所选套用模板的收费信息。由于套用只是为制作者提供一种简单便捷的工具，不能取代证书和报告制作全过程，制作者还应根据实际情况对套用数据进行确认和修改。

（六）送检时限设计

送检时限是指机构对外承诺完成检定、校准、检验检测工作的时间。为确保所有送检样品均按时完成，防止因超时而造成的客户投诉，在设计上，可引入项目管理和时间管理思想，为业务流程的各个环节设置完成时限，一旦某个环节超过时限未完成相应处理，系统将通过短信、微信、QQ 等即时通信方式提醒相关人员尽快处理，同时系统还将自动统计每个环节的处理及时率。在设计上，由于存在用户加急的现象，因此，可以按比例分配各环节处理时限，并以颜色区分任务的紧急程度。

（七）证书和报告要素信息自动加载设计

进入证书和报告制作界面后，系统会自动通过授权资质基础数据（第三章第四节）中的预设，按照证书和报告要素有效性理论（第一章第三节）所述方法和步骤，对证书和报告制作所需要的全部信息实施自动加载。若资质基本数据尚未建立该授权开展项目的关联关系，则需要对证书和报告各要素进行人工选择。证书和报告制作完毕后，系统会提示是否将本次证书和报告制作建立的授权开展项目关联关系存入授权资质基本数据，以便于下次同类计量器具证书和报告制作时自动加载。其设计要点如下：

1. 证书和报告首页信息加载设计

证书和报告首页信息，包括“证书类别”“证书字”“检定、校准、检验检测时间”“检定周期”“检定结论”“核验人员”“审核人员”“授权类型”“委托类型”“附件总数”。上述信息均来自第二章计量通用基础数据、第三章计量技术机构专用基础数据的相关基础数据，其中，“授权类型”“委托类型”设计的目的、意义已在上一节进行了详细介绍，此处不再赘述。需要说明的是：设计“附件总数”的目的在于解决一个样品附带多个附件，而造成的器具数统计不准的问题，如图 8-8 所示。

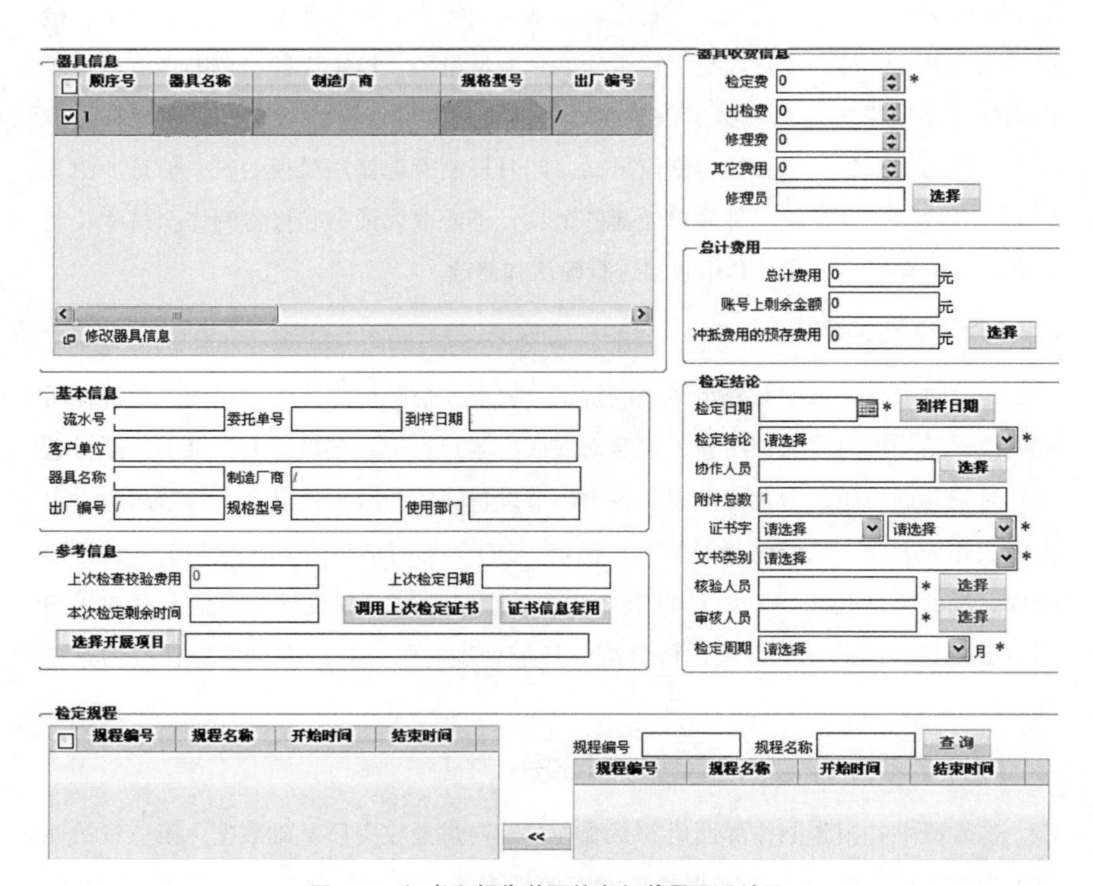

图 8-8　证书和报告首页信息加载界面设计图

2. 检定规程、校准规范、检验检测标准加载设计

系统根据授权资质基本数据中的预设，按证书和报告要素有效性理论所述方法和步骤自动加载。若资质基本数据尚未建立该授权开展项目与检定规程、校准规范、检验检测标准的关联关系，则需要通过人工选择进行加载。检定规程、校准规范、检验检测标准加载页面采用左右列表形式设计，左列表为人工选择信息，右列表为待选信息。为防止未经授权开展检定、校准、检验检测，待选信息按证书和报告制作人拥有的使用权限分为“可选择检定规程、校准规范、检验检测标准”和“仅供查询检定规程、校准规范、检验检测标准”两类。对于前者可以选择使用，对于后者只能查询调阅，经授权后方可使用。另外，为了防止未经确认的检定规程、校准规范、检验检测标准的使用，当人工选择到未经确认的检定规程、校准规范、检验检测标准时，系统将禁止选择，并予以提示。如图 8-9 所示。

检定规程、校准规范、检验检测标准的推荐顺序为：国家级、省级、行业、市级、自编。

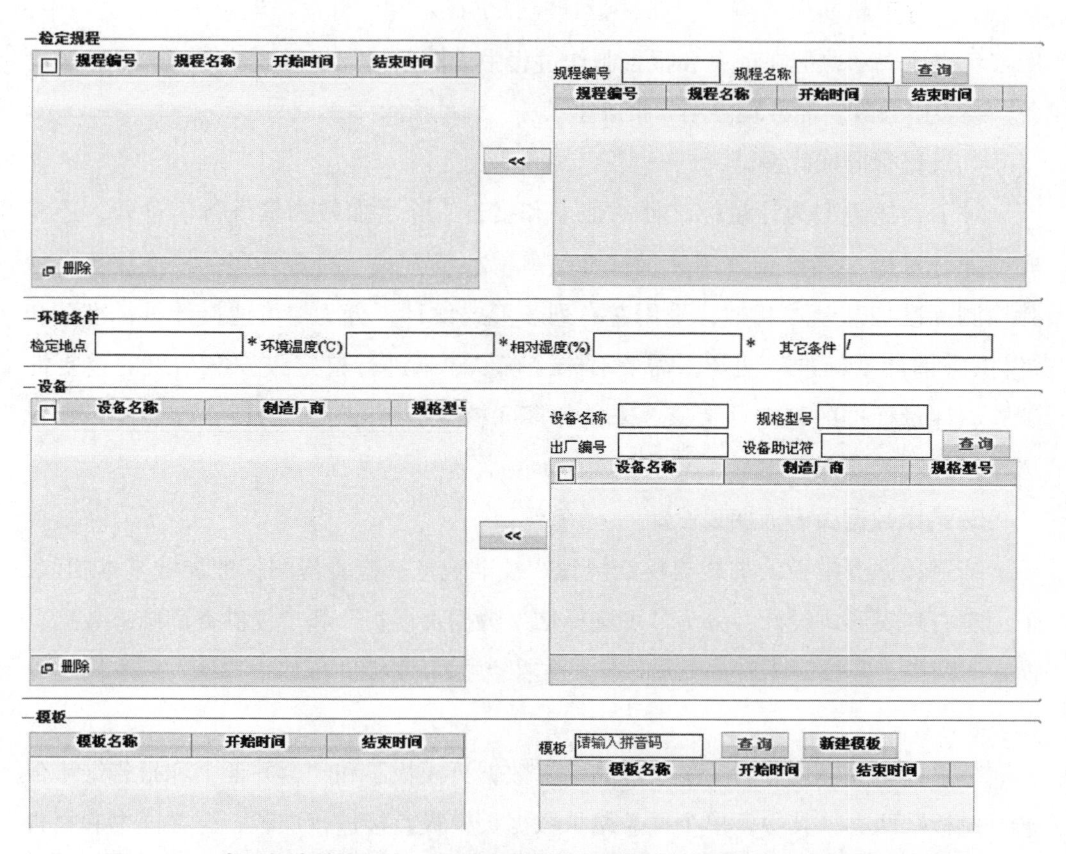

图 8-9　证书和报告检定规程、校准规范、检验检测标准及测量设备加载界面设计

3. 测量设备加载设计

测量设备的加载与检定规程、校准规范、检验检测标准加载基本相似，同样采用左右列表形式设计，分为“可选择测量设备”和“仅供查询测量设备”两类，需要对未经检定或校准结果确认、未进行检定或校准结果的重复性试验、计量标准的稳定性考核、未进行期间核查等存在缺陷的测量设备进行禁止选择。但不同之处在于：

（1）考虑到检定、校准、检验检测可能只用到多参数测量设备中的部分参数的情况。如只用到数字多用表的电压参数，其他参数信息不需要显示在证书和报告中，设计上需要考虑按测量参数展开，以便于按需选择。

（2）考虑到测量设备当前检定或校准有效期可能和上一次检定或校准有效期重叠。如当前测量设备检定或校准有效期为2018-05-01至2019-04-30，而其上一次检定或校准有效期为2017-06-15至2018-06-14。这两个有效期有一个重叠期，即2018-05-01至2018-06-14。在此重叠期中，系统默认加载最新的测量设备溯源信息。

（3）对于超期未检测量设备，设计时，仍显示在“可选择测量设备”类表中，用红色字体表示，但在证书和报告制作过程中无法选择。如需要从“可选择测量设备”类表中去除，需办理停用、报废手续。

4. 计量标准加载设计

对于委托类型为计量标准器的证书和报告，除了加载测量设备信息外，还需要增加计量标准和社会公用计量标准信息。加载方式与检定规程、校准规范、检验检测标准加载基本相似，采用左右列表形式设计，分为“可选择计量标准”和“仅供查询计量标准”两类，需要对未经确认、未进行检定或校准结果的重复性试验、计量标准的稳定性考核、未进行期间核查等存在缺陷的计量标准进行禁止选择。

5. 结果数据页模板加载设计

结果数据页模板的加载与检定规程、校准规范、检验检测标准加载基本相似，采用左右列表形式设计，分为“可选择结果数据页模板”和“仅供查询结果数据页模板”两类，需要对未经确认有缺陷的结果数据页模板进行禁止选择。但不同之处在于：

结果数据页模板分为“单个样品结果数据页模板”和“合并证书和报告结果数据页模板”两类，其中，单个样品结果数据页模板直接进行加载；合并证书和报告结果数据页模板需要系统对所有涉及合并证书和报告的样品的“制造厂商”“型号规格”“出厂编号”信息进行判断。如果一致，显示在证书和报告首页；如果不一致，系统将上述样品信息插入到合并证书和报告结果数据页模板。

（八）证书和报告生成设计

1. 证书和报告组成

根据第二章第十四节所述的证书和报告封面及续页格式模板基础数据，证书和报告分为证书和报告封面（包含客户信息、样品信息、授权信息，检定、校准、检验检测人员信息）、证书和报告续页（包含机构授权信息、依据方法信息、测量设备信息、环境设施信息、计量标准信息）、结果数据页（包含检定、校准、检验检测结果数据）。之所以这样设计，一方面，便于中英文信息的加载；另一方面，为下面证书和报告的生成方式提供方便。

2. 证书和报告生成方式

计量技术机构证书和报告生成方式主要有以下三种方式：

（1）全部采用报表方式

即证书和报告封面、续页全部采用报表方式，这种设计的优势在于：可以实现结果数据和相关数据的自动计算、自动应用（如对修正值信息的自动应用）；证书和报告生成速度快；可实现对系统已有信息的任意修改。劣势在于：报表制作工作量大；报表制作灵活性差、程序繁琐。

（2）“证书和报告封面、续页报表”+“结果数据页 word 或 excel 方式”

即证书和报告封面、续页采用报表方式，结果数据页采用 word 或 excel 方式。这种设计的优势在于：证书和报告封面和续页修改时，无需调用 word 或 excel。对于客户信息的修改，只要修改其《委托协议书》中任意一个样品信息，即可完成对《委托协议书》下所有证书和报告的修改，而不必每张证书和报告打回修改。劣势在于：证书和报告制作过程中，无法及时看到封面和续页，只能在证书和报告生成时查看。

（3）证书和报告全部采用 word 或 excel 方式

即证书和报告封面、续页、结果数据页均采用 word 或 excel 方式。这种设计的优势在于：证书和报告制作过程中预览证书和报告全貌。用户可随意设置证书和报告封面和续页通用模板。劣势在于：一是仅能对证书和报告封面信息实施锁定。证书和报告续页信息进行修改时，无法确保系统中检定、校准、检验检测关联信息与证书和报告续页 word 中对应信息的一致性；二是如需对客户名称进行修改，必须将该《委托协议书》下所有已生成 word 格式证书和报告打开，重新进行信息加载。

3. 合并证书和报告生成过程

证书和报告报告生成过程在本节证书和报告要素信息自动加载设计和第一章第三节所述证书和报告要素有效性理论中已有详细介绍，此处重点介绍一下合并证书和报告生成的过程。合并证书和报告是将同一《委托协议书》中实物或铭牌计量器具名称相同的样品合并到一张证书和报告中的行为，其特点是对所选样品信息中“型号规格”“制造厂商”“型号规格”“检定结论”（如存在）进行判断，若相同则出现在证书和报告首页，不同则显示在合并证书和报告结果数据页模板列表中。其设计要点在于：

（1）合并证书和报告结果数据页模板分为“样品信息”和“检测数据”。设计时，应对“样品信息”实施锁定，以防止误删造成样品信息无法加载。

（2）对全报表或全 excel 类型的合并证书和报告模板而言，表格定位相对容易。但对 word 类型合并证书和报告模板而言，表格定位相对困难。在设计 word 类型合并证书和报告模板应注意以下问题：

① 文字环绕问题。文字环绕的存在不仅对排版与证书和报告生成效率有很大的影响，而且容易造成 Tomcat 等插件的异常。因此，在模板制作中应去除表格文字环绕。

② 异性表格问题。在合并证书和报告模板“检测数据”部分设计时，由于要依据检定规程、校准规范、检验检测标准附录推荐的证书和报告格式进行设计，势必会对表格进行拆分、合并，进而造成异性表格。处理不到位，也会引起证书和报告制作异常。

③ 表格反复修改问题。合并证书和报告生成后，如需对其中样品信息、检定结论进行修改，可能涉及对合并项目的增删，进而导致合并证书和报告模板“样品信息”行、列的增删。为确保合并证书和报告模板“检测数据”部分不受影响，设计时，应遵照先删后增的原则设计，并注意序号的重新排序。

④ 在保存结果数据页时，应对 word 标签进行检查，以防止人为不通过系统生成合并证书和报告结果数据页模板，而从其他 word 文档中复制结果数据页模板，造成标签丢失。

⑤ 为防止用户只在结果数据页模板中对样品信息修改，而不修改样品信息列表中的样品信息，造成两者信息不一致。结果数据页在保存时，系统会自动对两者信息进行对比，若发现不一致，将提醒用户进行修改。

4. 测量设备修正值表的调用

在证书和报告结果数据页的制作过程中，可考虑设计测量设备修正值表的调用功能，以便于修正的引用，修改值可以设计到结果数据页模板中，以实现自动加载和自动计算。

（九）证书和报告编号设计

系统自动赋予证书和报告编号，证书和报告编号规则，根据机构自身特点而定。

（十）原始记录附件上传设计

设计原始记录附件上传功能，一方面，是针对分支机构证书和报告审核缺乏授权签字人，须本部授权签字人审核的情况。此种情况，由检定、校准、检验检测人员扫描原始记录，通过该模块上传系统，以供本部授权签字人审核。由于服务器存储空间有限，扫描时采用黑白稿，分辨率控制在300dpi以下，格式采用pdf；另一方面，可配置高拍仪，实现原始记录的电子存储。

（十一）证书和报告修改设计

证书和报告修改分为“未发出证书和报告修改”和“已发出证书和报告修改”两类。其判断原则为证书和报告领取状态是否为“已领取”。为防止对已发出证书和报告的缴费信息和检定、校准、检验检测日期随意修改，设计时，应对这两部分信息实施锁定，禁止对其随意修改。另外，在对结果数据页进行修改时，系统将提示用户是否需要调用修改前的结果数据页。如不涉及结果数据页模板的更改，用户可直接调用上次保存的结果数据页，如需更换结果数据页模板，则须重新填写检测数据。但若存在对合并证书和报告样品信息列表进行重新排序，则必须重新填写检测数据。最后，系统在调用修改前的结果数据页时，须对修改前后所选用结果数据页模板的一致性进行判断。对结果数据页修改完毕保存时，系统将自动对样品信息列表和结果数据页中样品信息进行校验。

（十二）证书和报告重新发布设计

证书和报告重新发布是针对证书和报告发出后，需要重新发布新的证书和报告。设计上，一旦重新发布，系统将锁定问题证书和报告，并允许在问题证书和报告对应的送检样品上增加新的证书和报告，系统将自动在结果数据页中插入所替代的证书和报告编号，并建立新旧证书和报告的关联映射关系。

十、证书和报告提交

证书和报告制作完毕后，就可以提交审核。系统将自动根据计量器具学名，依据第三章第五节“人员基础数据”所述授权人员资质和授权签字人信息，结合证书和报告制作日期，自动加载核验人员和授权签字人信息。

十一、证书和报告审核

证书和报告审核通常可分为“核验人审核”“授权签字人审核”“证书和报告发出前审核”。其中，“证书和报告发出前审核”视各机构自身情况而定，而非强制。这三种审核功能基本一致，在设计上应注意以下问题：

（1）对于首页及溯源信息为报表形式的证书和报告，对首页及溯源错误信息的提示只能通过打回原因列表形式进行通报。

（2）对于 word 格式的证书和报告，可采用增加批注的方式，对证书和报告中错误地方进行注释。但应注意在证书和报告打印时，系统应自动对批注进行删除。

（3）在显示证书和报告的同时，也应进一步显示样品收费情况和客户辖区信息，以便于审核人员对收费情况进行监督。

（4）由于“证书和报告发出前审核”是专人对整个机构的证书和报告进行审核，而审核必须提供原始记录。为防止记录丢失，应设计原始记录交接登记模块，用以专门登记原始记录。

十二、证书和报告废弃

在日常检定、校准、检验检测中，难免会出现样品信息重复录入、客户方因费用等问题撤销委托等意外问题。而此时证书和报告已经生成，无法进行退检方式进行处理。但如果不加以处理，一方面，会影响收费的统计；另一方面，系统中会存在大量冗余数据。针对上述问题，证书和报告废弃便产生了。证书和报告废弃由检定、校准、检验检测人员提起并写明原因，检测部门负责人审核，业务管理部门批准。废弃的数据将在专门模块中进行查询，不再在正常业务模块中显示，不参与《缴费单》打印、不进入各类统计。

第六节　样品和记录归还

目前，在计量技术机构常见的原始记录保管方式有以下几种：

一、集中管理

集中管理是指由专门部门负责原始记录的收集、整理和归档，其优点是便于对记录严格管理，最大限度地减少因记录自行保管而造成的丢失，杜绝了检查前临时补做记录及检查时记录找不到的现象。缺点是借阅手续繁琐，不便于检定、校准、检验检测人员查阅。另外，原始记录交接环节多，难免会出现错误。集中管理按存放地点又分为“证书和报告发出前审核部门存档”和“仪器收发部门存档”。

对于“证书和报告发出前审核部门存档”，在设计上，可将原始记录归还模块设置在证书和报告发出、审核前，审核人员对接收到的原始记录进行刷卡确认，记录归还状态变为“已归还”。证书和报告审核通过后，立即对原始记录归档。审核通不过的打回，证书和报告状态变为“待检”，记录归还状态变为“未归还”。这种方式的优点在于：减少了原始记录的交接次数，一次性完成归档。缺点在于：样品归还，只能通过扫描样品条码进行归还，而不能通过证书和报告编号进行归还。

对于“仪器收发部门存档”，可以有两种处理方式：一种是证书和报告制作人员将原始记录取回，连同样品一起交到仪器收发部门，样品收发人员同时进行样品和记录归还。另一种是由证书和报告审核人员直接与仪器收入人员进行记录交接。设计时可采用分页形式对“仅归还记录”（针对现场检定或校准）、“归还样品和记录”（针对送检和现场样品带回）进行处理。

在设计“归还样品和记录”时，又可分三种方式：“样品和记录同时归还”“只归还样品”“只归还记录”。如图 8-10 所示，以便于样品收发人员针对不同情况进行处理。同时，在样品归还查询条件顺序上应遵循选“检定、校准、检验检测人员”—“证书和报告编号”—“样品条码“的顺序。这三种方式的优点在于：减轻了证书和报告发出前审核人员的工作压力，缩短了审核时间，提高了审核效率，防止证书和报告发出前审核瓶颈的出现；绝大多数情况下，证书和报告制作人员都是样品和记录一起归还，这时只须进行一次确认，而不必分两次归还；样品和记录一起归还可从一定程度上杜绝客户领样时，证书和报告已打印，样品却未归还导致的客户空跑。缺点在于原始记录交接次数过多。

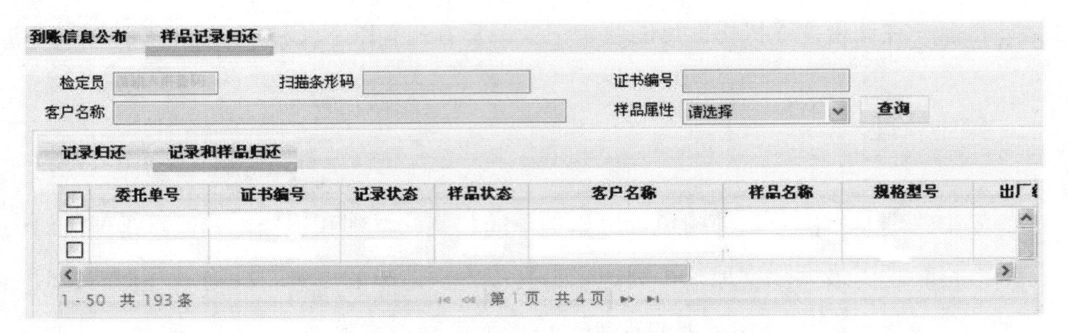

图 8-10　样品记录归还界面设计图

二、分散管理

分散管理是指原始记录经各级审批之后，由各实验室整理和归档。其优点在于检定、校准、检验检测查阅较为方便，原始记录交接手续较简单。缺点在于容易造成记录的丢失。

第七节　证书和报告打印及电子证书和报告查阅与下载

一、证书和报告打印

原始记录归还完毕后，即可进行证书和报告的打印。在设计上，其难点在于如何不打开 word 即可实现批量打印，证书和报告打印时应同时打印证书和报告编号条形码，对于内检的设备在证书和报告报告左下角应打印设备唯一性编号，右下角应打印所属计量标准唯一编号。若机构需要打印纸质副本，系统将提供设定一次打印张数。打印后的证书和报告将以《委托协议书》为单位进行归档，并在《委托协议书》中进行标记，如图 8-11 所示。

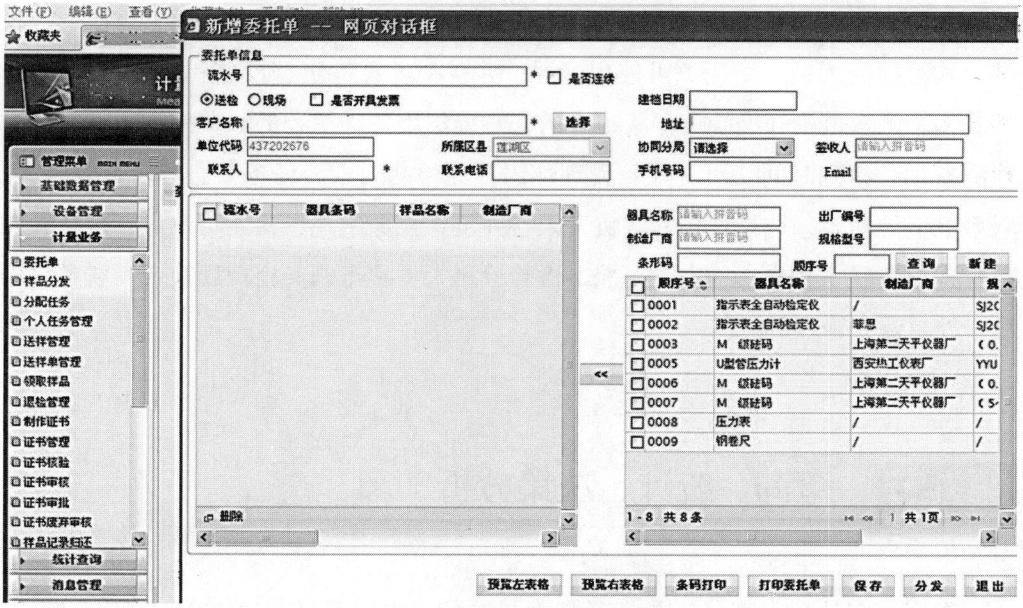

图 8-11　委托协议书界面设计图

二、电子证书和报告查阅与下载

系统提供电子证书和报告的查询、下载功能，客户登录网上受理平台，可查询到本单位所有送检器具，并查阅、下载电子证书或报告。为保证电子传输结果的保密性，查阅时应通过手机验证等方式，验证查询人的身份信息，下载的电子证书或报告系统应自动予以加密。

第八节　业务调度

将《客户送检清单》导入标准 excel 中，系统将自动根据实物或铭牌上计量器具名称在授权资质基本数据（第三章第四节）中寻找与之匹配的授权开展项目，并根据授权开展项目自动关联检定、校准、检验检测人员和检测工时、收费标准。同时，根据任务分配模块统计的该检定、校准、检验检测人员资源情况，自动分析其按时完成客户委托的可行性。如涉及现场检定、校准、检验检测，可输入客户预约现场检定、校准、检验检测时间。系统匹配出预约时间内各种资源（报检定、校准、检验检测人员，车辆）可使用情况，并自动计算检定、校准、检验检测费用。涉及多个测量范围和准确度等级组合的，系统给出每种组合的收费标准。如客户对检测费用、检测时间认可，业务管理部门补充检测时限、任务紧急程度、联系人、联系电话等内容，选择现场检测负责人，并发送任务给现场检测负责人，现场检测负责人负责联系客户、检定、校准、检验检测人员和车辆实施现场检定。联系完毕后，回复业务管理部门。

第九节　查询、统计、决策分析

查询、统计、决策分析是计量技术机构信息管理系统（MIMS）的业务核心，是信息管理系统建立的最终目的。该系统设计目的如下：

（1）通过系统各要素间逻辑关系，分析、判断、寻找出系统运行中出现问题的线索与原因，并通过这些线索使问题得到复现和解决；

（2）利用各类查询，用户可清楚地掌握《委托协议书》、样品、证书、缴费的各种状态和进度，便于及时处理各种复杂问题；

（3）准确掌握客户检定、校准、检验检测进度和缴费情况，便于向客户进行报价处理，便于样品收发人员快速收发。

一、器具状态查询、统计

器具状态查询是整个查询系统的基础，是各类查询中查询内容最多的，通过不同条件的组合，可实现对系统内任何数据的查询。因此，它也是分析、寻找系统问题的有效工具。设计上，系统提供按“单位代码”“委托协议书”“证书和报告”“样品”4种方式显示。并按照“单位代码”—“委托协议书”—“证书和报告”—“样品”的顺序依次分层显示。同时，系统还提供对查询所得数据的各种统计功能。

（一）综合查询

设计提供多种查询条件及其组合的综合查询体系。其中：

查询条件可分为信息查询条件、状态查询条件、时间查询条件三类：

（1）信息查询条件包括：委托协议书编号，纸质委托协议书首页流水、证书编号、客户单位名称、所属行政区域、实物或铭牌上计量器具名称、型号规格、制造厂商、出厂编号、强制检定唯一性编码、检测部门、检定、校准、检验检测人员、核验人员、协作人员、修理人员；

（2）状态查询条件包括：器具状态（未分发、已分发、待领、在检、检毕、待取、已领走、退检、作废）、证书状态（未完成、待提交、待核、待审、待批、待打印、已打印、待领、领毕）、缴费状态（免征、内部已确认、已缴费、未缴费）、送检方式（客户送检、现场检测）、打回性质（通过、核验不通过、审批不通过、审核不通过、废弃不通过）；

（3）时间查询条件包括：到样时间、检定时间、缴费时间、审批时间。上述时间均包括开始时间、截止时间、时间段，如图 8-12 所示。

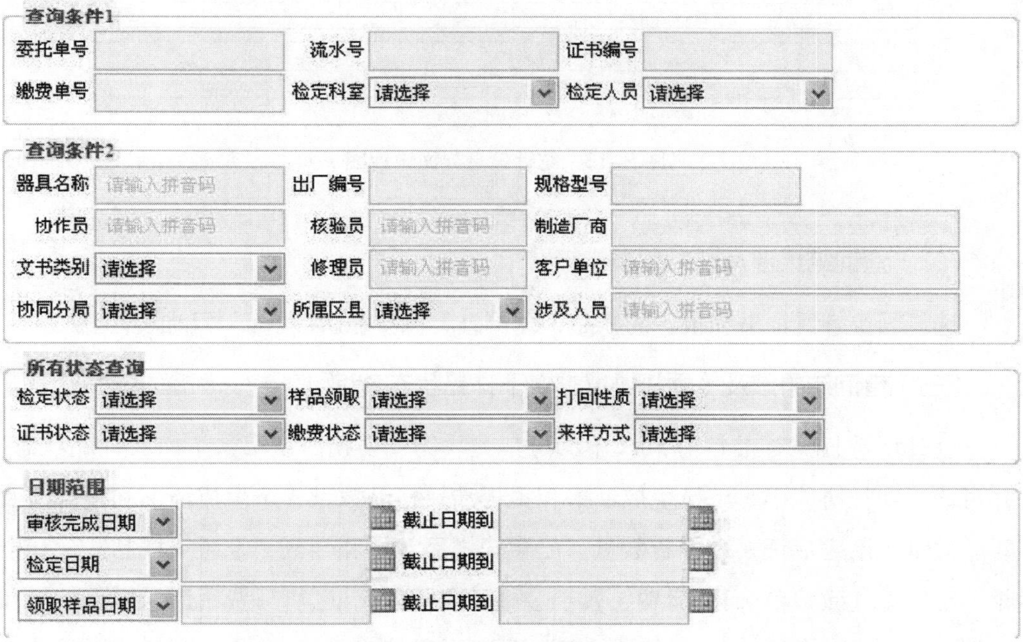

图 8-12　综合查询界面设计图

查询内容包括：客户单位名称、委托协议书编号，委托协议书流水号、纸质委托协议书首页流水、条码号、证书编号、证书状态，检定、校准、检验检测人员，核验人员、所属行政区域、实物或铭牌上计量器具名称、型号规格、制造厂商、出厂编号、附件情况、客户要求、检测部门、协作人员、修理人员、检定日期、检定周期、归还状态、归还内容、归还日期、器具状态、退检原因、打印次数、证书字、检定结果、审核人员、审核日期、审批人、审批日期、缴费状态、缴费单编号、缴费日期。

由于查询内容比较多，用户可自定义显示设置查询内容列。首先，点击“设置显示列”按钮，选择需要显示的列，点击“确定”按钮，将刷新列表页面，即可显示选择的设置列器具信息，如图 8–13 所示。

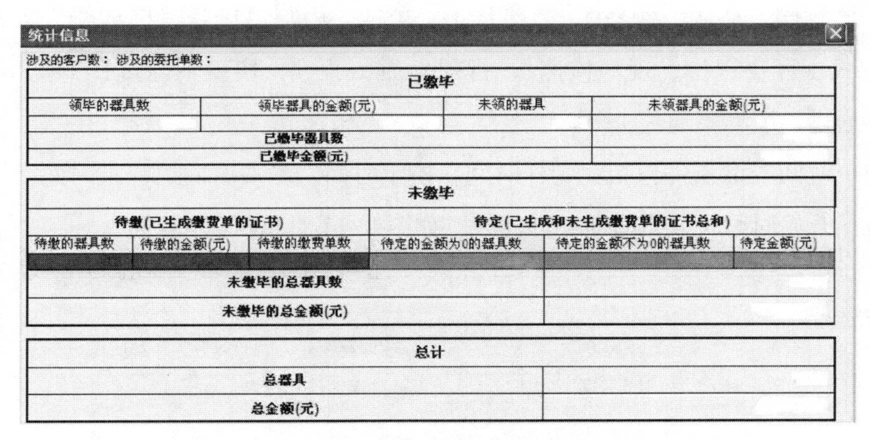

图 8–13　统计信息界面设计图

（二）查询结果涉及证书和报告查看

选择需要查看证书和报告的样品，即可查看该样品所涉及证书和报告全貌。

（三）查询结果涉及《委托协议书》下样品状态查询

统计所选任意样品信息，以显示与其关联的《委托协议书》下所有样品状态，并对该《委托协议书》下已生成证书和报告涉及样品数量、未生成证书和报告涉及样品数量、已生成证书和报告数量、已缴毕样品数量和金额、未缴毕样品数量和金额（已生成《缴费单》，未缴费，属于金额已定阶段）、已填写费用信息样品数量和金额（未生成《缴费单》，已填写金额，属于金额待定阶段）、未填写费用样品数量（未生成《缴费单》，未填写金额，费用未知）进行统计。

（四）查询结果涉及客户信息下样品状态查询

统计所选任意样品信息，以逐层显示与其关联的所有客户单位下所有《委托协议书》下所有样品的状态，并对每个《委托协议书》下已生成证书和报告涉及样品数量、未生成证书和报告涉及样品数量、已生成证书和报告数量、已缴毕样品数量、已生成缴费单样品数量、已填写费用信息样品数量、未填写费用进行统计，进而统计该客户单位的上述信息。

（五）查询结果分类信息汇总

根据需要，查询、统计所得查询结果关联的委托单号、缴费单号、证书编号、客户名称、器具名称的分类汇总信息及统计信息，设计此项功能的目的在于对大数据进行分类汇总、统计、分析，如图 8–14 所示。

图 8–14　统计信息界面设计图

（六）查询结果缴费情况统计

统计、显示所得查询结果关联的缴费情况，包括已缴毕样品数量和金额、未缴毕样品数量和金额、已填写费用信息样品数量和金额、未填写费用样品数量进行统计，见表 8–3、表 8–4；查询条件如图 8–15 所示。

表 8–3　缴费情况统计表

<table>
<tr><th rowspan="3">序号</th><th rowspan="3" colspan="2">内容</th><th colspan="3">已缴</th><th colspan="7">未缴</th><th rowspan="3">总计</th></tr>
<tr><th rowspan="2">转账</th><th rowspan="2">现金支付</th><th rowspan="2">合计</th><th colspan="3">费用已确定（缴费单已生成）</th><th colspan="3">费用待定（缴费单未生成）</th><th rowspan="2">合计</th></tr>
<tr><th>已报价</th><th>未报价</th><th>小计</th><th>已填写</th><th>未填写</th><th>小计</th></tr>
<tr><td rowspan="4">1</td><td rowspan="4">委托协议书</td><td>客户单位数</td><td></td><td></td><td></td><td></td><td></td><td></td><td></td><td></td><td></td><td></td><td></td></tr>
<tr><td>委托协议书数</td><td></td><td></td><td></td><td></td><td></td><td></td><td></td><td></td><td></td><td></td><td></td></tr>
<tr><td>样品数</td><td></td><td></td><td></td><td></td><td></td><td></td><td></td><td></td><td></td><td></td><td></td></tr>
<tr><td>缴费单数</td><td></td><td></td><td></td><td></td><td></td><td></td><td></td><td></td><td></td><td></td><td></td></tr>
<tr><td rowspan="3">2</td><td rowspan="3">证书和报告</td><td>证书和报告总数</td><td></td><td></td><td></td><td></td><td></td><td></td><td></td><td></td><td></td><td></td><td></td></tr>
<tr><td>已领证书和报告数</td><td></td><td></td><td></td><td></td><td></td><td></td><td></td><td></td><td></td><td></td><td></td></tr>
<tr><td>待领证书和报告数</td><td></td><td></td><td></td><td></td><td></td><td></td><td></td><td></td><td></td><td></td><td></td></tr>
</table>

表 8-3（续）

序号	内容		已缴			未缴							总计
			转账	现金支付	合计	费用已确定（缴费单已生成）			费用待定（缴费单未生成）			合计	
						已报价	未报价	小计	已填写	未填写	小计		
3	费用	总金额											
		独立制作证书和报告											
		已发票关联金额											
		未发票关联金额											
		到账关联											
		可报价金额											
		不可报价金额											
		欠费金额											
		担保金额											
		独立制作证书和报告											
		预存费用											

表 8-4 任务统计列表

序号	内容	已缴	未缴			总计
			费用已确定（缴费单已生成）	费用待定（缴费单未生成）	合计	
1	客户单位数					
2	委托协议书数					
3	样品数					
4	缴费单数					
5	证书和报告总数					
6	总费用					
7	个人任务					
8	独立制作证书和报告任务					
9	预存费用					
10	担保金额					

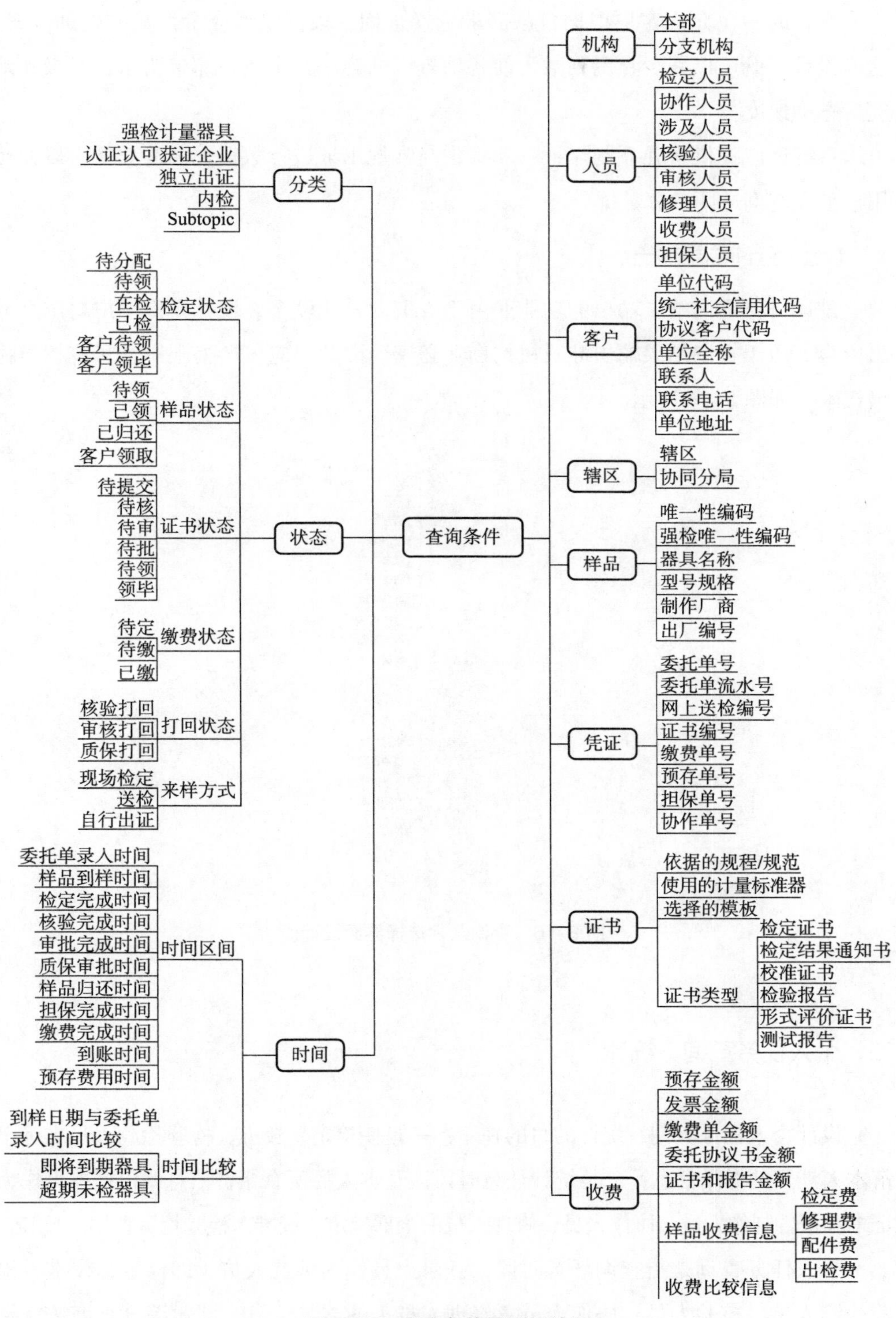

图 8-15　查询条件界面设计图

设计时，应允许客户根据自己需求选择查询字段，以形成个性化的查询方案。这样设计，既可以减少显示列数，使各项查询内容一目了然、简单明了，又极大地提升查询速度。

系统还应提供将独立制作证书和报告与常规出证进行数据分离的功能，以便于用户独立查询这两部分数据。

（七）查询结果输出

设计可将查询结果输出的功能。由于查询内容比较多，设计允许用户自定义输出内容。由于查询结果输出涉及机构商业秘密，因此，应该严格限制，只授权于输出权限，如图 8–16 所示。

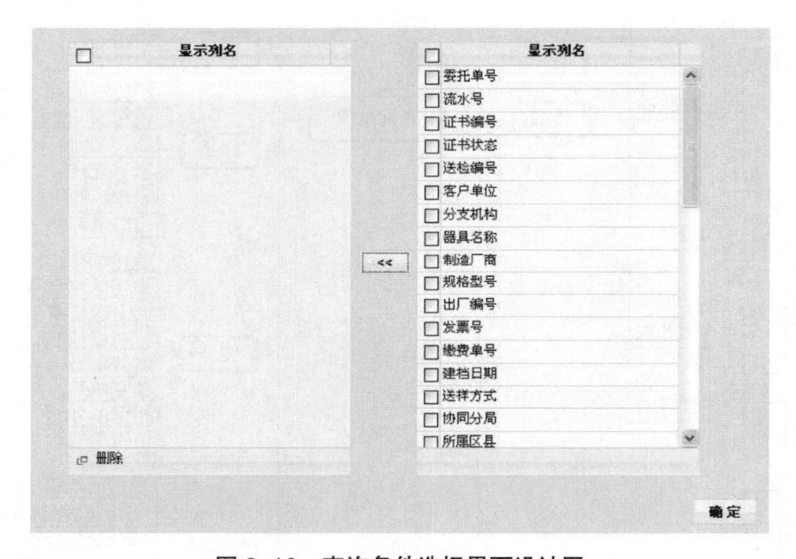

图 8–16　查询条件选择界面设计图

二、个人任务查询、统计

设计个人任务查询、统计的目的在于：一是使检定、校准、检验检测人员准确了解本人涉及的样品信息；二是统计任意时段涉及本人的所有缴费信息，包括本人作为证书和报告制作人员、协作人员、修理人员的全部检定、校准、检验检测费用的总和。

个人任务查询是指查询任意时段，登录人员作为涉及人员（即检定、校准、检验检测人员、核验人员、协作人员、修理人员）的器具信息，即对综合查询按登录人员进行过滤，只显示涉及本人的相关数据。

个人任务统计是指对上述个人任务查询所得数据相关缴费信息的统计。计算公式为：个人任务 = 检定、校准、检验检测费用 × 个人权重 + 修理费用 × 个人权重，如图 8–17 所示。

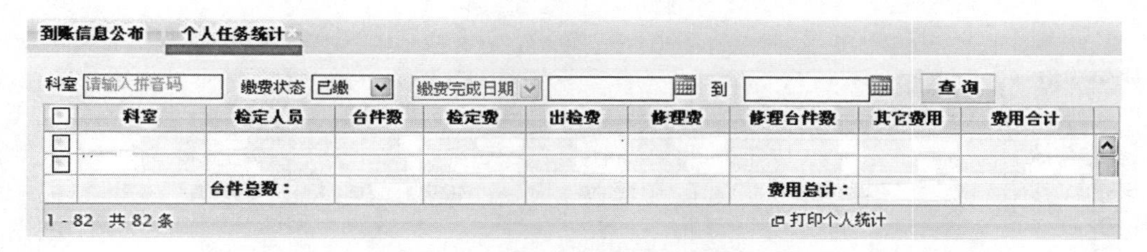

图 8–17　个人任务统计界面设计图

三、检测部门任务查询、统计

设计检测部门任务查询、统计的目的在于：一是使相关人员准确了解某检测部门涉及的样品信息；二是统计任意时段涉及某检测部门的所有缴费信息，包括检测部门每个人员作为证书和报告制作人员、协作人员、修理人员的全部检定、校准、检验检测费用的总和。

检测部门任务查询是指查询任意时段，检测部门每个人员作为涉及人员（即检定、校准、检验检测人员、核验人员、协作人员、修理人员）的器具信息，即对综合查询按该检测部门每个人员进行过滤，只显示涉及该检测部门每个人员的相关数据。

检测部门任务统计是指对上述检测部门任务查询所得数据相关缴费信息的统计，检测部门任务就等于检测部门每个人员个人任务之和。

四、客户样品状态查询

为了更好地服务客户，可设计针对客户样品状态的个性化查询。客户样品状态查询是针对客户样品信息库中在用样品的管理，而查询结果涉及客户信息下样品状态查询是针对系统中该客户历次送检样品的信息查询。前者设计目的是更好地服务客户，如超期未检、即将到期样品提醒等主动服务措施，体现了客户关系管理的思想。后者设计目的是系统对该客户单位在指定时间段内历史送检信息进行查询。

客户样品信息库信息查询，主要分为客户样品信息库查询、到期样品查询、即将到期样品查询。

五、客户关系管理

设计“设置（取消）协议单位”功能。选择协议单位后，可以进行费用统计结算，不必每次都进行缴费确认，如图 8-18 所示。

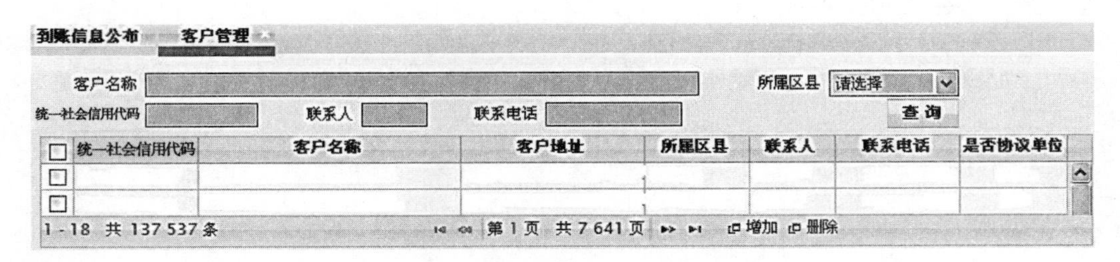

图 8-18　客户管理设计界面图

六、强制检定任务统计

设计强制检定任务统计的目的在于：一是强制检定计量器具收费停征后，对计量技术机构、检测部门和检定、校准、检验检测人员年度、月度、任意时段完成强制检定计量器具任务进行统计，为机构、检测部门及检定、校准、检验检测人员绩效考核提供真实、可靠的数据；二是对强制检定任务量、检定费用、任务接收率、检定及时率、客户满意度进行分项和综合统计，为政府补贴申请提供真实、科学、公平、合理的数据；三是对机构接收的跨区域强制检定计量器具进行统计，为跨区域财政转移支付提供数据；四是对本机构完成的强制检定计量器具情况进行分类统计。

针对上述目的，在设计上：

（1）针对机构在任意时间段内完成的全部强制检定计量器具的任务，设计在不同时间段、不同检测部门、不同检定、校准、检验检测人员及其组合查询条件下对强制检定任务量、检定费用的统计，统计方法见本节第二部分、第三部分；

（2）针对机构在任意时间段内接收的全部强制检定计量器具的任务，设计在不同时间段、不同检测部门、不同检定、校准、检验检测人员及其组合查询条件下对强制检定任务量、检定费用、任务接收率、检定及时率、客户满意度进行分项和综合统计；

（3）针对机构在任意时间段内接收的跨区域强制检定计量器具的任务，设计在不同时间段、不同检测部门、不同检定、校准、检验检测人员及其组合查询条件下对强制检定任务量、检定费用、任务接收率、检定及时率、客户满意度进行分项和综合统计；

（4）针对机构在任意时间段内接收的全部强制检定计量器具的任务，设计在不同时间段、不同检测部门、不同检定、校准、检验检测人员及其组合查询条件下对强制检定计量器具用途（“计量标准器”“用于贸易结算的强制检定工作计量器具”“用于安全防护的强制检定工作计量器具”“用于医疗卫生的强制检定工作计量器具”“用于环境监测的强制检定工作计量器具”）、行政管辖区域、强制检定计量器具分类、强制检定数据进行分项和综合统计。

七、区（县）任务统计

系统可实现对各辖区计量器具的统计，包括辖区内“按时检定器具”“超期未检计量器具”“即将到期器具”。

第十节　通知消息

对系统中的到账情况以最直观的形式展现在首页，用以显示到账情况和任务统计的情况。主要包括新闻公告、未分配到账、已分配到账、已确认到账、任务统计。

一、新闻公告

对系统中的新闻公告进行管理，将系统中最新的新闻公告显示在首页。主要包括发布公告、修改公告、删除公告功能。如图 8-19 所示。

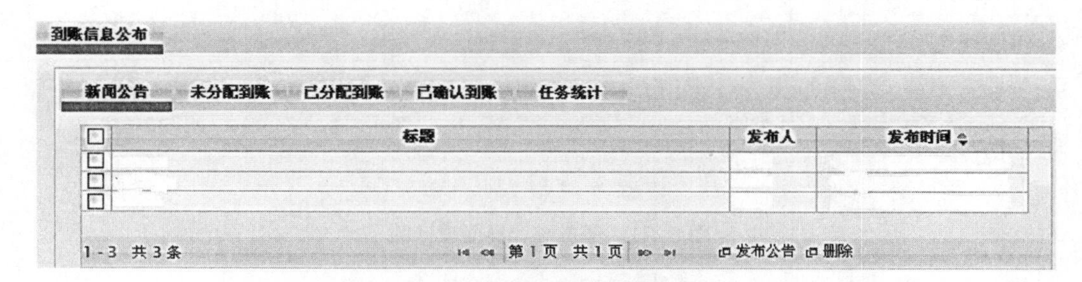

图 8-19　新闻公告界面设计图

二、未分配到账

将系统中未为分配到账情况进行快捷的管理，主要包括增加、修改、分配功能，如图 8–20 所示。

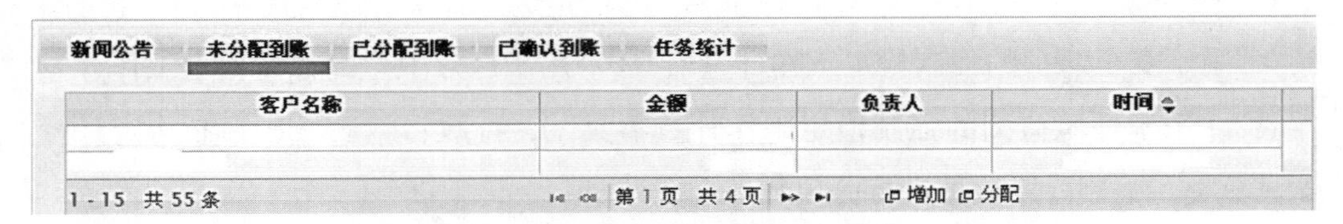

图 8–20　未分配到账界面设计图

三、已分配到账

页面列表显示已分配到账信息，主要是将已分配到账情况进行展示。

四、已确认到账

页面列表显示已确认到账信息，主要是将已确认到账情况进行展示。

五、任务统计

页面列表显示任务统计情况，如果登录用户身份是普通工作人员，即可查看到自己的各项任务统计情况；如果是检测部门负责人，即可查看到自己检测部门中所有人员的任务统计情况，如图 8–21 所示。

到账信息公布

新闻公告　未分配到账　已分配到账　已确认到账　任务统计

□	检定员	任务总数	待分配任务数	未做证书任务数	打回及修改任务数	待核验任务数	待审核任务数	废弃任务数
□								
□								
□								

1-10 共10条　第1页 共1页

图 8–21　任务统计界面设计图

第十一节 检定、执法联动系统

设计检定、执法联动系统的目的在于：区（县）级计量行政管理部门可对证书真伪进行网上验证，并通过系统对查处的违法企业信息及时通报，以杜绝部分企业利用检定、执法时间差逃避处罚；计量技术机构可及时掌握全市所有企业计量器具超期未检和即将到期情况，主动与企业联系，按时检定。必要时，对一些拒检的企业提请相关区（县）局进行执法协助，最终目的是解决目前检定与执法部门缺乏有效沟通的问题。

在设计上，主要分“执法线索通报”“执法案情通报”“通报查询”三个模块。

一、执法线索通报

本模块中，计量技术机构管理人员或检定、校准、检验检测人员通过本系统与本书所述其他系统的数据共享与交换，可以对某一客户单位的送检情况和信用情况进行查询，包括“单位名称”“获证必备计量器具配备率”“实际配备台件数”“强制检定计量器具台件数”“从未检定、校准、检验检测台件数”“长期拒绝检定台件数”“即将到期器具台件数”“超期未检台件数”“信用等级”“计量违法次数”。对日常检定、校准、检验检测过程中发现的计量违法线索进行在线通报，对拒绝强制检定的行为在线请求协助。

二、执法案情通报

本模块中，各级计量行政管理部门或其他行政管理部门通过本系统与本书所述其他系统的数据共享与交换，可以对某一客户单位的送检情况和信用情况进行查询，并在线查看、验证其提供的证书和报告的真伪，在线对选定客户单位计量违法行为进行通报。通报提交后，系统将自动对该客户单位实施锁定，并在本系统《委托协议书》录入与证书和报告制作中予以警示，显示案情通报情况。同时，对检定日期加以限制，防止利用检定、执法时间差逃避处罚。

三、通报查询

无论是“执法线索通报”还是“执法案情通报”，提交后，系统都会分配其受理编号，用户可通过系统查询通报受理情况和解决情况，并对处理的结果进行评价和问题反馈。

第十二节 检定、执法互评系统

设计检定、执法互评系统的目的是采用淘宝互评方式，对每次检定、执法配合双方进行评价，并对评价结果进行申诉、互认，系统自动根据互评结果计算分值，年底根据统计结果予以考核。

检定、执法配合是指计量行政管理部门配合计量技术机构完成辖区内强制检定等工作，以及计量技术机构配合计量行政管理部门完成计量投诉、计量执法等活动。双方在检定、执法配合完毕后，《委托协议书》中注明检定、执法配合的类型，配合的计量行政管理部门、配合人员、配合时间。计量技术机构在《委托协议书》录入过程中，将上述信息作为附录信息录入系统，双方登录系统展开互评，也可以通过现场手持终端或手机 APP 现场展开互评。

计量行政管理部门对计量技术机构的评价内容包括：企业对计量技术机构服务是否满意；是否按约定时间实施检定；是否有“吃拿卡要”等不廉洁行为；是否存在乱收费行为；是否按约定时间出具报告，并通过系统对检定过程中出现的其他问题进行详细描述。评价完毕后，评价结果将同步显示在计量技术机构相关人员的界面中，计量技术机构相关人员可对评价结果作出解释。

计量技术机构对计量行政管理部门的评价内容包括：是否积极配合检定；检定计划安排是否合理；是否提前通知被检单位；是否遵守约定时间；现场出现问题是否协调解决。计量技术机构同样可以通过系统对检定过程中出现的其他问题进行详细描述。评价完毕后，评价结果将同步显示在计量行政管理部门相关人员的界面中，计量行政管理部门相关人员可对评价结果作出解释。

评分分为好评、中评、差评三个等级，好评加 1 分（综合评分为 +10），中评分数不变（综合评分为 0），差评减 1 分（综合评分为 –20）。计量行政主管部门可定期统计查询每个计量行政管理部门或计量技术机构的综合评分情况。

CHAPTER 9

第九章

收费管理子系统

收费管理子系统主要针对计量技术机构收费相关业务进行设计。包括发票管理、报价管理预存费用管理、协议客户管理、《缴费单》生成、《缴费单》信息修改、担保管理、到账管理、《缴费单》确认、收费标准管理、优惠审批管理、独立制作证书和报告系统缴费管理、本机构内部检定或校准设备缴费管理。

第一节 设计目的

计量技术机构收费管理应用情况较为复杂，是系统设计中的难点。其有以下特点：

（1）收费标准难以落实。由于市场竞争的严酷性，加之企业对检定、校准、检验检测成本的控制，检定、校准、检验检测人员经常不能按收费标准收足费用，导致收费随意性大、标准难统一。而对一个现代计量技术机构而言，收费标准不统一，将让客户对机构的诚实性、公正性失去信心，进而对检测结果产生质疑。

（2）证书和报告、《缴费单》彼此割裂，未建立从样品到证书和报告到《缴费单》的一一对应关系。造成各类收费无法准确统计，包括对客户缴费情况、强制检定任务量等无法准确统计；无法对收费实施全程监控；由于客户信息不一致，容易造成少收、漏收等现象。

（3）证书和报告领取程序不严格，出现未缴费就领取证书和报告、证书和报告未严格按照《缴费单》进行领取、被领取的器具数与《缴费单》中费用不符等现象。

（4）发票开具缺乏统一出口。特别是现场检定、校准、检验检测中，有些客户（特别是偏远地区的客户）可能要求现场出具发票，有些客户可能要求先出具发票向单位请款后再缴费。发票出具多个出口会造成检定、校准、检验检测人员与收费人员信息沟通上的不及时，产生“重复开票”的现象。

（5）客户报价缺乏出口，难统一。特别是对于现场检定、校准、检验检测而言，有可能一次现场检定、校准、检验检测任务由多个人员共同完成，填写多份《委托协议书》，进而产生多个《缴费单》，加之客户单位名称的多义性，造成报价不准。另外，报价人员随意性大，且无记录，往往在所有器具还未检毕就进行报价。

（6）转账信息不对称。由于报价缺乏相关记录，导致客户按报价转账后，转账信息的确认就成为一个难题。如何建立转账信息与《缴费单》间的关联，是目前收费管理中的一个难题。

第二节　设计要点

收费管理子系统主要针对计量技术机构收费相关业务进行设计，包括发票管理、报价管理、预存费用管理、协议客户管理、《缴费单》生成、《缴费单》信息修改、担保管理、到账管理、《缴费单》确认、收费标准管理、优惠审批管理、独立制作证书和报告系统缴费管理、本机构内部检定或校准设备缴费管理。

一、发票管理

根据《国家税务总局关于增值税发票开具有关问题的公告》（国家税务总局公告 2017 年第 16 号）要求，自 2017 年 7 月 1 日起，购买方为企业的，索取增值税普通发票时，应向销售方提供统一社会信用代码；销售方为其开具增值税普通发票时，应在“购买方纳税人识别号”栏填写购买方的纳税人识别号或统一社会信用代码。不符合规定的发票，不得作为税收凭证。

自 2017 年 7 月 1 日起，销售方开具增值税发票时，发票内容应按照实际销售情况如实开具，不得根据购买方要求填开与实际交易不符的内容。销售方开具发票时，通过销售平台系统与增值税发票税控系统后台对接，导入相关信息开票的，系统导入的开票数据内容应与实际交易相符，如不相符应及时修改完善销售平台系统。也就是说 2017 年 7 月 1 日后，原有的地税发票的手写发票、手撕定额发票以及没填统一社会信用代码的机打发票都不能报销。为此，计量技术机构出具的发票现多采用机打形式，其设计要点为建立发票与《委托协议书》之间的关联关系。

（一）开票方式

计量技术机构现有的开票方式一般有两种：一种是缴费完毕后开具发票；另一种是缴费完毕前开具发票。前者，多用于非协议客户，后者多用于有特殊要求客户、协议客户或者偏远地区现场检定、校准、检验检测的客户。目前，依法设置的计量技术机构中一般采用第一种方式，即缴费完毕后开具发票。第一种方式的优点在于：票账清晰、便于管理，能有效实施监控，有效地避免重复开票、票账不符的问题；缺点在于：不方便现场检定、校准、检验检测，寄送发票过程长、环节多、容易造成票据的丢失。第二种方法的优点在于：灵活度高、方便客户、更加贴近计量技术机构业务实际；缺点在于：容易产生票账不符的问题，因此在设计上应区别对待。

（二）开票信息登记

为便于统一管理，无论是缴费完毕前还是缴费完毕后开具发票，在系统中均应建立开票信息。其信息包括开票类型、发票编号、开票人、开票时间、开票金额、开票名称、统一社会信用代码、单位地址、电话号码、开户银行、领取人、领取时间等信息。其中，开票名称、统一社会信用代码、单位地址、电话号码、开户银行这 5 项信息可以从客户信息基础数据（第三章第十三节）中获取。

（三）发票领取

对于提前开具发票的情况，可在系统中进行发票领取登记，领取登记完毕后，补充领取人、领取时间信息。发票领取结束后，领取人在“发票关联”界面中查询到本人已领取的全部发票。现场检定、校准、检验检测完成后，发票领取人在《委托协议书》中增加发票信息，并在“发票关联”界面中，对本人领取的发票与《委托协议书》进行关联。

（四）发票关联

“发票关联”是指建立“已开具发票”与其对应《委托协议书》之间的关联关系。其设计目的在于：解决发票与《委托协议书》不对应的问题；防止发票重复开具的现象。

“发票关联”分为缴费完毕前发票关联和缴费完毕后发票关联两种。

1. 缴费完毕前发票关联

发票领取人在“发票关联”界面中，选择需要关联《委托协议书》的发票。系统根据“开票名称”自动查找该“开票名称”所有未关联的《委托协议书》以供选择。发票领取人根据现场《委托协议书》上的发票信息，选择关联发票对应的《委托协议书》。为便于一次关联多份《委托协议书》，在设计上可采取左右列表形式。关联完毕后，系统自动对已关联的《委托协议书》实施锁定，禁止通过缴费完毕后发票关联的方式完成缴费，以防止同一《委托协议书》重复缴费现象的发生。锁定的另一个目的在于：确保发票“开票金额”与其关联的《委托协议书》中缴费总金额完全一致。否则，也禁止其完成缴费确认。

2. 缴费完毕后发票关联

缴费完毕后发票关联相对简单，也是目前依法设置的计量技术机构普遍采取的一种开票方式。即客户持带有条形码的《缴费单》进行缴费，财务人员扫描条形码完成缴费确认，确认后的《缴费单》进入缴费完毕后发票关联界面右侧列表中。待所有需要开具发票的《缴费单》全部确认完毕后，财务人员开具发票，并在界面左侧列表中填入发票信息，完成发票关联。

（五）发票核销

发票核销是由于各种原因，需要重新开具发票或作废发票的。发票核销分以下两种情况：

1. 重新开具发票

此类发票核销的操作流程为：首先，对新开具的发票进行开票信息登记；然后，选择被替代的已有发票。在替代时，系统自动判断“开票金额”是否相同。若“开票金额”相同，系统还将进一步判断是否为一张发票替换一张或者是多张发票的情况。如果是，自动完成发票关联关系的变更。如果不是，则需要人工完成发票关联关系的变更。若“开票金额”不同，则禁止替代。

2. 发票废弃

此类发票核销的操作流程为：直接对已开具的发票进行核销。核销时，系统自动检查其是否已进行发票关联。如果进行发票关联，需将其关联的《委托协议书》全部废弃，再进行发票废弃。如果未发票关联，则直接进行发票废弃。

（六）发票统计

设计月度、季度、年度发票查询、统计功能，查询条件包括：开票类型、发票编号、开票人、开票时间、开票金额、开票名称、统一社会信用代码、单位地址、电话号码、开户银行、领取人、领取时间、缴费单编号、发票状态（正常、作废）。在设计上，采用发票—《缴费单》—证书—样品树状结构依次展开，以便于查询，同时显示被替代的发票编号。对于超过设定时限未关联、未缴费的发票系统予以提示。

二、报价管理

报价管理是指系统用户通过系统查询送检客户检定、校准、检验检测费用，并向客户进行报价。报价管理同样存在着“分散性”和“集中性”两种管理模式。“分散性”是指报价有多个出口，系统中所有用户均可以查询客户检定、校准、检验检测费用，并自由报价；“集中性”是指机构有唯一的报价出口（如业务管理部门或仪器收发部门），有专人负责通过系统对客户进行报价。在查询方式上，可参考器具状态查询设计。在报价形式上，可设计为客户单位报价和《委托协议书》报价两种形式，对于客户单位报价，由于一次报价可能涉及多个客户名称，在设计上可采用左右列表的形式，在列表左侧选择客户名称或委托协议书编号，并添加到右侧列表，这样可同时查询多个客户单位或《委托协议书》实施报价。查询过程中，《缴费单》未生成的《委托协议书》中将不显示费用，报价人员根据查询结果向客户进行报价。报价确定后，提交报价结果。系统将自动记录报价人、报价时间、客户单位、查询所得费用等信息。报价人填写给客户实际报价，并选择是否通过邮件等方式通知客户报价情况。若系统查询费用和客户实际报价不同，系统将自动发送消息给相关人员进行费用修改。同时，系统将自动发消息到到账管理系统，作为到账的重要依据。

三、预存费用管理

预存费用主要是针对现场检定、校准、检验检测中，检定、校准、检验检测人员预收检定、校准、检验检测费用。在《缴费单》未生成之前，为防止钱款意外丢失而进行预存。待《缴费单》生成之后，进行预存充抵。该模块的功能设计为：

（1）进入预存费用模块，选择预存费用单位，填写预存费用，系统自动记录登录人员为“预存费用负责人员”；

（2）系统根据“预存费用单位”，自动查找该客户单位所有未关联且未生成《缴费单》的《委托协议书》以供选择，用户也可根据实际情况进行查询、关联；

（3）选择发票编号和开票金额；

（4）选择“预存费用分配人员”及其对应的“分配预存金额”；

（5）所有“预存费用分配人员”对分配本人所分配的金额进行确认，若发现分配错误，可要求预存费用负责人员进行重新分配；

（6）所有分配人员均确认后，系统将通过手机短信等方式发消息给预存费用负责人员到财务人员处移交预存费用。收费人员一旦确认，“预存金额”会自动计入到对应的分配人员的当月任务，同时，对关联的《委托协议书》实施锁定。锁定后，《委托协议书》在生成《缴费单》时，增加“冲抵金额”一列，而整张应缴金额为零；只有在“预存金额”与其所有关联的《委托协议书》（即《缴费单》）总金额完全相等的情况下，方可进行缴费确认。

四、协议客户管理

协议客户是指与计量技术机构签订长期检定、校准、检验检测合同的客户。此类客户采用定期统一结算的方式进行费用管理。因此，每次检定、校准、检验检测完毕后无须现金结算，只需打印含有协议客户编号的《缴费单》，用户签字确认，按协议客户号进行存档，即可领取样品和证书。

协议客户管理的设计可分为协议客户的建立、欠费确认、费用结算、分析统计4部分。

（一）协议客户建立

该模块主要用于对协议客户的管理和查询。从客户信息基础数据（第三章第十三节）中，选择与计量技术机构签订长期检定、校准、检验检测合同的协议客户，将其设置为协议客户，补充联系人、联系电话等信息。协议客户建立后，系统将自动分配其协议编号和初始密码，客户可登录网上报检平台或计量技术机构网站对初始密码进行修改。

（二）欠费确认

设计《缴费单》时，增加“协议客户编号”，以便于对协议客户的《缴费单》进行专门保管。领取样品、证书时，系统自动根据《委托协议书》判断是否为协议客户，若是协议客户，客户通过分屏预览，在领取界面上输入领取密码，密码验证通过后，打印带有协议客户编号的《缴费单》，用户在《缴费单》上签字确认，领取样品、证书。样品收发人员利用资料管理册，按“协议客户编号”对《缴费单》进行归档，以便于统一结算。一旦证书领取，《缴费单》禁止再进行任何修改。

（三）费用结算

协议客户定期对已欠费的《缴费单》进行清理结算，系统将提供《缴费单》扫描等方式，便于对已欠费的《缴费单》进行缴费确认。

（四）分析统计

针对协议客户的“免征”“已缴费”“待缴费”“送检样品”台件数进行分析统计。

五、《缴费单》生成

《缴费单》生成可按以下步骤进行设计：

（1）保持《缴费单》与《委托协议书》对应的关系，即《缴费单》生成的先决条件为《委托协议书》下所有样品缴费信息均已确定（即《委托协议书》下所有证书和报告均通过审核）。对此进行限制的目的在于：

① 杜绝一个《委托协议书》对应多个《缴费单》，而产生的少报、漏报费用现象；

② 杜绝极少部分客户有选择性领取证书和报告，特别是对于“检定结果通知书”不缴费、不领取证书而造成的大量呆坏账的现象；

③ 杜绝个别人员在整个《委托协议书》检定、校准、检验检测费用尚未确定前（《缴费单》未生成），向客户随意报价，而造成少报、漏报等现象；

④ 防止仅对《委托协议书》中个别样品进行缴费，却领取整个《委托协议书》样品的现象；

⑤ 简化“发票关联”“预存费用”“到账管理”手续，特别是在《缴费单》未生成前，关联《委托协议书》即关联《缴费单》；

⑥ 满足已关联“发票金额”和“预存费用金额”与《委托协议书》金额的平衡关系，并实现按发票编号或预存费用编号连续生成并打印《缴费单》的功能。因此，在界面设计上，可按照发票编号或预存单号编号—关联《缴费单》—证书和报告—样品的顺序逐层展开。

（2）对于不存在关联关系的《委托协议书》，系统可提供按“单位代码”或“单位全称”，一次性生成多张《缴费单》的功能，以确保同一单位缴费单编号的连续。

基于上述原则，在界面设计上可用分页模式。第一页显示待生成《缴费单》任务，第二页显示待修改《委托协议书》任务，第三页显示未完成任务。具体要求见表9–1。

表9–1 《缴费单》设计表

类型		待生成《缴费单》任务	待修改《委托协议书》任务	未完成任务
满足条件	《委托协议书》下所有样品均是否均已通过审核	是	是	否
	“发票金额”与其所关联委托协议书金额是否平衡	是	至少存在一处不平衡	不做判断
	预存金额”与其所有关联的《委托协议书》（即《缴费单》）总金额完全相等	是		不做判断
功能	《缴费单》生成	有	无	无
	委托协议书费用修改	无	有	无
	同客户单位信息查看	有	有	有
	费用显示	有	有	无

根据表 9–1 可知，进入第一页为待生成《缴费单》数据，其主要功能是生成《缴费单》。在设计上，可进行如下设计：

（1）以《委托协议书》为单位显示，显示信息包括“单位代码”“协议客户编号”“关联发票编号”“关联预存费用单号”“委托协议书合计金额”“预交冲抵金额”“实际应缴金额”“开票金额”。

（2）双击“单位代码”“协议客户代码”“关联发票编号”“关联预存费用单号”，将进一步显示其关联的《委托协议书》信息，并实现关联《委托协议书》的《缴费单》连续生成和打印功能。

（3）在“单位代码”或“协议客户代码”展开过程中，如《委托协议书》关联发票和或预存费用，则可按先“预存费用编号”后“发票编号”的顺序排列。

（4）为了使同一客户的《缴费单》信息清晰明了，设计时，应考虑提供《缴费单》成批生成功能，即通过左右列表形式。通过“单位代码”“协议单位代码”或“单位全称”对待生成数据进行查询，并添加到打印任务栏中。并可对待打印任务进行排序。

（5）在设计《缴费单》时，应包括如下信息：基础信息。包括缴费单编号、委托协议书编号、委托协议书流水号、发票编号（应注明共涉及几张《委托协议书》，本《委托协议书》是第几张）、开票总金额、预存费单号（应注明共涉及几张《委托协议书》，本《委托协议书》是第几张）、预存总金额、协议单位编号、《缴费单》生成时间；样品信息，包括样品名称，检定、校准、检验检测费用，修理费用、出检费用、其他费用、小计、预存抵扣费用、实际应收费用。由于在生成《缴费单》前，系统已对预存单与其对应的《委托协议书》的总费用进行平衡计算，实际运用中凡涉及预存的《缴费单》实际应缴费用均为 0，但必须通过缴费确认，一方面，须财务人员确认，另一方面，系统要改变其缴费状态。

（6）《缴费单》打印后，系统将自动赋予缴费单编号（《缴费单》与《委托协议书》是一对一关系），样品中的缴费状态由“待定”变为“待缴”。

根据表 9–1 可知，进入第二页为待修改数据，其主要功能是委托协议书费用修改，在设计上可遵循如下原则：

系统自动判断“预存费用编号”后“发票编号”关联的所有《委托协议书》下的证书是否均通过证书审核。若通过，则进一步判断“预存费用”或“发票金额”是否与关联委托协议书金额相等。若不相等，则自动发消息给预存费用（或）发票开具经办人员，要求其到收费人员处修改费用，系统将提供批量修改功能，以便快速完成费用修改。修改完毕后，修改人员应刷卡确认，修改后满足平衡关系的数据将显示在待生成《缴费单》界面。在第二页中显示不平衡的“预交费用编号”和“发票编号”，同时显示与其关联的样品收费总和及其与预交费用（或开票金额）间的差值。

根据表 9–1 可知，进入第三页为待生成数据，其主要功能是委托协议书费用修改，在设计上可遵循如下原则：

以《委托协议书》为单位显示，并可按《委托协议书》—证书和报告—样品的顺序进行展开，但不显示具体金额。

设计要点：

（1）《缴费单》生成过程中，不应对每个样品对应的缴费进行四舍五入处理，而应对所有样品的总费用进行四舍五入，否则将造成费用统计不准。

（2）B/S 结构下，《缴费单》生成界面，每页显示的器具数应大于 100 个，否则将出现一个《委托协议书》对应多张《缴费单》的问题，容易造成费用的少收、漏收。

六、《缴费单》信息修改

为保证《缴费单》信息修改的严谨性，《缴费单》信息修改可分为“《缴费单》生成前修改”和“《缴费单》生成后修改”两类。

（一）《缴费单》生成前修改

此时修改，样品缴费状态仍为“待定”。即样品检定、校准、检验检测费用尚未确定，还可以随意调整。因此，此类修改可由检定、校准、检验检测人员在“个人任务管理”模块中对费用随意修改。

（二）《缴费单》生成后修改

此时修改，《缴费单》已经生成，缴费状态由“待定”转为“待缴”。即样品检定、校准、检验检测费用尚已确定，相关部门已有可能按此费用对外报价。因此，不允许随意调整。此类修改应由检定、校准、检验检测人员提出书面申请或在已打印的《缴费单》上进行修改，签字确认，并由收费人员在“费用修改”模块中进行修改。这样设计的目的在于：防止同一收费存在多张重复的《缴费单》的现象；防止因随意修改而造成已打印的纸质《缴费单》（可能已向客户进行报价）与系统上费用不符；防止缴费确认和缴费修改同时进行而造成的并发和延迟，以及进而造成的实际缴纳费用和系统确认费用不符。

在修改方式上，可设计为"批量修改"和"逐条修改"两类。批量修改即按照$\frac{\text{预存费用}}{\text{对应关联发票总费用}}$或$\frac{\text{发票费用}}{\text{对应关联发票总费用}}$的比例对每个样品的缴费进行修改，以确保两者的平衡；逐条修改即对《委托协议书》中的个别样品的缴费情况进行修改，以确保两者的平衡关系。

七、担保管理

担保管理是机构内部人员对非协议客户证书和报告在未缴纳费用的情况进行领取并进行担保，确保日后费用能够补齐。担保的目的在于：客户需要凭证书和报告才能向上级单位申请检定、校准、检验检测费用，因此，必须采用担保形式方可提前获得证书和报告；客户对多个《缴费单》的费用进行集中支付，而暂时需要担保；其他原因需要担保的证书和报告。在设计时，应以《缴费单》为单位进行担保，扫描《缴费单》上的条码，对《缴费单》关联证书和报告严格发放。领取完毕后，担保人刷卡确认，系统自动赋予担保单号，并打印《担保单》，样品收发人员将相关《缴费单》付到《担保单》后，担保人在《但保单》上签字确认完成担保过程。担保的核销，担保人或客户凭《担保单》或《缴费单》进行缴费确认，担保人自动核销。

八、到账管理

到账管理是指客户通过转账方式支付检定、校准、检验检测费用，由于转账时缺少《缴费单》信息，而造成无法确认本次转账应对哪些《缴费单》进行缴费确认，特别是对于报价随意且缺乏记录的转账，经常造成转账金额和缴费单金额不一致的现象，形成转账长期无人认领及《缴费单》长期无法缴费确认的问题。到账管理不严谨、不及时还将造成以下问题：报价不准确，已缴费用和未缴费用混在一起，重复报价；欠费管理无法正常使用，欠费单中包含有已缴信息；到账钱款无法计入检定、校准、检验检测人员个人任务统计；用户转账后领取证书和报告时，由于无法快速找到对应《缴费单》，并对其进行确认，而无法及时领取证书和报告；造成客户器具状态查询中缴费状态无法及时更新。

为解决上述问题，可采取到账认领的方式进行管理，认领的顺序依次为报价单认领、转账通知认领、转账负责人认领。

（一）报价单认领

相关人员保存报价单后，系统自动发消息至到账管理。财务人员输入到账信息后，系统查询与之各项内容均相同的报价单，并显示与转账费用及报价费用相同的其他疑似数据。若两者完全相同，财务人员收集齐报价单关联《缴费单》后，即可进行缴费确认。

（二）转账通知认领

相关人员联系客户进行转账后，通过系统发消息给财务管理人员，到账后，系统自动寻找与之匹配的转账信息，并通知消息发送人关联《缴费单》。若关联《缴费单》与到账金额相等，提交财务人员进行《缴费单》确认。若不相等，则修改《缴费单》。

（三）转账负责人认领

转账人员通过报价管理进行报价。客户转账后，系统发消息给财务人员，财务人员将通知客户转账的人员设为该笔转账负责人，并在系统予以公示。若无异议，则由该负责人关联《缴费单》，财务人员对《缴费单》进行确认。

（四）界面设计

在设计上，可采用分页形式。第一页为转账通知，即相关人员通过系统告知财务人员转账信息，以便于到账后，财务能迅速查到与之匹配的转账通知信息，并对其进行处理，使其进入第二页待分配转账信息。待分配转账信息数据来源有三种：第一种是第一页转账通知经确定的已转账信息；第二种是输入转账信息后，系统自动匹配的报价信息。财务人员确认后，直接进入第三页已分配转账信息；第三种为到账认领信息，即到账负责人未知，等待有人对到账信息进行认领。认领后的到账信息经过一段时间的公示后，负责人关联《缴费单》。进入第三页，第三页已分配转账信息，存储着所有已关联《缴费单》的转账信息，对其展开可查询每个关联的《缴费单》第四页为已确认的到账信息，主要供查询。

九、《缴费单》确认

《缴费单》确认可分为“缴费确认”“发票关联”“缴费修改”“欠费信息”4个

子模块。在设计中：

（1）“缴费确认”可按预存单号、发票编号、到账单号、担保单号、单位代码、协议客户代码等方式进行查询，以便于集中对《缴费单》进行确认。在缴费确认设计中应注意以下几点：预存费用《缴费单》的实缴金额为零；系统应提示该《缴费单》是否已进行发票关联（即已开具发票）及开票金额；通过上述方式查询时，若存在其中有《缴费单》状态为“已缴”的情况，系统应加以提示，若存在两者不平衡的现象，应禁止对其进行确认。

（2）“发票关联”，系统自动判断待确认的《缴费单》是否已进行发票关联。若存在未关联发票的《缴费单》，则“发票关联”显示，收费人员可根据系统显示金额开具发票，并与《缴费单》进行关联。

（3）“缴费修改”是调用“费用修改”模块进行费用修改，这样应注意，已进行发票到账、预存、关联三种关联的《缴费单》不允许对费用进行修改。

（4）“欠费信息”可以查询当前《缴费单》对应客户名称（单位代码）下未缴毕的其他《缴费单》信息。

十、收费标准管理

收费标准管理的目的是对检定、校准、检验检测收费加以限制。目前，各地均出台了当地的计量检定、校准、检验检测收费标准，对各类计量器具的收费标准做出了明确规定。但由于大多计量技术机构已进入市场化运作，且市场化竞争激烈，往往很难按标准进行收费，收费随意性大，并难以控制，易滋生腐败。实现收费上标准化的难度，主要在于：收费标准中采用的是计量器具学名，而证书和报告中使用的是实物或铭牌上计量器具名称。若不建立两者的映射关系，则无法对收费进行有效控制；《委托协议书》录入时仅录入实物或铭牌上计量器具名称，而不录入准确度等级、测量范围等信息，而在收费标准中不同准确度等级和测量范围组合的收费标准各不相同；证书和报告制作中可能包含多个器具的附件，如天平的证书和报告中可能包含对多个砝码的检定、校准、检验检测，而在《委托协议书》录入时仅录入天平的信息；有些计量器具虽未明确列入收费标准，但却可参考其他器具的收费标准。

为解决上述问题，可进行以下设计：

（1）制作证书和报告时，先选择授权开展项目及其对应的准确度等级和测量范围组合。由于授权开展项目中存储有不同准确度等级和测量范围组合的标准收费、收费上限和收费下限，选择后，系统自动填写标准收费，检定、校准、检验检测人员可根据具体情况进行修改。若修改后的费用不落在合理收费区间，一方面，可采用授权填写的方式，即填写相关费用后，提请授权。授权结束后，即可继续进行制作；另一方面，可不对其进行限制，但应对此数据进行标记，并在证书和报告核验、审核时予以提示。若存在问题，打回进行费用修改。对于未打回的证书和报告，系统将自动显示在相关业务管理部门的界面上，以便其进行判断、控制。相关业务管理部门可对其进行锁定处理，要求其进行解释或修改费用。

（2）为简化制作流程，对于新建实物或铭牌上计量器具名称，制作证书和报告时，应先选择库中已存在的授权开展项目，系统将自动记录新建实物或铭牌上计量器具名称与已有授权开展项目的映射关系。若库中没有对应的授权开展项目，系统则要求新建授权开展项目，并明确其准确度等级和测量范围组合及其对应收费信息，新建授权开展项目须经过相关业务管理部门的批准包括对收费标准的审批。

（3）对于一份证书和报告包含多个计量器具的现象，证书和报告制作时，可选择配件总数选项，即可选择已有授权开展项目及其对应的准确度等级和测量范围，并填写器具数，系统将自动计算所有器具的标准收费和收费限制区间。

十一、优惠审批管理

尽管在收费标准管理中对器具的收费标准系统进行了限定，但在实际工作中，出于机构战略和服务对象经济承受能力方面的考量，在某些情况下，须对一些长期客户或困难企业予以部分检定、校准、检验检测费用优惠。但优惠必须按权限逐级审批，优惠权限设置一般可分为“检定、校准、检验检测人员”“检测部门负责人”“业务管理负责人”“机构负责人”等层级。每个层级都有各自的优惠比例，检定、校准、检验检测人员的优惠权限可通过授权开展项目中收费区间进行限制，见表 9–2。若超过标准收费区间，选择优惠比例，系统将自动根据优惠比例发送给相关人员进行审批。审批期间，系统将对其所属《委托协议书》实施《缴费单》生成锁定，以防止报价不准。对于已进行预存费用关联、发票关联的证书和报告可不受标准收费限制，并禁止使用优惠审批功能。对于《缴费单》已生成、要求进行费用优惠的，可在已生成的《缴费单》上进行优惠审核，交财务人员进行费用修改。

表 9-2　优惠审批管理设计表

状态	《缴费单》生成前					《缴费单》生成后		
	已预存费用关联	已发票关联	客户单位为协议客户	其他		已到账关联	已担保	其他
				证书和报告制作中	其他			
是否优惠审批	否	否	按批准比例	是		否	否	
是否进行《缴费单》生成锁定	是	是	否	否		不适用	不适用	
是否禁止《缴费单》修改	不适用	不适用	不适用	不适用		是	是	

十二、独立制作证书和报告系统缴费管理

如第八章第五节“证书和报告制作”所述，独立制作证书和报告分两种情况：一种是以数据交换方式进行独立制作证书和报告；另一种是以人工填报方式独立制作证书和报告。在第九章收费管理子系统中已描述了这两种情况的缴费方式，此处不再赘述。在设计上需要注意的是对于未实施赋码管理、强制检定计量器具和非强制检定计量器具、以人工简化方式填报独立制作证书和报告的，由于其样品是整批接收的，《委托协议书》不按样品展开，而是一个整体，填写的也是《委托协议书》整体缴费信息，而不针对具体某个样品。因此，在设计上此类《缴费单》的样品数量可以大于 1。

十三、本机构内部检定或校准设备缴费管理

对于本机构内部检定或校准，在《委托协议书》录入时应选择“委托类型”为本机构内部检定或校准设备。证书和报告制作过程中，依然填写缴费信息，证书和报告制作完毕后，生成内部结算《缴费单》。在设计内部结算单时，应增加本机构内部检定或校准设备所属检测部门、设备保管人员信息，以便于检测部门对缴费信息进行确认。内部结算《缴费单》生成后，由其所属检测部门负责人对费用进行确认，并签字确认后，由专人进行内部结算《缴费单》的确认。确认后，系统自动将缴费状态由“待缴费”变更为“内部已确认”。由于有的机构将内部检定或校准不计入个人任务统计，为区别对待，设计时，对本机构内部检定或校准设备缴费应设计单独统计功能。

CHAPTER 10

第十章
质量管理子系统

质量管理子系统是依据 JJF 1069—2012、CNAS-CL01：2018 而设计的，覆盖计量技术机构质量管理全领域、全范围、全过程的业务子系统。质量管理子系统主要包括：质量管理角色、权限设定和公正性与保密性管理、机构基础信息管理、人员管理、设施和环境管理、设备管理、计量溯源性管理、外部提供的产品和服务管理，要求、标书和合同评审管理，检定、校准、检验检测方法管理，抽样管理、检测或校准物品的处置管理、技术记录管理、测量不确定度的评定管理、结果有效性的保证管理、结果的报告管理、投诉管理、不符合工作管理、数据控制和信息管理、管理体系文件的控制管理、记录管理、风险和机会的管理措施管理、改进管理、纠正措施管理、内部审核管理、管理评审管理、质量管理看板管理。其中，设备管理已在第四章介绍，计量溯源性管理已在第四章第五节介绍，外部提供的产品和服务管理已在第三章第六节介绍，要求、标书和合同评审管理已在第八章第三节介绍，抽样管理按 GB/T 2828.1—2012《计数抽样检验程序　第 1 部分：按接收质量限（AQL）检索的逐批检验抽样计划抽样》等相关标准进行设计，检测或校准物品的处置管理已在第八章第三节介绍，技术记录管理已在第八章第五节介绍，测量不确定度评定管理已在第七章介绍，本章主要介绍其余部分。

第一节　设计目的和思路

一、设计目的

质量管理子系统是依据 JJF 1069—2012《法定计量检定机构考核规范》和 CNAS–CL01：2018《检测和校准实验室能力认可准则》而设计的，覆盖计量技术机构质量管理全领域、全范围、全过程的业务子系统。其目的在于：

（1）实现质量与业务的和谐共生，相互促进，避免质量、业务两者不能兼顾，重业务轻质量的现象。

（2）变人管质量为流程管质量、制度管质量，通过各质量要素之间关联关系的建立和制约，实现质量管理的全面智能化、自动化，最大限度地降低质量管理中的人为干预。

（3）实现各类授权考核的资料的自动生成，将质量管理部门从繁重、重复的考核工作解脱出来，从而实现质量管理信息利用最大化，人工填报最小化。

（4）从根本上杜绝职责不清、职能交替的现象。通过程序设定明确职责、分工，避免因部门间职能交叉重叠而造成的推诿扯皮现象，实现各质量工作间的无缝对接。

（5）制度的制定和执行有些脱节，具体表现为制度制定越来越完善，部门间推诿扯皮越来越严重，执行力越来越差。

（6）杜绝制度制定和执行脱节现象，利用信息化手段确保各种质量活动按日程、要求进行，并通过各种关联关系的建立，实现相互制约、提醒的目的，杜绝平时疏于管理，考核前突击造假的现象。

（7）对各种记录、文档版本进行控制，实现文档在线共享、编辑，防止版本错误。

二、设计思路

该子系统内容涵盖人（人员）、机（测量设备）、料（样品）、法（检定规程、校准规范、检验检测标准）、环（环境设施）、体系、证书（证书和报告）、记录、内部审核、管理评审、客户、投诉、改进、质控（质量控制）、抽样等方面，其中，人（人员）、机（测量设备）、料（样品）、法（检定规程、校准规范、检验检测标准）、环（环境设施）、证书（证书和报告）已在本书其他章节中有所介绍，本章重点介绍其余方面。

在设计上，质量管理子系统是以本章第十二节所述管理体系文件要素树状结构作为主线，对计量技术机构质量管理要素实施全面管理。在各管理要素中又可根据情况建立各要素的具体结构，如内部审核需建立内部审核检查要素树状结构。

通过质量管理子系统的建设，能够及时、全面地掌控各类质量信息，实现各机构质量信息资源的共享，从而达到借助先进的质量信息化手段和方法，提高机构质量管理水平的目的。具体优点如下：

（1）能将质量信息及时传递到需要的部门、环节和过程；

（2）实现真正的全生命周期动态质量管理；

（3）提高产品、服务和工作质量，使产品质量得到持续改进；

（4）降低质量成本；

（5）借助系统能够提高质量统计、分析和决策的效率；

（6）与企业其他信息管理系统之间实现集成，平稳连接；

（7）将先进的质量管理思想与企业实际相结合，注重系统的实用性。

第二节　质量管理角色、权限设定和公正性与保密性管理

一、质量管理角色、权限设定

质量管理常见角色有最高管理者、质量负责人（质量主管）、技术负责人、授权签字人、检测部门负责人、质量管理部门负责人、技术管理部门负责人、业务管理部门负责人，检定、校准、检验检测人员，样品管理人员、抽样人员、资料管理人员、设备保管人员、设备管理人员、质量监督人员。系统自动按本章第十二节所述管理体系文件要素树状结构，为每个管理要素分配角色和权限，并自动生成《管理体系要素职能分配表》。

二、公正性管理

设计公正性在线检查功能，系统将自动提醒相关人员定期开展公正性检查。检查过程中，系统将自动调取本章第九节中有关公正性的投诉数据以供参考。检查完毕后，在线填写《公正性检查记录》。

三、保密性管理

设计保密性在线检查功能，系统将自动提醒相关人员定期开展保密性检查。检查过程中，系统将自动调取本章第九节中有关保密性的投诉数据以供参考。检查完毕后，在线填写《保密性检查记录》。

第三节 机构基础信息管理

一、法律地位

机构的法律地位已在第三章第二节计量技术机构基础数据中进行介绍。

二、组织结构及管理、技术运作和支持服务之间的关系

机构的组织结构已在第三章第三节部门分工基础数据中进行介绍。

三、管理层

设置机构的管理层，计量技术机构的管理层一般为最高管理者、质量负责人、技术负责人。

四、组织机构信息变更管理

（一）涉及计量标准考核的组织机构信息变更管理

机构名称发生变更后，系统自动生成书面变更申请，并启动倒计时提醒，要求

在规定时间内上传向主持考核的政府计量行政部门申请换发《计量标准考核证书》的书面证据。

（二）涉及 CNAS 的组织机构信息变更管理

获准认可实验室的组织机构（名称、地址、法律地位等）发生变更后，系统自动生成 CNAS 要求的书面变更申请，并启动倒计时提醒，要求在规定时间内（20 个工作日）上传书面通知 CNAS 秘书处的证据。

在变更未获得批准之前，系统将对变更后的机构信息实施锁定。在证书和报告制作过程中，禁止使用新的机构信息出具的证书和报告。若未在规定时间内完成变更手续，系统将启动不符合控制程序。

当实验室的环境发生变化，如搬迁，除按上述规定通报 CNAS 秘书处外，系统还将对搬迁前后地址信息实施锁定。在证书和报告制作过程中，禁止使用搬迁前后地址信息出具证书和报告。待 CNAS 确认后，方可继续（恢复）在相应领域内证书和报告的制作及认可标识 / 联合标识的使用。若未在规定时间内完成变更手续，系统将启动不符合控制程序。

（三）涉及资质认定的组织机构信息变更管理

机构名称发生变更后，系统自动生成对应的《检验检测机构资质认定名称变更审批表》，并启动倒计时提醒，要求在规定时间内上传向资质认定部门申请办理变更手续的证据。

机构地址发生变更后，系统自动生成对应的《检验检测机构资质认定地址名称变更审批表》，并启动倒计时提醒，要求在规定时间内上传向资质认定部门申请办理变更手续的证据。

若机构属于法人母体组织中的一部分，其母体组织发生变更后，系统自动生成对应的《检验检测机构资质认定法人单位变更审批表》，并启动倒计时提醒，要求在规定时间内上传向资质认定部门申请办理变更手续的证据。

在变更未获得批准之前，系统将对变更后的机构信息实施锁定。在证书和报告制作过程中，禁止使用新的机构信息出具的证书和报告。若未在规定时间内完成变更手续，系统将启动不符合控制程序。

第四节 人员管理

一、人员资质管理

人员资质管理已在第三章第五节“人员基础数据”中已进行介绍，系统将根据已有数据，生产每类授权每个授权项目的人员资质情况，并按以下规则判断是否满足资质要求：

（一）计量授权考核对人员资质的要求

与计量检定、校准、检验检测等项目直接相关的人员，应经过必要的培训，具备相关的技术知识、法律知识和实际操作经验。检定、校准、检验检测人员应按有关的规定，经考核合格，授权后持证件上岗。

在从事型式评价试验的人员中，每个检测参数或试验项目岗位至少有 1 人取得工程师以上技术职称，并且应当在本专业工作 3 年以上。

对检测报告所含意见和解释负责的人员，除了具备相应的资格、培训、经验以及所进行的检测方面的知识外，还需具有：

（1）制造被检测计量器具、定量包装商品和实行能源效率标识的用能产品等所用的相应技术知识、已使用或拟使用方法的知识，以及在使用过程中可能出现的缺陷或降级等方面的知识；

（2）法规、规程和标准中阐明的通用要求的知识；

（3）对所发现的与计量器具、定量包装商品、实行能源效率标识的用能产品等正常使用的偏离所产生影响程度的了解。

内部审核应由经过培训和具备资格的人员执行。

（二）CNAS 对人员资质的要求

除非法律法规或 CNAS 对特定领域的应用要求有其他规定，实验室人员应满足以下要求：

（1）从事实验室活动的人员不得在其他同类型实验室从事同类的实验室活动。

（2）从事检测或校准活动的人员应具备相关专业大专以上学历。如果学历或专业不满足要求，应有 10 年以上相关检测或校准经历。关键技术人员[①]，如进行检测

---

① 关键技术人员还应包括签发证书或报告的人员（包括授权签字人）。CNAS 对授权签字人的要求更为严格。

或校准结果复核、检测或校准方法验证及确认的人员，除满足上述要求外，还应有3年以上本专业领域的检测或校准经历。

（3）授权签字人[②]除满足（2）要求外，还应熟悉CNAS所有相关的认可要求，并具有本专业中级及以上技术职称或同等能力[③]。

（三）资质认定对人员资质的要求

检验检测机构的技术负责人应具有中级及以上专业技术职称或同等能力。

检验检测机构的授权签字人应具有中级及以上专业技术职称或同等能力，并经资质认定部门批准，非授权签字人不得签发检验检测报告或证书。

内部审核员须经过培训，具备相应资格。

根据上述要求，系统自动对人员资质进行分析、判断，并筛选出符合规定的授权项目、授权人员信息。

二、人员培训管理

设计人员培训计划在线填写、在线审核、在线打卡功能。培训计划内容包括：培训时间、培训内容、培训对象、培训单位、主讲人、预期目标、设计培训打卡、培训效果在线评价、考试分数、课件上传、在线浏览功能。

三、人员监督管理

设计人员监督计划在线填写、在线监督。监督计划内容包括：监督时间、监督内容、监督对象、监督方法、监督评价。设计监督效果和在线评价功能是人员监督强调上岗前应具备的能力，重点为新人员、新授权之前、新项目运行。

人员监督管理的数据主要从以下来源获取：

（1）公正性检查数据（本章第二节）；

（2）保密性检查数据（本章第二节）；

（3）人员资质管理数据（本节）；

---

② 授权签字人指被CNAS认可的可以签发带有认可标识证书或报告的人员，其在被授权的范围内应有相应的技术能力和工作经验。实验室负责人可以不是授权签字人，授权范围也可以不是全部认可范围，授权范围应根据实际技术能力确定。

③ “同等能力”需满足的条件有：大专学历，从事专业技术工作8年及以上；大学本科学历，从事相关专业5年及以上；硕士学位以上（含），从事相关专业3年及以上；博士学位以上（含），从事相关专业1年及以上。

（4）人员培训的培训效果评价及分数数据（本节）；

（5）计量比对 / 能力验证，内部质量控制数据（本章第七节）；

（6）证书和报告质量抽查数据（本章第八节）；

（7）不符合工作管理数据（本章第十节）。

四、人员能力确认管理

RB/T 214—2017《检验检测机构资质认定能力评价检验检测机构通用要求》要求“检验检测机构应对抽样、操作设备、检验检测、签发检验检测报告或证书以及提出意见和解释的人员，依据相应的教育、培训、技能和经验进行能力确认。应由熟悉检验检测目的、程序、方法和结果评价的人员，对检验检测人员包括实习员工进行监督。”因此，在设计上，需要针对上述 5 类人员的不同特点设计不同的确认程序。同时，可考虑对其他人员进行能力确认。

（一）界面设计

人员能力确认界面的设计可以包括以下 4 部分：

1. 被确认人员基本信息

包括：人员基本信息（姓名、性别、工作时间、所在部门）、拟从事岗位和拟从事检定、校准、检验检测项授权类型及项目名称。其中，人员基本信息、拟从事岗位从人员基础数据（第三章第五节）获得；拟从事检定、校准、检验检测项授权类型及项目名称从授权资质基础数据（第三章第四节）获得。

2. 教育背景、工作经历、岗位要求确认

包括：学历要求、职称要求、工作年限要求、从事上岗专业年限要求、所学专业要求、岗位资质要求。首先，系统根据所选拟从事岗位自动加载对应的要求信息；其次，调取人员基础数据（第三章第五节）自动加载被确认人实际信息；最后，实际信息能否满足要进行判断，并给出结论。

3. 岗前培训考核确认

包括：培训内容、培训时间、考核方式、合格标准、考核结果、存在的问题。系统自动根据所选择的拟从事岗位和拟从事检定、校准、检验检测项授权类型及项目名称，自动加载培训内容，相关人员选择培训时间、考核方式。系统根据所选考核方式，给出不同处理方式。

若选用试卷作为考核方式，系统将随机从试题库中选择试题形成试卷，答卷完

毕后，考核人员填写考核分数，上传试卷，系统自动给出考核结果。

若选用提问作为考核方式，系统将随机从试题库中选择问题，并形成问题列表，考核人员对问题回答情况作出评价。所有评价完成后，系统自动给出考核结果。

4. 技能和经验能力确认

包括：考核内容、考核时间、合格标准、考核记录、考核结果、存在的问题。系统自动根据所选择的拟从事岗位和拟从事检定、校准、检验检测项授权类型及项目名称，自动加载考核内容，相关人员选择考核时间，确定合格标准，填写考核记录，作出考核结果，系统自动根据合格标准给出考核结果。

（二）各岗位考核信息

1. 授权签字人

（1）岗前培训考核信息

系统根据所选拟从事检定、校准、检验检测项授权类型及项目名称，首先，自动加载所选择的授权类型所依据的考核规范；其次，加载授权项目所依据的检定规程、校准规范、检验检测标准；最后，加载本机构对授权签字人的相关要求。

（2）技能和经验能力

系统自动加载检验标准 / 规范、授权范围及限制范围、检验检测人员资质、测量设备配置正确性、设备定期溯源、资质认定标志的使用、原始记录规范性、数据处理正确性、证书和报告规范性、检验检测结果的完整性、准确性等考核内容。

2. 检定、校准、检验检测人员

（1）岗前培训考核信息

系统根据所选拟从事检定、校准、检验检测项授权类型及项目名称，首先，自动加载所选择的授权类型所依据的考核规范；其次，加载授权项目所依据的检定规程、校准规范、检验检测标准；最后，加载本机构对检验检测的相关要求。

（2）技能和经验能力

系统自动加载检验标准 / 规范熟悉程度、样品制备规范性、测量设备操作正确性、技能和经验正确性、原始记录规范性、数据处理正确性、证书和报告规范性、检测数据、结果评判等考核内容。

3. 设备操作人员

（1）岗前培训考核信息

系统根据所选拟从事检定、校准、检验检测项授权类型及项目名称，首先，自动加载所选择的授权类型所依据的考核规范；其次，加载授权项目所依据的检定规程、校准规范、检验检测标准；最后，加载本机构对设备操作的相关要求、流程。

（2）技能和经验能力

系统自动加载检验检测原理及设备配置要求、设备使用操作流程及注意事项、设备维护保养及定期溯源的规定、设备计量溯源确认方法、设备期间核查方法、设备溯源或期间核查不符合要求后续处理方法、设备损坏、维修程序、设备调整规定等考核内容。

4. 意见解释人员

（1）岗前培训考核信息

系统根据所选拟从事检定、校准、检验检测项授权类型及项目名称，首先，自动加载所选择的授权类型所依据的考核规范；其次，加载授权项目所依据的检定规程、校准规范、检验检测标准；最后，加载本机构对意见解释的相关要求。

（2）技能和经验能力

系统自动加载产品检验检测原理、产品生产、制造工艺、检验标准 / 规范，对被测结果或其分布范围的原因分析，根据检测结果对被测样品特性的分析，根据检测结果对被测样品设计、生产工艺、材料或结构等的改进建议，数据处理、检验检测数据、结果评判、法律法规等考核内容。

5. 抽样人员

（1）岗前培训考核信息

系统根据所选拟从事检定、校准、检验检测项授权类型及项目名称，首先，自动加载所选择的授权类型所依据的考核规范；其次，加载授权项目所依据的检定规程、校准规范、检验检测标准，如加载 GB/T 2828.1—2012《计数抽样检验程序 第 1 部分：按接收质量限（AQL）检索的逐批检验抽样计划》等相关标准；最后，加载本机构对抽样的相关要求。

（2）技能和经验能力

系统自动加载抽样操作、授权项目、范围、抽样偏离的处理等考核内容。

6. 内部审核人员

（1）岗前培训考核信息

系统根据所选拟从事检定、校准、检验检测项授权类型，自动加载所选择的授权类型所依据的考核规范及本机构对内部审核管理的相关要求。

（2）技能和经验能力

系统自动加载内部审核资质考核内容。

7. 资料管理人员

（1）岗前培训考核信息

系统根据所选拟从事检定、校准、检验检测项授权类型，自动加载所选择的授权类型所依据的考核规范及本机构对资料管理的相关要求。

（2）技能和经验能力

系统自动加载资料管理内容、资料管理操作等考核内容。

8. 设备管理人员

（1）岗前培训考核信息

系统根据所选拟从事检定、校准、检验检测项授权类型，自动加载所选择的授权类型所依据的考核规范及本机构对设备管理的相关要求。

（2）技能和经验能力

系统自动加载设备管理操作、计量溯源确认方法等考核内容。

五、人员授权管理

人员授权管理即系统自动根据人员资质基础数据，由最高管理者对人员资质进行授权、确认。系统自动生成《人员授权一览表》，自动根据机构获得资质（法定计量授权、CNAS、资质认定等）确定需要授权的人员。

（一）计量授权考核要求授权的人员

从事特定的实验室活动，包括但不限于下列活动：

特定类型的抽样、检定、校准、检验检测；签发检定证书、校准证书和检测报告；提出意见和解释；操作特定类型的设备。

（二）CNAS 要求授权的人员

从事特定的实验室活动，包括但不限于下列活动：

开发、修改、验证和确认方法；分析结果，包括符合性声明或意见和解释；报告、审查和批准结果。

（三）资质认定要求进行能力确认的人员

从事特定的实验室活动，包括但不限于下列活动：

抽样；操作设备；检验检测；签发检验检测报告或证书；提出意见和解释。

六、人员能力监控管理

人员能力监控主要来自两个方面：一是人员资质是否能够持续满足要求，如注册计量师注册证中的注册项目是否过期；二是通过本章第七节所述计量比对 / 能力验证，内部质量控制数据包括盲样测试、实验室内比对、能力验证和实验室间比对结果、现场监督实际操作过程、核查记录等方式，对人员能力实施监控。

七、人员技术档案管理

设计人员技术档案在线建档功能，人员技术档案包括以下内容：

（1）个人信息，包括姓名、性别、民族、出生日期、最高学历、最高学历所学专业、学位、人员类型、技术职称、证件类型、证件号码、毕业时间、所在部门、岗位、入职时间、本岗位工作年限；

（2）教育经历，包括开始时间、结束时间、所学专业、毕业院校、学历、见证人；

（3）培训经历，包括培训时间、培训内容、培训机构、培训效果；

（4）获得奖励，包括奖励时间、奖励内容、奖励部门；

（5）技术文档，包括论文、技术报告、科技成果；

（6）证明材料附件。

八、人员变更管理

（一）涉及计量标准考核的人员变更管理

计量标准对应的检定或校准人员发生变更后，系统自动在《计量标准履历书》中记录变更记录。

（二）涉及计量授权考核的人员变更管理

机构负责人及证书和报告签发人发生变更后，系统自动生成书面变更申请，并启动倒计时提醒，要求在规定时间内（15 个工作日）上传书面通知颁发授权证书的政府计量行政部门的证据。

在变更未获得批准之前，系统将对变更后的授权签字人实施锁定。实施锁定后，在证书和报告制作过程中，则无法选择该新授权签字人。若原授权签字人已发生调离，系统将进一步判断其所在地点的授权签字领域是否存在可替代的其他授权签字人。若无可替代的其他授权签字人，系统将停止原授权签字人相关授权签字领域相关检定、校准、检测样品的接收。若未在规定时间内完成变更手续，系统将启动不符合控制程序。

在变更未获得批准之前，系统将对变更后的机构负责人实施锁定。实施锁定后，新机构负责人在系统中将无法行使相关权限，直至变更获得批准。

（三）涉及 CNAS 的人员变更管理

高级管理和技术人员（最高管理者、技术负责人）、授权签字人发生变更后，系统自动生成 CNAS 要求的《变更申请书》，并启动倒计时提醒，要求在规定时间内（20 个工作日）上传书面通知 CNAS 秘书处的证据。

在变更未获得批准之前，系统将对变更后的授权签字人实施锁定，在证书和报告制作过程中，禁止选择该新授权签字人。若变更前的授权签字人发生调离，系统将进一步判断其所授权签字领域在授权签字地点是否有可替代的授权签字人。若无可替代的授权签字人，系统将暂停原授权签字人的相关授权签字领域校准、检测样品的接收。若未在规定时间内完成变更手续，系统将启动不符合控制程序。

在变更未获得批准之前，系统将对变更后的最高管理者、技术负责人实施锁定。实施锁定后，新的最高管理者、技术负责人在系统中将无法行使相关权限，直至变更获得批准。

（四）涉及资质认定的人员变更管理

机构法定代表人、最高管理者、技术负责人、检验检测报告授权签字人发生变更后，系统自动生成对应的《检验检测机构资质认定法人单位变更审批表》《检验检测机构资质认定授权签字人变更审批表》《检验检测机构资质认定人员变更备案表》，并启动倒计时提醒，要求在规定时间内上传向资质认定部门申请办理变更手续的证据。

在变更未获得批准之前，系统将对变更后的授权签字人实施锁定。在证书和报告制作过程中，禁止选择该新授权签字人。若变更前的授权签字人发生调离，系统将进一步判断其所授权签字领域在授权签字地点是否有可替代的授权签字人。若无可替代的授权签字人，系统将暂停原授权签字人的相关授权签字领域的检验检测样品接收。若未在规定时间内完成变更手续，系统将启动不符合控制程序。

在变更未获得批准之前，系统将对变更后的最高管理者、技术负责人实施锁定。实施锁定后，新的机构法定代表人、最高管理者、技术负责人在系统中将无法行使相关权限，直至变更获得批准。

第五节 设施和环境管理

一、机构环境条件及影响评价

添加机构平面图，系统通过房间号，依据环境设施基础数据（第三章第十节）中的预设，自动生成每个房间、每个开展项目的环境温、湿度控制要求、已配备的环境温、湿度监控设备（即温、湿度表，温、湿度传感器等）。

根据环境设施基础数据中的预设，自动生成每个房间、每个开展项目的环境设施配备要求、已经配备的环境设施，并自动判断其是否配齐。

根据环境设施基础数据中的预设，系统自动生成本机构环境条件及影响评价记录。

二、环境设施维护、保养管理

根据环境设施基础数据，设备管理员在线制定设施设备维护计划和记录。

三、环境设施的变更管理

（一）涉及计量标准考核的环境设施变更管理

如果计量标准的环境条件及设施发生重大变化，例如，计量标准保存地点的实验室或设施改造、实验室搬迁等，系统将按以下流程实施变更：

（1）对该计量标准实施锁定。未完成变更审批手续前，禁止使用该计量标准出具证书、报告。

（2）对于其中标注为“大型设备”“不可移动设备”，搬迁后，需重新检定或校准，检定或校准完毕后还应对其结果进行确认。

（3）当检定或校准结果确认后，计量标准器的测量范围、准确度等级、最大允许误差、测量不确定度发生重大变化，进而导致计量标准主要计量特性发生重大变化，系统将启动第五章第三节所述复查考核程序。

（4）上传环境条件满足标准 / 方法要求的证据，报技术负责人审核。

（5）调用第五章第三节所述计量标准的稳定性考核、检定或校准结果的重复性试验，填写重复性、稳定性试验数据。

（6）当系统判断变更后的重复性试验结果大于《计量标准技术报告》第九部分“检定或校准结果的不确定度评定”中引用的重复性数据，系统将按照其中最大的重复性数据，重新进行检定或校准结果的不确定度的评定，并重新启动检定或校准结果验证程序。若验证结果仍满足开展的检定或校准项目的要求，则重复性试验符合要求，并将新测得的重复性数据作为下次重复性试验是否合格的判断依据。与此同时，系统还要求使用者判断重新评定的检定或校准结果的不确定度是否引起计量标准的主要计量特性发生重大变化，若发生重大变化，系统将启动第五章第三节所述复查考核程序。

（7）若评定结果不满足开展的检定或校准项目的要求，则重复性试验不符合要求，需查找原因，并报技术负责人审批。如确为环境变化所致，系统将停止该计量标准的使用，并启动计量标准更换或撤销（停用）手续。

（8）检定或校准结果确认后，计量标准器的测量范围、准确度等级、最大允许误差、测量不确定度发生重大变化，进而导致计量标准主要计量特性发生重大变化，系统将启动第五章第三节所述复查考核程序。

（9）生成《计量标准环境条件及设施发生重大变化自查表》，并启动倒计时提醒。

（10）在规定时间内上传向主持考核的人民政府计量行政部门申请变更的证据。

（11）上传人民政府计量行政部门批复文件。

（二）涉及计量授权考核的环境设施变更管理

环境设施发生变更后，系统自动生成书面变更申请，并启动倒计时提醒，要求在规定时间内上传通知颁发授权证书的政府计量行政部门的书面证据。

在变更未获得批准之前，系统将对变更前、后的检定、校准、检测地点实施锁定。实施锁定后，在证书、报告制作过程中，则无法选择变更前和变更后的检定、校准、检测地点。在样品收发过程中，系统将停止变更前和变更后的检定、校准、检测地点涉及的相关检定、校准、检测样品的接收。若未在规定时间内完成变更手续，系统将启动不符合控制程序。

（三）涉及 CNAS 的环境设施变更管理

环境设施发生变更后，系统自动生成 CNAS 要求的《变更申请书》，并启动倒计时提醒，要求在规定时间内（20 个工作日）上传书面通知 CNAS 秘书处的证据。

在变更未获得批准之前，系统将对变更前、后的检验、检测地点实施锁定。实施锁定后，在证书、报告制作过程中，则无法选择变更前和变更后的检验、检测地点。在样品收发过程中，系统将停止变更前和变更后的检验、检测地点涉及的相关检验检测样品的接收。若未在规定时间内完成变更手续，系统将启动不符合控制程序。

（四）涉及资质认定的环境设施变更管理

环境设施发生变更后，系统自动生成书面变更申请，并启动倒计时提醒，要求在规定时间内上传通知资质认定部门的书面证据。

在变更未获得批准之前，系统将对变更前、后的检验、检测地点实施锁定。实施锁定后，在证书、报告制作过程中，则无法选择变更前和变更后的检验、检测地点。在样品收发过程中，系统将停止变更前和变更后的检验、检测地点涉及的相关检验、检测样品的接收。若未在规定时间内完成变更手续，系统将启动不符合控制程序。

第六节　检定、校准、检验检测方法管理

一、方法的分类

由于第三章第九节检定、校准、检验检测方法基础数据已对检定、校准、检验检测方法基础信息管理做出了介绍，本节着重介绍新方法验证、方法变更、方法偏离及作业指导管理。

二、方法有效性核查

系统自动根据授权资质基础数据（第三章第四节），自动生成机构在用的所有

方法一览表，并根据检定规程、校准规范、检验检测标准基础数据（第二章第十五节），自动对机构所有在用的方法有效性进行判断。对其中已发布替代方法但仍未实施的，系统自动给出替代方法实施时间。

三、方法查新管理

设置方法查新频率，查新频率一般不超过 6 个月，系统自动根据检定规程、校准规范、检验检测标准基础数据，对机构所有在用的方法进行整体查新。对其中即将过期但仍未购得替代方法，仍未进行方法变更验证的方法，系统将予以报警，并通过系统自动提示。

四、新方法验证管理

（一）新方法验证的设计

新方法验证主要从技术上证实机构现有条件能否满足拟开展新项目所依据的方法要求。在设计上，一方面，利用第二章第十三节所述检定规程、校准规范、检验检测标准整体拆分结果，从人员、设备、环境、原始记录、证书和报告、测量不确定度评定、实际操作等方面对机构能否满足方法要求作出符合性判断；另一方面，对《作业指导书》《不确定度评定报告》、证书和报告内页格式及原始记录格式模板等技术文档是否制作进行自动监督。

（二）新方法验证的内容

对于检定、校准、检验检测人员，系统将通过本章第四节所述人员资质管理和授权管理自动判断相关人员是否取得新方法的检定、校准、检验检测人员资质，自动判断是否对新方法组织或参加培训，培训效果是否满意。

对于测量设备，系统将通过测量设备基础数据（第三章第七节），自动匹配新方法规定的设备，并自动对其技术指标的符合性进行判断。

对于环境设施，系统将自动调取、分析历年监控记录，以判断现有环境条件是否能满足新方法对环境的要求。

对于证书和报告内页格式及原始记录，系统将通过证书和报告内页格式及原始记录格式模板基础数据（第三章第十一节），自动检查是否根据新方法制定证书和报告内页格式及原始记录模板。

对于测量不确定度评定，系统将通过测量不确定度管理子系统（第七章），自动检查是否根据新方法进行测量不确定度评定。

对于实际操作，系统将自动检查是否上传新方法涉及开展项目的模拟试验报告和原始记录。

对于检定、校准、检验检测结果验证，系统将通过本章第七节所述结果有效性的保证管理，自动匹配依据新方法开展的质量控制活动。只有当质量控制结果为满意时，方可判断满足新方法对质量控制的要求。

对于无法系统自动判断的内容，系统将给予提示，并交由人工进行判断。

（三）新方法验证的结果处理

对于经判断，现有条件满足新方法要求的，系统自动生成《新方法验证记录表》，经部门负责人、技术负责人批准后，启动计量标准建标向导、CNAS 授权管理等功能。

对于经判断，现有条件不满足新方法要求的，系统将终止新方法的验证，保留已验证结果，直至满足新方法要求为止。

五、方法变更验证管理

（一）方法变更验证的设计

方法变更验证主要是从技术上对变更前后要求的不同进行技术对比，通过对比，对其中本机构能够满足的变化进行确认。对不能满足变化的采取措施，使其满足新方法要求。在设计上，一方面，利用第二章第十三节所述检定规程、校准规范、检验检测标准整体拆分结果，自动记录、比对新旧方法变化，即取消、新增、变更的内容，自动判断人员资质、测量设备、环境设施等是否能满足新方法的要求；另一方面，对《作业指导书》《不确定度评定报告》、证书和报告内页格式及原始记录格式模板等技术文档是否及时更新进行自动监督，最后在变更确认后，系统自动对其他相关系统中相关信息进行更新。

在流程设计上，新方法通过查新获得后，查新人员建立新旧方法的关联关系。关联关系建立后，系统自动将被替代方法的有效期调整到新方法实施日期的前一天，同时自动复制被替代方法整体拆分结果。并在此基础上按新方法要求对其内容进行增加、删除、修改，系统自动记录修改的内容，并按新增、删除、变更进行分类记录，以便于各计量技术机构方法变更验证人员对其变化进行确认。确认完成后，提交本部门负责人审核，技术负责人批准后完成方法变更验证。

（二）方法变更验证的内容

名称及代号（含年号），该信息从检定规程、校准规范、检验检测标准基础数据（第二章第十三节）中获得。同时，系统自动调用文件发放、回收记录，以便于对新方法是否购置，被替代方法是否回收、销毁进行确认。

新旧方法变化，该信息由系统根据第二章第十三节所述检定规程、校准规范、检验检测标准整体拆分结果自动生成。内容包括：适用范围变化、技术指标变化、环境条件要求变化，检定、校准、检验检测项目变化，检定、校准、检验检测方法变化，仪器设备（含主要配套设备）、标准物质变化，各计量技术机构方法变更验证人员对新旧方法变化进行确认。

机构已具备条件匹配，该条件匹配分为系统自动判断和人工判断。

1. 系统自动判断

系统自动判断机构现有人员、设备、环境设施等能否满足新方法要求。

对于检定、校准、检验检测人员，系统将通过本章第四节所述人员资质管理和授权管理自动判断相关人员是否取得新方法的资质，通过人员培训管理自动判断是否对新方法组织或参加培训，培训效果是否满意。

对于测量设备，系统将通过第四章测量设备管理子系统，自动匹配方法变更后需要的设备，并自动对其技术指标的符合性进行判断，对新方法未改变设备要求的可不进行系统判断。

对于环境设施，系统将自动调取、分析历年监控记录，以判断现有环境条件能否满足新方法对环境的要求，对新方法未改变环境要求的可不进行系统判断。

对于结果验证，系统将通过结果有效性的保证管理（本章第七节），自动匹配方法变更后依据新方法开展的质量控制活动，只有当质量控制结果为满意时，方可判断满足新方法对质量控制的要求。

2. 人工判断

对于无法系统自动判断的内容，系统予以提示，交由人工进行判断。

3. 判断结果

对于经判断现有条件不满足新方法要求的，系统将停止新方法的使用，并启动纠正措施，直至满足新方法要求为止。

关联信息更新，该信息更新分为系统自动更新和人工更新两类。

1. 系统自动更新

系统自动根据新方法整体拆分结果，对本计量技术机构信息管理系统（MIMS）中涉及的该方法的信息进行更新，更新分为取消、新增、变更三类，更新的内容包括：

（1）检定、校准、检验检测项目

涉及的信息包括：计量器具名称。

涉及更新的模块包括：

① 授权资质基础数据相关数据（第三章）；

② 测量设备基础数据、期间核查管理中相关数据（第四章）；

③ 计量标准考核管理子系统相关数据（第五章）；

④ 授权考核管理子系统相关数据（第六章）；

⑤ 测量不确定度评定中相关数据（第七章）。

（2）技术指标

涉及的信息包括：计量特性（第一章第二节）。

涉及更新的模块包括：

① 计量器具名称，国家检定系统表，检定、校准、检验检测授权资质，标准物质基础数据中相关数据（第二章）；

② 授权资质、基础数据相关数据（第三章）；

③ 测量设备基础数据、期间核查管理中相关数据（第四章）；

④ 计量标准考核管理子系统相关数据（第五章）；

⑤ 授权考核管理子系统相关数据（第六章）；

⑥ 测量不确定度评定中相关数据（第七章）；

⑦ 检定或校准后结果确认中的设备检定、校准、检验检测要求的技术参数、CNAS 申请资料管理相关数据（本章）；

⑧ 收费管理子系统中相关数据。

（3）检定、校准、检验检测方法

涉及的信息包括：检定、校准、检验检测方法、方法对应的计算公式、数学模型、测量标准及其他设备、环境条件。

涉及更新的模块包括：

① 计量标准考核管理子系统相关数据（第五章）；

② 授权考核管理子系统相关数据（第六章）；

③ 测量不确定度评定中相关数据（第七章）；

④ 证书和报告制作中相关数据（第八章）；

⑤ CNAS 申请资料管理、《作业指导书》管理相关数据（本章）。

2. 人工更新

（1）计量标准信息更新

方法变更后，系统将自动锁定涉及方法变更的计量标准，重启计量标准建标向导，计量标准负责人在原有的计量标准信息基础上，依据上述自动更新内容，按新方法要求人工重新完成计量标准建立过程。系统自动判断计量标准的准确度等级、最大允许误差、测量不确定度是否发生变化。若发生变化，则提醒建标负责人在线提起计量标准新建申请。若未发生变化，系统进一步判断计量标准的测量范围、可开展项目是否发生变化，若发生变化，则提醒建标负责人在线提起计量标准复查申请。若计量标准的计量特性未发生改变，但计量标准器、主要配套设备发生更换的，则提醒建标负责人在线提起计量标准更换申请。

在上述新建、复查考核未通过前，系统暂停新方法涉及的可开展项目证书和报告的出具。在建标重新确认过程中，因人员、设备、环境无法满足要求而无法完成计量标准信息更新的，系统将自动暂停相关可开展项目证书和报告的出具，直至符合新方法要求为止。

（2）测量不确定度信息更新

方法变更后，系统将自动锁定涉及方法变更的《测量不确定度报告》，重启测量不确定度向导，相关人员在原有的测量不确定度评估基础上，依据上述自动更新内容，按新方法要求人工重新完成测量不确定度评估过程，并自动更新 CMC 信息。对于涉及《计量标准技术报告》的《测量不确定度评定报告》，系统将自动按重新评定的测量不确定度对其检定、检验检测结果进行重新验证，新编制的《测量不确定度报告》经本部门负责人、技术负责人批准后实施。

（3）《作业指导书》更新

方法变更后，系统将自动锁定涉及方法变更的《作业指导书》，重启《作业指导书》向导，相关人员在原有的《作业指导书》的基础上，依据上述自动更新内容，按新方法要求人工重新完成《作业指导书》编制。新编制的《作业指导书》经本部门负责人、技术负责人批准后实施。

（4）证书和报告内页格式及原始记录格式模板更新

方法变更后，系统将自动将现有证书和报告内页格式及原始记录格式模板有效变更为新方法实施的前一天，以防止因证书和报告内页格式及原始记录格式模板未按新方法制作而带来的检测风险。证书和报告内页格式及原始记录格式模板管理人员依据上述自动更新内容，对其进行更新，并采用新模板完成检定、校准、检验检测模拟证书和报告、原始记录的制作，并上传系统。新编制的证书和报告内页格式及原始记录格式模板经本部门负责人、技术负责人批准后实施并正式启用。

（5）授权资质更新

方法变更后，系统将自动锁定涉及方法变更的法定计量检定机构授权、CNAS授权。对于新方法已取消的开展项目，系统在新方法实施之日起，停止该项目样品的接收。对于新方法新增的开展项目，系统提示申请新增项目授权资质扩项考核。在未取得授权资质之前，系统禁止相关样品的接收。对于方法变更的开展项目，系统将给出新旧技术指标的对比，由人工对其进行处理。

时间设置：为实现方法变更期内新旧信息的自由切换，新方法整体拆分完毕后，系统将对所有涉及变更的信息增加时间限制。具体为对变更的旧方法内容有效期设置为新方法实施前一日，方法变更的内容开始日期设置为新方法实施当日。

资料生成：系统自动生成《方法变更记录》《测量不确定度评定报告》《作业指导书》、计量标准考核相关资料、计量标准更换申请、计量授权申请资料、CNAS授权申请资料、方法变更申请。

（三）方法变更管理

方法验证完毕后，系统自动根据方法开展项目所对应的授权资质进行如下处理：

1. 涉及计量标准的方法变更

涉及计量标准的方法变更，一旦方法变更验证完成，系统将自动变更信息记录在《计量标准履历书》中，同时，判断这种变更使计量标准器或主要配套设备、主要计量特性或检定、校准方法是否发生了实质性变化。如果发生了实质性变化，则启动计量标准复查考核程序（第五章第三节），同时，依据方法变更验证记录，打印检定规程或计量技术规范变化的对照表。在未获得新的《计量标准考核证书》前，对新标准实施锁定。在证书和报告制作过程中，禁止选择该新标准。在样品收发过程中，停止接收依据新标准检定、校准、检测的样品。

2. 涉及 CNAS 的方法变更

涉及CNAS的方法变更，一旦方法变更验证完成，系统自动生成书面变更申请，并启动倒计时提醒，要求在规定时间内（20个工作日）上传书面通知CNAS秘书处的证据。变更未获得CNAS批准之前，对新标准实施锁定。在证书和报告制作过程中，禁止选择该新标准。在样品收发过程中，停止接收依据新标准检定、校准、检测的样品。

3. 涉及资质认定的方法变更

涉及资质认定的方法变更，一旦方法变更验证完成，系统自动生成《检验检测机构资质认定标准（方法）变更审批表》，并启动倒计时提醒，要求在规定时间内上传向资质认定部门申请办理变更手续的证据。在未获得新的《资质认定授权证书》前，对新标准实施锁定。在证书和报告制作过程中，禁止选择该新标准。在样品收发过程中，停止接收依据新标准检定、校准、检测的样品。

六、方法偏离确认管理

（一）方法偏离的申请

当发生方法偏离时，方法使用人员在线提出方法偏离申请，说明偏离内容及其原因。方法偏离申请经部门负责人审核，报专业技术委员会或技术专家组讨论后，由技术负责人批准后，方可准予偏离。

方法偏离批准后，系统自动生成《方法偏离说明书》，以便让客户及时了解方法偏离的具体情况。

（二）方法偏离的应用

方法偏离批准后，系统将对允许偏离的检定规程、校准规范、检验检测标准进行标注。当需要偏离时，方法使用人员启动方法偏离。样品接收过程中，如遇到已启动方法偏离的样品，系统将提示样品收发人员告知客户方法偏离，若客户接受偏离，继续样品接收，在打印《委托协议书》中进行注明，用以客户书面确认。必要时，可打印《方法偏离说明书》，以供客户参考。若客户不接受偏离，则停止样品接收。

七、《作业指导书》管理

计量技术机构常见的《作业指导书》包括方法类、设备使用类、数据处理类三类。

（一）方法类《作业指导书》

这类《作业指导书》主要针对方法不能准确理解或同一开展项目对应多个方法及方法过于笼统、滞后等情况。

系统根据第二章第十三节所述检定规程、校准规范、检验检测标准整体拆分结果自动生成《作业指导书》，其制作步骤如下：

（1）选择依据方法，《作业指导书》编制者从检定规程、校准规范、检验检测标准基础数据（第二章第十三节）选择需要编制《作业指导书》的项目所依据的检定规程、校准规范、检验检测标准。

（2）选择适用范围，系统自动按检定规程、校准规范、检验检测标准整体拆分结果（第二章第十三节），自动对适用范围进行加载，编制者选择需编制的开展项目及其对应的技术参数，并可根据需要对其进行增加、删除、修改。

（3）选择检定、校准、检验检测项目，系统依据检定规程、校准规范、检验检测标准整体拆分结果，自动对所选适用范围对应的检定、校准、检验检测项目进行加载，编制者选择需编制的检定、校准、检验检测项目，并可根据需要对其进行增加、删除、修改。

（4）选择检定、校准、检验检测点，人工选择所选开展项目对应的检定、校准、检验检测点或测量范围。系统依据检定规程、校准规范、检验检测标准整体拆分结果，自动匹配每个检定、校准、检验检测点或测量范围对应的最大允许误差或测量不确定度。

（5）选择检定、校准、检验检测方法，系统依据检定规程、校准规范、检验检测标准整体拆分结果，自动对所选开展项目对应的检定、校准、检验检测方法进行加载，编制者选择需编制的检定、校准、检验检测方法，并可根据需要对其进行增加、删除、修改。

（6）选择检定、校准、检验检测设备，系统依据检定规程、校准规范、检验检测标准整体拆分结果，自动对所选检定、校准、检验检测方法对应的检测设备进行加载。编制者选择需编制的检定、校准、检验检测设备，并可根据需要对其进行增加、删除、修改。

（7）选择检定、校准、检验检测环境条件，系统依据检定规程、校准规范、检验检测标准整体拆分结果，自动对所选检定、校准、检验检测方法对应的检测环境进行加载。编制者选择需编制的检定、校准、检验检测设备，并可根据需要对其进行增加、删除、修改。

（8）选择测量结果的数学表达式，系统依据检定规程、校准规范、检验检测标准整体拆分结果，自动对所选检定、校准、检验检测方法对应的测量结果数学表达式进行加载。编制者选择需编制的测量结果数学表达式，并可根据需要对其进行增加、删除、修改。

（9）填写检定、校准、检验检测过程，系统提供检定规程、校准规范、检验检测标准的word版本、《设备说明书》，以便于编制者填写检定、校准、检验检测过程。

（10）选择证书和报告内页格式及原始记录格式模板，系统依据选择检定、校准、检验检测项目，从证书和报告内页格式及原始记录格式模板基础数据（第三章第十一节）中自动加载证书和报告内页格式及原始记录格式模板。编制者选择需编制的证书和报告内页格式及原始记录格式模板，并可根据需要对其进行增加、删除、修改。

（11）选择测量不确定度评定报告，系统依据选择检定、校准、检验检测项目，从第七章所述测量不确定度基础数据中自动加载所选检定、校准、检验检测项目对应的《测量不确定度报告》。编制者选择需编制的《测量不确定度报告》，并可根据需要对其进行增加、删除、修改。

（二）设备使用类《作业指导书》

设备使用类《作业指导书》编制时，系统自动调取该设备的《使用说明书》。

（三）数据处理类《作业指导书》

数据处理类《作业指导书》编制时，系统自动调取第二章第十三节所述检定规程、校准规范、检验检测标准整体拆分结果中的数据处理方式，以便于编制。

八、机构制定方法管理

（一）机构制定方法的审批

参照第二章第十三节所述检定规程、校准规范、检验检测标准整体拆分结果，设计机构制定方法的制定流程。

系统自动生成机构制定方法模板，编制者对其进行补充、完善，形成机构制定方法。机构制定方法经部门负责人审核、技术负责人批准后实施，并标注为机构制定方法。

（二）机构制定方法的选择

机构制定方法批准后，样品接收过程中如遇到依据机构制定方法检定、校准、检验检测的样品，系统将提示样品收发人员告知客户使用机构制定方法，若客户接受机构制定方法，继续样品接收，在打印《委托协议书》中进行注明，用以客户书面确认。必要时，可打印机构制定方法，以供客户参考；若客户不接受偏离，则停止样品接收。

九、非标准方法管理

对检定规程、校准规范、检验检测标准中未包含的方法称为非标准方法。当客户要求必须使用非标准方法时，样品接收人员通过本系统通知检定、校准、检验检测人员与客户沟通，理解客户要求，明确校准或检测目的，并制定非标准方法，非标准方法可参照机构制定的方法进行制定、确认、批准及标注。非标准方法批准后经客户同意，方可使用。

十、扩充或修改过的标准方法管理

扩充或修改过的标准方法管理可参考非标准方法管理。

十一、超出其预定使用范围的标准方法管理

超出其预定使用范围的标准方法管理可参考非标准方法管理。

十二、方法确认管理

（一）方法确认的范围

方法确认的范围包括：非标准方法、机构制定方法、超出其预定使用范围的标准方法、扩充或修改过的标准方法。

（二）方法性能确认

方法性能确认应从以下方面进行：

（1）使用参考标准或标准物质进行校准；

（2）与其他方法所得的结果进行比较；

（3）实验室间比对；

（4）对影响结果的因素作系统性评审；

（5）根据对方法的理论原理和实践经验的科学理解，对所得结果不确定度进行评定。

第七节　结果有效性的保证管理

一、计量比对 / 能力验证管理

（一）计量比对管理

设计计量比对在线制定、审批及发布功能。内容包括：计量比对类型、计划参加时间、组织方、计划参加项目、计划参加参数、依据方法标准编号、计划使用设备名称、计划参加部门、参加人员。

（二）能力验证管理

依据能力验证基础数据（第二章第十五节）的预设，系统自动加载能力验证行业领域、子领域、典型被测物（能力验证物品）树状结构，并通过授权资质基本数据（第三章第四节）中机构授权的 CNAS 项目，自动匹配能力验证行业领域、子领域信息，初步形成本机构的计量比对 / 能力验证，机构再根据自身情况进行调整、增删。

能力验证内容包括：能力验证类型、计划参加时间、组织方、计划参加项目、计划参加参数、依据方法标准编号、计划使用设备名称、计划参加部门、参加人员。其中，计划参加项目由计量器具名称基础数据（第二章第十节）中进行选择。选择之后，系统自动根据检定规程、校准规范、检验检测标准基础数据（第二章第十三节）中的预设，自动加载计划参加项目、计划参加参数、依据方法标准编号等信息以供选择。同时，系统根据计量标准考核管理子系统（第五章）及授权考核管理子系统（第六章）中的预设，自动加载计划使用设备名称、计划参加部门、参加人员信息以供选择。

如果系统判断所采用的能力验证项目，系统中有能力验证提供者，则该提供者必须是 CNAS 已认可的能力验证提供者。

（三）计量比对 / 能力验证实施

设计计量比对 / 能力验证结果在线填写功能，由承担计量比对 / 能力验证的部门在计量比对 / 能力验证基础上增加计量比对 / 能力验证实施情况信息。内容包括：能力验证类型（包括 CNAS 组织的能力验证、CNAS 承认的外部能力验证或比对、测量审核）、能力验证计划编号、E_n 值、组织机构、参加年度、参加结果（不满意、满意、可疑）、非满意结果的处置情况、非满意结果的处置时间，并设计内部质量控制相关记录上传功能。

如系统判断能力验证组织者不是已获 CNAS 认可的能力验证提供者，则进一步判断该领域是否有已获认可的能力验证提供者。若有，则本次能力验证结果无效，系统将提示重新进行能力验证活动；若没有，则由人工判断是否是依据 ISO/IEC 17043 获准认可的 PTP 在其认可范围外运作的能力验证计划或行业主管部门、行业协会组织的实验室间比对，以及其他机构组织的实验室间比对。若是，系统调取能力验证活动适宜性核查功能，进行适宜性核查；若不是，则本次能力验证活动无效。

系统依据授权资质基本数据（第三章第四节）加载该项目授权资质信息，加载该信息的目的在于防止提供的测量不确定度小于推荐认可的 CMC。

系统依据测量不确定度管理子系统（第七章）加载该项目的测量不确定度评定报告信息，加载该信息的目的在于为计量比对 / 能力验证提供最新、最准确的《测量不确定度评定报告》，如需根据实际情况对测量不确定度进行重新评定，系统提供调取测量不确定度管理子系统，重新对参与计量比对或能力验证的项目进行不确定度评定。

（四）能力验证活动适宜性核查

当机构选用依据 ISO/IEC 17043 获准认可的 PTP 在其认可范围外运作的能力验证计划或行业主管部门、行业协会组织的实验室间比对，以及其他机构组织的实验室间比对时，需进行能力验证活动适宜性核查，核查功能依据 CNAS-RL02：2018《能力验证规则》中《能力验证活动适宜性核查表》进行设计。主要对以下内容进行核查：

（1）能力验证活动（PT）所用的检测 / 校准 / 检验方法是否是本合格评定机构的日常检测 / 校准 / 检验方法；

（2）上传组织 / 实施机构提供的能力验证或测量审核《作业指导书》；

（3）上传组织 / 实施机构提供有关 PT 物品的必要说明，并对物品的处置方法和存储条件进行判断；

（4）上传组织 / 实施机构提供有关 PT 物品的均匀性和 / 或稳定性评估的证据，并对 PT 物品是否均匀和 / 或稳定进行判断；

（5）确认 PT 物品是否与本合格评定机构日常检测 / 校准 / 检验物品类型和测量范围相同、相似，上传实验室比对或测量审核报告；

（6）确认组织 / 实施机构是否给出指定值（参考值）及其确定方式，校准项目是否给出指定值（参考值）的计量溯源性和测量不确定度信息，上传实验室比对或测量审核报告。

能力验证活动适宜性核查评价完毕后，经在线核验、批准后，完成评价。

（五）计量比对 / 能力验证结果评价

对计量比对 / 能力验证结果进行在线评价。对其中：

1.E_n 值大于 1 的非满意结果

对于 E_n 值大于 1 的非满意结果，系统自动启动纠正措施。

2. 超出预先确定的判据数据

对于超出预先确定的判据数据（如 $E_n>0.7$），系统自动启动风险和机会管理措施。

（六）能力验证不合格结果的处理

当参加能力验证中结果为不满意，$E_n>1$ 时，系统应设计能力验证不合格结果的处理功能。首先，应判断结果是否符合认可项目依据的标准或规范规定的判定要求（符合认可项目依据的标准或规范的判定方法可参见 CNAS–GL002：2018《能力验证结果的统计处理和能力评价指南》附录 C）。若满足，系统启动风险和机会的管理程序（本章第十四节），对相应项目进行风险评估，必要时，采取预防或纠正措施；若不满足，系统将暂停相应项目的样品接收，扣发未发出的报告，并启动不符合工作管理程序（本章第十节）。纠正措施和验证活动完成时限应设计不超过 180 天（自能力验证最终报告发布之日起计）。同时，系统将通知相关人员向 CNAS 进行通报，并要在规定时间内上传通报的证据。纠正措施应采取再次参加能力验证活动或通过 CNAS 评审组的现场评价两种方式进行，当使用同一设备或方法对不同认可项目出具数据，在能力验证中出现不满意结果时，其纠正措施应当考虑所有与该设备或方法相关的项目。纠正措施经验证有效后，系统将通知相关人员恢复认可标识的使用。

二、内部质量控制管理

（一）内部质量控制实施计划

设计内部质量控制计划在线制定功能，内容包括：质量控制类型（包括实验室比对、使用有证标准物质、使用次级标准物质、方法比对、人员比对、设备比对、留样再测、分析同一样品不同特性结果的相关性、其他方法）、计划质量控制项目、计划质量控制参数、依据方法标准编号、计划使用设备名称、质量控制评价方法（包括 E_n 值、Z 比值、方法规定的允许误差）、计划实施时间、计划实施部门、计划实施人员。内部质量控制计划经技术负责人审批后在线发布，系统自动发消息提醒相关人员按期进行内部质量控制。计划实施时间前，系统根据预设的提醒日期提醒相关人员实施质量控制。

（二）内部质量控制实施

设计内部质量控制结果在线填写功能，由承担内部质量控制的检测部门在内部质量控制计划基础上增加内部质量控制实施情况信息，内容包括：

1. 基本信息

质量控制类型、质量控制项目、质量控制参数、依据方法标准编号、使用设备名称、质量控制评价方法、计划质量控制参数、依据方法标准编号、参考值（若存在）。

2. 试验信息

系统自动按内部质量控制计划规定的计划实施部门对试验信息进行展开，各实施部门在线填写该内部质量控制活动实施时间、实施部门、实施人员、计量参数、试验数据、试验结果、测量不确定度，并上传相关原始记录。

（三）内部质量控制结果评价

系统自动对试验信息进行如下处理：

（1）检查试验数据中是否存在粗大误差，如发现粗大误差应予以剔除，重新计算，直至不出现粗大误差为止。

（2）检查测量不确定度是否保留 1 ~ 2 位有效数字，如未保留 1 ~ 2 位有效数字，停止结果评价，系统提醒填写人员进行修改。

（3）检查测量不确定度计量单位与试验结果是否一致。如不一致，停止结果评价，系统提醒填写人员进行修改。

（4）取试验数据平均值作为试验结果。

（5）检查测量不确定度是否与试验结果末位对齐。如未对齐，停止结果评价，系统提醒填写人员进行修改。

（6）对内部质量控制结果进行评价。若评价结果为满意，经技术负责人确认，系统自动生成《内部质量控制评价记录表》，并附带试验原始记录；若评价结果为不满意，系统自动启动纠正措施；若评价结果为可疑，系统自动启动风险和机会的管理措施。

第八节　结果报告管理

一、报告的通用要求

（检测、校准或抽样）报告的通用要求已在第二章第十四节“证书和报告封面及续页格式模板基础数据”中进行介绍。

二、检测报告的特定要求

检测报告的特定要求已在第二章第十四节“证书和报告封面及续页格式模板基础数据”中进行介绍。

三、校准证书的特定要求

校准证书的特定要求已在第二章第十四节“证书和报告封面及续页格式模板基础数据”中进行介绍。

四、报告抽样的特定要求

报告抽样的特定要求符合相关要求。

五、报告符合性声明

报告符合性声明已在第二章第十四节“证书和报告封面及续页格式模板基础数据”中进行介绍。

六、报告意见和解释

报告意见和解释已在第二章第十四节“证书和报告封面及续页格式模板基础数据”中进行介绍。

七、修改报告

修改报告已在第八章第五节“证书和报告制作”中进行介绍。

八、印/证管理

（一）计量技术机构印/证的分类

依据《计量检定印、证管理办法》（[87]量局法字第231号）和《关于印发新版〈检定证书〉和〈检定结果通知书〉封面格式式样的通知》（国质检量函〔2005〕861号）、CNAS-R01：2017《认可标识使用和认可状态声明规则》，计量技术机构常见的印/证包括：检定证书；《检定结果通知书》《检定合格证书》（不出具检定证书情况下单独使用）；陕西省首次强制检定标志；检定合格印：錾印、喷印、钳印、漆封印、塑料封签、不干胶封签；校准专用章；检验检测专用章；注销印；CNAS认可标识章；检验检测机构资质认定标志。

（二）印/证的申请

设计印/证在线申请功能，申请由印/证使用人员在线提出，经本部门负责人、质量负责人、最高管理者批准后，完成申请流程。

（三）印/证的登记

印/证制作完毕后，印/证管理部门进行在线登记，登记信息包括：印/证名称、类型（检定专用章、校准专用章、检验检测专用章、CNAS认可标识章、检验检测机构资质认定标志、铅封钳、铅封、塑料封签、不干胶封签）、编号、用途，同时

上传印 / 证的影像资料。

（四）印 / 证的领用

印 / 证的登记完毕后，进入领用环节。领用信息包括：使用部门、使用人、领用人、保管人、授权使用日期、有效期、检查周期。

（五）印 / 证的日常检查

系统将按检查周期定期提醒印 / 证管理部门对印 / 证进行定期检查，对检查中发现丢失的印 / 证及时进行登记、处理。

（六）印 / 证的变更、停用

印 / 证需要变更、停用，由保管人员在线提出变更、停用申请，经相关部门批准后，进行变更、停用，将需要收回的印 / 证在系统中进行登记。

九、证书和报告质量抽查

（一）证书和报告质量评分体系的建立

证书和报告质量评分体系的内容包括：证书和报告类型、授权类型、分制、缺陷类型。

1. 证书和报告类型

证书和报告类型包括：检定证书、校准证书、定量包装商品净含量计量检验报告、检测报告、检验报告。

2. 授权类型

授权类型包括：法定计量检定机构授权、CNAS 授权。

3. 分制

分制包括：证书和报告总分、各类缺陷的扣分原则。

4. 缺陷类型

缺陷类型包括：否决项、较大缺陷项、一般缺陷项。

（二）质量评分细则的设置

设计质量评分细则及对应的扣分原则，计量技术机构证书和报告质量评分细则一般可以包括检定证书、校准证书、定量包装商品净含量计量检验报告。

1. 检定证书

（1）否决项

否决项包括以下内容：

① 超计量授权的范围或有效期检定；

②《计量标准考核证书》过期仍出具检定证书；

③ 未经检定出具检定证书；

④ 人员无资质开展检定；

⑤ 非授权签字人签发证书；

⑥ 计量标准器及主要配套设备选择错误、无有效的溯源证书；

⑦ 未采用有效的检定规程；

⑧ 数据处理存在错误导致结果判定错误；

⑨ 未按规定给出计量单位或计量单位原则性错误；

⑩ 检定结论错误；

⑪ 其他影响证书、记录整体质量的严重缺陷。

（2）较大缺陷项

较大缺陷项包括以下内容：

① 检定没有签订《委托协议书》或委托单；

② 检定专用章使用错误，如校准使用检定专用章；

③ 检定人员资质过期；

④ 计量标准器及主要配套设备未按规定溯源；

⑤ 原始记录信息少于证书给出的数据、结果信息；

⑥ 证书与原始记录信息不一致；

⑦ 检定项目、检定数据（信息）不全；

⑧ 数据处理存在错误但未导致结果判定错误；

⑨ 检定规程有准确度等级要求，检定证书或原始记录仅给出“合格”；

⑩ 检定周期不满足检定规程要求；

⑪ 其他影响证书、记录整体质量的较重缺陷。

（3）一般缺陷项

一般缺陷项包括以下内容：

①《委托协议书》或委托单缺少必要信息，如委托日期、客户签字等；

②《委托协议书》或委托单信息更改未经客户确认；

③《委托协议书》或委托单、证书副本、原始记录未按要求归档；

④ 证书、原始记录页码混乱或装订页码混乱；

⑤ 归档证书副本未盖章；

⑥ 证书中缺少实验室的名称和地址，以及与实验室地址不同的检测地点；证书唯一性标识；证书页码编号及结束标志等必要信息；

⑦ 证书中授权信息错误；

⑧ 检定证书或原始记录出现“校准”表述；

⑨ 证书或原始记录存在错、别、漏字或字词表达不确切；

⑩ 证书或原始记录修改未按 JJF 1069—2012《法定计量检定机构考核规范》相关要求修改；

⑪ 证书或原始记录中量及符号表述错误，如将“U”表述为“U”；

⑫ 证书或原始记录中计量单位表述错误，如将“MPa”写成“Mpa”；

⑬ 证书或原始记录中缺少温度、湿度、检定地点等环境条件记录，环境温度、湿度不符合规程、规范要求，检定地点不具体；

⑭ 原始记录缺少必要的检定过程记录；

⑮ 原始记录数字修约或有效位数不符合要求；

⑯ 原始记录字迹潦草，辨识困难；

⑰ 原始记录中缺少相关检定人员和核验人员签字；

⑱ 其他影响证书、记录整体质量的一般性缺陷。

2. 校准证书

（1）否决项

否决项包括以下内容：

① 超计量授权的范围或有效期校准；

②《计量标准考核证书》过期仍出具校准证书；

③ 未经校准出具校准证书；

④ 人员无资质开展校准；

⑤ 非授权签字人签发证书；

⑥ 计量标准器及主要配套设备选择错误、无有效的溯源证书；

⑦ 未采用有效的校准规范；

⑧ 数据处理存在错误导致结果判定错误；

⑨ 未按规定给出计量单位或计量单位原则性错误；

⑩ 其他影响证书、记录整体质量的严重缺陷。

（2）较大缺陷项

较大缺陷项包括以下内容：

① 校准没有签订《委托协议书》或委托单；

② 校准章使用错误，如校准使用检定专用章；

③ 校准人员资质过期；

④ 计量标准器及主要配套设备未按规定溯源；

⑤ 原始记录信息少于证书给出的数据、结果信息；

⑥ 证书与原始记录信息不一致；

⑦ 数据处理存在错误但未导致结果判定错误；

⑧ 校准无测量结果的不确定度信息或未给出覆盖全量程的测量不确定度信息；

⑨ 测量结果的不确定度评定存在严重错误；

⑩ 其他影响证书、记录整体质量的较重缺陷。

（3）一般缺陷项

一般缺陷项包括以下内容：

①《委托协议书》或委托单缺少必要信息，如委托日期、客户签字等；

②《委托协议书》或委托单信息更改未经客户确认；

③《委托协议书》或委托单、证书副本、原始记录未按要求归档；

④ 证书、原始记录页码混乱或装订页码混乱；

⑤ 归档证书副本未盖章；

⑥ 证书中缺少实验室的名称和地址，以及与实验室地址不同的检测地点；证书唯一性标识；证书页码编号及结束标志等必要信息；

⑦ 证书中授权信息错误；

⑧ 校准证书或原始记录出现“检定”表述；

⑨ 证书或原始记录存在错、别、漏字或字词表达不确切；

⑩ 证书或原始记录修改未按 JJF 1069—2012《法定计量检定机构考核规范》或 CNAS-CL01：2018《检测和校准实验室能力认可准则》相关要求修改；

⑪ 证书或原始记录中量及符号表述错误，如将“*U*”表述为“U”；

⑫ 证书或原始记录中计量单位表述错误，如将“MPa”写成“Mpa”；

⑬ 证书或原始记录中缺少温、湿度，检定地点等环境条件记录，环境温湿度不符合规程、规范要求，校准地点不具体；

⑭ 原始记录缺少必要的校准过程记录；

⑮ 原始记录数字修约或有效位数不符合要求；

⑯ 原始记录字迹潦草，辨识困难；

⑰ 原始记录中缺少相关校准人员和核验人员签字；

⑱ 其他影响证书、记录整体质量的一般性缺陷。

3. 定量包装商品净含量计量检验报告

（1）否决项

否决项包括以下内容：

① 超计量授权的范围或有效期检验；

② 伪造检测数据，出具虚假检验报告；

③ 非授权签字人签发报告；

④ 抽样方法不符合标准或相关规定，导致结果错误；

⑤ 检验方法严重错误导致数据无效；

⑥ 数据处理存在错误导致结果判定错误；

⑦ 检验报告签发日期与抽样日期、检验日期之间存在逻辑错误；

⑧ 未按规定给出计量单位或计量单位原则性错误；

⑨ 检验结论错误；

⑩ 其他影响报告结果准确性的严重缺陷。

（2）较大缺陷项

较大缺陷项包括以下内容：

① 委托检验没有签订《委托协议书》或委托单；

② 检验专用章使用错误，如使用检定专用章；

③ 原始记录中缺少或使用错误的检测仪器；

④ 所用关键设备未经计量检定、校准或检定、校准结果不符合要求；

⑤ 原始记录信息少于报告给出的数据结果信息；

⑥ 报告与原始记录信息不一致；

⑦ 检验过程数据信息不完整；

⑧ 数据处理存在错误但未导致结果判定错误；

⑨ 检验报告中被检样（产）品与委托方及相关方的关系信息不清晰；

⑩ 检验报告中样（产）品名称表述不正确，易引起歧义；

⑪ 检验报告中被检样（产）品的生产企业、商标、生产日期、原编号或批号等

信息错误；

⑫ 其他影响检验报告结果准确性的较重缺陷。

（3）一般缺陷项

一般缺陷项包含以下内容：

① 抽样单信息不全或不准确；

② 证书、原始记录页码混乱或装订页码混乱；

③ 归档证书副本未盖章；

④《委托合同》中缺少：委托方信息、检验依据、检验项目、检验完成日期、样品处置方式、报告领取方式、委托双方权利和义务、委托方对样（产）品及其相关信息真实性负责的说明、合同评审的确认记载等信息、异议复议期；

⑤ 检验报告中缺少：实验室的名称和地址，以及与实验室地址不同的检测地点，报告唯一性标识、所用检验方法或依据、样品的获取方式、样品状态描述和标识，检定、校准、检验检测人员及报告批准人等有关人员标识，报告页码编号及报告结束的标识，必要时，界定委托方与承检方责任的有关声明；

⑥ 含抽样的检验报告缺少抽样日期、抽样标准或规范，以及对标准或规范的偏离、增添或删节，抽样人、抽样过程中可能影响检测结果解释的环境条件的详细信息、所用抽样计划、抽样位置等其他必要的抽样信息；

⑦ 报告或原始记录存在错、别、漏字或字词表达不确切；

⑧ 报告、原始记录中计量单位表述错误，如将“kg”写成“Kg”；

⑨ 报告或原始记录修改未按 JJF 1069—2012《法定计量检定机构考核规范》相关要求修改；

⑩ 报告或原始记录中缺少温度、湿度等环境条件记录，或环境温度湿度不符合标准要求；

⑪ 原始记录缺少必要的检验过程记录；

⑫ 缺少对检测结果作出说明的必要附加信息；

⑬ 原始记录数字修约或有效位数不符合要求；

⑭ 原始记录字迹潦草，辨识困难；

⑮ 原始记录中缺少相关检验人员和核验人员签字；

⑯ 缺少样品流转记录；

⑰ 其他影响检验报告整体质量的一般性缺陷。

4. 扣分标准的设置

针对每种质量评分细则设置扣分标准，其中否决项一律记零分；较大缺陷项采取直接减分的方法；一般缺陷项采取累积减分的方法。

（三）证书和报告质量抽查的实施

1. 证书和报告质量抽查分类

证书和报告质量抽查分为日常抽查和定期抽查两种。

2. 证书和报告质量抽查原则

证书和报告质量抽查可按以下原则进行：

（1）尽可能抽取在抽查时间段内同一部门不同授权项目的证书和报告；

（2）优先抽取在抽查时间段内新授权项目或方法变更项目的证书和报告；

（3）优先抽取在抽查时间段内发生过实验室比对、能力验证不满意的证书和报告；

（4）优先抽取在抽查时间段内新授权检定、校准、检验检测人员制作的证书和报告；

（5）优先抽取上次证书和报告抽查不合格或低于平均分数的检测部门的证书和报告；

（6）优先抽取近期抽查中多次存在缺陷的授权项目的证书和报告。

3. 证书和报告质量抽查的实施

（1）自动检查

抽查人员在线选择被抽查部门、抽查份数、抽查时间段，设置合格分数线，系统将根据抽查条件在已制作的证书和报告中按上述抽取原则抽取证书和报告，抽取后，系统将自动对其授权资质，检定、校准、检验检测人员资质，授权签字人领域，依据的检定规程或校准规范，检定、校准或检测项目，检定结论，检定、校准或检测使用的测量设备，检定、校准或检测环境，证书和报告内页格式及原始记录格式模板，计量单位，测量不确定度表示，测量不确定结果，等等，依据质量评分细则逐项进行初步判断，并给出缺陷描述和扣除分数。

（2）人工检查

人工对自动检查结果进行复核，系统同步显示质量评分细则、已填写内容的证书和报告及原始记录的模板、测量结果计算公式、测量不确定度评定结果，以便于对数据结果进行复核。

（3）分数统计

人工检查结束后，系统自动统计每份证书和报告的得分，进而统计相关检定、校准、检验检测人员；检测部门的证书和报告抽查得分，对于出现否决项的还应给予特殊标注。

（4）后续处理

系统自动计算本次抽查平均分，对于低于平均分或设定合格分数的证书和报告进行统计，并自动计算每个检定、校准、检验检测人员，检测部门的平均分、否决项个数，并形成证书和报告抽查报告。对于低于平均分或设定合格分数的检定、校准、检验检测人员和检测部门，下次证书和报告抽查将加大抽取样本量。

第九节 投诉管理

设计客户在线投诉系统，客户可通过在线投诉、电话投诉、纸质投诉等多种方式进行投诉。投诉受理后，受理人员对投诉情况进行在线描述，并指定人员对投诉进行处理，系统自动发消息给相关人员，提示其登录系统对投诉情况进行处理。相关人员收到投诉提醒后，登录系统对投诉情况进行处理，并在线填报处理结果。投诉处理结果经过审批后，由受理人员对客户进行反馈。客户满意，投诉处理结束。不满意，系统进行记录，并将不满意结果反馈给指定人员进行再处理，直至客户满意为止。系统自动对投诉数据进行统计和分析，生成《年度客户投诉分析报告》。另外，CNAS-RL01：2018《实验室认可规则》中规定："实验室有义务建立客户投诉处理程序，如在收到投诉后 2 个月内未能使相关方满意，应将投诉的概要和处理经过等情况通知 CNAS 秘书处"。系统将对于超过 2 个月内仍未获相关方满意的投诉进行预警，并要求上传通知 CNAS 秘书处的证据。

第十节 不符合工作管理

一、不符合工作流程

不符合工作不仅仅来自于内部审核，也有可能来自于外部审核和日常质量管理过程中发现的不符合，因此，本节将着重介绍不符合工作的处理流程、信息来源和信息处理方式。

通常不符合工作的流程可分为：不符合工作的下达；不符合工作的严重性评价；不符合工作的可接受性评价；整改计划的制定；原因分析的制定；原因分析的批准；纠正措施的制定；纠正措施的批准；纠正措施的实施；纠正措施的验证；整改报告的生成。

这其中可能涉及的资料有：不符合项记录/纠正措施及实施报告单、整改计划、会议记录、培训及其有效性评价记录表、整改报告。这些资料中大部分信息重复或相互关联，人工填写费时、费力，十分有必要实现信息化管理。

二、不符合工作实施过程

（一）不符合工作的下达

不符合工作的下达可按如下步骤进行：

（1）选择不符合工作下达日期。

（2）选择不符合工作下达部门、责任部门。

（3）选择审核类型（包括内部审核、计量授权、CNAS 授权、资质认定）。

（4）选择不符合类型（包括基本符合项、不符合项、缺陷项等）。

（5）选择审核依据（包括 JJF 1069—2012《法定计量检定机构考核规范》、JJF 1033—2016《计量标准考核规范》、CNAS-CL01：2018《检测和校准实验室能力认可准则》、CNAS-CL01-G001：2018《CNAS-CL01〈检测和校准实验室能力认可准则〉应用要求》、CNAS-CL01-G002：2018《测量结果的溯源性要求》、CNAS-CL01-G003：2018《测量不确定度的要求》、CNAS-RL01：2018《实验室认可规则》、CNAS-RL02：2018《能力验证规则》、RB/T 214—2017《检验检测机构资质认定能力评价检验检测机构通用要求》及《检验检测机构资质认定管理办法》等）。

（6）选择不符合涉及的检定规程、校准依据标准（系统自动调取第二章第十三节检定规程、校准规范、检验检测标准基础数据）。

（7）系统根据选择的审核依据，提供对应的不符合项/观察项/缺陷项描述基础数据树状结构，以便于从中选择与不符合事实相近的描述。系统自动填写审核依据不符合条款，同时通过本章第十二节所述“管理体系文件对照表”，自动关联质量手册、程序文件相关条款号。

（8）对所选的不符合描述，根据不符合事实进行修改。

（9）若选不到符合不符合事实的描述，可人工填写不符合描述，并从不符合项/观察项/缺陷项描述基础数据树状结构选择对应条款，从管理体系要素树状结构中选取质量手册、程序文件条款号。新的不符合描述经过审批后，可进入不符合项/观察项/缺陷项描述基础数据树状结构中。

（10）选择严重性评价人、可接受性评价人、纠正措施验证人。

（11）设定不符工作接受时间、原因分析完成时间、纠正措施制定完成时间、纠正措施完成日期、纠正措施验证完成时间。

（二）不符合工作的严重性评价

不符合工作下达后，评价人对不符工作的严重性进行评价。严重性可分为“一般不符合”和“严重不符合”。评价为“严重不符合”还应进一步作出“暂停”“申请撤销”“扣发证书和报告”“追回证书和报告”等决定。

当作出暂停或申请撤销的决定时，系统调取授权资质基础数据（第三章第四节），评价人选择需要暂停或申请撤销的授权项目，系统将立即停止相关项目样品的接受，并提供已接受未发出样品清单。

当作出扣发证书和报告的决定时，系统调取授权资质基础数据，评价人选择需要扣发证书和报告的授权项目，系统将立即停止相关项目证书和报告的发放，系统将自动统计出需扣发证书和报告清单。

当作出追回证书和报告的决定时，系统调取授权资质基础数据，评价人选择需要追回证书和报告的授权项目，并输入追回时间，系统将自动统计出待追回证书和报告清单。

（三）不符合工作的可接受性评价

不符合发生责任部门对不符合工作的可接受性进行评价，可接受，进入整改程序；不可接受，可在线申诉。当不符合工作的严重性出现“暂停”“申请撤销”后，系统自动停止相关授权项目的开展。

（四）整改计划的制定

不符合工作下达后，不符合发生责任部门在规定日期内对不符合项进行接收，部门负责人指定人员在线进行原因分析，制定纠正措施。所有不符合项原因分析及纠正措施制定完毕后，系统自动生成完成的整改计划。

（五）原因分析的制定

原因分析制定时，系统将自动加载对不符合工作下达时选择的审核依据及检定规程、校准规范和方法不熟悉作为首条原因分析。其余原因分析，由原因分析人自行填写。原因分析完毕后，提交审核批准。

（六）原因分析的批准

原因分析审批人员对提交的原因分析进行审批，批准进行纠正措施制定阶段；不批准，说明原因，退回修改。

（七）纠正措施的制定

制定纠正措施时，系统将自动加载对不符合工作下达时选择的审核依据及检定规程、校准规范和方法的培训作为首条纠正措施。加载举一反三自查措施作为最后一条纠正措施，其余纠正措施由措施制定人自行填写。设计时，可考虑纠正措施实施人、实施时间的选择。纠正措施制定完毕后，提交审批人批准。

（八）纠正措施的批准

纠正措施审批人对提交的纠正措施进行审批，批准进行纠正措施实施阶段；不批准，说明原因，退回修改。

（九）纠正措施的实施

纠正措施实施人登录系统，逐一填写每项纠正措施的实施时间、实施人及实施过程，同时上传整改证据。在填写培训纠正措施时，系统自动调取人员培训及评价记录，并自动填入不符合工作下达时选择的审核依据及检定规程、校准规范和方法，纠正措施实施人填写参加培训的时间、人员、评价方法等内容，完成该项整改。

对于作出扣发报告决定的不符合项，系统将要求按照扣发报告清单，逐一上传扣发报告及经修改后符合要求的报告照片。

对于作出追回报告决定的不符合项，系统将要求按照追回报告清单，逐一上传追回报告和经整改合格后补发的报告照片。

（十）纠正措施的验证

纠正措施验证人对纠正措施实施情况进行验证。验证通过，完成整改；验证不通过，说明原因，退回修改。

（十一）整改报告的生成

系统根据上述信息，自动生成整改报告，包括上传的整改证据。

第十一节 数据控制和信息管理

一、数据控制和信息管理要求

（一）CNAS 相关要求

1.CNAS-CL01 相关要求

详见 CNAS-CL01：2018《检测和校准实验室能力认可准则》7.11。

2.CNAS-CL01-G001 相关要求

详见 CNAS-CL01-G001：2018《CNAS-CL01〈检测和校准实验室能力认可准则〉应用要求》7.11.2。

（二）法定计量考核相关要求

详见 JJF 1069—2012《法定计量检定机构考核规范》7.3.8.1、7.3.8.2。

（三）资质认定相关要求

详见 RB/T 214—2017《检验检测机构资质认定能力评价　检验检测机构通用要求》4.5.16。

二、数据控制和信息管理的控制难点

随着信息化技术的发展，越来越多的软件系统在计量技术机构得以应用，大幅提高了检定、校准、检测效率，杜绝了人为操作造成的错误。但信息化是把双刃剑，在提供便利的同时也为检定、校准、检测带来巨大风险。主要体现在以下几个方面：

（1）由于信息管理系统看不见、摸不着，一旦出现错误将是系统性错误，由于大部分系统开发者没有系统地学习、掌握计量基础知识，设计过程中诸如有效位

数、数据修约、数据处理问题比比皆是，这类错误隐蔽性强，很难被发现，加之缺乏计量行业专业的软件评测机构和评测工具，使之检定、校准、检测风险将由人的风险转为信息、数据的风险。

（2）管理系统有效性确认要求高，一般机构很难完整、正确地对一个软件实施全面的确认。由于有的检测软件测量点多、计算复杂，这无疑也会为确认过程增加难度。

（3）管理系统变更后备案和确认控制不严，造成擅自使用未经批准、确认的版本。

（4）随着电子原始记录的使用，大量纸质记录被电子记录所替代，有些机构已全面实现了原始记录电子化，但由此带来的风险也陡然增大：有些机构或检定、校准、检验检测人员利用电子记录伪造数据、出具虚假报告；有些机构对电子记录的控制不严，无有效防止未经授权的访问、防止篡改和防止丢失措施；有的检定、校准、检验检测人员同时掌握检测、核验、批准三个账号，二级审核形同虚设。

（5）数据保密性、安全性难以保障，有些机构缺乏记录系统失效和适当的紧急纠正措施，造成数据丢失或无法修复。

三、数据控制和信息管理的设计要点

根据上述控制难点，设计时应主要控制以下内容：

（一）软件登记

软件投入使用前、更新后，均应进行软件登记。登记信息包括：

（1）基本信息：软件名称、软件版本、运行环境、是否自行出证；

（2）数据采集、处理方式：自动采集数据、人工观察数据直接输入软件，或人工观察数据、纸质记录，然后输入软件；

（3）关联设备信息：从测量设备基础数据（第三章第七节）中选取软件关联的测量设备；

（4）操作人信息：从人员基础数据（第三章第五节）中选取软件授权使用人、授权时间、授权截止时间；

（5）备份信息：数据存放地址、备份方式、备份周期、备份人；

（6）上传的资料：开发合同、说明书、用户手册、维护手册、数据库字典、安装程序、安装必要的控件、插件。

（二）软件投入使用前功能确认

软件投入使用前、更新后，均应进行软件功能确认，主要针对软件的符合性、适宜性进行确认，内容包括：

1. 检定规程、校准规范、检验检测标准的符合性确认

依据检定规程、校准规范、检验检测标准，逐一确认待确认软件是否符合检定规程、校准规范、检验检测标准要求，其步骤为：

（1）从检定规程、校准规范、检验检测标准基础数据（第二章第十三节）中选择待确认软件依据的检定规程、校准规范、检验检测标准，上传含有检定、校准、检验检测依据的软件界面截图。对照系统中查询到检定规程、校准规范、检验检测标准的名称及代号，确认待确认软件中使用的检定规程、校准规范、检验检测标准名称、代号是否正确。

（2）系统自动调取检定规程、校准规范、检验检测标准基础数据中所选检定规程、校准规范、检验检测标准拆分所得适用范围基础数据，上传含有被检定、校准、检验检测样品测量范围上下限值的软件界面截图，并对照系统提供的数据，逐一确认待确认软件中的测量范围上下限是否正确。

（3）系统自动调取检定规程、校准规范、检验检测标准基础数据中所选检定规程、校准规范、检验检测标准拆分所得检定、校准、检测项目基础数据，上传含有被检定、校准、检测项目的软件界面截图，并对照系统提供的数据，逐一确认待确认软件中检定、校准、检测项目是否正确。

（4）系统自动调取检定规程、校准规范、检验检测标准基础数据中所选检定规程、校准规范、检验检测标准拆分所得参数及其对应的计量单位基础数据，上传含有被测量及其计量单位的软件界面截图，并对照系统提供的数据，逐一确认待确认软件中量及其计量单位符号是否正确。

（5）系统自动调取检定规程、校准规范、检验检测标准基础数据中所选检定规程、校准规范、检验检测标准拆分所得环境条件要求基础数据，上传含有环境条件上下限的软件界面截图，并对照系统提供的数据，逐一确认待确认软件中环境条件上下限是否正确。

（6）系统自动调取检定规程、校准规范、检验检测标准基础数据中所选检定规程、校准规范、检验检测标准拆分所得原始记录格式基础数据，上传由待确认软件生成的原始记录，并对照系统提供的数据，逐一确认待确认软件中出具的原始记录与检定规程、校准规范、检验检测标准附录推荐格式是否一致。

（7）系统自动调取检定规程、校准规范、检验检测标准基础数据中所选检定规程、校准规范、检验检测标准拆分所得证书和报告续页格式基础数据，上传由待确认软件生成的证书和报告，对照系统提供的数据，逐一确认待确认软件中出具的证书和报告与检定规程、校准规范、检验检测标准附录推荐格式是否一致。

2. 数据采集正确性确认

对照检定规程、校准规范、检验检测标准，逐项确认数据采集是否满足要求，其步骤为：

（1）确认采集的测量点是否满足要求；

（2）每个测量点数据采集的次数是否满足要求；

（3）每个测量点数据采集的有效位数是否满足要求；

（4）每个测量点数据采集的计量单位是否正确。

3. 数据处理正确性确认

对照检定规程、校准规范、检验检测标准，结合 GBT 8170—2008《数值修约规则与极限数值的表示和判定》，逐点确定数据处理的正确性，其步骤为：

（1）系统自动调取检定规程、校准规范、检验检测标准基础数据中所选检定规程、校准规范、检验检测标准拆分所得计算公式基础数据，输入检定、校准、检验检测输入量得到的检定、校准、检验检测结果。然后，再输入待确认软件计算出的结果，系统自动判断两者的一致性。适当时，也可采用人工计算与软件计算比对方式进行确认。

（2）确认待确认软件数据处理过程的正确性。

（3）确认是否对粗大误差进行剔除。

4. 数据修约正确性确认

对照检定规程、校准规范、检验检测标准，结合 GBT 8170—2008《数值修约规则与极限数值的表示和判定》，逐点确定数据修约的正确性。

5. 结果判定正确性确认

系统自动调取检定规程、校准规范、检验检测标准基础数据中所选检定规程、校准规范、检验检测标准拆分所得最大允许误差基础数据，输入对应的检定、检验结果，系统给出检定、检验结论。然后，再输入待确认软件给出的检定、检验结论，系统自动判断两者的一致性。适当时，也可采用人工判定与软件判定比对方式进行确认。

6. 证书和报告规范性确认

系统自动调取证书和报告封面及续页格式模板基础数据（第二章第十四节）中

所选检定规程、校准规范、检验检测标准对应的证书和报告封面及续页格式模板，上传由待确认软件生成的证书和报告，对照系统提供的数据，逐一确认待确认软件中出具的证书和报告与要求格式是否一致。

7. 比对验证

完成上述确认后，如果条件许可，可采用实验室比对、不同厂家设备比对方式对检定、校准、检验检测结果进行验证，系统将自动调用结果有效性的保证管理（本章第七节）中的相关功能完成确认。

（三）软件防作弊功能确认

软件防作弊主要集中在防止篡改数据和数据造假两方面，此处重点介绍一下如何防止数据造假。数据造假一般可分为复制已有数据、利用随机数伪造数据、对不符合数据预先判断及人为干预。针对上述问题，系统指定与软件使用部门无关的人员按规定方法对其进行防作弊功能确认，并上传确认结果及证据。

（四）电子方式储存记录防修改功能确认

电子方式储存记录防修改功能主要有三个方面要求：原始记录修改应由授权人员进行，并记录修改人、修改时间、修改前和修改后的内容，必要时，应注明修改的原因；人工观察数据直接输入软件的记录，应由原校准人员或其授权的人员修改；人工观察数据—纸质记录—输入软件的记录，修改后应同步修改已保存的原纸质记录或通过扫描、复印、照相等方式转化为电子记录保存。系统要求确认者上传模拟多次修改的记录，记录中必须清晰地出现每次修改的痕迹及修改人信息。对人工观察数据—纸质记录—输入软件记录的修改，要求同时上传电子原始记录和纸质原始记录的照片或扫描件，并对电子原始记录与纸质原始记录内容的一致性进行确认。

（五）问题反馈及修改管理

软件出现问题时，可通过本系统反馈问题，在线提出修改申请，修改申请应说明存在问题、修改理由和修改需求。软件修改批准时，可设置完成时间，系统将在完成时间前要求重新进行软件修改登记及功能确认。

（六）修正值管理

当软件登记中测量设备重新溯源并获得一组新的修正值时，系统调取测量设备基础数据中（第三章第七节）所选测量设备最新的修正值，并要求在规定时间内上传软件中按最新修正值进行数据更新的证据，对两者之间的一致性进行确认。

（七）备份管理

设计软件定期备份功能，软件备份人员定期将软件备份数据上传系统，系统将对其格式、大小进行检查。对未定期上传系统的备份，系统将自动发消息给备份人员。

（八）确认结果的审核、批准

为确保所有确认结果有效性，在设计上可增加审核、批准两级审核。

第十二节　管理体系文件的控制管理

一、管理体系文件管理

（一）管理体系文件的发布

设计管理体系文件在线审核、批准功能，经过批准的管理体系文件将以在线浏览的方式进行发布。发布时应在线填写发布说明，批准发布后，系统将通知机构全体人员在线查看。

（二）管理体系要素树状结构的建立

依据本机构管理体系文件（质量手册、程序文件）结构层次，按质量体系文件条款号，建立本机构管理体系要素树状结构，并在树状结构每个要素节点上增加本机构质量管理体系文件编号、条款号、具体内容。

（三）管理体系要素职能的分配

在管理体系要素树状结构上对每个要素分配主要责任部门、主要责任人、配合部门、配合部门责任人，系统自动生成《管理体系要素职能分配表》。

（四）质量记录、技术记录的分配

在管理体系要素树状结构上对每个要素分配相关质量记录和技术记录。

（五）《管理体系文件对照表》的生成

在已建立的管理体系要素树状结构上，增加每个要素节点对应的各类考核规范条款号。增加对照关系时，各类考核规范条款号需从第二章第二十二节所述各类考核规范树状结构中获得。

《管理体系文件对照表》生成后，系统将自动判断仍未对应的考核规范条款号，并给予反馈。

（六）管理体系文件的修改

设计管理体系文件在线意见收集、在线修改功能，机构人员可在线对管理体系文件修改提出意见。

设计管理体系文件修改审批流程，由授权人员在线对其进行修改，并说明修改理由，系统自动生成文件修改单，文件修改单经批准后，连同修改后质量体系文件一同在线发布。

二、外来文件管理

设计外来文件在线登记、发放、收回功能，包括文件名称、编号、拟发放范围、批准人、分发号、领用人签名、领用日期、收回日期等信息，设计时应考虑在线共享、在线编辑功能。

第十三节 记录管理

一、记录的分类

计量技术机构的记录可分为质量记录和技术记录两大类。

（一）质量记录

“质量记录”是为证明满足质量要求的程度或为质量体系要素运行的有效性提供客观证据的文件，包括质量管理体系文件的编制、审批、发放、处理的记录、质量管理体系的内部审核及管理评审的报告记录、申诉及投诉受理及处理的记录、外部支持服务及供应的记录、纠正措施和风险与机会的管理措施的记录、各类人员培训考核的记录、质量管理体系运行需要的其他记录。

计量技术机构的质量记录可包括以下内容：

1. 质量管理体系文件

包括：文件更改记录等。

2. 公正性方面

包括：公正性检查记录等。

3. 保密方面

包括：保密工作检查记录、外来人员进入检测区域记录等。

4. 文件管理方面

包括：文件借阅记录、受控文件清单、发文登记、来文登记、文件销毁记录、记录（档案）借阅/复制登记表、记录归档登记表、检验报告查阅/复印/复制申请单等。

5. 人员培训方面

包括：人员培训计划表、人员上岗资格记录、人员培训记录、人员考核记录、专业技术人员培训效果评价记录等。

6. 外部支持服务及供应商方面

包括：合格供应商名册、供应商（供应品）评价记录、供应商（计量校准服务）评价记录、供应商（计量培训服务）评价记录等。

7. 合同评审方面

包括：合同及协议登记表、合同评审记录表等。

8. 分包方面

包括：合格分包方名册、分包检测、校准项目申请表、分包方评审表、分包项目登记表等。

9. 申诉及投诉方面

包括：客户满意度调查表、投诉记录处理记录等。

10. 纠正 / 风险和机会的管理措施方面

包括：不符合项记录 / 纠正措施及实施报告单、实施风险和机会的管理措施记录等。

11. 内部审核方面

包括：年度内部审核计划、内部审核实施计划、内部审核检查记录、授权签字人审核记录、检定 / 校准 / 检验检测人员检定 / 校准 / 检测能力考核记录、内部审核报告等。

12. 管理评审方面

包括：管理评审实施计划、管理评审报告等。

13. 质量监督方面

包括：年度监督计划表、日常监督检查记录等。

14. 其他方面

包括：会议记录签到表等。

（二）技术记录

“技术记录”是进行检定、校准、检验检测所得数据和信息的积累，它是表明检测和校准是否达到规定的质量或规定的过程参数的客观证据，也可以在最接近原来条件的情况下复现检测、校准活动并识别出不确定度的影响因素，包括检验原始记录、检验环境条件监测记录、仪器设备的使用 / 维护保养 / 检定（校准）和期间核查记录、实验室间比对或能力验证报告及活动记录、科研工作记录、抽样工作记录、样品统计工作记录、计算机网络电子文档的备份记录、已签发出的检测报告的复印件及其他技术记录等。

计量技术机构的技术记录可包括以下内容：

1. 仪器设备方面

包括：仪器设备台账、测量设备采购申请、年度测量设备采购计划表、测量设备采购合同验收清单、购入仪器设备验收记录、仪器设备使用记录、仪器设备维修记录、仪器设备停用 / 降级 / 封存 / 报废记录、仪器设备维护 / 保养计划、仪器设备借用记录、仪器设备核销记录、仪器设备计量溯源计划、仪器设备校准需求确认记录、检定或校准后结果确认记录、期间核查计划及记录、计算机软件 / 文件 / 数据修改申请、软件登记记录、计算机软件使用前确认记录、计算机网络电子文档的备份记录等。

2. 标准物质方面

包括：标准物质台账、标准物质采购申请、标准物质验收记录、标准物质领用记录、标准物质报废申请等。

3. 供应品方面

包括：供应品台账、供应品采购申请、供应品验收记录、危险化学品采购申请、危险化学品验收记录、危险化学品领取记录、危险化学品一览表、“三废”处理记录等。

4. 样品方面

包括：来样登记表、留样登记表、样品处理申请表、样品损坏丢失报告表，现场检定、校准、检验检测委托书，外出检定、校准、检验检测通知单，定量包装商品净含量计量监督抽查样品退还单等。

5. 抽样方面

包括：产品监督检验抽样单、抽样封条、抽样封条等。

6. 方法方面

包括：方法查新记录、方法有效性核查报告、新方法验证记录、方法变更记录、机构制定的方法确认记录、允许方法偏离记录、作业指导书、实施细则、测量不确定度评定报告等。

7. 环境设施方面

包括：设施和环境条件要求一览表、检定、校准、检验检测环境条件监测记录、安全检查记录表等。

8. 质量控制方面

包括：计量比对 / 能力验证计划及相关记录、内部质量控制计划、相关记录、实施评价记录、检测结果异常情况记录等。

9. 记录方面

包括：检定、校准、检验检测原始记录空白模板，检定、校准、检验检测原始记录，检定、校准、检验检测结果异常情况记录，证书和报告重新发布审批记录、证书和报告抽查记录、定量包装商品净含量计量监督抽查样品退还记录等。

10. 证书和报告方面

包括：证书和报告结果数据页空白模板，已签发出检定或校准证书、检测报告副本，已发布证书和报告重新发布记录，报告抽查情况记录，等等。

11. 复检 / 复查方面

包括：检验结果复查 / 复检申请、复检通知等。

二、记录的信息设置

建立每种记录的信息包括以下内容：

（1）基本信息，包括记录名称、受控文件编号、记录频次、记录提醒时间、归档提醒时间；

（2）自动加载信息，包括自动加载的信息；

（3）受控格式模板审批流程信息，设置制作人员、审核人员、批准人员、归档人员及审批流程；

（4）记录制约关系信息，建立记录与记录间、记录与本书其他内容间的关联、制约关系，设置超期未记时限和采取的处理方式，如“停止使用”“限制使用”“系统提醒”“系统预警”等；

（5）使用权限信息，设置本记录的使用人、使用时间；

（6）修订信息，包括首次发布时间、修订编号、修订时间、修改人员、批准人员；

（7）状态信息，包括按时记录、超期未记、未归档、已归档、借阅中、已归还；

（8）编制信息，包括记录编号、记录人员、记录日期、审核人员、审核时间、审批人员、审批时间；

（9）归档信息，包括归档人员、存档形式（纸质、电子）、存档地点、存档时间；

（10）借阅信息，包括借阅人员、审批人员、借阅时间、计划归还时间、实际归还时间。

上述信息涉及本书介绍的其他基础数据的，应尽量使用基础数据，对于已在其他子系统自动生成的质量记录和技术记录，按相关章节介绍自动生成并加以管理。

三、记录的编制、审批

（一）记录受控格式模板的编制

记录受控格式模板的编制由本节第二部分中“受控格式模板审批流程信息”预设的人员和流程进行编制、审批。编制过程中，使用到本书其他章节所涉及的基础数据及该记录预设的自动加载信息时，系统将自动加载以供选择。

（二）日常记录的编制

日常记录的编制由本节第二部分中“使用权限信息”预设的人员和流程进行编制、审批。编制完毕后，系统将自动分配该记录的唯一性编号，并生成该记录的二维码。

编制过程中，使用到本书其他章节所涉及的基础数据及该记录预设的自动加载信息时，系统将自动加载以供选择。

四、记录的查询

设计记录查询功能，以实现对质量记录和技术记录的查询，以便于获取记录的当前状态、流转轨迹等信息。

五、记录的归档和借阅

利用记录上的二维码对记录进行归档、借阅交接，归档时可利用高拍仪等设备对纸质文件进行扫描并上传文档。同时，设计时应提供未归档记录和未归还记录自动提醒功能，对未及时归档、及时归还的，系统将予以提示，并进行跟踪。

六、记录的关联制约

通过本节第二部分中“记录制约关系信息”预设，当记录超过设定的时限仍未审批通过时，系统将自动根据预设采取相应的关联制约措施，如：

（1）超过预定期限不进行新方法验证记录或方法变更，将停止相关方法的使用。

（2）方法变更后不进行《作业指导书》更新，不进行测量不确定度的重新确认或评定，将停止该方法的使用。

（3）设备更新后，不履行设备停用和更换手续，将停止该设备的使用。

（4）超过预定期限不进行设备检定或校准确认，将停止相关设备的使用；超过预定期限不进行设备期间核查，将停止该设备的使用。证书和报告制作时，该设备将无法被选中。

（5）超过预期期限不进行内部比对，将停止该项目的证书和报告制作。

（6）设备超期不进行期间核查，证书和报告制作时，该设备将无法选中。

第十四节　风险和机会的管理措施管理

风险和机会的管理措施启动后，相关责任人在线填写原因分析及拟采取的风险和机会的管理措施，风险和机会的管理措施经技术负责人或质量负责人批准后，开始实施。风险和机会的管理措施完成后，相关责任部门逐条上传整改证据。在线提交审核，不符合项下达人员在线验证后，风险和机会的管理措施工作结束。

一、明确环境信息

环境信息包括：风险管理的目标、组织相关的内部和外部参数、风险管理的范围和有关风险准则。

二、风险评估

（一）风险识别

1. 风险列表

（1）风险源

设计风险源基础数据，风险源基础数据可来自以下方面：

① 重复出现的不符合项

系统自动统计本章第十节所述不符合工作管理模块中在规定时间段内相同不符合项重复出现次数，并按其重复出现频率进行排序，以便从中识别出风险。

② 频繁出现不符合项的部门和人员

系统自动统计本章第十节所述不符合工作管理模块中在规定时间段内每个部门、每个人员不符合项出现次数、相同不符合项重复次数，并按其数量进行排序，以便从中识别出风险。

③ 重复出现质量缺陷的证书和报告

系统自动统计本章第八节所述结果的报告管理模块中在规定时间段内各类质量缺陷重复出现次数，并按分类对其重复出现的频率进行排序，以便从中识别出风险。

④ 频繁出现证书和报告质量缺陷的部门和人员

系统自动统计本章第八节所述结果的报告管理模块中在规定时间段内每个部门、每个人员证书和报告质量缺陷出现次数、相同不符合项重复次数，并对其数量进行排序，以便从中识别出风险。

⑤ 培训不合格或监督存在问题的人员

系统自动统计本章第四节所述人员管理模块中在规定时间段内培训效果评价不

合格以及监督中存在问题的人员，并对其重复出现频率进行统计、排序，以便于从中识别出风险。

⑥ 频繁出现维修的设备

系统自动统计第四章第八节所述测量设备的维修和报废管理模块中在规定时间段内出现维修的设备，并对其维修频次进行统计、排序，以便于从中识别出风险。

⑦ 检定、校准结果确认不合格的设备

系统自动统计第四章第五节所述测量设备检定或校准管理模块中在规定时间段内检定、校准结果确认不合格的设备，并对其不合格次数进行统计、排序，以便于从中识别出风险。

⑧ 未按期计量溯源或未按期检定、校准结果确认的设备

系统自动统计第四章第五节所述测量设备检定或校准管理模块中在规定时间段内未按期计量溯源或未按期检定、校准结果确认的设备，并对其重复出现频率进行统计、排序，以便于从中识别出风险。对于长期未确认的方法，要求必须找出其原因，必要时可以考虑更换计量检定、校准服务。

⑨ 期间核查、稳定性试验不合格的设备

系统自动统计第四章第十二节所述期间核查管理模块、第五章第三节所述计量标准管理模块中在规定时间段内期间核查、稳定性试验不合格的设备，并对其不合格次数进行统计、排序，以便于从中识别出风险。

⑩ 超出方法规定要求的环境监测结果

系统自动统计本章第五节所述设施和环境管理模块中在规定时间段内超出方法规定要求的环境监测结果，并对其超出频次进行统计、排序，以便于从中识别出风险。

⑪ 重复出现的合同偏离

系统自动对第八章第三节所述样品收发模块中在规定时间段内重复出现的合同偏离进行统计，并对其重复出现频率进行统计、排序，以便于从中识别出风险。

⑫ 重复出现的方法偏离

系统自动对第八章第五节所述证书和报告制作模块中在规定时间段内证书和报告制作过程中重复选择的方法偏离进行统计，并对其重复出现频率进行统计、排序，以便于从中识别出风险。对于经常发生偏离的方法，要求必须找出其原因，必要时可以考虑更换方法或机构自编方法。

⑬ 重复出现的扩充或修改过的标准方法、超出其预期范围使用的方法

系统自动对第八章第五节所述证书和报告制作模块中在规定时间段内证书和报告制作过程中重复选择的扩充或修改过的标准方法、超出其预期范围使用的方法进行统计，并对其重复出现频率进行统计、排序，以便于从中识别出风险。对于经常选择扩充或修改过的标准方法、超出其预期范围使用的方法的情况，要求必须找出其原因，必要时可以考虑更换方法或机构自编方法。

⑭ 超期未确认的检定、校准、检验检测方法

系统自动对本章第六节所述检定、校准、检验检测方法管理模块中在规定时间段内超期未确认的方法进行统计，并对其重复出现频率进行统计、排序，以便于从中识别出风险。对于长期未确认的方法，要求必须找出其原因，必要时可以考虑更换方法或机构自编方法。

⑮ 质量控制结果不满意项目

系统自动对本章第七节所述结果有效性的保证管理模块中在规定时间段内结果为不满意或超出预期的内外部质量控制项目进行统计，并对其重复出现频率进行统计、排序，以便于从中识别出风险。

⑯ 重复出现的投诉

系统自动对本章第九节所述投诉管理模块中在规定时间段内各类投诉重复出现次数进行统计，并按分类对其重复出现的频率进行排序，以便从中识别出风险。

⑰ 重复出现的改进措施

系统自动对本章第十五节所述改进管理模块中在规定时间段内各类改进措施重复出现次数进行统计，并按分类对其重复出现的频率进行排序，以便从中识别出风险。

⑱ 未按期完成的改进措施

系统自动对本章第十五节所述改进管理模块中在规定时间段内超期未完成的改进措施进行统计，并对其重复出现频率进行统计、排序，以便于从中识别出风险。对于未按期完成的改进措施，要求必须找出其原因。

⑲ 超期未进行确认的软件和电子原始记录

系统自动对本章第十一节所述软件投入使用前功能确认模块中在规定时间段内超期未进行确认的软件和电子原始记录措施进行统计，并对其重复出现频率进行统计、排序，以便于从中识别出风险。对于未按期完成的超期未进行确认的软件和电子原始记录，要求必须找出其原因。

⑳ 超期未完成的变更

系统自动对第五章第三节所述计量标准变更管理，本章第三节所述机构基础信

息管理、第四节所述人员管理、第五节所述设施和环境管理、第十二节所述管理体系文件的控制，第四章所述设备管理中在规定时间段内超期未变更的事项进行统计，并对其重复出现频率进行统计、排序，以便于从中识别出风险。

㉑ 环境安全风险

系统自动对本章第五节所述设施和环境管理模块中在规定时间段内不满足环境要求的环境安全隐患进行统计、排序，以便于从中识别出风险。特别是对于接地保护、危险化学品、“三废”处理等予以严格监控。

（2）影响范围

在线对识别出的风险影响范围进行界定。

（3）风险事件

在线对识别出的风险事件进行描述。

2. 风险信息

对风险客观证据和风险表象进行在线描述。

3. 风险预见

系统自动根据风险源的各类统计进行智能化分析，从中推断、预测出风险发生的可能性。

（二）风险分析

1. 导致风险的原因

包括：内部原因、外部原因。

2. 风险性质

包括：客观性、主观性、必然性、偶然性 4 种风险性质。

3. 风险程度

包括：定性、定量两种风险程度；定性又分为高、中、低三种程度。

4. 危害程度

包括：大、中、小三种危害程度。

三、风险评价

（一）评价风险等级

包括：大、中、小三个等级。

（二）可接收程度

包括：不可接受、可以接受。

（三）风险应对优先次序

包括：立即应对、滞后应对、暂不应对。

（四）风险应对措施

在线填写风险应对措施，并提交相关人员审核、批准。

四、风险应对

（一）指定风险责任人

在线指定各类风险的责任人。

（二）决策风险应对途径

在线对风险应对途径进行决策，并提交相关人员审核、批准。

（三）决策风险应对措施

在线制定决策风险应对措施，包括消除风险、分担部分、保留或搁置风险。

五、监督和检查

系统设定时间，定期对出现的风险进行监督和检查。

第十五节　改进和纠正措施管理

一、改进管理

（一）客户满意度管理

设计网上客户服务管理系统，包括客户满意度在线调查、客户电话回访、《满意度调查问卷》录入、客户需求调查。系统自动根据客户满意度反馈情况，生成《年度满意度分析报告》。

（二）改进的识别

机构可通过评审操作程序、实施方针、总体目标、审核结果、纠正措施、管理评审、人员建议、风险评估、数据分析和能力验证结果改进识别机遇。改进识别出后，可设计改进措施下达界面。

（三）改进的实施和跟踪验证

改进措施下达后，系统自动生成《改进措施通知单》，并发消息给改进直接责任人，提醒其按时完成改进。改进措施完成后，直接责任人登录系统，填写完成情况，上传改进措施证据，并提交验证人审核。验证人审核通过后，完成改进。系统在改进措施完成前，检查改进完成情况，对于未按期完成的，系统将提醒直接责任人、责任人在线进行说明。

二、纠正措施管理

整改工作单下达后，相关责任人在线填写不符合项的原因分析及拟采取的纠正措施，纠正措施经技术负责人或质量负责人批准后，开始实施。纠正措施完成后，相关责任部门逐条上传整改证据。纠正措施完成后，相关责任人在线提交审核，不符合项下达人员在线验证后，纠正措施结束。

第十六节　内部审核管理

一、内部审核检查要素树状结构的建立

在本章第十二节所述管理体系文件要素树状结构的基础上建立内部审核检查要素树状结构。建立过程中，系统将自动通过第二章第二十二节所述各类考核规范/认可准则/通用要求树状结构预设的评审/核查内容，为其加载内部审核检查内容，机构相关人员对加载的检查内容进行确认修改，以便形成本机构的内部审核检查

内容。

系统通过本章第十二节所述管理体系文件要素树状结构各要素节点关联的职能分配信息，自动为内部审核检查要素树状结构每个检查要素节点增加责任部门等信息，责任部门作为检查要素节点的下一个子节点。

系统通过本章第十二节所述管理体系文件要素树状结构各要素节点关联的质量记录和技术记录信息，自动为内部审核检查要素树状结构每个检查要素节点增加关联的质量记录和技术记录信息，质量记录和技术记录信息作为检查要素节点的下一个子节点。

在设计内部审核检查要素时，可允许使用人员根据检查内容的需求对体系要素树状结构要素节点进行展开，以便于内部审核检查的开展。

二、内部审核计划管理

设计内部审核计划在线制定、审批、下达功能，内容包括审核目的、审核范围、审核方式、审核依据及审核时间。

设计内部审核计划审批流程，内部审核计划批准后，将及时在通知公告中显示，并发消息给相关人员。审核时间到达前，系统将提醒制定人在线制定内部审核实施计划。

内部审核实施计划的设计应在内部审核计划基础上，对审核范围、审核方式、审核依据、审核时间进行确认和修改，同时，增加内部审核评审组组长、评审组成员及评审日程，其中，内部审核评审组成员应从有内部审核资格的人员中选择。

评审组组长登录系统，在内部审核检查要素树状结构上添加每个检查要素对应的内部审核人员信息。所有审核条款分配完毕后，系统自动生成内部审核实施计划。实施计划经每个内部审核人员在线确认后，提交质量负责人审核。质量负责人批准后，系统自动生成《内部审核实施计划》，并发消息给相关人员，同时，生成《内部审核通知》和《内部审核签到表》。

三、内部审核在线审核

（一）内部审核的实施

内部审核人员登录内部审核管理模块，系统自动加载分配给该内部审核人员审核的检查要素。同时，系统自动根据内部审核检查要素树状结构中预设，自动加载与之关联匹配的质量记录与技术记录，并自动显示未按期完成的质量记录和技术记录，并可调用已完成和正在进行的质量记录和技术机构，也可以调用相关证书和报告及原始记录。

（二）授权签字人审核

系统自动对授权签字人的学历、职称、工作经历进行判断，对于不满足授权签字人条件的将自动报警。自动统计每个授权签字人签发的报告总数、超范围签发证书和报告数量、签发报告出错率和打回率。另外，系统应设计授权签字人考核记录功能，以便记录授权签字人考核情况。

（三）质量负责人审核

系统自动统计质量负责人批准的质量记录的数量、完成率、及时率等指标是否存在重大质量事故。另外，系统应设计质量负责人考核记录功能，以便记录质量负责人考核情况。

（四）技术负责人审核

系统自动对技术负责人的学历、职称、工作经历进行判断，对于不满足技术负责人条件的将自动报警。自动统计技术负责人批准的技术记录的数量、完成率、及时率等指标是否存在重大技术事故。另外，系统应设计技术负责人考核记录功能，以便记录技术负责人考核情况。

（五）证书和报告抽查

内部审核人员在线抽取已出具的证书和报告进行检查，具体实施步骤见本章第八节所述证书和报告质量抽查管理。

（六）现场试验

内部审核人员在线下达现场试验任务，现场试验完毕后，检定、校准、检验检测人员上传证书和报告及原始记录。内部审核人员利用本章第八节所述证书和报告质量抽查管理相关功能对现场试验报告进行检查。

（七）不符合项 / 观察项 / 缺陷项的下达

当需要开具不符合项 / 观察项 / 缺陷项时，内部审核人员可在内部审核检查要素树状结构中添加不符合项 / 观察项 / 缺陷项。系统将根据第二章第二十二节所述

各类考核规范 / 认可准则 / 通用要求树状结构的预设自动添加如下信息以供选择参考：

1. 被审核部门 / 岗位

系统根据检查要素，自动加载该要素对应的被审核部门 / 岗位，评审中也可以根据实际情况进行调整

2. 不符合项 / 观察项 / 缺陷项类型

不符合项 / 观察项 / 缺陷项按类型可分为不符合项、观察项、缺陷项三类。根据具体情况选择。

其中，不符合项又可以分为一般不符合和严重不符合。

3. 依据文件 / 条款

依据文件一般有考核规范、体系文件及检定规程、校准规范、检验检测标准三类。设计时，应分别填写。对于前两种，系统根据内部审核检查要素树状结构中的预设，自动加载该检查要素对应的考核规范、体系文件文件名和条款号；对于依据检定规程、校准规范、检验检测标准的，选择后，系统将自动调用检定规程、校准规范、检验检测标准基础数据（第二章第十三节）以供选择。

4. 不符合项 / 观察项 / 缺陷项事实标准化陈述

系统根据内部审核检查要素树状结构中的预设，自动加载该检查要素对应的经审批通过的不符合项 / 观察项 / 缺陷项事实标准化陈述，内部审核人员根据需要选择并填入本次具体信息。如果系统提供的不符合项 / 观察项 / 缺陷项事实标准化陈述不能满足需要，可人工填写。人工填写的陈述经审核后，可新增到该要素不符合项 / 观察项 / 缺陷项事实标准化陈述中，以供以后选择。

5. 处理方式

内部审核人员根据不符合、缺陷的严重程度选择处理方式。处理方式可分为采取纠正 / 纠正措施，暂停检定、校准、检验检测资质，暂停检定、校准、检验检测方法，暂停人员资质，暂停测量设备使用，追回证书和报告 6 种。这 6 种处理方式可以同时选择。具体设计如下：

（1）采取纠正 / 纠正措施

一般内部审核出现不符合项 / 观察项 / 缺陷项均应采取纠正 / 纠正措施。选择该处理方式，系统将要进一步明确整改时限，并启动纠正措施相关程序。

（2）暂停检定、校准、检验检测资质

选择该处理方式，系统将加载授权资质基础数据（第三章第四节）以供选择。

内部审核人员选择需要暂停的检定、校准、检验检测资质后，系统将停止相关资质的样品接收与证书和报告制作，并对外部进行资质暂停公告。待整改结束后，系统自动恢复该检定、校准、检验检测资质。

（3）暂停检定、校准、检验检测方法

选择该处理方式，系统将加载检定规程、校准规范、检验检测标准基础数据（第二章第十三节）以供选择。内部审核人员选择需要暂停的检定、校准、检验检测方法后，系统将停止相关检定、校准、检验检测方法的样品接收与证书和报告制作，并对外部进行资质暂停公告。待整改结束后，系统自动恢复该检定、校准、检验检测方法。

（4）暂停人员资质

选择该处理方式，系统将加载授权资质基础数据（第三章第四节）以供选择。内部审核人员选择需要暂停的人员资质后，系统将停止相关人员资质的证书和报告制作，并对外部进行资质暂停公告。待整改结束后，系统自动恢复该人员资质。

（5）暂停测量设备使用

选择该处理方式，系统将加载测量设备基础数据（第三章第七节）以供选择。内部审核人员选择需要暂停的测量设备后，系统将停止相关资质的样品接收与证书和报告制作，并对外部进行资质暂停公告。待整改结束后，系统自动恢复该测量设备使用。

（6）追回证书和报告

选择该处理方式，系统将加载授权资质基础数据（第三章第四节）以供选择。内部审核人员选择需要进行追回证书和报告的授权资质后，进一步选择追回起止时间。系统将显示该区间内所有已发出的证书和报告，并将其状态置为“待追回”。待证书和报告追回进行追回确认后，状态变为“已追回”。

（7）验收方式

不符合项 / 观察项 / 缺陷项的验证方式有两种：提供必要的见证材料和现场跟踪验证。

（八）《整改工作单》的生成

每个评审人员的不符合项 / 观察项 / 缺陷项的下达后需提交评审组长确认。评审组长确认后，系统自动生成《整改工作单》，并提示相关责任部门登录系统，对

不符合项 / 观察项 / 缺陷项进行确认，确认后进行整改环节。

四、《内部审核报告》的生成

系统自动生成《内部审核报告》，包括以下内容：

（一）内部审核概况

包括：审核目的、审核范围、审核依据、审核时间、审核形式、审核组成员、审核范围。

（二）内部审核情况及主要结果综述

包括：接受审核主要管理人员、管理体系文件（记录）审核结果、证书和报告签发人员审核结果、证书和报告抽查结果、现场试验结果。

（三）内部审核结论

包括：管理体系运行的适宜性、有效性，证书和报告签发人员对计量技术机构技术能力负责的有效性，技术能力的保证与维持，不符合项 / 观察项 / 缺陷项。

第十七节 管理评审管理

一、管理评审计划管理

设计管理评审计划在线制定、审批、下达功能。内容包括评审时间、评审地点、主持人、评审方式、评审目的、评审依据、参加评审人员、输入文件名称、准备部门、编写人员。

设计管理评审计划审批流程，管理评审计划批准后，将及时在通知公告中显示，并发消息给相关人员，并自动生成《管理评审通知》和《管理评审签到表》。

二、管理评审输入材料在线管理

设计管理评审输入材料在线管理，相关人员登录系统，按系统设置的模板填写管理评审输入资料。实验室可在线填写管理评审输入材料，其内容包括以下方面：

（一）与实验室相关的内外部因素的变化

该数据为人工填写数据，根据机构实际情况填写。

（二）目标实现

该数据可从本节第三部分所述质量目标考核管理中自动获取。

（三）政策和程序的适宜性

该数据可从本章第十二节所述管理体系文件管理自动获取。

（四）以往管理评审所采取措施的情况

该数据可从本节第四部分所述管理评审输出管理中自动获取。

（五）近期内部审核的结果

该数据可从本章第十六节所述内部审核管理中自动获取。

（六）纠正措施

该数据可从本章第十五节所述纠正措施管理中自动获取。

（七）由外部机构进行的评审

该数据可从本章第十五节所述纠正措施管理中自动获取。

（八）工作量和工作类型的变化或实验室活动范围的变化

该数据可从第三章第四节授权资质基础数据中自动获取。

（九）客户和员工的反馈

该数据可从本章第十五节所述客户满意度管理中自动获取。

（十）投诉

该数据可从本章第九节所述客户投诉管理中自动获取。

（十一）实施改进的有效性

该数据可从本节第四部分所述管理评审输出管理中自动获取。

（十二）资源的充分性

该数据为人工填写数据，根据机构实际情况填写。

（十三）风险识别的结果

该数据为人工填写数据，根据机构实际情况填写。

（十四）保证结果有效性的输出

该数据为人工填写数据，根据机构实际情况填写。

（十五）其他相关因素（如监控活动）

监控活动可从本章第四节所述人员培训管理、人员监督管理中获取。

三、质量目标考核管理

质量目标可按时间和职能进行分类。时间上可分为长期目标、近期目标和年度目标；职能上可分为机构整体目标和部门分解目标。质量目标按长期目标—近期目标—年度目标—机构整体目标—部门分解目标—考核指标的顺序建立和下达。建立目标过程中应坚持不重复、不遗漏的原则，确保每个目标都落实到位。在设置下层指标时，应依据上层目标进行分解。质量目标完成情况按考核指标—部门分解目标—机构整体目标—年度目标—近期目标—长期目标的反方向顺序进行汇集。汇集过程中，系统将自动根据本系统其他模块已有数据，自动汇总、统计目标完成情况。在设计上，质量目标考核内容包括质量目标、预期指标、完成指标、证明记录及是否需要调整。常见的质量目标、考核指标数据来源包括以下方面：

（一）适用的法律、法规、规章、规范及标准执行率

该质量目标的主要考核指标为方法查新及时率、方法变更数量、方法变更验证及时率、新方法验证数量、新方法验证及时率。其数据来源于第三章第九节“检定、校准、检验检测方法基础数据”。其证实记录为《调取方法查新记录》《新项目/方法证实记录》《能力变更记录》。

（二）外来文件控制有效率

该质量目标的主要考核指标为外来文件数量和受控率。其数据来源于本章第十二节“管理体系文件的控制管理”。其证实记录为《受控文件清单》。

（三）检定、校准、检验检测人员持证上岗率

该质量目标的主要考核指标为本年度转正人员数量，办理检定、校准、检验检

测资质人员数量，机构检定、校准、检验检测人员数量，按期进行资质复审人员数量，未按期办理复审人员数量。其数据来源于本章第四节“人员管理”。其证实记录为《人员上岗资格登记记录》。

（四）主要设备受检率

该质量目标的主要考核指标为本机构主要设备数量、按期溯源设备数量、超期未检设备数量。其数据来源于第四章“测量设备管理子系统”。其证实记录为《计量溯源计划 / 记录表》《仪器设备一览表》《标准物质一览表》。

（五）计量标准器完好率

该质量目标的主要考核指标为计量标准器停用 / 报废数量、计量标准器变更数量、设备年良好率，其数据来源于第四章“测量设备管理子系统”、第五章“计量标准考核管理子系统”及第六章“授权考核管理子系统”。其证实记录为《计量标准器更换申请表》《计量标准封存（或撤销）申请表》。

（六）技术培训完成率

该质量目标的主要考核指标为计划培训数量、已完成培训数量、技术培训完成率。其数据来源于本章第四节“人员管理”。其证实记录为《人员培训计划表》《人员上岗资格记录》《人员培训记录》《人员考核记录》《专业技术人员培训效果评价记录》。

（七）证书和报告差错率

该质量目标的主要考核指标为证书和报告抽查数量、合格数量、不合格数量。其数据来源于本章第八节“结果的报告管理”和第十六节“内部审核管理”。其证实记录为《证书和报告质量抽查记录》《人员培训效果评价记录》。

（八）顾客满意率

该质量目标的主要考核指标为《客户满意度调查表》的发出数量、收回数量、满意率。其数据来源于本章第十五节所述客户满意度管理。其证实记录为《客户满意度调查表》。

（九）顾客投诉受理率

该质量目标的主要考核指标为投诉数量、已处理投诉数量、投诉结果为满意数量。其数据来源于本章第九节“投诉管理”。其证实记录为《客户投诉登记表》。

（十）纠正风险和机会的管理措施达成率

该质量目标的主要考核指标为不符合项 / 缺陷项 / 观察项数量、类型及是否完成。其数据来源于本章第十六节“内部审核管理”。其证实记录为《不符合项记录 / 纠正措施及实施报告单》《实施风险和机会的管理措施记录》。

（十一）质量体系文件修订及时率

该质量目标的主要考核指标为体系文件修订次数。其数据来源于第二章第二十二节“考核规范 / 认可准则 / 通用要求基础数据”和本章第十二节所述管理体系文件管理，自动判断质量体系文件修订情况。其证实记录为《文件更改申请单》。

四、管理评审输出管理

（一）管理体系的评价

在线对管理体系的适宜性、充分性和有效性三个方面进行评价，最后对质量体系作出总体评价。

（二）对管理体系的评价

包括：管理体系及其过程的有效性、履行本准则要求相关的实验室活动的改进、提供所需的资源、所需的变更。

在设计上，输出内容包括：需改进的内容、拟采取的措施、改进措施完成日期、直接责任人、责任人、验证人。

（三）改进措施的实施和跟踪验证

改进措施下达后，系统自动生成《改进措施通知单》，并发消息给改进直接责任人，提醒其按时完成改进。改进措施完成后，直接责任人登录系统，填写完成情况，上传改进措施证据，并提交验证人审核。验证人审核通过后，完成改进。系统在改进措施完成前，检查改进完成情况，对于未按期完成的，系统将提醒直接责任人、责任人在线进行说明。

五、管理评审报告管理

设计管理评审报告格式模板，系统自动根据管理评审计划、管理评审输入、输出材料生成管理评审报告。内容包括：评审目的、评审依据、评审时间、评审形式、评审主持人、参加部门及人员、输入内容、输出内容、跟踪验证结果。

第十八节　质量管理看板管理

一、质量管理看板设计

引入项目管理理念，设计质量管理看板，按照本章第十二节所述管理体系文件要素树状结构，对质量管理的内容、时间进行定义，同时设计任务提醒、跟踪功能。到达设定时间后，系统将自动提醒进行相关质量活动。常见的质量活动、时间设定或频次包括以下内容：

（1）计量标准复查。系统根据第五章所述计量标准管理中的数据，自动统计7~8个月内即将到期的计量标准名称、计量标准负责人、计量标准状态、存在问题，并通过即时通信、手机短信等方式提醒相关部门和人员按期提出复查申请。计量标准复查结束后，系统自动关闭看板。

（2）计量授权到期复评审。系统根据第三章第四节“授权资质基础数据”中的相关信息，自动统计7~8个月内即将到期的计量授权名称、涉及计量标准名称、计量标准状态，并通过即时通信、手机短信等方式提醒相关部门和人员按期提出复评审申请。计量授权到期复评审结束后，系统自动关闭看板。

（3）CNAS授权到期复评审。系统根据第三章第四节“授权资质基础数据”中的相关信息，自动统计7~8个月内即将到期的CNAS授权名称，涉及计量标准名称、计量标准状态，并通过即时通信、手机短信等方式提醒相关部门和人员按期提出复评审申请。CNAS授权到期复评审结束后，系统自动关闭看板。

（4）计量标准考核。新建、复查计量标准考核任务下达后，由计量标准管理部门录入考核时间，系统将显示待考核计量标准的动态信息，包括在考核期间的人员资质、设备溯源等是否能维持有效。计量标准考核结束后，系统自动关闭看板。

（5）授权考核。计量授权、CNAS考核任务下达后，由授权考核管理部门录入考核时间，系统将显示所有待考核项目的动态信息，包括在考核期间的人员资质、设备溯源等是否能维持有效。授权考核结束后，系统自动关闭看板。

（6）方法查新。计量技术机构方法查新的频率一般不低于3个月一次。通过看板，系统自动提醒进行方法查询。点击后，将自动调用本章第六节所述方法查新管理。方法查新完毕后，系统自动关闭看板。

（7）在用方法有效性核查。通过看板，系统自动提醒进行在用方法有效性核查，点击后，将自动调用本章第六节所述方法有效性核查管理。在用方法有效性核查完毕后，系统自动关闭看板。

（8）人身健康安全培训。人身健康安全培训一般情况下每年一次。系统依据本章第七节所述人员培训管理中的预设，按期对已批准的人身健康安全培训进行到期提醒。人身健康安全培训完毕后，系统自动关闭看板。

（9）质量体系培训。系统依据本章第四节所述人员培训管理中的预设，按期对已批准的质量体系培训进行到期提醒。培训完毕后，系统自动更新培训结果。

（10）安全检查。日常安全检查一般情况下每季度一次。系统依据本章第五节所述环境设施管理中的预设，按期进行日常安全检查提醒。检查完毕后，系统自动关闭看板。

（11）供应商定期评价。系统依据第四章第四节“供应商管理”的预设，按期对待评价的供应商及其提供的供应品进行评价。

（12）内部审核。集中式内部审核一般情况下每年一次。滚动式内部审核按内部审核计划执行，内部审核计划下达后，系统将在设定日期前通过即时通信、手机短信等方式提醒内部审核管理部门制定内部审核实施计划。内部审核完毕后，系统自动关闭看板。

（13）管理评审。管理评审一般情况下每年一次。管理评审计划下达后，系统将在设定日期前通过即时通信、手机短信等方式提醒管理评审组织部门制定计划。管理评审完毕后，系统自动关闭看板。

（14）重复性试验。系统依据第五章第三节所述重复性试验管理中的预设，按期对即将到期的重复性试验进行到期提醒。重复性试验完毕后，系统自动关闭看板。

（15）计量标准的稳定性考核。系统依据第五章第三节所述稳定性考核管理中的预设，按期对即将到期的计量标准的稳定性考核进行到期提醒。考核完毕后，系统自动关闭看板。

（16）期间核查。系统依据第四章第十二节所述期间核查管理中的预设，按期对即将到期的期间核查进行到期提醒。核查完毕后，系统自动关闭看板。

（17）证书和报告抽查。系统依据本章第八节所述证书和报告质量抽查中的预设，按期对即将到期的证书和报告抽查进行到期提醒。抽查完毕后，系统自动关闭看板。

（18）设备巡查。设备一般情况下每季度巡查一次。系统依据第四章第七节所述设备巡查中的预设，按期对即将到期的设备巡查进行到期提醒。巡查完毕后，系统自动关闭看板。

（19）计量溯源计划下达。溯源计划一般情况下每月下达一次。系统依据第四章第五节"测量设备检定或校准管理"中的预设，每月定期提醒下达计量溯源计划。计划下达后，系统自动关闭看板。

（20）计量标准文件集整理。建标资料整理一般情况下每季度下达一次。系统依据第五章第三节所述计量标准管理中的预设，每个季度定期提醒进行计量标准文件集整理。整理完毕后，系统自动关闭看板。

（21）检定、校准、检验检测人员资质检查。人员资质检查一般情况下每月进行一次。系统依据第三章第五节所述人员资质中的预设，每个月定期提醒进行人员资质检查。检查完毕后，系统自动关闭看板。

（22）人员授权。人员授权一般情况下每年进行一次。系统依据第三章第五节所述人员资质中的预设，每年定期提醒进行人员授权。授权完毕后，系统自动关闭看板。

（23）设备授权。设备授权一般情况下每年进行一次。系统依据第四章第二节所述设备基础数据管理中的预设，每年定期提醒进行设备授权。授权完毕后，系统自动关闭看板。

（24）质量体系修改。质量体系修改一般情况下每年进行一次。系统依据本章第十二节所述管理体系文件的修改中的预设，每年定期提醒进行质量体系修改。修改完毕后，系统自动关闭看板。

（25）质量控制。质量控制计划一般情况下每年年初制定。系统依据本章第七节所述内外部质量控中的预设，每年年初定期提醒编制质量控制计划。编制完毕后，系统自动关闭看板。

（26）质量监督。质量监督计划一般情况下每年年初制定。系统依据本章第七节所述内外部质量控中的预设，每年年初定期提醒编制质量监督计划。编制完毕后，系统自动关闭看板。

二、质量管理看板跟踪、监督

质量管理看板中每个要素的管理部门对每个要素进行任务分解，逐项分解任务内容、责任部门、配合部门、时间节点、作业指导等内容。系统自动根据各部门完成情况，对分解的各任务进行监督和提醒。当未按规定时间完成任务时，系统将向相关责任部门及其主管领导发出警告。任务首次分解完毕后，系统将自动保存该分解方案，作为知识管理的内容，留下次使用。

CHAPTER 11

第十一章 强制检定工作计量器具管理子系统

强制检定工作计量器具管理子系统主要包括用户管理系统、赋码管理系统、网上报检系统、动态监管系统和智能分析。强制检定工作计量器具管理子系统的建立，实现了对器具全生命周期的跟踪和管理、数据的统一规范、自动匹配及智能纠错、在线申请、在线审批、在线报检、进度查询、数据自动更新及动态监管。

第一节 设计目的和思路

一、设计目的

强制检定制度在我国实行了30多年，一直存在“底子不清”“监管乏力”“瞒报、漏报、不报、拒检和超周期使用”等严重问题。主要体现在“六个不知道”，如图11–1所示。

图11–1 强制检定存在的问题

产生这些问题主要有以下原因：

（1）器具信息唯一性无法保证，同一器具被反复新建，无法准确跟踪定位，如图11–2所示。

（2）将普查、建档、更新、监管工作集中在区（县）级计量行政管理部门，形成管理瓶颈，导致强制检定数据采集质量不高，形成大量脏数据。

（3）建档、更新手续繁琐，不能利用检定机构现有数据，增加企业负担，企业配合度低。

（4）监管数据不能为社会公众所用，缺少全社会监督。

解决器具唯一性的根本方法就是让每个器具拥有自己的身份证，即通过赋码实现对器具全生命周期、全过程的跟踪管理，并实现区域内的统一申报、统一审批、统一调度、统一结算，构建六位一体的新型动态管理模式。六位一体的新型动态管理模式包括以下内容：

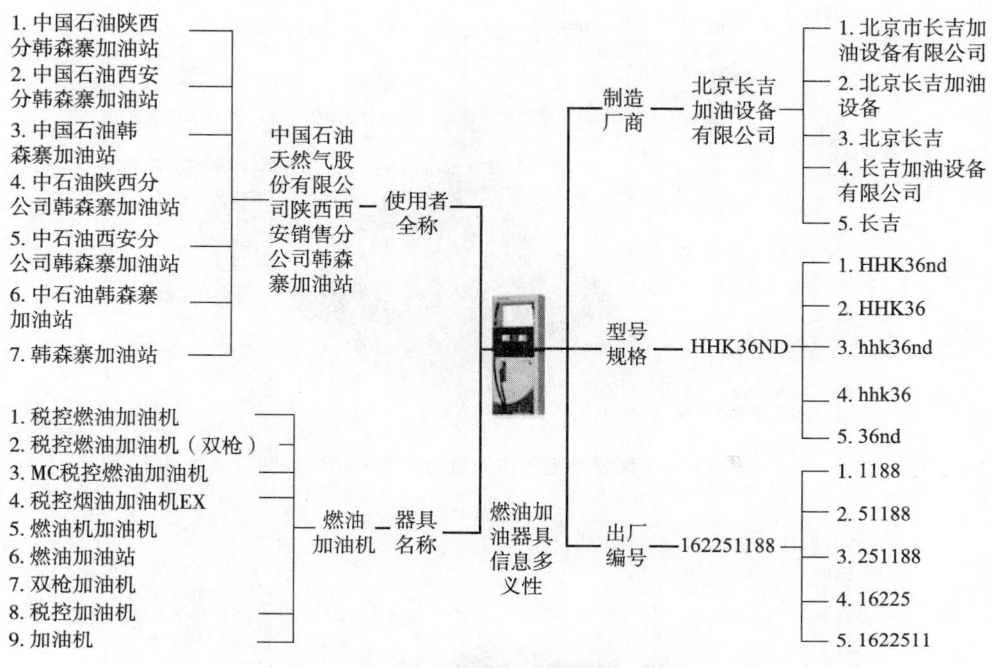

图 11-2　强制检定计量器具信息多义性示意图

（1）企业网络智能化建档；

（2）计量检定机构检定数据全面共享和即时更新；

（3）基层计量行政部门实时动态监管；

（4）计量管理部门网上督导；

（5）消费者全面实时监督；

（6）系统自动预警、自动调度、自动结算。

二、设计思路

强制检定工作计量器具管理子系统，首先，利用现代物联网技术解决了器具信息多义性问题，实现对器具全生命周期的跟踪和管理；其次，通过强制检定基础数据库和数据关联关系的建立，实现了数据的统一规范、自动匹配及智能纠错，同时将强制检定管理延伸到技术层面，杜绝了超范围检定等问题；再次，通过赋码系统的设计，实现了在线申请、在线审批、在线报检、进度查询等功能，通过与检定机构的定期交换，实现了数据自动更新；最后，通过手持终端的应用，实现了动态监管。

系统原理如图 11-3、图 11-4 和图 11-5 所示。

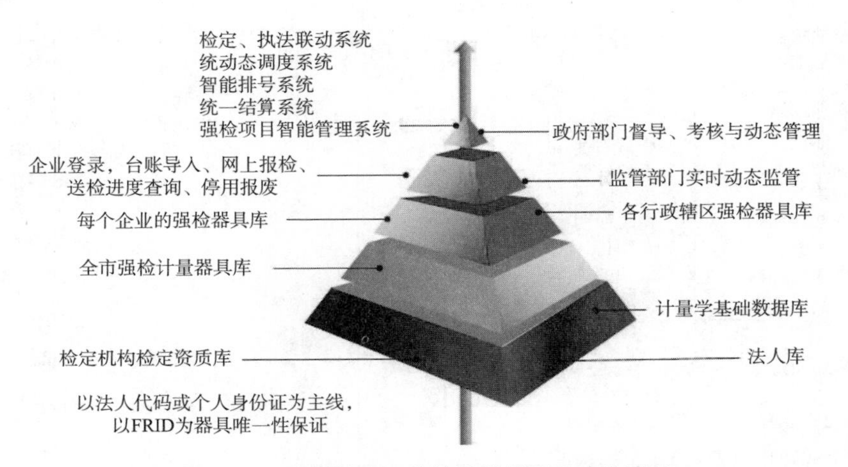

图 11-3 强制检定工作计量器具子系统设计图

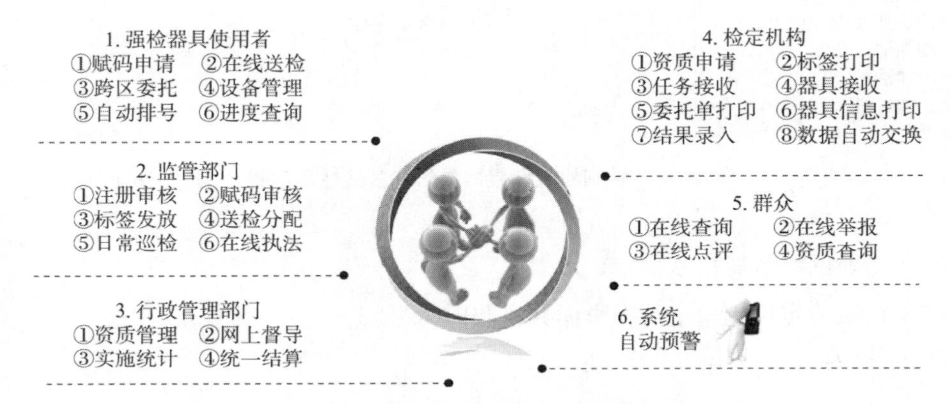

图 11-4 六位一体的新型动态管理模式图

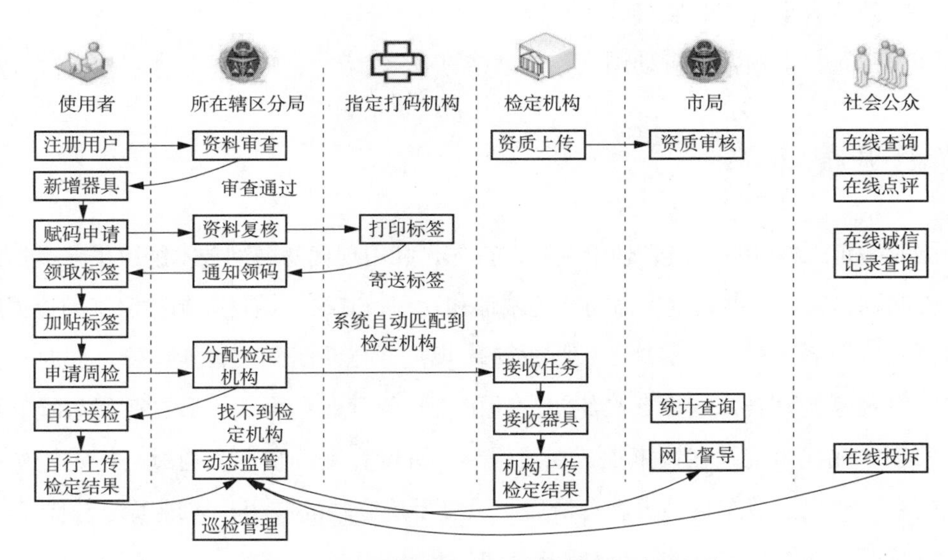

图 11-5 强制检定工作计量器具子系统流程图

第二节　设计要点

设计“客户信息和器具信息唯一性动态保障系统”，解决全国普遍存在强制器具信息多义性问题。

唯一性得到保障后，系统利用技术机构检定数据，自动为企业建立属于自己的器具信息库，并通过与技术机构的数据接口或检定信息 excel 批量导入，及时对同一器具的送检信息进行自动抓取、自动更新。企业可在线对其台账进行导入、管理、网上送检、进度查询。系统自动通过手机短信、即时通信等方式对到期器具进行预警。

设计“政府计量行政管理部门对各区域内的强检器具建档，按期送检情况统计、考核功能”，及时发现、协调、解决强检工作中出现的各种问题。

设计“检定、执法联动及分析评价系统”。区（县）局对证书真伪进行网上验证，并通过系统对查处违法企业信息及时通报，以杜绝违法企业利用检定、执法时间差逃避处罚。技术机构可及时掌握全市所有企业计量器具超期未检和即将到期情况，主动与企业联系，按时检定。必要时，对一些拒不检定的企业提请相关区（县）局进行执法协助。

设计“强检器具使用企业智能分析、自动搜索”功能。一方面，通过搜集当地卫生局、房地产管理局、环保局等对外公布的权威数据，导入本系统并和已有数据进行自动对比、智能分析和数据分离，以便发现漏检企业；另一方面，利用统一社会信用代码信息库，通过建立企业经营范围与强检器具映射关系，自动筛选疑似漏检企业。

设计“检定计划智能排定系统”。根据各行政区域内强检器具分布情况、周检集中程度，自动分析、排定月（日）检定计划，对其中离群数据进行预警提示，以便于及时作出调整。根据计量器具名称与检定时限的预设关系，自动计算出检定工作量与人力资源的匹配程度，同时提供任意时间段内的计划工作量曲线图，以便实现资源动态调配。

设计“强检项目智能管理”功能。计量行政管理部门可对辖区内各技术机构已开展的强检项目及其业务饱和度进行统计、汇总，以便及时掌握资源配置情况，合理调配资源，避免重复建设。对未经授权而检定的机构进行预警、提醒。通过对已开展项目与《国家强检目录》自动对比，及时发现开展项目上的短板。

第三节 基础数据

利用第二章和第三章所述的各项基础数据（参见第五章第二节内容），为本章所述强制检定工作计量器具子系统提供了统一、准确、可靠的数据，并通过以上基础数据中建立的数据之间的关联制约关系，实现了强制检定工作计量器具子系统相关数据的自动生成、自动加载、自动匹配，使用户填报量降低到最小。本章所述强制检定工作计量器具子系统的基础数据由 9 大部分组成，具体结构如图 11-6 所示。

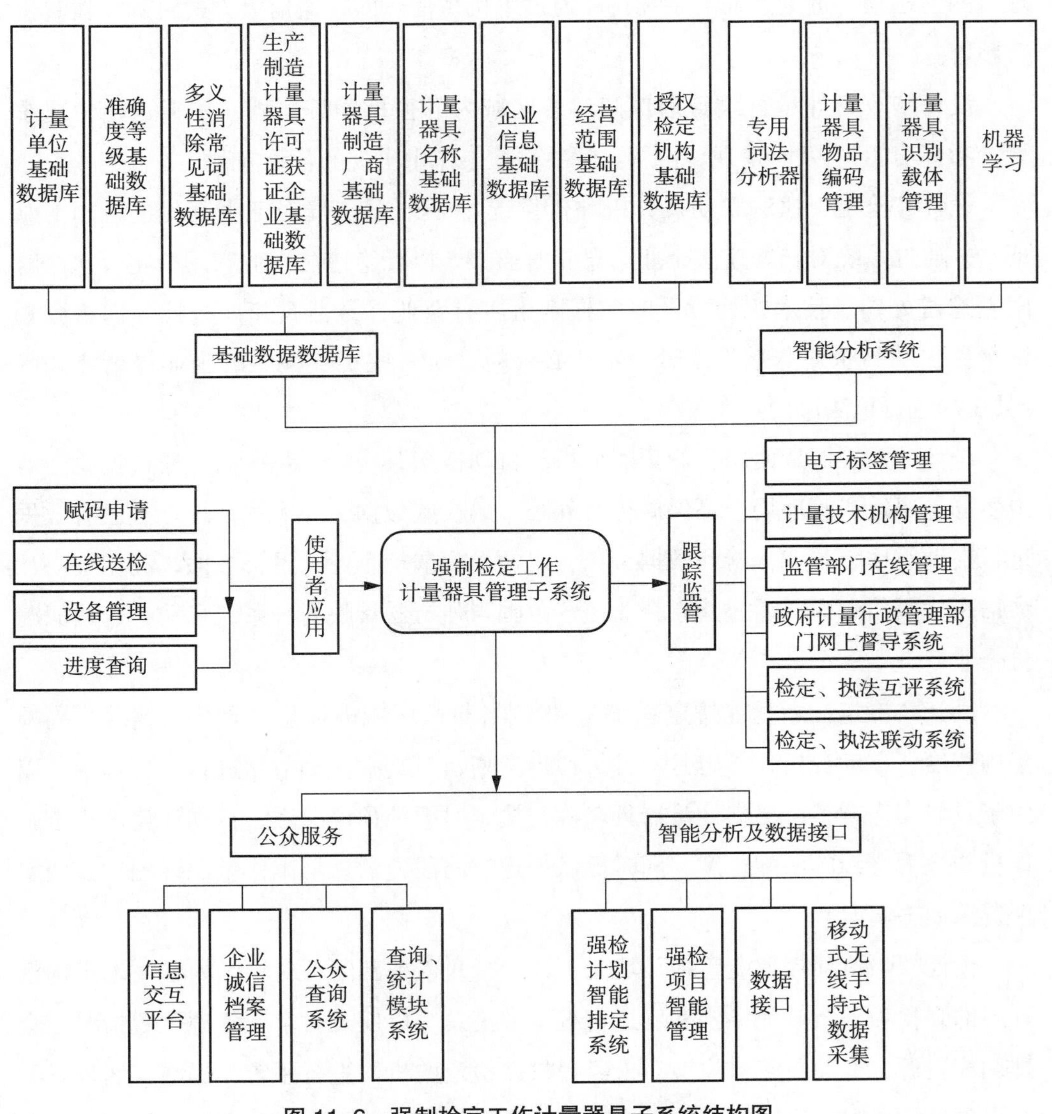

图 11-6 强制检定工作计量器具子系统结构图

第四节　用户管理系统

主要用于系统用户管理，包括用户注册、注册审查、密码找回、计量行政管理部门管理人员账号分配、区（县）局监管人员账号分配、检定机构人员账号分配、人员角色分配等。

企事业单位强制检定计量器具使用人员使用统一社会信用代码进行注册，个人强制检定计量器具使用人员使用身份证进行注册。为便于对强制检定计量器具使用按领域、地区进行精准管理，在注册过程明确使用人员所在行政辖区和行业监管分类。为解决使用人员在不同行政区域均存在强制检定计量器具，而这些强制检定计量器具需要按其所在辖区实施监管的问题，设计时，应允许使用人员在其账户下建立子部门，并为每个子部门分配独立的管理子账户，并将其分配到其所在的行政区域，以便于其能够在本辖区内实施赋码和报检。

为保证注册信息填写的准确性，使用人员须携带统一社会信用代码或公民身份证号码到其行政区域内计量行政管理部门完成资料现场审核。设计上分为资料上传、网上审核两个步骤。审核通过，可实施赋码和报检；不通过，据系统提示进行修改和补正、重新审核，如图 11-7 所示。

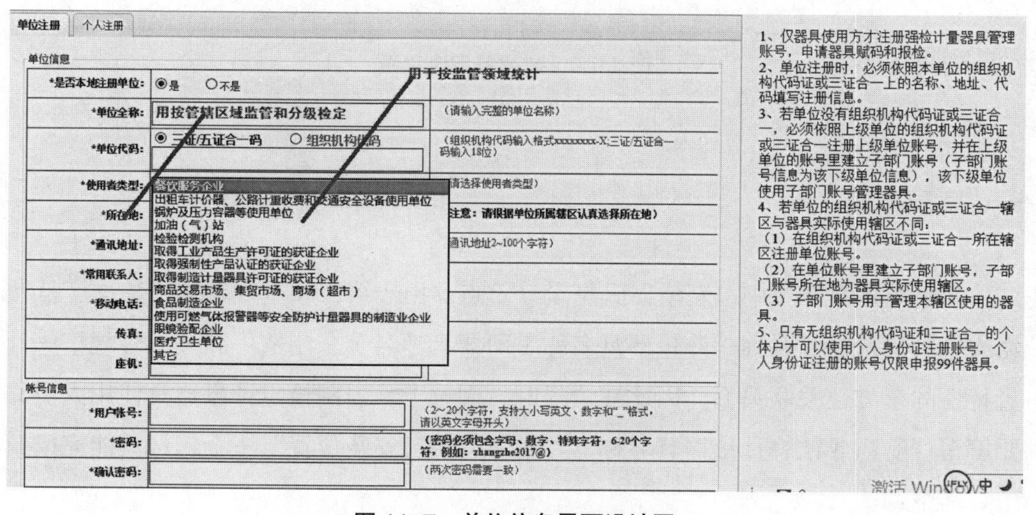

图 11-7　单位信息界面设计图

第五节 赋码备案系统

所谓对计量器具进行赋码管理，就是为每一个强制检定计量器具贴上一个“身份证”，通过系统查询，计量器具名称、检定日期、合格状态及下次检定日期等信息一览无余。

赋码备案按赋码申请—赋码复审—打码—领码—贴码的过程进行。具体流程如图 11-8 所示。

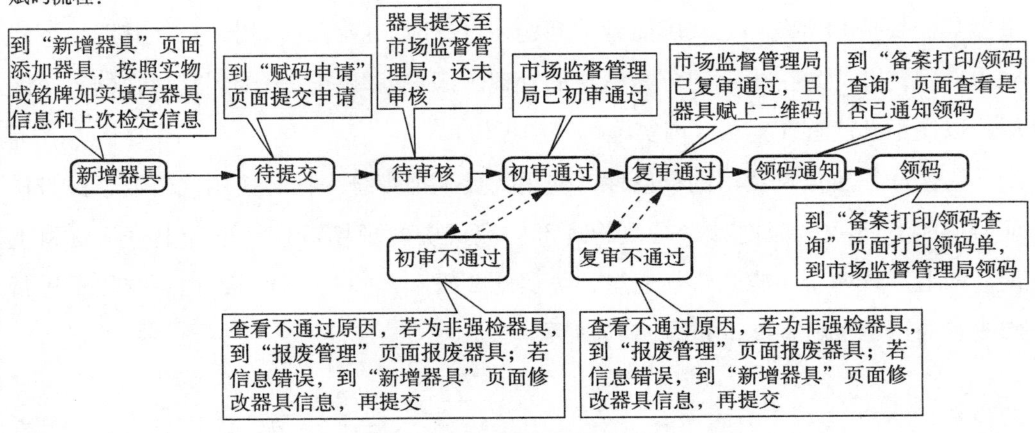

图 11-8 赋码备案流程图

一、赋码申请

在赋码备案环节中，新增器具是设计重点。由于第二章基础数据已建立了从实物或铭牌计量器具名称—计量器具名称（即器具学名）—制造厂商—型号规格—计量特性的全方位关联关系，因此在填报时，理论上，强制检定计量器具使用人员只要填写“实物或铭牌计量器具名称”“出厂编号”“安装位置”三个信息就能完成新增。其中：

（1）设计安装位置的用途主要有三个：一是便于计量行政管理部门监督检查；二是公众可利用手机 APP，不用扫描，通过安装位置也能了解强制检定计量器具检定状态和历史检定记录；三是公众可利用手机 APP，便捷地对使用人员计量诚信情况进行点评，对计量违法行为进行举报。

（2）计量特性参数的设计，首度将强制检定计量器具的管理延伸到了技术层面，系统自动按“区（县）—市级—省级—国家”的顺序依次自动匹配检定机构，实现了分级检定，解决了强制检定全国免费后，各级职责不清、推诿扯皮的问题。

（3）首次赋码已有检定信息的填写，解决了系统上线后大量器具已存在检定信息的问题，实现了检定日期的无缝隙接。

（4）填报说明解决了强制检定计量器具使用人员众多，无法及时培训的问题，使用人员可以通过阅读《填写前必读》了解填报规则，杜绝了不规范数据的混入。

（5）在填报完毕后，系统会自动通过计量器具名称及其测量参数特性在授权资质基础数据（第三章第四节）中匹配所有满足要求的检定机构，并将匹配结果反馈给强制检定计量器具使用人员。其设计目的在于：首先，便于强制检定使用人员及时了解其计量器具名称及其测量参数特性填写的正确性，对于未匹配到检定机构的数据进行重新确认和及时修改；其次，便于强制检定使用人员准确掌握赋码器具本地区检定资源情况，为下一步器具报检合理安排时间，如图 11–9 所示。

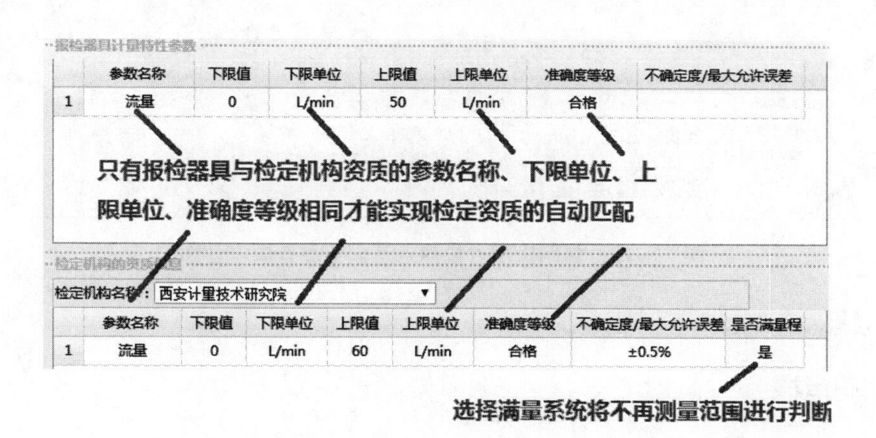

图 11–9　报检器具计量特性与授权资质自动匹配界面设计图

（6）系统自动记录使用人员填报的新增数据，并将其送到后台进行人工处理。例如，新增的实物或铭牌计量器具名称，系统自动将其与计量器具名称（即器具学名）进行关联，并提供给后台人工审批，审批通过的数据，可以提交赋码，并且下次填报相同实物或铭牌计量器具名称都将自动加载关联关系。审批不通过的数据，提示使用人员进行修改或停止赋码。

（7）将强制检定计量器具管理延伸到技术层面，虽然可以实现高度自动化，但由于强制检定计量器具使用人员往往对器具计量特性不太清楚，因无法正确填写而造成抱怨。为此，设计时，应利用大数据对计量器具名称与其对应的制造厂商、型号规格、测量参数的关联关系展开数据挖掘。若同一制造厂商生产的同一规格型号的同一计量器具的测量参数特性一致，则默认该测量参数特性为自动加载数据。若不一致，将其合并汇总后展现给填报人员，并显示各测量参数特性以往用户选择的比例，以供其参考选择，如图 11–10 所示。

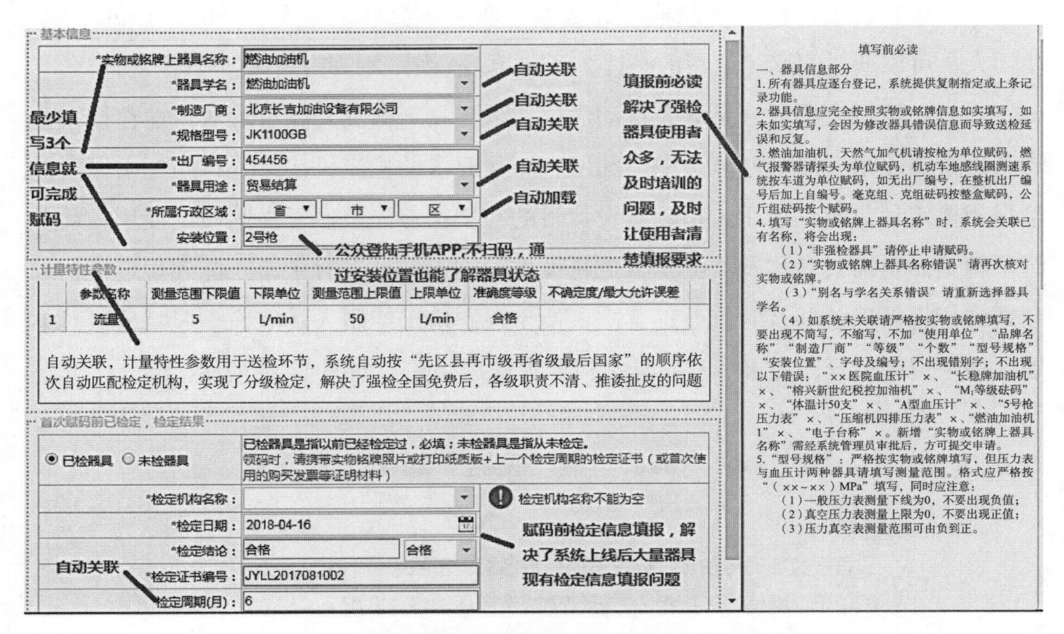

图 11–10　强制检定计量器具基础信息界面设计图

二、赋码审核

强制检定计量器具使用人员填报完毕后，提交所在辖区计量行政管理部门对赋码资料进行审核。审核重点在于：器具信息是否准确、实物或铭牌计量器具名称与“器具学名”是否对应、测量范围应与器具学名不一致、测量范围上下限计量单位错误、一个器具是否对应过多安装位置等方面。为了便于审核，系统借鉴知识管理思想，设计了审批注意事项，并根据审核工作实际，不断补充完善。审核通过后，系统自动赋予其一个强制检定计量器具唯一码，该码采用“使用人员统一社会信用代码或公民身份证号码 + 分支机构代码 + 使用人员赋码”的编码方式，如图 11–11 所示。采用此种设计的优势在于：系统自动为每个强制检定计量器具使用人员建立了属于本机构的强制检定计量器具库，有利于强制检定计量器具使用人员和计量行政管理部门对其进行有效管理。由于编码方式中增加了分支机构代码，有利于机构对分布在不同辖区内不同分支机构的器具进行有效辨识。

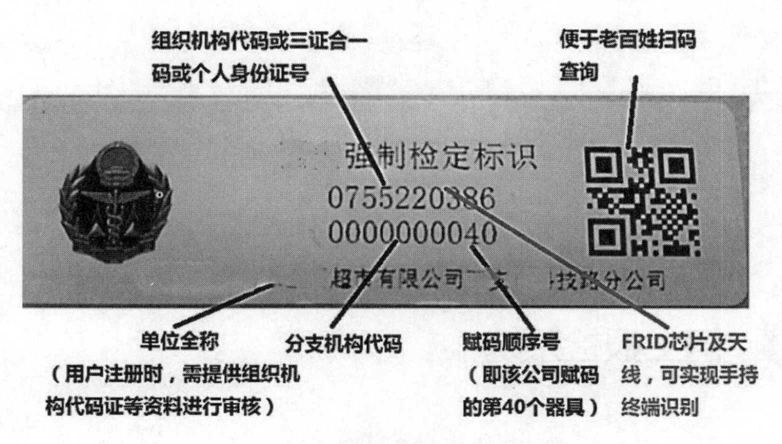

图 11-11　强制检定电子标签图

三、打码

赋码结束后，打印如图 11-11 所示的强制检定 FRID 标签。该标签包含了 FRID 芯片及天线、器具使用人员信息、强制检定计量器具唯一码及其对应的二维码，可实现手持终端、手机扫描二维码、人工输入强制检定计量器具唯一码多种查询方式。由于打印强制检定 FRID 标签的打印机价值较为昂贵，维护要求较高，可采取集中打印、定期寄送的方式将强制检定 FRID 标签寄送到各行政辖区计量行政管理部门。

四、贴码

打码结束后，系统将提醒强制检定计量器具使用人员到所在辖区领取强制检定 FRID 标签，强制检定计量器具使用人员打印"强制检定备案表 / 领码单"，加盖公章后到所在辖区计量行政管理部门进行备案和领码。备案结束后，辖区计量行政管理部门进行领码确认，强制检定计量器具使用人员按"强制检定备案表 / 领码单"上信息，将强制检定 FRID 标签粘贴在器具上。强制检定备案表 / 领码单界面如图 11-12 所示。

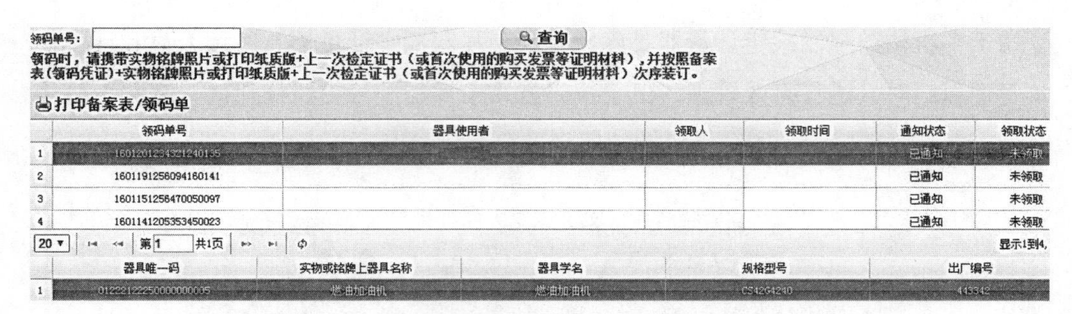

图 11-12　打印强制检定备案表 / 领码单界面设计图

第六节　网上报检系统

网上报检系统是对赋码后的强制检定计量器具送检过程的管理。其过程为“报检申请—报检审核（首次送检需要）—任务接收—系统送检—器具接收—状态查询（《委托协议书》查询）—信息录入”，最终形成每一个计量器具拥有完整有效的数据链。具体流程如图 11-13 所示。

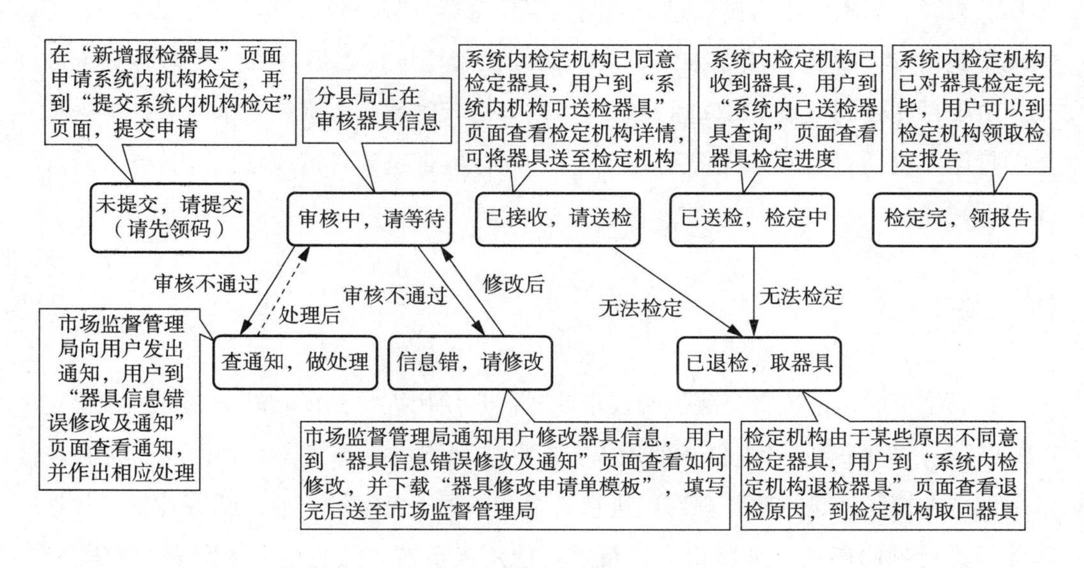

图 11-13　报检流程图

一、系统内检定机构报检流程设计

领码确认结束后，强制检定计量器具使用人员即可实施网上报检，系统将自动匹配检定机构，如图 11–14 所示。

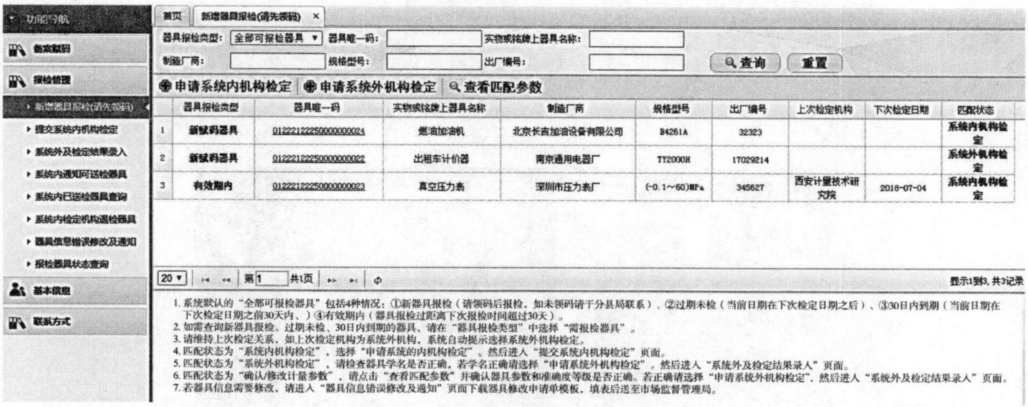

图 11–14　报检界面设计图

对于匹配到检定机构的数据，强制检定计量器具使用人员直接提交报检，经所在辖区计量行政管理部门核准，检定机构对报检任务进行处理。对无法检定的任务，退回辖区计量行政管理部门进行二次分配，对信息错误的任务通知器具使用人员进行修改，对可以安排检定的任务进行接收。任务接收的同时，系统通知强制检定计量器具使用人员根据送检形式（送检、现场检定）实施送检。

任务领取后，系统通过数据接口，将待送检数据更新到计量检定机构内部信息管理系统。系统同时提示使用人员将“送检”器具送至指定机构检定。检定机构收到送检器具后，可以通过扫描器具上 FRID 标签，实施送检器具接收。所有送检器具接收完毕后，打印带有强制检定计量器具唯一码的送检《委托协议书》，避免了以往使用人员现场人工填报《委托协议书》的麻烦，同时也避免了人工填报不规范带来的多义性问题。对于“现场检定”器具，使用人员联系检定机构，确定检定项目和检定时间。现场检定人员在检定现场可以通过手持条码扫描终端获取强制检定计量器具唯一码，进行现场样品接收，并现场打印客户信息和样品信息，将其粘贴在原始记录上，减少了现场记录填报量。检定机构也可提前打印带有强制检定计量器具唯一码的《委托协议书》，现场根据实际情况勾选已检定设备，形成最终现场委托协议。检定完毕后，扫描《委托协议书》上的条码，完成器具接收确认，如图

11–15、图 11–16 所示。

未接收器具信息

接收器具　置为现场数据

		器具使用者	器具唯一码	实物或铭牌上	器具学名	规格型号	出厂编号	接收任务时间	器具接收
1			360681197711182	验光镜片箱	验光镜片箱	232	XD47109	2017-05-08	器具未接
2			072997346400000	氧气压力表	氧气表	(0~25)MPa	1003	2017-09-14	器具未接
3			072997346400000	血压计	台式水银血压计	(0~40)kPa	13209532	2017-10-19	器具未接

已接收、未打印器具信息

置为未接收　打印委托单

		器具使用者	器具唯一码	实物或铭牌上器具名称

图 11–15　器具接收界面设计图

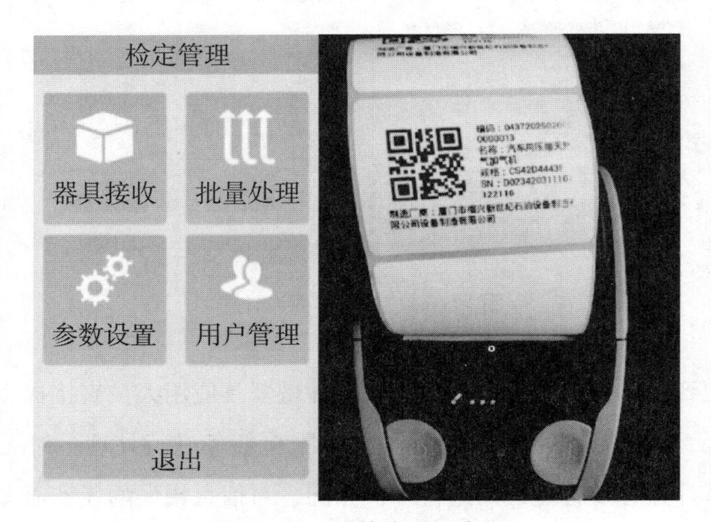

图 11–16　手持终端设计图

二、系统外检定机构报检流程设计

对没有匹配到检定机构的数据，设计时可为强制检定计量器具使用人员提供系统外检定功能，由强制检定计量器具使用人员打印符合要求的《系统外自行送检备案表》，经相关部门批准后，作为系统外机构免费检定证明。系统检定完毕后，强制检定计量器具使用人员自行上传检定信息，经所在辖区计量行政管理部门核准后，完成送检。在设计时，由于无法对众多强制检定计量器具使用人员及时培训，在设计时应考虑在界面中增加文字说明，如图 11–17 所示。

检定结果录入　提交审核　打印系统外自主送检备案单

		器具唯一码	实物或铭牌上器具名称	制造厂商	规格型号	出厂编号	检定机构名称	检定证书编号	审核状态
1	☐								
2	☑	0122212225000000000	高绝缘电阻测量仪	武汉恒新国仪科技有限公司	BC2550	4353453	省计量科学研究院	XXLLLL	待提交
3	☐								

20　第1　共1页

1. 系统外检定是指系统未能匹配到检定机构或上次检定机构为系统外检定机构的情况，需要使用者自行联系送检的器具
2. 请首先确认器具学名，计量特性是否正确，如果不正确情况联系分县局进行修改；
3. 如果正确，打印"系统外自行送检备案表"，到分县局盖章后，作为系统外机构免费检定证明
4. 送系统外机构检定时，请先与拟送检机构联系，了解该机构送检流程（如有的机构要求网上预约）和要求（如有的机构要求连续两次送检证书），
5. 省计量科学研究院申报流程请登录其网站，在首页"通知公告"中查找"省计量科学研究院停征强制检定收费申报流程（暂行）"。按其流程实施送检。
6. 系统外送检时请携带在该机构连续两次送检证书（如存在）和分县局盖章后的"系统外自行送检备案表"。

图 11–17　检定结果录入界面设计图

三、智能排号系统

设计智能排号系统，以便于强制检定计量器具使用人员及时掌握检定进度。

四、办理时限管理设计

动态、透明公开各环节的接受时间、办理时限、待处理任务量、预计完成时间，对超过办理时限的数据进行标识，以便监督。

五、《委托协议书》查询设计

器具接收完毕后，系统自动形成《委托协议书》。使用人员登录即可及时了解送检器具的检定状态，当《委托协议书》下所有器具送检状态均为"检毕"后，使用人员便可以到检定机构领取证书和器具。

六、检定结果录入

检定结果录入途径有三种，即数据接口自动更新、检定机构在线录入、使用人员自行录入。其中：

数据接口自动更新，即设计与检定机构现有信息管理系统的数据接口，通过强

制检定计量器具唯一码作为媒介，实现两个数据库间的数据交换，实现自动更新检定结果的目的，如图 11–18 所示。

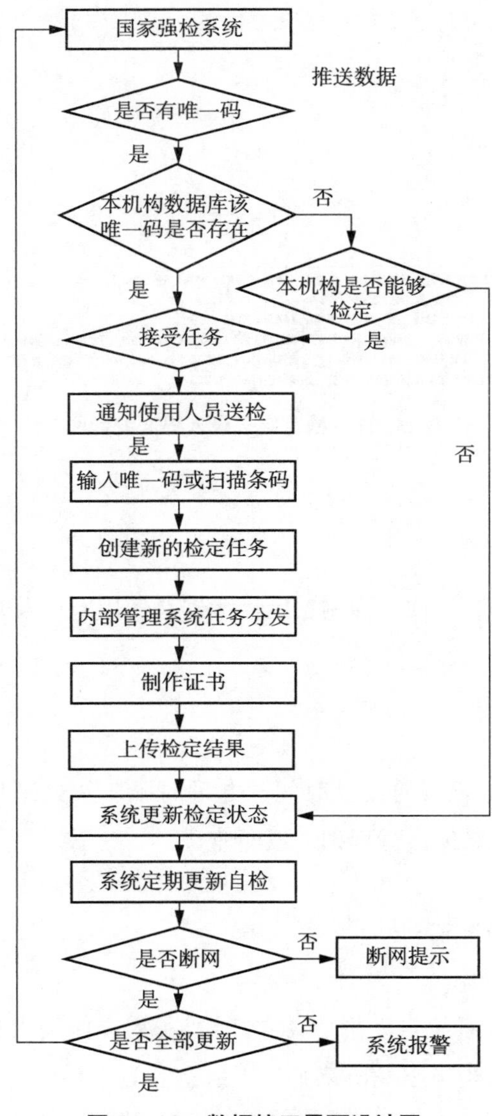

图 11–18　数据接口界面设计图

检定机构在线录入，即检定机构检定完毕后，登录本系统在线录入检定结果，系统将提供送检器具信息 excel 批量导出和检定信息 excel 批量导入功能。

使用人员自行录入是指系统无法匹配到检定机构，经政府计量行政管理部门确认后，批准使用人员自行录入检定信息。使用人员登录本系统，可自行填写检定信息，并提交所在辖区监督管理部门验证、批准后，完成自行录入。

第七节　动态监管系统

动态监管系统由 6 部分组成，具体结构包括以下方面：

一、行政区域内强制检定计量器具动态监管系统

通过设置权限，区（县）级计量行政管理部门、计量技术机构可以查询、统计辖区内企业强制检定计量器具的建档、送检情况，如图 11-19、图 11-20 所示。

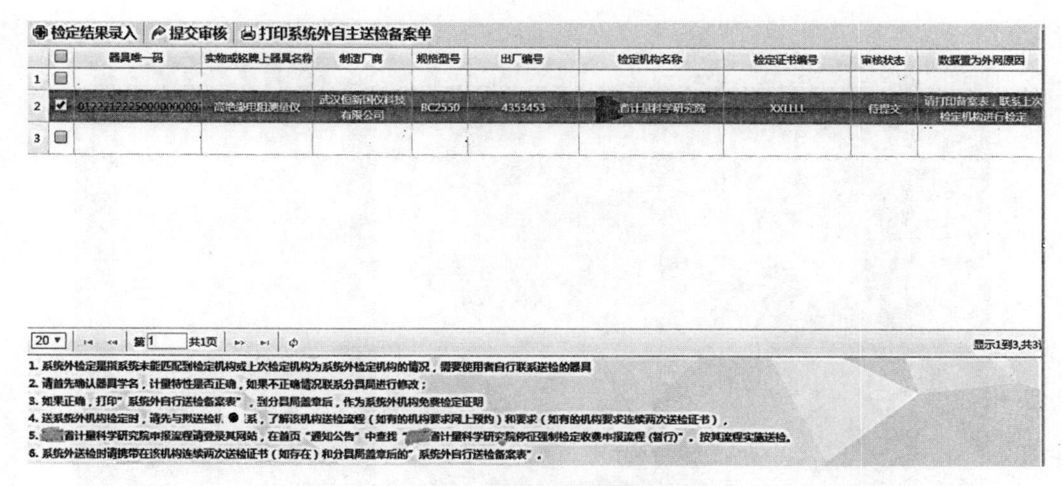

图 11-19　动态监管界面设计图

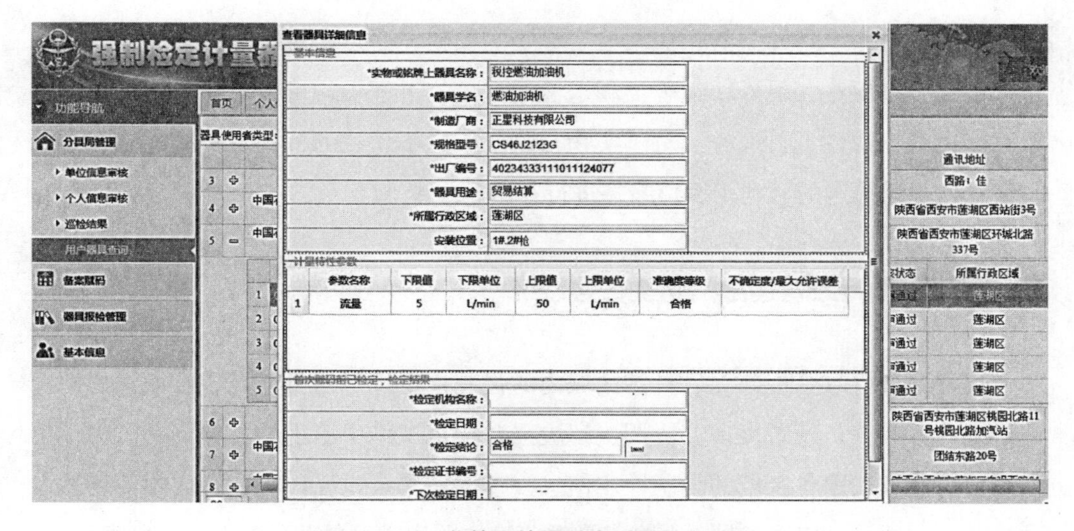

图 11-20　监管强检器具查看界面设计图

二、现场巡检管理

巡检系统是巡检人员通过人工输入强制检定计量器具唯一码、扫描二维码或读取 RFID 标签的三种方式，利用巡检手持终端获取到标识码信息，通过 Webservice 接口与监管系统进行数据交互。手持终端获取强制检定计量器具的检定信息的方式分为无线网络实时获取和非实时获取。手持终端应用系统根据获取到的器具检定信息，给予巡检人员提醒信息，如备案未检、超期未检、检定不合格等，以便巡检人员现场处理，同时，巡检人员可以通过手持终端应用系统上传巡检记录到监管系统形成巡检报告，如图 11–21 所示。

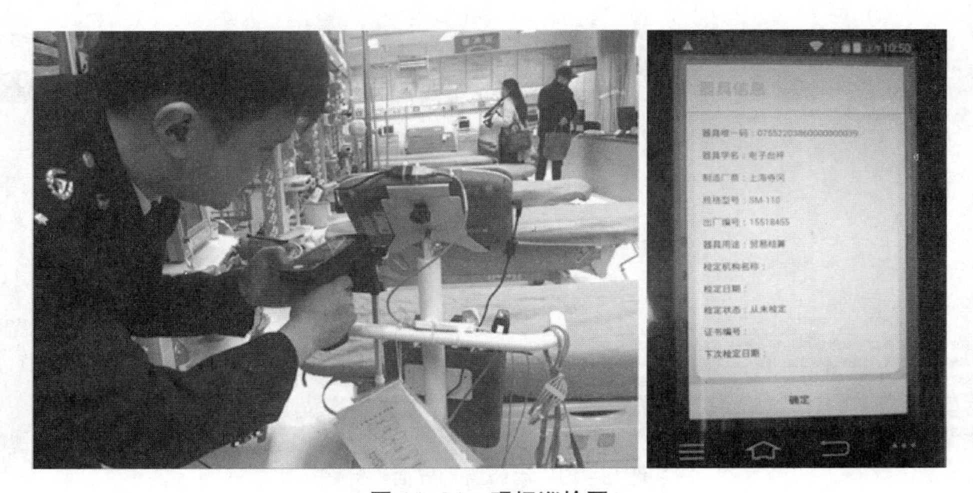

图 11–21　现场巡检图

巡检的另一个目的是防止强制检定标签的贴错，一旦发现标签贴错，可现场打印标签并予以更正。另外，在现场和送检器具接收过程中均可以对器具实物信息与赋码信息的一致性进行巡查。对于实物与赋码信息不一致的，检定机构通知客户修改信息，现场检定的可利用手持终端进行补码。

三、政府计量行政管理部门网上督导系统

政府计量行政管理部门可对各区域内的强制检定计量器具建档、按期送检情况进行统计、考核，及时发现、协调、解决强制检定工作中出现的各种问题。为了更直观、快速地获取各区域的强制检定信息，查询均采取先统计再展开详细信息的方式，按区（县）—使用人员—器具—溯源信息的顺序进行展开，如图 11–22 所示。

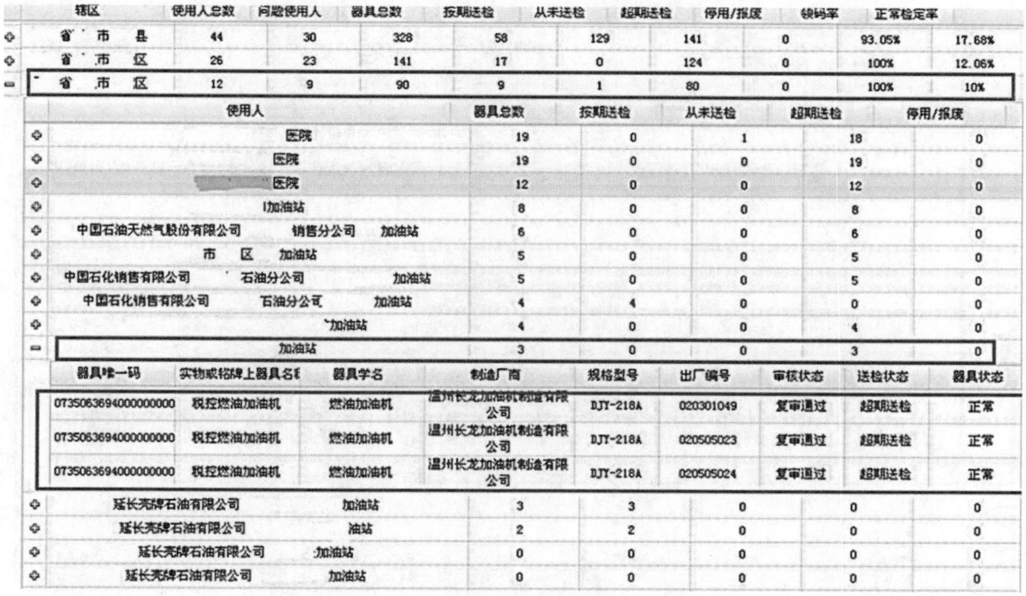

辖区	使用人总数	问题使用人	器具总数	按期送检	从未送检	超期送检	停用/报废	锁码率	正常检定率
省 市 县	44	30	328	58	129	141	0	93.05%	17.68%
省 市 区	26	23	141	17	0	124	0	100%	12.06%
省 市 区	12	9	90	9	1	80	0	100%	10%

使用人	器具总数	按期送检	从未送检	超期送检	停用/报废
医院	19	0	1	18	0
医院	19	0	0	19	0
医院	12	0	0	12	0
加油站	8	0	0	8	0
中国石油天然气股份有限公司 销售分公司 加油站	6	0	0	6	0
市 区 加油站	5	0	0	5	0
中国石化销售有限公司 石油分公司 加油站	5	0	0	5	0
中国石化销售有限公司 石油分公司 加油站	4	4	0	0	0
加油站	4	0	0	4	0
加油站	3	0	0	3	0
延长壳牌石油有限公司 加油站	3	3	0	0	0
延长壳牌石油有限公司 油站	2	2	0	0	0
延长壳牌石油有限公司 加油站	0	0	0	0	0
延长壳牌石油有限公司 加油站	0	0	0	0	0

器具唯一码	实物或铭牌上器具名称	器具学名	制造厂商	规格型号	出厂编号	审核状态	送检状态	器具状态
073506369400000000	税控燃油加油机	燃油加油机	温州长龙加油机制造有限公司	DJY-218A	020301049	复审通过	超期送检	正常
073506369400000000	税控燃油加油机	燃油加油机	温州长龙加油机制造有限公司	DJY-218A	020505023	复审通过	超期送检	正常
073506369400000000	税控燃油加油机	燃油加油机	温州长龙加油机制造有限公司	DJY-218A	020505024	复审通过	超期送检	正常

图 11-22　政府网上督导界面设计图

四、政府补贴综合评价系统

按任务量、检定费用、任务接收率、检定及时率、客户满意度建立综合绩效评价体系，为政府补贴提供真实、科学、公平和合理的数据，杜绝瞒报、骗报。

五、跨区域费用结算系统

对于需要跨区域送检的器具，经当地计量行政管理部门批准后，指定外地机构检定。检定后，检定机构上传检定结果及费用，经使用人员、指定部门确认后，政府计量行政主管部门定期从系统中导出跨区域委托明细，向财政申请转移支付。

六、查询、统计模块

查询、统计模块包括：强制检定覆盖率统计、器具复检率统计、授权开展项目覆盖率统计，区（县）强制检定走势图，开展强制检定项目走势图与同期相比情况，如图 11-23、图 11-24 和图 11-25 所示。

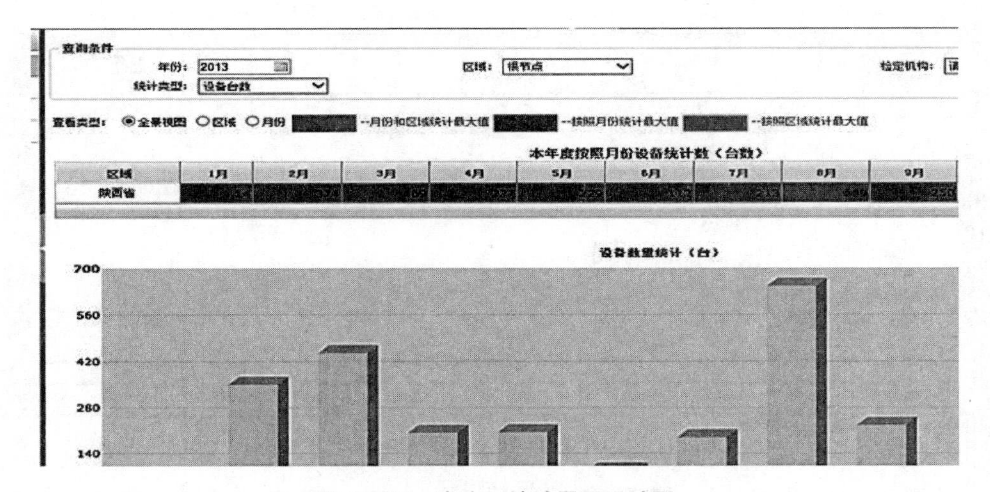

图 11-23　查询、统计界面设计图

监管领域	使用人总数	问题使用人	器具总数	按期送检	从未送检	超期送检	停用/报废
加油站	4	2	24	9	3	12	0
加气站	9	5	75	50	6	19	0
眼镜验配企业	0	0	0	0	0	0	0
出租汽车计价器	0	0	0	0	0	0	0
医疗单位	0	0	0	0	0	0	0
商场、超市	3	1	14	10	0	4	0
集贸市场	0	0	0	0	0	0	0
餐饮服务单位	0	0	0	0	0	0	0
公路计重收费	0	0	0	0	0	0	0
交通安全	0	0	0	0	0	0	0
认证、认可机构	0	0	0	0	0	0	0
锅炉房等压力容器使用单位	0	0	0	0	0	0	0
化工、能源、建材等制造类企业	0	0	0	0	0	0	0
食品加工企业	0	0	0	0	0	0	0
工业生产许可证获证企业	0	0	0	0	0	0	0
强制性认证获证企业	0	0	0	0	0	0	0

图 11-24　重点监管领域查询、统计图

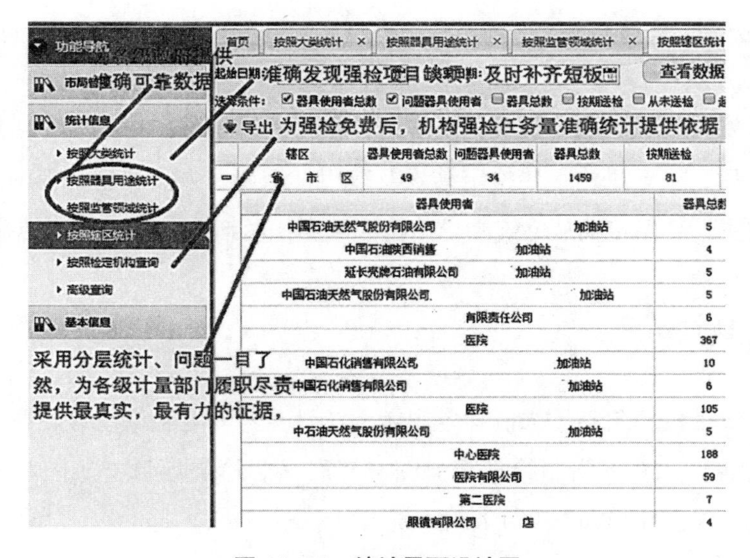

图 11-25　统计界面设计图

第八节　智能分析系统

智能分析系统由 4 部分组成，具体结构包括以下方面：

一、强制检定计量器具使用企业智能分析、自动搜索

为实现对强制检定企业的自动判断、自动筛选，系统设计了强制检定计量器具使用企业智能分析、自动搜索功能。一方面，通过搜集当地卫生局、房地产管理局、环保局等对外公布的权威数据，如医疗机构基本信息、商品房销售信息等，导入本系统并和系统内已有数据进行自动对比、智能分析和数据分离，供区（县）级计量行政管理部门和计量技术机构参考，便于动态发现漏检企业；另一方面，利用统一社会信用代码信息库，通过建立企业经营范围与强制检定计量器具的映射关系，自动筛选出可能拥有强制检定计量器具的企业。

二、强制检定计划智能排定

为进一步增强强制检定计划执行的科学性和合理性，系统设计了强制检定计划智能排定系统，可根据各行政区域内强制检定计量器具分布情况、周检集中程度自动分析、排定月（日）检定计划，并对其中离群数据进行预警提示，以便于及时作出调整。根据计量器具名称管理中对计量器具名称与检定时限的映射关系，自动计算出计划工作量与人力资源的匹配程度，同时提供任意时间段内的计划工作量曲线图，以便实现资源动态调配。

三、强制检定项目智能管理

为预防某些计量检定、校准机构超能力、超范围检定问题，推进市场监督管理部门的“公信力”建设，系统设计了强制检定项目智能管理功能。计量行政管理部门可对辖区内各计量技术机构已开展的强制检定项目及其业务饱和度进行统计、汇总，以便及时掌握资源配置情况、合理调配资质，避免重复建设。对未经授权而检定的机构进行预警、提醒，并通过对已授权开展项目与《国家强制检定目录》的自动对比，及时发现授权开展项目上的短板。

四、公众查询系统

消费者可通过手机扫描条码或登录本系统查询所需强制检定计量器具从销售、使用、周期检定、投诉、维修、转移、停用、报废全过程、全方位的信息，并可现场举报。也可以考虑设计公众查询 APP。消费者站在超市、集贸市场、医院、加油站门口，通过安装位置就可以清楚地掌握每台计量器具的检定和违法情况，了解商家诚信程度，并可随时对计量违法行为进行举报和大众点评。消费者也可利用手机作为核查标准进行简单核查，系统将自动收集这些信息，进一步完善诚信档案，加大计量违法成本，并利用市场机制倒逼质量提升，形成“人人重视计量、人人创造计量、人人享受计量”的社会氛围。

C H A P T E R 1 2

第十二章

认证、认可、生产许可获证企业必备计量器具管理子系统

认证、认可、生产许可获证企业必备计量器具管理子系统的建立，获证企业可对其必备计量器具进行网络化智能管理、网上填报、网上送检；可根据认证类型输出符合相关规定的各类报表；计量管理部门和计量执法部门可动态掌握辖区监管企业计量器具正确配备和按时送检情况，并对其实施有效监督；行政审批部门和负责现场评审的审核（评审）人员可即时查询申报项目相关细则中规定配备的检验设备、计量器具和强制检定计量器具；方便掌握被检查企业计量器具实际配备和送检情况，并结合来自计量技术机构的检定或校准信息，简化资料审查手续；计量技术机构可逐步摸清本地获证企业计量器具配备和周期检定情况，合理安排检定计划，主动为企业服务，并在为企业服务中利用专业知识指导企业正确配备计量器具，从而实现在监督中强调服务，在服务中强化监督的管理模式。

第一节　设计目的和思路

一、设计目的

在计量技术机构日常工作中，除了强制检定工作之外，另外很大一部分的业务来自认证、认可、生产许可获证企业必备计量器具的检定和校准，其在整个业务中占比不断增大。但计量技术机构尚未破除计量与其他学科的界限，跳出“计量”看计量，未能系统性地研究计量与产品、工程、服务、环境、认证认可等之间关系。为深入了解各行业等级计量的要求和需求，以及各行业科技进步对计量的新要求，我们做出了以下几点总结：

（1）随着科技的不断发展，计量已逐渐落后于生产加工技术，越来越多的高精度测量设备无法得到溯源。

（2）企业不熟悉计量，认为只要到溯源就能满足标准要求；计量技术机构不熟悉标准，认为只要按要求检定或校准就能满足企业需要，从而导致大量无效溯源，出现诸如本应校准温度的变成校准长度，本应校准 100℃，却校准 300℃之类的混乱现象。

（3）目前，国内尚无计量与上述领域之间密切关系的综合性基础研究，造成虽然各领域对计量工作都做出了明确规定，但始终没有形成一套切实有效的监管机制。导致获证企业不按规定正确配备计量器具，计量器具瞒报、漏报、不报、拒检和超周期使用等现象严重。这是直接导致企业产品质量低、安全性能差的根本原因之一。

（4）开展新项目可行性分析中普遍缺乏数据支持，不清楚所授权开展项目将涉及哪些条例、细则，涉及对哪些企业的监管，不清楚辖区内被检 / 校器具拥有的企业的具体数量和检定、校准需求量。

（5）企业在审查中弄虚作假现象非常严重，利用监管漏洞、借用他人证书和报告，甚至伪造证书和报告的事件时有发生。

针对上述问题，设计建立认证、认可、生产许可获证企业必备计量器具管理子系统，实现对企业计量薄弱环节的综合治理，是巩固各项专项整治成果、提高我国产品质量安全整体水平、维护产品的信誉和国家形象的治本之策。

二、设计思路

认证、认可、生产许可获证企业必备计量器具管理子系统是以食品药品生产许可、药品 GMP 认证、工业产品生产许可证各类实施细则、CCC 产品强制性认证各类实施规则、药品生产质量管理规范、压力管道安装单位资格认可实施细则、锅炉压力容器制造许可条件、特种设备制造许可单位基本条件、环境标志产品各项技术要求、公路水运工程试验检测机构等级标准近 500 多个技术法规中对计量器具配备具体要求为基础，建立包括认证类型、产品种类、产品名称、获证企业、产品检验必备检验设备、产品检验必备计量器具、产品检验必备强制检定计量器具及计量器具检定或校准信息相互对应关系的基础数据库，利用国家相关管理部门公布的《获证企业名单》，建立本地获证企业基本信息库，保持数据同步更新；利用计量技术机构检定或校准数据对企业计量器具检定或校准信息，进行自动填充、同步更新；利用本系统与其他监管软件（如食品监管软件、特设监管软件）的数据交换和数据共享，加强管理部门和检定机构间的融合渗透、相互协作，实现对获证企业计量器具的综合治理。

本系统由系统管理、网上填报系统、动态监管系统、智能分析系统、外部数据接口 5 个子系统构成，具体结构如图 12-1 所示。

通过本系统的建立，获证企业可对其必备计量器具进行网络化智能管理、网络填报、网上送检，可根据认证类型输出符合相关规定的各类报表；计量管理部门和计量执法部门可动态掌握辖区监管企业计量器具正确配备情况和按时送检情况，并对其实施有效监督；行政审批部门和负责现场评审的审核人员、评审人员可即时查询申报项目相关细则规定要求配备的检验设备、计量器具和强制检定工作用计量器具；明确了申报企业计量器具正确配备情况和按时送检情况，结合来自计量技术机构的检定或校准信息，简化相关资料审查手续；计量技术机构可逐步摸清本地获证企业计量器具配备和周期检定情况，合理安排检定计划，主动为企业服务，并在为企业服务中利用专业知识指导企业正确配备计量器具，从而实现在监督中强调服务，在服务中强化监督的管理模式。

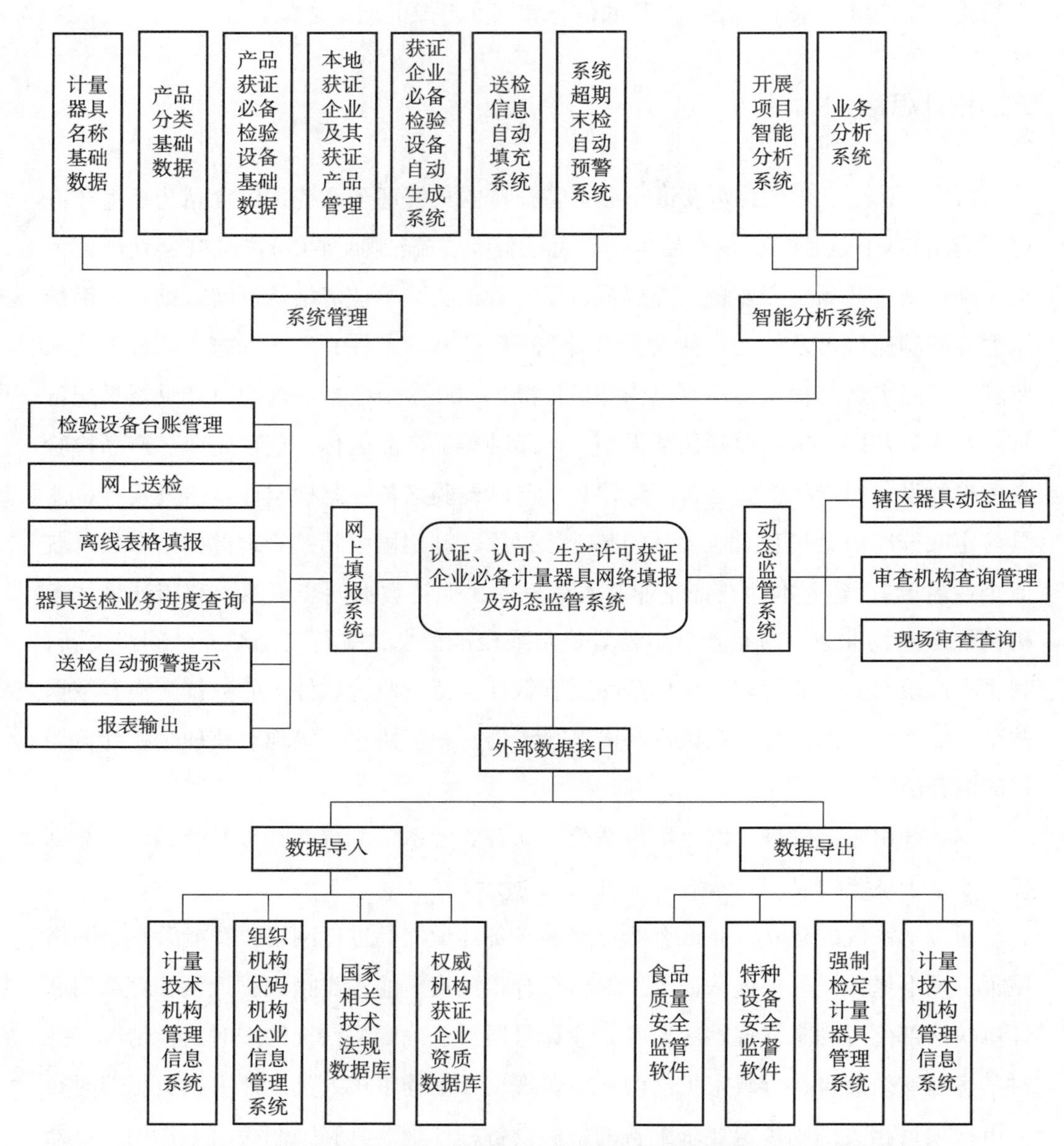

图 12-1　认证、认可、生产许可获证企业必备计量器具管理子系统结构图

第二节　基础数据

利用第二章所述测量参数基础数据、计量单位基础数据、检定结论基础数据、多义性消除常见词基础数据、计量器具制造厂商基础数据、实物或铭牌计量器具名称基础数据、计量器具名称基础数据，检定规程、校准规范、检验检测标准基础数据，产品获证必备检验设备基础数据、专用数学公式编辑和计算工具；第三章所述计量技术机构基础数据、授权资质基本数据、人员基础数据、测量设备基础数据，检定、校准、检验检测方法基础数据，客户信息基础数据、专业类别基础数据、数据状态基础数据，为本章所述认证、认可、生产许可获证企业必备计量器具管理子系统提供了统一、准确、可靠的数据，并通过以上基础数据中建立的数据之间的关联制约关系，实现了认证、认可、生产许可获证企业必备计量器具管理子系统相关数据的自动生成、自动加载、自动匹配，使用户填报量降低到最小。

第三节　企业获证产品必备的检验设备库的建立

企业获证产品必备的检验设备库的建立可按如下步骤设计：

一、产品分类基础数据

依据最新公布的各类认证 / 认可、行政许可产品目录，建立产品分类树形结构。具体分类如图 12-2、图 12-3 所示。分类以产品名称为最小单位。

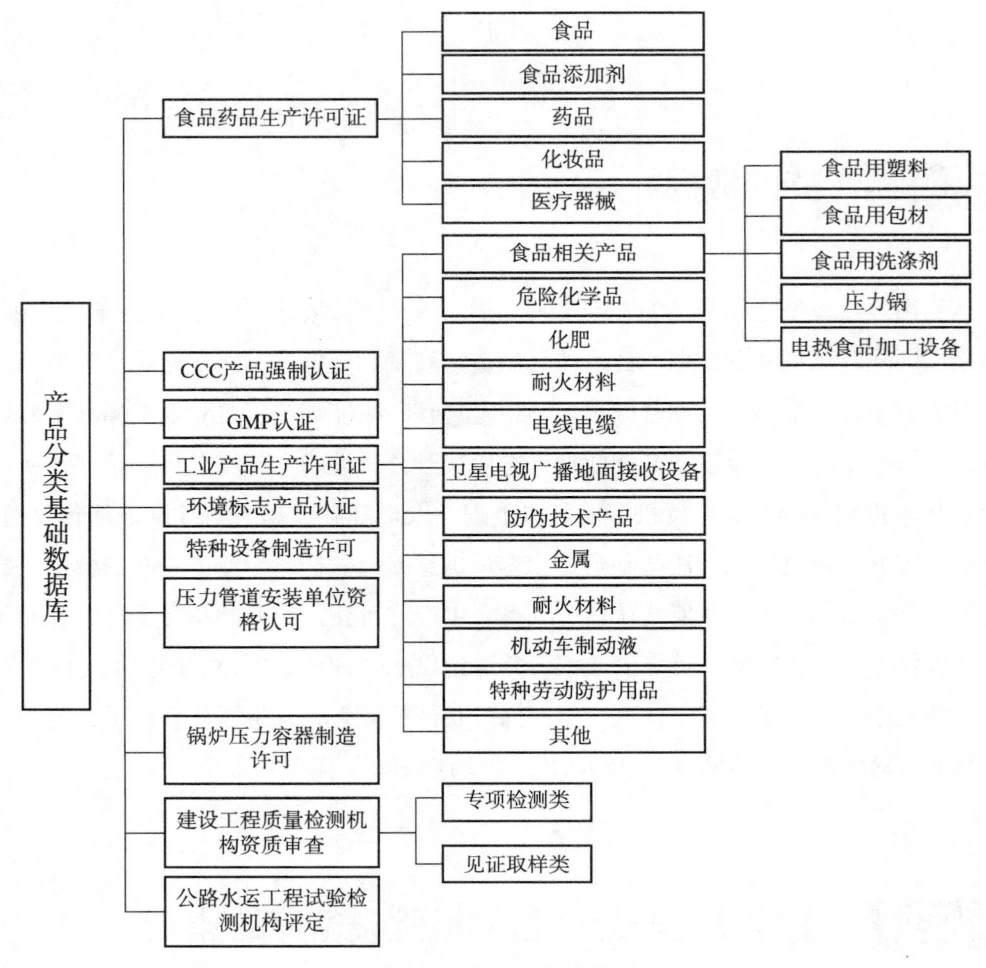

图 12-2　产品分类结构图

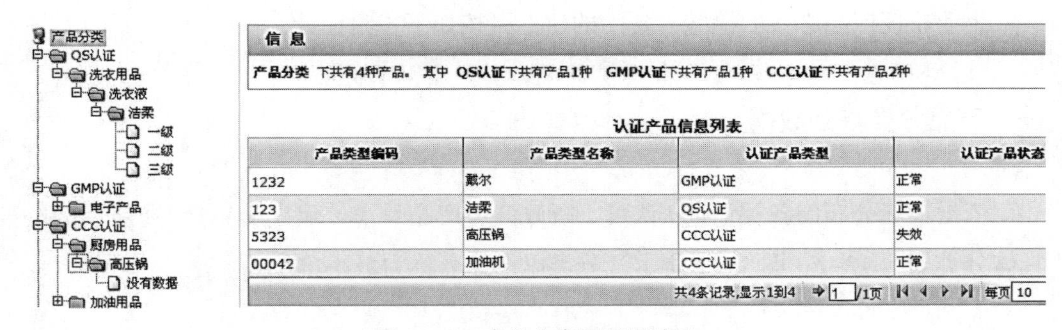

图 12-3　产品分类界面设计图

二、产品获证必备检验设备管理

依据上述细则、规则中对产品获证必备检验设备的规定，在产品分类树状结构中添加每种获证产品对应的必备的检验设备。在添加过程中，系统利用已经建成的计量器具名称基础数据及其映射关系，自动分析、判断检验设备性质，将检验设备分为强制检定计量器具、一般计量器具和辅助设备三类。对于无法自动判断的检验设备性质的，由计量技术机构人员人工判断；若仍无法判断，则由填报单位自行判断，如图 12–4 所示。

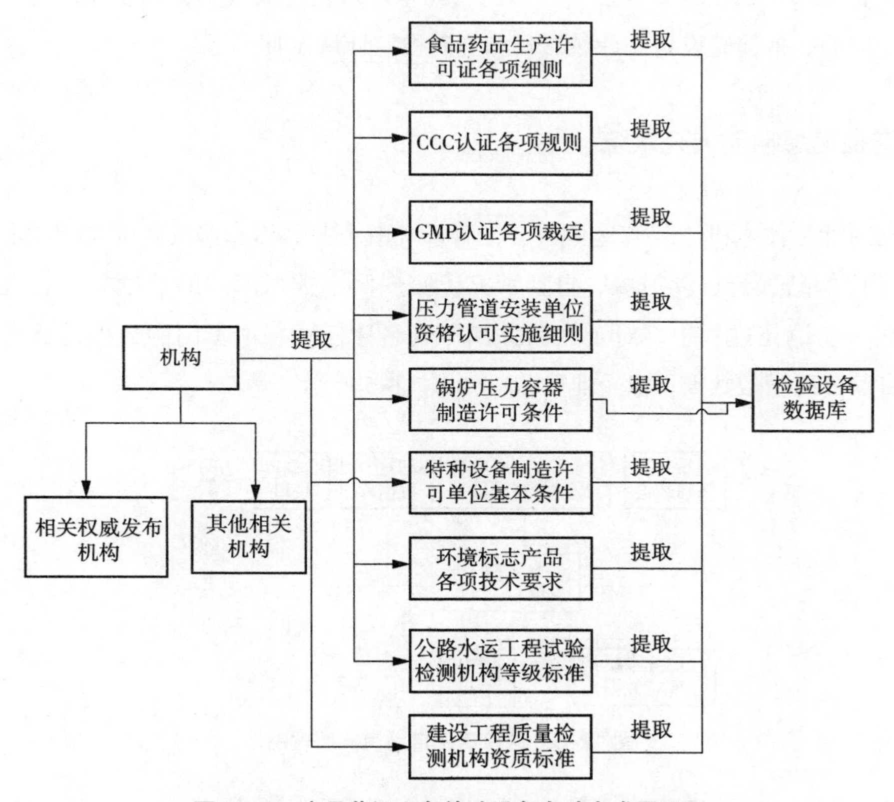

图 12–4　产品获证必备检验设备自动合成原理图

三、本地获证企业及其获证产品管理

依据权威机构官方网站上公布的《获证企业名单》，建立本地获证企业及其获证产品信息库。其内容涵盖企业全称、资质类型、产品种类、产品名称、发证部门、获证时间、有效期等信息，并通过与统一社会信用代码管理部门（或电子黄页）企业基本信息数据库的多表联结，以获取（或补全）企业所在辖区、地址、联系人等信息。

四、产品获证必备检验设备管理

建立本地获证企业及其获证产品信息库时，系统通过产品名称这一主线，将导入的企业信息自动分配到产品分类基础数据库对应的产品名称中去，并通过产品分类基础数据库中产品名称与检验设备的对应关系，计量器具名称基础数据中检验设备与计量器具、强制检定计量器具的映射关系，自动生成每个获证企业的每个获证产品对应的必备检验设备、计量器具和强制检定计量器具。

五、送检信息自动填充系统

利用计量技术机构现有送检数据，对系统中企业名称和器具名称均相同的计量器具送检信息进行自动抓取、自动填充，实现两个数据库间的数据共享和自动更新。在自动填充过程中，对企业名称和器具名称任意一项不同的数据进行智能分析，自动分离疑似数据，供企业确认，如图 12–5 所示。

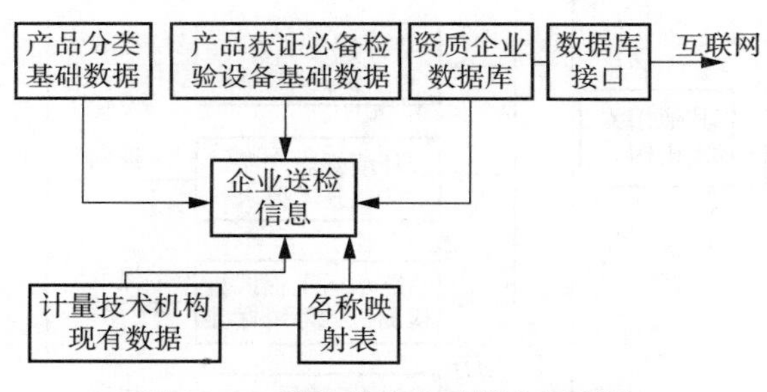

图 12–5　送检信息自动填充原理图

六、系统超期未检自动预警系统

系统自动对企业即将到期的计量器具进行预警，通过手机短信、电子邮箱、即时通信等方式提醒企业相关人员及时送检，并同步显示在管理部门和计量技术机构的管理界面上，如图 12–6 所示。

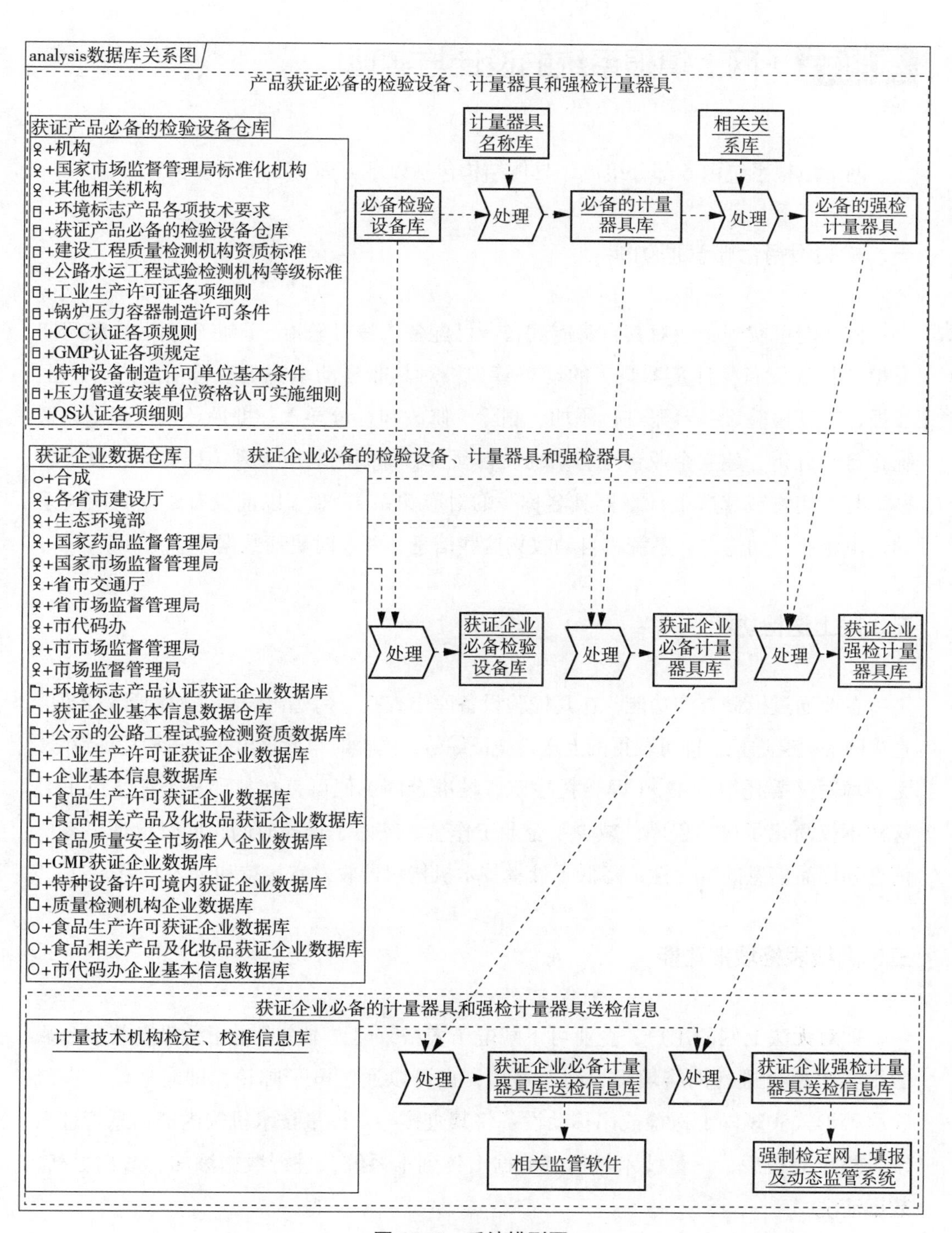
analysis数据库关系图
产品获证必备的检验设备、计量器具和强检计量器具
获证产品必备的检验设备仓库
+机构
+国家市场监督管理局标准化机构
+其他相关机构
+环境标志产品各项技术要求
+获证产品必备的检验设备仓库
+建设工程质量检测机构资质标准
+公路水运工程试验检测机构等级标准
+工业生产许可证各项细则
+锅炉压力容器制造许可条件
+CCC认证各项规则
+GMP认证各项规定
+特种设备制造许可单位基本条件
+压力管道安装单位资格认可实施细则
+QS认证各项细则
计量器具名称库
相关关系库
必备检验设备库
处理
必备的计量器具库
处理
必备的强检计量器具
获证企业数据仓库
获证企业必备的检验设备、计量器具和强检器具
+合成
+各省市建设厅
+生态环境部
+国家药品监督管理局
+国家市场监督管理局
+省市交通厅
+省市场监督管理局
+市代码办
+市市场监督管理局
+市场监督管理局
+环境标志产品认证获证企业数据库
+获证企业基本信息数据仓库
+公示的公路工程试验检测资质数据库
+工业生产许可证获证企业数据库
+企业基本信息数据库
+食品生产许可获证企业数据库
+食品相关产品及化妆品获证企业数据库
+食品质量安全市场准入企业数据库
+GMP获证企业数据库
+特种设备许可境内获证企业数据库
+质量检测机构企业数据库
+食品生产许可获证企业数据库
+食品相关产品及化妆品获证企业数据库
+市代码办企业基本信息数据库
处理
获证企业必备检验设备库
处理
获证企业必备计量器具库
处理
获证企业强检计量器具库
获证企业必备的计量器具和强检计量器具送检信息
计量技术机构检定、校准信息库
处理
获证企业必备计量器具库送检信息库
处理
获证企业强检计量器具送检信息库
相关监管软件
强制检定网上填报及动态监管系统

图 12-6　系统模型图

第四节　网上填报系统的设计与实现

网上填报系统由 6 部分组成，具体结构包括以下方面：

一、检验设备台账管理功能

该功能可实现企业对其自身应配备、已配备、按时送检、即将到期送检和超期未检的检验设备（计量器具）的动态管理。对其非自动填充的送检信息进行网上填报，对其检验设备台账进行添加、删除、修改和批量导入。批量导入过程中，系统将自动分析、建立企业台账与系统设备项目名称间的对应关系（如建立“设备名称”与“实物或铭牌上计量器具名称”的对应关系），对于以前没有建立对应关系的，由企业手动建立。系统将自动收集这些信息，并及时更新数据库。

二、网上送检功能

企业通过模糊查询功能，在其检验设备库中查找、勾选出需要送检的计量器具，直接网上提交送检，即可获得网上送检凭证编号，送检时只要报出网上送检凭证编号，无需填写《委托协议书》（即委托检定、校准合同）便可直接打印《委托协议书》，这样不仅简化了送检程序，减少了企业工作量，缩短了送检时间，同时保证了客户信息和样品信息的唯一性，降低了计量技术机构仪器收发室接待和录入压力。

三、离线表格填报功能

针对无法上网的用户，企业可下载电子表格，建立本企业电子化设备管理台账后上传表格，进行网络填报、网上送检；也可以通过电子邮箱、即时通信、在线客服等形式实现网上送检或用移动设备将其直接导入计量技术机构内部信息管理系统。检定完毕后，计量技术机构将数据上传到本系统，进行数据添加、数据更新、数据清洗。

四、器具送检业务进度查询功能

系统提供以《委托协议书》为单位的器具送检业务进度即时查询功能。

五、网上送检自动预警提示功能

在强制检定计量器具使用人员登录系统过程中，系统将自动显示超期未检和即将到期的计量器具，并伴有声音预警，以提醒强制检定计量器具使用人员及时办理网上送检。

六、报表输出功能

系统将生成符合各类评审规定的检验设备、计量器具报表，并实现打印输出功能。

第五节　监管系统的设计与实现

监管系统由三大部分组成，具体结构包括以下方面：

一、辖区内计量器具动态监管

通过设置权限，监管部门、行政审批部门、计量管理部门、计量执法部门、计量技术机构可以对其管辖范围的企业实施动态监管，实现对各角色权限内的获证企业计量器具的查询、管理，并可实现执法、检定的互联互通，防止企业利用检定与执法间的时间差逃避处罚。

二、审核机构查询管理

行政审批人员经授权后登录本系统，可利用本系统与相关软件的数据接口，自动将企业检验设备及其中计量器具的送检信息导入相关监管软件，也可以利用本系统对企业检验设备配备、计量器具送检情况进行监督检查。对于由计量技术机构自动填充的送检信息，审批人员可适当放松对其真实性的审查，将检查重点集中在非自动填充的数据上。

三、现场评审查询管理

评审人员经授权后登录本系统，可在评审现场即时查询申报项目相关细则中规定的要求配备的检验设备、计量器具和强制检定计量器具，即时掌握被检查企业计量器具配备情况和送检情况。

第六节　智能分析系统的设计与实现

智能分析系统由三大部分组成，具体结构包括以下方面：

一、授权开展项目智能分析系统

计量技术机构可通过本系统选择拟开展的检定、校准计量器具名称，即可以得到该器具所涉及的认证、认可类型、产品分类、相关细则、产品名称、该产品本地获证企业数量以及这些企业该器具正确配备和按时送检情况，并经过智能分析得出该计量器具本地存量和检定、校准需求，开展后每年预期检定、校准收入，形成各类分析图表，如图 12-7 所示。

图 12-7　开展项目智能分析界面设计图

二、业务分析系统

通过本系统与计量技术机构内部信息管理系统的数据共享，可实现本地认证企业计量器具送检量的比较等多种统计分析功能，并通过上述超期未检自动预警系统，将超期未检或即将到期的企业及其器具信息显示给相关检定检测部门，便于主动与企业联系，合理安排检定或校准计划。

三、外部数据接口

设计本系统与计量技术机构信息管理系统（MIMS）、强制检定计量器具管理系统、统一社会信用代码数据库、其他监管软件（如食品质量安全监管软件、特种设备安全监督软件）间的数据接口，获得这些系统中的必要数据，最终实现数据共享。

CHAPTER 13

第十三章 网站和网上业务受理平台设计

网站和网上业务受理平台的建立，不但让用户从平台快速、准确地获取检定、校准、检验检测流程及能力查询、收费、进度等信息，而且实现网上申请、网上受理，提高工作效率的同时，且规范的业务流程，将计量业务风险降到最低。

第一节 设计目的和思路

一、设计目的

计量技术机构网站是计量技术机构信息管理系统对外窗口，是本书各系统对外服务的媒介。其设计目的：一是让客户、公众准确、快速地获得计量技术机构最新动态；二是方便客户、公众与相关部门、人员沟通、联系；三是便于客户、公众对计量技术机构现有授权资质进行准确查询；四是实现检定、校准、检验检测样品状态在线查询；五是实现各类网上受理业务的统一登录、统一受理；六是普及、宣传计量相关知识；七是实现客户、公众与计量技术在线互动。

二、设计思路

在设计上，由于计量技术机构网站涉及内容多，针对不同客户需求，可分为公众和客户（企业）两个版面，也可增加强制检定专版。其中，公众版面主要侧重于计量知识的普及和宣传，民生计量服务内容、时间的查询，民生计量问题在线服务，检定、校准、检验检测能力查询；客户（企业）版面主要侧重于检定、校准、检验检测能力查询，检定、校准、检验检测样品状态在线查询，网上业务办理、网上询价等；强制检定专版主要侧重于强制检定任务的查询、办理，在界面设计上应力争简洁、方便易懂。

第二节 设计要点

一、机构信息

机构信息包括：机构简介、资质证书、部门分工、联系电话、地理位置、乘车路线。其中，机构简介源于第三章第二节计量技术机构基础数据；部门分工源于第三章第三节部门分工基础数据；资质证书来源于第三章第四节授权资质基础数据，联系电话源于第三章第三节部门分工基础数据。

二、送检流程

提供送检流程图及其对应步骤、送检须知等查询。

三、服务承诺

提供机构服务承诺查询，对通过资质认定的机构，还应公布其遵守法律法规、独立公正从业、履行社会责任等情况自我声明，并对声明的真实性负责。

四、检定、校准、检验检测能力查询

通过授权资质基础数据（第三章第四节）建立的结构化资质查询，对机构资质进行查询。查询的同时，通过部门分工基础数据（第三章第三节）的预设，同步显示承担该项目的职能部门、收费情况及其对应的联系电话。

五、检定、校准、检验检测收费查询

通过授权资质基础数据（第三章第四节）建立的结构化资质查询，对检定、校准、检验检测项目的收费提供查询。

六、检定、校准、检验检测进度查询

用户通过输入客户名称、委托协议书编号等信息，即可对委托协议书进度、收费情况进行查询。

七、证书真伪查询

用户输入客户名称、证书编号等信息，可在线查询所查证书客户信息、样品信息和检定、校准、检验检测日期等信息。

八、在线询价

用户在线填写或导入需询价的送检样品，系统自动根据实物或铭牌计量器具名称基础数据（第二章第九节）中预设，自动匹配样品对应的计量器具名称，并根据计量器具名称基础数据（第二章第十节）预设的收费信息，自动匹配收费情况，对于无法人员匹配的，系统将自动通过部门分工基础数据（第三章第三节）的预设转到相关人员进行报检。

九、在线咨询

设计“淘宝式”的在线咨询业务，客户可在线对送检事宜进行咨询。

十、网上业务受理平台

网上业务受理平台在本书各子系统均有介绍，此处的网上业务受理平台是集成所有网上受理业务，将其集中在一个统一的登录界面中，从而实现一点登录，多种业务的功能。

十一、检定规程、校准规范碎片化查询

根据第二章第十三节所述检定规程、校准规范碎片化的预设，为客户和公众提供检定规程、校准规范、检验检测标准任意要素查询，例如，直接对某个参量下某个点的允差进行直接查询，对某种方法的某个公式进行查询、下载。对于标准中涉及测量设备的，可快速查询该测量设备检定、校准所依据规程 / 规范中规定的准确度等级 / 最大允许误差 / 测量不确定度，以便于检定 / 校准结果的确认。

十二、计量论坛

计量论坛后台以“动网论坛”为基础进行改造，以符合计量技术机构网站风格及功能。因动网论坛是较为成熟的系统，在此就不介绍其后台管理系统模块。

附 录

附录 1

（【检定 / 校准】单位名称）

Name of Institute

【检定证书 / 检定结果通知书 / 校准证书】

【Verification Certificate /Notice of Verification Results / Calibration Certificate】

证书编号：________________号

Certificate No.

送【检 / 校】单位 ________________________________

Applicant

计量器具名称 ________________________________

Name of Instrument

型号 / 规格 ________________________________

Type/Specification

出厂编号 ________________________________

Serial No.

制造单位 ________________________________

Manufacturer

【检定 / 校准】依据 ________________________________

【Verfication Regulation/Calibration Specification】

检定结论__________（注：校准证书为空）

Connclusion

批准人 ______________

Approved by

（【检定 / 校准】专用章）

Stamp

核验员 ______________

Checked by

【检定 / 校准】员 ______________

【Verified /Calibrated】by

样品接收日期（注：检定证书、检定结果通知书为空） 年 月 日

Date of Year Month Day

【检定 / 校准】日期 年 月 日

Date of【Verification/Calibration】 Year Month Day

发布日期（注：检定证书、检定结果通知书为空） 年 月 日

Date of【Verification/Calibration】 Year Month Day

有效期至（注：检定结果通知书、校准证书为空） 年 月 日

Valid until Year Month Day

计量检定机构授权证书编号： 电话：

Authorization Certificate No. Telephone

地址： 邮编：

Address Post Code

传真： EMAIL：

Fax

证书编号：

国家法定计量检定机构授权证书编号（注：根据选择的授权资质类型加载）

The number of the Certificate of Metrological Authorization to The Legal

中国合格评定委员会（CNAS）实验室认可证书编号（注：根据选择的授权资质类型加载）

The number of the Certificate accredited by China National Accreditation Service for Conformity Assessment（CNAS）

本次【检定 / 校准】依据的技术文件（代号、名称）：

Reference documents for this【Verification/Calibration】(code and name)

本次【检定 / 校准】所使用的主要计量器具：

Main measurement standards used in this【Verification/Calibration】

名称 测量范围 不确定度 / 准确度等级 / 最大允许误差 溯源机构及证书编号 有效期

Name　Range　*U*/Accuracy Class / MPE 【Verification/Calibration】organization and Certificate No.　Valid until

测量溯源性说明：本次使用的计量标准可溯源至国家计量基准（注：选择计量授权时出现，选择 CNAS 授权时不出现）

Quantity value of main measurement standards used in this【Verification/Calibration】are traced to those of the national primary standards in the P.R.china

---

【检定 / 校准】环境条件：

environment condition of【Verification/Calibration】

【检定 / 校准】地点：　　环境温度：℃　　相对湿度：%　　其他条件：/

【Verification/Calibration】Place　　Temperature　　Relative Humidity　　Others

证书编号：

【检定 / 校准】结果 / 数据

Results of【Verification/Calibration】

此页以下空白

Below Blank

本次【检定 / 校准】结论仅对所【检定 / 校准】的计量器具有效

The results are only responsible for the items【Verificated/Calibrated】

未经本机构许可，不得复制本证书

This　certificate　report　can't be partly copied if not allowed by the laboratory

本证书封面未加盖【检定 / 校准】专用章无效

It's invalid that the【certificate/report】cannot be stamped

附录 2

（承担仲裁检定的机构名称）
仲裁检定证书

证书编号：______仲字第________号

申请仲裁检定的计量器具名称 ____________________

型号规格 ____________________

制造厂 ____________________

器具编号 ____________________

仲裁检定结论 ____________________

计量基准或社会公用计量标准证书编号 ____________________

受理仲裁检定的市场监督管理部门 ____________________

批准人 ____________

（仲裁检定机构章）　　核验员 ____________

检定员 ____________

仲裁检定日期　　年　　月　　日

计量检定机构授权证书编号：　　电话：

地址：　　邮编：

传真：　　EMAIL：

证书编号：

国家法定计量检定机构授权证书编号：

本次仲裁检定依据的技术文件（代号、名称）：

本次仲裁检定所使用的社会公用计量标准：

名称　测量范围　不确定度 / 准确度等级 / 最大允许误差　证书编号　有效期

测量溯源性说明：本次使用的计量标准可溯源到国家基准

本次仲裁检定所使用的主要计量器具：

名称　测量范围　不确定度 / 准确度等级 / 最大允许误差　证书编号　有效期

测量溯源性说明：本次使用的计量标准可溯源到国家基准

仲裁检定环境条件：

地点：　　环境温度：℃　　相对湿度：%　　其他条件：/

仲裁检定结果 / 数据

此页以下空白

本次仲裁检定结果仅对所仲裁检定的计量器具有效

未经本机构许可，不得部分复制本证书

本证书封面未加盖仲裁检定机构章无效

附录 3

报告编号：

定量包装商品
净含量计量检验报告

商品名称 ________________________

型号规格 ________________________

受检单位 ________________________

生产单位 ________________________

检验类别 ________________________

检验单位（印章）________________________

声　明

1. 本单位定量包装商品计量检验项目经 ××××××× 考核授权，授权证书编号为 ××××××××××××。

2. 本单位用于定量包装商品检验的计量器具其检定 / 校准到国家计量基准。

3. 本报告无检验单位的检验专用章或公章无效。

4. 本报告无主检人、审核人、批准人签名无效。

5. 本报告涂改无效。

6. 复制本报告未重新加盖检验单位的检验专用章或公章无效。

7. 对检验报告若有异议，应于收到报告之日起 15 日内向出具报告单位提出，逾期视为认可检验结果。

8. 此报告仅对本检验批负责。

检验单位通信资料

地址：	邮编：
电话：	传真：
电子信箱：	投诉电话：

报告编号：

共　　页　　第　　页

一、抽样情况

商品名称		标注净含量	
标注生产企业		批号及生产日期	
抽样地点		抽样方法	
批量		样本量	
抽样人 / 送样人		抽样时间	

二、检验条件

（一）检验用主要测量设备一览表

测量设备名称	规格型号	准确度等级 / 最大允许误差 / 测量不确定度	量程	最小分度值	设备编号	检定有效期

（二）检验时环境条件

项目	规范要求	实际条件	备注
环境温度			
相对湿度			

三、检验依据

（一）依据文件及编号；

（二）检验方法；

报告编号：

共　　页　　第　　页

（三）允许短缺量；

（四）平均实际含量修正因子。

四、检验结果

（一）净含量标注检查

检查项目	检查结果	检查结论	说明
标注正确、清晰			
法定计量单位			
字符高度			
多件包装标注			
检查结论			

（二）净含量检验

检验项目	平均实际含量	标准偏差 s	修正值 λs	修正后的平均实际含量	大于1倍，小于或者等于2倍允许短缺量的件数	大于2倍允许短缺量的件数
检验结果						
结论						

五、总体结论

……

六、报告说明

主检人员（签字）__________　职务__________　日期__________

审核人员（签字）__________　职务__________　日期__________

批准人员（签字）__________　职务__________　日期__________

附录 4

计量器具型式评价报告

（计量器具名称及分类代码）

报告编号

（技术机构名称）

第　　页　　共　　页

声　明

一、注意事项

1. 本报告涂改、无型式评价实验室专用章、无型式评价人员、复核员、批准人签字无效。

2. 复制本报告未重新加盖型式评价实验室专用章无效。

3. 本报告由正文和附件 1、附件 2 组成，不得单独使用。

4. 本报告依据的国家技术规范有变动或申请单位对批准的型式作出改动时，申请单位应及时申请重新进行型式评价。

5. 申请单位对本报告有异议时，应在接到本报告 15 日内向承担型式评价的技术机构或受理申请的政府计量行政部门提出书面复议申请。否则视为接受本报告的结论。

二、说明

1. 报告一律用 A4 纸打印；

2. 本报告一式三份（技术机构、申请单位各一份，委托单位一份）。

一、申请和委托的基本情况

（一）制造单位：

申请单位：

代理人：

（二）委托单位：

委托日期：

委托负责人：

（三）申请书编号　　新型 口　　改进型 口

二、关于型式的基本信息

（一）计量器具名称及分类编码

（二）工作原理、用途、使用场合及生产所依据的标准和编号

（三）样机型号、规格、准确度等级／最大允许误差／测量不确定度及编号

（四）计量器具的测量参数

序号	测量参数名称	测量参数单位	测量区间	显示位数	计量性能指标

（五）显示型式　　机械 口　　电动机械 口　　电子 口

（六）试验环境条件

1. 温度：

2. 相对湿度：

3. 电源：　　电压　　频率　　功耗

4. 其他

（七）关键零部件和材料

名称	型号	制造厂	主要性能指标	备注

三、型式评价的依据

四、型式评价所用仪器设备一览表

序号	仪器设备名称	编号	证书有效期

五、型式评价项目及评价结果一览表

序号	评价项目	+	-	备注

注：

+	-	
×		通过
	×	不通过

评价项目应包括型式评价大纲中所有要求的观察项目和试验项目。

六、审查的技术资料及结论

经审查，申请单位提交的 ××××、×××× 符合 ×××× 型式评价大纲的要求。

七、型式评价结论及建议

八、其他说明

九、签发

1. 型式评价时间　从　　年　　月　　日到　　年　　月　　日
2. 型式评价人员　　　　　　　　（签字）
3. 复核人员　　　　　　　　　　（签字）
4. 批准人　　　　　　　　　　　（签字）职务
5. 签发日期　　　　　　　　　　　年　　月　　日
6. 承担型式评价的技术机构　　（盖型式评价专用章）

参考文献

[1] JJF 1001—2011　通用计量术语及定义技术规范

[2] JJF 1051—2009　计量器具命名与分类编码规范

[3] JJF 1022—2014　计量标准命名与分类编码

[4] JJF 1033—2016　计量标准考核规范

[5] JJF 1069—2012　法定计量检定机构考核规范

[6] JJF 1059.1—2012　测量不确定度评定与表示

[7] JJF 1059.2—2012　用蒙特卡洛法评定测量不确定度

[8] 中华人民共和国国家计量检定系统表框图汇编（2017 年修订版）

[9] CNAS-CL01：2018　检测和校准实验室能力认可准则

[10] CNAS-CL01-A025：2018　检测和校准实验室能力认可准则在校准领域的应用说明

[11] CNAS-CL01-G001：2018　CNAS-CL01《检测和校准实验室能力认可准则》应用要求

[12] CNAS-CL01-G002：2018　测量结果的溯源性要求

[13] CNAS-CL01-G003：2018　测量不确定度的要求

[14] CNAS-CL01-G005：2018　检测和校准实验室能力认可准则在非固定场所外检测活动中的应用说明

[15] CNAS-RL02：2018　能力验证规则

[16] CNAS-AL06：2015　实验室认可领域分类

[17] 王阳，林志国，张明霞 . ISO/IEC 17025：2017 对设备的验证和期间核查要求解读 [J]. 质量与认证，2018（2）.